微纳仿生制造技术

Micro- and Nano-Bionic Surfaces

张德远(Deyuan Zhang)
陈华伟(Huawei Chen)
蒋永刚(Yonggang Jiang)
蔡　军(Jun Cai)
冯　林(Lin Feng)
张翔宇(Xiangyu Zhang)
著

张德远　耿大喜　张鹏飞
张力文　刘晓林　张文强
等　译

科 学 出 版 社
北 京

图字: 01-2023-3884 号

内 容 简 介

全书共 13 章，分为两部分：第一部分是微纳生物表/界面能场效应的机械特性表征，以机械的视角表征生物，寻找其与传统机械表/界面不同的工作原理，分析与提取有提升表/界面工作效能的结构特征，从生物种群相似特征上分析生物能场效应的普适性；第二部分是微纳仿生表/界面能场效应的设计制造应用，以生物的视角把生物的优势特征转移到机械表/界面上，分析设计生物结构特征能场效应条件转换为机械工作条件后的结构演变及能场效应变化，建立仿生结构制造与调控的工艺方法。

本书具有很强的原创性、普适性、实用性和指导性，可作为高等院校微纳制造技术相关专业研究生课程的教材，也可作为生物交叉研究领域的广大高校师生、科技工作者的工作参考书。

图书在版编目(CIP)数据

微纳仿生制造技术 / 张德远等著 ; 张德远等译. -- 北京 : 科学出版社, 2024. 7. -- ISBN 978-7-03-079028-6

Ⅰ. TH

中国国家版本馆CIP数据核字第2024P6C606号

责任编辑：陈 婕 纪四稳 / 责任校对：何艳萍
责任印制：肖 兴 / 封面设计：蓝正设计

科 学 出 版 社 出版
北京东黄城根北街 16 号
邮政编码: 100717
http://www.sciencep.com
北京华宇信诺印刷有限公司印刷
科学出版社发行 各地新华书店经销
*
2024 年 7 月第 一 版 开本：720 × 1000 1/16
2024 年 7 月第一次印刷 印张：16 3/4
字数：333 000

定价：150.00 元

（如有印装质量问题，我社负责调换）

Micro- and Nano-Bionic Surfaces
Deyuan Zhang, Huawei Chen, Yonggang Jiang, Jun Cai, Lin Feng, Xiangyu Zhang
ISBN: 9780128245026

Authorized Chinese translation published by China Science Publishing & Media Ltd.（Science Press）.

微纳仿生制造技术（张德远　耿大喜　张鹏飞　张力文　刘晓林　张文强 等 译）
ISBN: 9787030790286

前　言

通过机械与生物领域在微观尺度上的交叉研究，一方面可以扩大微机电系统硅微电子制造技术、非硅微纳制造技术以物理、化学形式设计制造为主导的学科范围，拓展出以生物形式设计制造的微系统微纳仿生制造技术新领域；另一方面可以扩大传统机械与材料低维、低阶的制造尺度范围，拓展出高维、高阶的跨尺度微纳仿生制造技术新领域。通过在微纳米尺度上向自然生物学习，可以推进微纳仿生制造理论的发展，使微机电系统的智能水平、机械与材料的工作效能得到显著提升，为高端装备与先进制造业的发展乃至未来科技革命的早日到来奠定基础。

本书内容基于张德远团队在微纳仿生制造技术方面所取得的代表性成果，主要分为两部分：第一部分为微纳生物表/界面能场效应的机械特性表征，第二部分为微纳仿生表/界面能场效应的设计制造应用。本书的主体逻辑是：以机械的视角表征生物，寻找其与传统机械表/界面不同的工作原理，分析与提取有提升表/界面工作效能的结构特征，从生物种群相似特征上分析生物能场效应的普适性；再以生物的视角把生物的优势特征转移到机械表/界面上，分析设计生物结构特征能场效应条件转换为机械工作条件后的结构演变及能场效应变化，建立仿生结构制造与调控的工艺方法。

本书的特色是将机械设计制造过程赋予生命微观特征，展现了制造领域顶层新分支——生物方式制造，以及微纳仿生表/界面能场效应新设计理论、新制造工艺的开创性。作者已出版的《微纳米制造技术及应用》是以从传统物理、化学方法出发的硅微电子制造技术、非硅微纳制造技术为主体内容的上篇，本书是以从生物方法出发的微纳仿生制造技术为主体内容的下篇，凸显了我国在微纳仿生制造这一新领域的技术优势和生物交叉创新人才培养特色。

本书汇聚了张德远团队师生的集体智慧，全书共 13 章，第 1、2、6、7、13 章系统论述微纳仿生制造技术的由来、定位、架构和展望等，由张德远教授撰写；第 3、4、8、9 章介绍生物仿生感知与表面的表征、设计和制造等，由陈华伟教授、蒋永刚教授、张鹏飞博士后、张力文老师等撰写；第 5、12 章介绍生物仿生微粒的改性、调控和操作等，由蔡军教授、冯林副教授、张文强副教授撰写；第 10、11 章介绍仿生手术工具和仿生切削工具，由耿大喜副教授、张翔宇博士后撰写。

感谢国家自然科学基金委员会自 1996 年以来对作者团队微纳仿生制造基础

研究的连续资助。感谢中国科学院院士、吉林大学任露泉教授，中国科学院院士、北京航空航天大学江雷教授长期对作者团队发展的指导和帮助。

限于作者水平，相关研究工作还在继续深入，书中难免存在一些不妥之处，敬请广大读者批评指正。

目　录

第1章 绪 论

长期以来，机械产品/机械加工一直以低效能的简单表/界面能场进行设计，导致机械表面/加工界面以低表/界面场效运行，严重制约了重大装备的运行效率和整体化难加工材料（简称难材）构件的加工质效，这成为限制重大机械装备实现换代升级与提高多场性能的核心科学问题。

如何破解机械表面/加工界面的能场效能核心科学问题，研究者面临一系列历史性挑战：一是能否突破 19 世纪 50 年代日本限部淳一郎提出的超声振动切削界面分离速度限，实现在高速精加工条件下依然能够分离增润；二是能否突破 1712 年英国数学家布鲁克·泰勒发现的一维静态缝隙一次毛细升浸润时空限，实现加工界面三维动态缝隙可持续增润；三是能否突破 1906 年美国弗雷德里克·温斯洛·泰勒提出的刀具耐用度泰勒公式质寿覆盖限，通过刀具高频轨迹增润延寿显著扩大整体化构件质寿覆盖限；四是能否突破 1936 年英国生物学家格雷提出的游速疑题的鲨鱼皮效应形貌减阻限，实现大于 8%的形貌减阻率；五是能否突破 1920 年美国哈佛大学威廉 T.伯维发明的外科手术高频电刀干切粘刀寿命限，实现无动力增润减黏增寿；六是能否突破 1665 年英国科学家罗伯特·胡克发现细胞以来的形体认知限，实现细胞界面的微纳加工高效控制等诸多机械表面/加工界面的能场效应问题。因此，如何突破长期制约机械表面/加工界面能场效能的核心历史问题，成为推动机械表面/加工界面乃至整个机械领域发展的关键。

围绕上述重大工程需求和核心历史问题，本书作者团队持续钻研 20 多年，最终通过仿生途径弄清了机械表面/加工界面能场效应复杂原理问题，发现了机械表面/加工界面的微纳仿生场效应；针对机械表面/加工界面场效应问题，联想到了生物体表/食器的表/界面高超能场效应本领，深入研究发现了机械表面/加工界面仿生场效应增强原理，提出了机械表面/加工界面的微纳仿生表/界面从生物到仿生的能场效应（bio-to-bionic field effect, B2BFE），开辟了突破机械表面/加工界面能场效应核心历史问题的新途径。图 1.1 给出了机械表/界面效能的仿生提升途径。

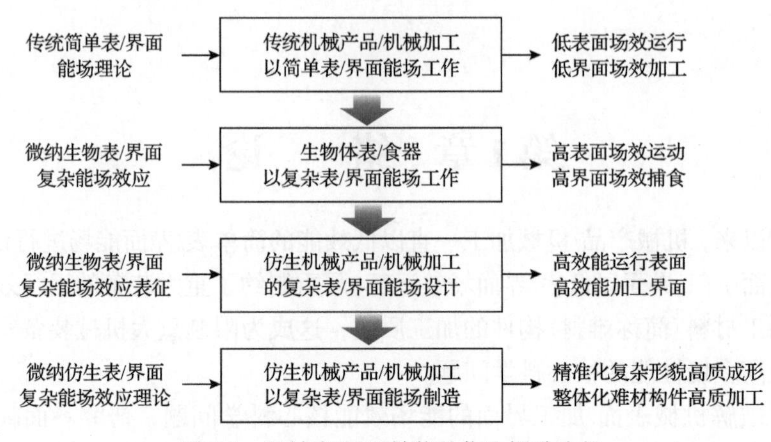

图 1.1 机械表/界面效能的仿生提升途径

1.1 传统机械表面/加工界面相关理论的历史局限

如表 1.1 所示，从支撑人类发展的历程来看，机械科技在机械装备产生、机械制造业形成中起到了至关重要的推动作用。如图 1.2 所示，这个时代形成的支撑传

表 1.1 机械技术产生的历史阶段

分析方面	农业时代	工业时代	信息时代	生物/纳米时代
主体时期	公元前至 18 世纪 50 年代	18 世纪 50～ 70 年代	20 世纪 70 年代至 21 世纪 20 年代	20 世纪 90 年代至今
支撑科技	农业科技	机械科技	信息科技	生物/纳米科技
制造形式	手工制造	机械制造	集成电子制造	仿生/微纳制造
制造级别	厘米级结构加工	毫米级零件装配	微纳二维加工	微纳多级组装

传统机械表/界面

传统机械表面-粗糙度控制
宏观尺度可控，但微观结构随机

传统加工界面-加工量控制
宏观尺度可控，但微观结构随机

粗糙度<黏性底层
普朗特边界层理论

粗糙度∝摩擦系数
泰勒缝隙毛细升

刀磨损∝切削速度
泰勒刀耐用度公式

输运速度∝势能
范德瓦耳斯力公式

传统机械表/界面简单结构
能场效应理论

图 1.2 传统机械表/界面简单结构及相关经典能场效应理论

统机械表/界面设计制造的经典基础理论绝大部分一直沿用到今天。如表 1.2 所示，随着近代生物/仿生复杂结构、微米/纳米微观尺度的科技发展，依据传统简单结构、单一尺度表/界面能场理论支撑的机械表面/加工界面效能已接近极限，传统理论的局限性越来越难以满足多能场表面机械装备与多尺度高质机械加工的需要。

表 1.2　机械表面/加工界面的核心科学问题及相关理论历史局限

问题	界面		
	固-液界面阻力	固-固界面摩擦	固-生界面融合
机械表面/加工界面核心科学问题	追求机械表面光滑、静态；单相减阻已接近设计制造极限……	追求刀具硬度、界面冷却润滑；界面分离的能力已接近加工极限……	追求细胞生物界内部的循环；再生与加工的能力已经接近生物极限……
典型相关基础理论历史局限	光滑面普朗特边界层局限；一维静态一次泰勒缝隙毛细升局限……	线速泰勒刀寿公式局限；限部振切低速分离局限……	胡克细胞形体认知局限；范德瓦耳斯力界面输运局限……

传统运动机械表面通常是机械加工或涂装形成，表面粗糙度是最基本的机械属性。1904 年德国著名力学家路德维希·普朗特提出边界层理论以来，航行机械的蒙皮表面设计准则是气-液介质在机械表面流动的黏性底层厚度在表面粗糙度之上，即可满足粗糙度对航行摩擦阻力不敏感性原则。然而，随着对微纳米尺度流体摩擦界面滑动型、滚动型、损失型等新的生物摩阻现象的发现，迫切需要建立新的微纳表面流场多维摩阻效应理论及其制造应用方法，以突破传统机械表面的摩阻限。

传统固持机械界面增摩靠增加表面粗糙度，传统滑动机械界面与加工界面减摩靠降低表面粗糙度或增加界面润滑。1712 年英国数学家布鲁克·泰勒发现一维静态缝隙一次毛细升现象以来，传统机械表面摩擦一直沿用粗糙度简化接触界面模型支撑的库仑摩擦定律；传统线速机械加工刀具磨损一直遵循刀具耐用度泰勒公式，已达到切削速度极限，即使试图界面分离增润，也一直没有打破振动切削的临界分离切削速度。至今没有适用于复杂机械界面与加工界面三维动态缝隙毛细浸润调控的理论支持，迫切需要发展新的微纳界面毛细流场减摩/增摩效应理论及其制造应用方法，以突破传统机械界面/加工界面的摩擦限。

传统机械界面与生物界面格格不入、难以融合，因此传统机械制造中物理制造方式和化学制造方式之外的生物制造方式研究为空白。自 1665 年英国科学家罗伯特·胡克用放大镜发现软木瓶塞植物细胞壁以来，研究者一直没有把生物作为工具纳入机械制造领域，很少以机械的视角观察细胞的介质输运过程。近代研究表明，在微纳表/界面各种能场中，细胞界面的介质输运是最复杂、最节能的。因此，机械制造领域迫切需要发展新的微纳生物界面加工成形效应的介质输运理论及工艺方法，以突破传统机械/生物界面的融合限。

1.2　生物体表面/食器界面能场表征的理论难题

传统机械表/界面简单结构能场效能接近极限的现状，导致机械领域对生物表/界面复杂结构能场效应的广泛关注，试图从生物领域得到提升机械表/界面能场效能的良方。如表 1.3 所示，从机械领域关注的表/界面尺度上对生物领域的发现历史进行了阶段性划分，这一历程恰好是对器官、细胞、膜、分子的尺度递减表征过程，也是对生物结构逐步细化的认识过程。从机械角度来看，生物各尺度复杂结构的表/界面能场效应对提升机械表/界面效能均具有重要的指导和应用价值，值得更深入地表征研究。

表 1.3　生物表/界面能场效应的发现历程

分析方面	表观发现期	微观发现期	纳观发现期	分子发现期
主体时期	公元前至17 世纪 60 年代	17 世纪 60 年代至18 世纪 80 年代	18 世纪 80 年代至20 世纪 50 年代	20 世纪 50 年代至今
主体生物科技	人体解剖学	细胞学	酶学	分子生物学
典型表/界面能场效应发现	植物吸收能量的质量增加性	微生物外形与亚结构及环境适应性	极为温和、高效的化学反应催化性	分子级界面能场下的离子输运与组装
表/界面尺度	器官结构尺度	细胞外形结构尺度	生物膜结构尺度	生物分子结构尺度

如图 1.3 所示，无论是动物、植物还是微生物，其生存界面都是内外双向的能量交互过程或再生循环过程，机械领域最关注的生物体表面/食器界面的能场交互作用通常表现出超常高效、节能的机械能场效应。人们在对各种生物表/界面能场效应表征研究中发现了大量科学疑题，其中与机械领域相关的生物表/界面能

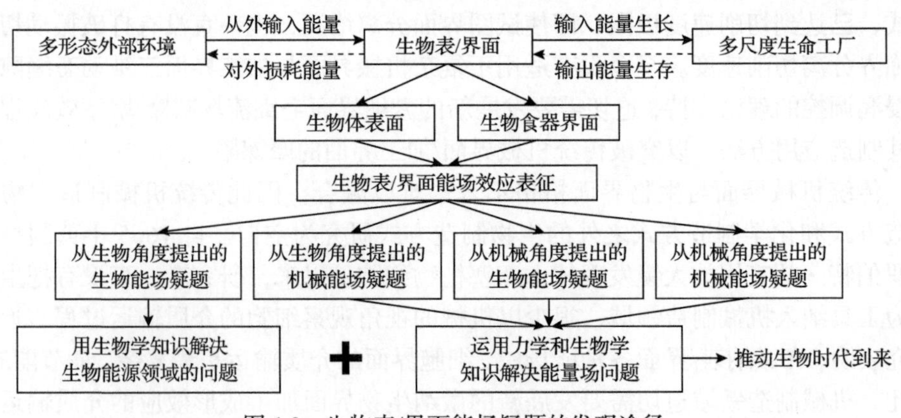

图 1.3　生物表/界面能场疑题的发现途径

场疑题的发现途径包括从生物角度提出的机械能场疑题、从机械角度提出的生物能场疑题、从机械角度提出的机械能场疑题。这些疑题需要机械领域与生物领域甚至其他领域交叉融合来解决。

如表 1.4 所示，机械领域最关注的生物体表/食器表/界面能场表征的科学问题包括气、液介质中飞行或游动生物的体表动能场减阻航行/增阻感知效应，在陆地生存的动物足部或植物叶面的体表静能场增摩固持/减摩自洁效应，生物宏观食器的抗冲击、耐磨、超滑等动界面能场效应，生物细胞壁的静界面能场介质输运效应等。这些自然生物表/界面高超性能来源于其亿万年进化出来的复杂多级跨尺度结构，这些多级跨尺度结构表/界面能场效应至今还没有特别完善的理论来解释，这也为多学科交叉的综合理论创新提供了灵感与机会。

表 1.4 生物体表/食器表/界面能场表征的理论难题

问题	能场		
	生物体表动能场	生物体表静能场	生物食器界面能场
生物体表/食器表/界面能场表征的科学问题	体表运动表面结构、材料的航行减阻、感知部位等动场调控机理	体表静止表面结构、材料的静态增滑/防污、足部增摩等静场调控机理	食器界面结构、材料的动态增润减摩、静态吸食/吸附等介质输运机理
典型相关基础理论难题	多级跨尺度结构表/界面介质动态能场效应理论	多级跨尺度结构表/界面介质静态能场效应理论	多级跨尺度结构表/界面介质能场协同效应理论

自古以来生物学家已经为人类打开了生物之门，使生物科学成为当今最复杂、最庞大的科学体系。然而，传统工业学科特别是机械学科与生物学科的深层次交叉还很不够，表/界面能场作为共性的深层次科学问题，需要加强机械与生物交叉解决生物中的机械能场疑题，为推动生物时代的早日到来做出重要贡献。

长期以来，机械与生物的交叉研究偏重从设计角度表征生物对外做功的结构载能性，缺乏从制造角度表征生物索取能量构造多尺度结构的能场构造性。生物复杂结构构造原理的表征对提升仿生复杂结构的可制造性和极端制造工艺方法的工艺性均有指导作用。因此，对生物体表/食器双向能场效应的表征，可以为机械设计与机械制造提供全方位的创新支持。

长期以来，人们注重对生物单一尺度、单一能场特征提取与特性表征，对同类能场效应的结构相似性、多种能场耦合效应的系统相容性、变化能场效应的环境适应性等普适性表征还比较薄弱。因此，需要多学科交叉来系统地解决生物多级跨尺度表/界面能场效应的复杂理论难题，为机械仿生设计与制造表/界面效能的提升指明向自然学习的发现途径。

1.3 仿生机械表面/加工界面设计制造难题

向自然学习，观察自然产生灵感的仿生行为自古以来就对人类发展起到了至关重要的推动作用。如图 1.4 所示，有记载以来的仿生典型事件中经历了三大历史阶段：一是从自发仿生行为到仿生概念确立的概念形成期；二是主动拓展仿生领域到国际仿生工程学会组建的领域形成期；三是有杂志、有学科、有行业、有突破的蓬勃发展期。仿生“达·芬奇指数”研究表明，仿生交叉领域必将为生物时代的到来做出重要的贡献。

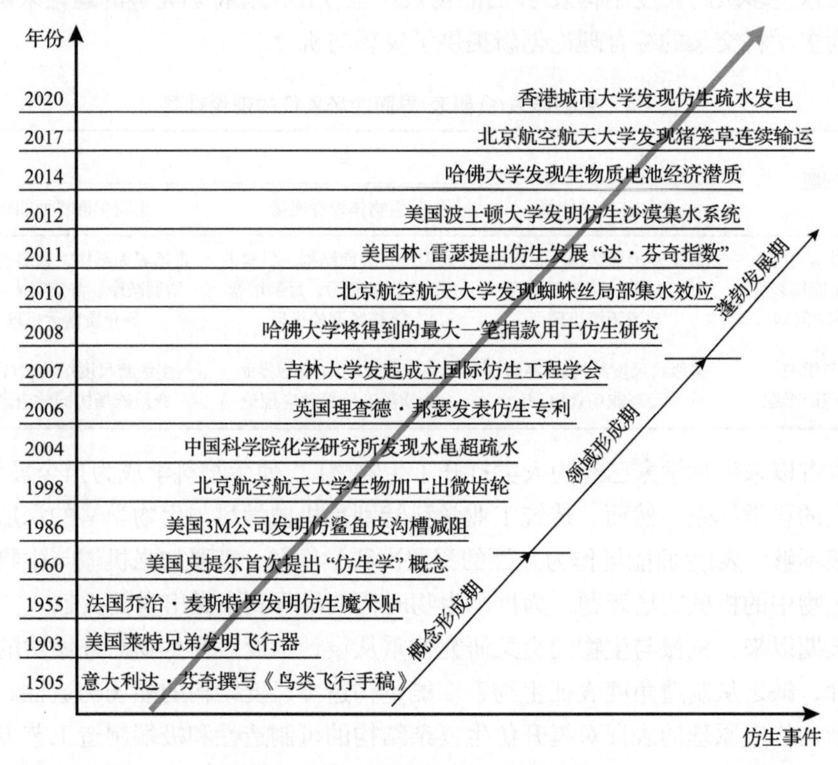

图 1.4 仿生技术发展的典型事件

当前，仿生领域的学科覆盖范围正在以爆发的速度不断拓展，其中机械仿生技术是最悠久、最庞大的仿生专业领域。如图 1.5 所示，机械仿生技术属性包括四个方面：一是可设计性，把观察生物的灵感或表征生物的知识变为融入设计的“灵魂”，即从“形似”上升到“神似”；二是可制造性，把承载高效能场效应的生物结构用工程材料、制造工艺制造出来，或与现有制造工艺融合利用，即可实现性；三是可融合性，把仿生要素引入机械系统后，其作用是否受其他条件制约、是否能保持、是否能系统协调，即可接受性；四是可提升性，这是终极目标，是仿生融入成本与工程受益的必要性体现。这些仿生属性问题就是需要仿生科学与工程不断发展壮大来系统解决的核心科学问题。

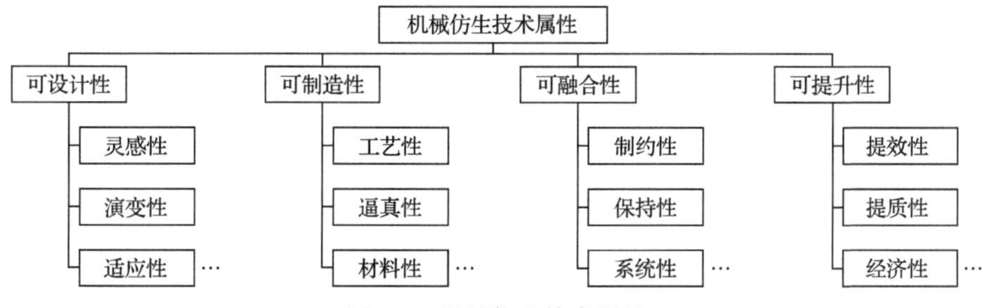

图 1.5　机械仿生技术属性

如表 1.5 所示，仿生机械表面/加工界面的设计制造难题主要体现在三种结构能场工程性设计和调控方面：一是多级、跨尺度、多维度微纳仿生表/界面的仿生形体结构能场，简称“形场”（SF）；二是结构/感知一体智能仿生机械表面、多能场一体耦合仿生加工界面的仿生复合结构能场，简称“多场”；三是直接利用生物构造仿生机械表面/生物加工成形界面的直接生物结构能场，简称“生场”。这些高难度微纳仿生表/界面能场的设计、制造及应用的技术突破，对显著提升机械表面/加工界面的工作效能，推动重大机械装备实现换代升级，提高装备多场性能具有重要的工程价值。

表 1.5　仿生机械表面/加工界面的典型相关设计制造难题

问题	能场		
	仿生形体结构能场	仿生复合结构能场	直接生物结构能场
仿生设计问题	微纳仿生表/界面形体结构能场工程性设计问题	微纳仿生表/界面复合能场工程性设计问题	微纳生物表/界面生物能场工程利用的设计问题
仿生制造难题	多级、跨尺度、多维度机械表面/加工界面的大面积制造/复杂能场调控难题	智能表面与多能场加工界面的复合结构制造与耦合能场调控难题	生物表面/生物加工成形界面的生物融合制造/生物能场调控难题

机械表面/加工界面的发展历史远远逊色于自然生物体表与食器的进化历史。为建立机械设计向生物学习的仿生途径，形成两者之间微纳仿生表/界面能场效应本质联系，必须打破传统机械设计/工艺设计理论的专业局限与历史局限，从包括生物知识在内的更大知识体系中获取设计资源，逐步建立起复杂形场/多场/生场效应的微纳仿生表/界面设计理论体系。

尽管人类使用工具改造自然制造产品的历史非常久远，但是自然进化创造生物的历史更加漫长。在生物生存界面与生长界面上进化出超凡的界面能场效应，许多能场原理彻底颠覆了传统制造工艺的界面能场作用模式，因此必须打破传统制造的物理、化学模式的局限，从包括生物方式在内的更大工艺体系中获取制造技术资源，逐步建立起仿生制造微纳界面能场效应的理论体系。

1.4　微纳仿生表/界面对人类发展的推动作用

如表 1.6 所示，人类发展的历史实际上是机器逐步替代人体劳动的历史。从仿生角度来看，不同时代的替代特征与能场变化如下。

表 1.6　替代人体劳动的历史阶段

分析方面	农业时代	工业时代	信息时代	生物/纳米时代
主体时期	公元前至 17 世纪 50 年代	17 世纪 50 年代至 19 世纪 70 年代	19 世纪 70 年代至 20 世纪 10 年代	20 世纪 10 年代至今
替代人体特征级	木/石/铜/铁刃具替代人指尖切割/耕作/攻防等	动力/机构/机床/车辆替代人肌肉/骨骼/双手/双脚等体力	芯片/计算机替代人脑力复杂计算，控制机器人代替人重复劳动	人工智能/人造器官/智能材料/量子计算机替代人智力/肌体/神经/肌电等智力
替代人体时间点	6000 年前之前石器；6000 年前开始铜器；5000年前开始铁器	1765 年发明蒸汽机；1769 年发明汽车；1774 年发明机床；1834 年提出机构学	1971 年大规模集成电路计算机；1973 年机器人与计算机相连	2016 年 AlphaGo 围棋；2019 年量子计算机样机展出
提升人体工作界面能场效应	手加工界面力作用场效应提升	肢体运动界面机械能场效应提升	大脑信息界面电子能场效应提升	肌体智能界面多能场协同效应提升
提升人类制造力	比指尖更锋利、更坚硬、更强大的手工	比体力更有力、更快速、更精密的制造	比脑力更大容量、更快速度、更细微的制造	比智力更强推理、更快感知、更智能的制造

(1) 在农业时代，锐器在生产、生活和军事上发挥了极其重要的作用，它实质上是替代人体末端指尖的机械加工工具，其加工界面力能场切割效应随工具材料从木器、石器、铜器、铁器的时代演变而逐步增强，形成了一系列比指尖更锋利、更坚硬、更强大的手工加工工具。这是人类生存需求驱动下，指尖作用启发产生的一次工具技术革命，手工加工工具的推广应用使人类走向了手工工具制造的农业时代。

(2) 在工业时代，当发现蒸汽动力可替代人体肌肉动力之后，蒸汽机被迅速发明。蒸汽机推动车轮旋转而发明了汽车，汽车替代人腿行走而产生了交通工具；蒸汽机推动主轴旋转与刀架行走而发明了机床，机床机械加工替代手工而产生了机械制造领域；发明的各种机构替代了人骨骼运动，从而产生了机械设计领域。这是人类高速发展需求驱动下，自身四肢机械运动能场效应启发产生的一次机械技术革命，机械的推广应用使人类走向了精密、大批量机械自动化的工业时代。

(3)在信息时代，在发现电子传递信号可替代大脑计算之后，集成电路设计与硅微制造工艺得到迅猛发展，不断升级的计算机替代人脑力复杂计算，并控制机器人替代人体重复劳动。这是人类高质量发展需求驱动下，自身脑力信息能场效应启发产生的一次电子信息技术革命，计算机的推广应用使人类走向了细微、复杂电子数字化的信息时代。

(4)在生物/纳米时代，在对大数据、量子、神经元、生物大分子的高密度智能活动本质不断深入了解之后，人工智能、量子计算机、智能材料、人工器官等微米/纳米/生物/仿生技术得到迅猛发展。这将是人与自然高度和谐发展需求驱动下，自身智力信息能场协同效应启发产生的一次量子/分子智能技术革命，将不断颠覆以往工业时代、信息时代的体力、脑力替代的局限，使人类大踏步走向智能机器替代人体智力的生物/纳米时代。

从上述时代推移中可以看出，人类不断扩大与提升的发展需求是最大的创新动力，对自身人体启发的认识灵感是最大的创新源泉。通过对自身活动界面能场从宏观到微观的不断认识，形成了不断替代与提升人类自身能场效能的强烈愿望，从而产生了一次又一次技术革命。

如图 1.6 所示，人类社会发展到今天面临的最大问题是人与自然如何和谐相处、人类活动如何维持一个自然大系统的健康与福祉。为此，只有从生态环境系统与生命体系统的环境适应变异、发展壮大进化、相互依赖平衡中获得启发，形成人类发展向自然学习的深层次准则，才能使人类不断创造出的技术革命向着健康可持续、技术不断进步、系统可平衡的方向发展。

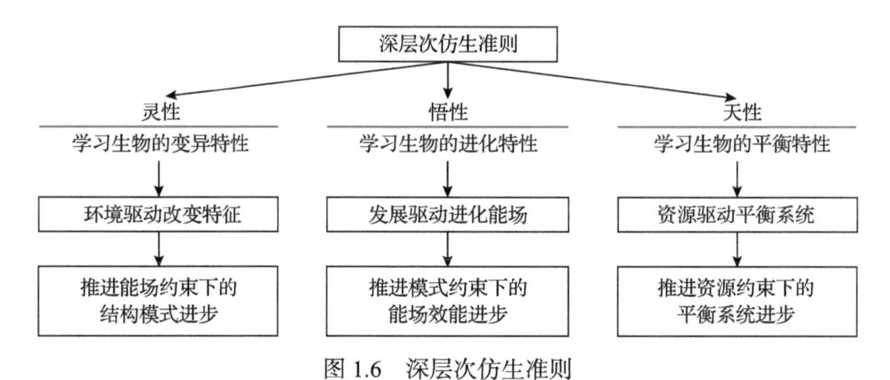

图 1.6　深层次仿生准则

如图 1.7 所示，机械技术从原始社会到现代文明社会一直都是支撑人类发展的最基本支柱，机械表/界面能场效应一直都是推动机械技术发展的最根本要素。未来机械系统将像生物肌体一样，在机械表/界面上不断融入微纳米多级尺度、信息能量交互、环境智能适应的复杂多能场结构。当前机械表/界面技术发展正以前所未有的趋势需要仿生技术的推动，仿生技术必将在遵守深层次仿生准则的前提下，使人类产品在微纳米尺度上深层次实现生/机融合：在产品与制造过程内部，逐步实现深层次微纳仿生表/界面多能场效应的智能仿生系统与智能仿生制造；在产品与制造过程外部，逐步实现深层次微纳仿生表/界面能场效应的循环仿生系统与绿色仿生制造。最终微纳仿生表/界面技术领域必将为推动机械行业乃至人类社会进步及新技术革命做出贡献。

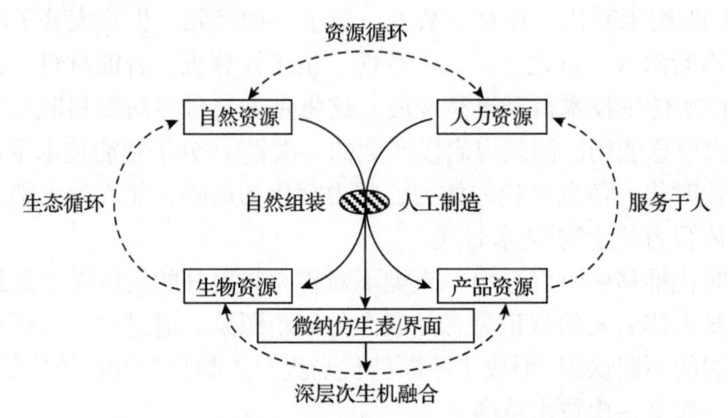

图 1.7 微纳仿生表/界面对人类发展的推动作用

1.5 本书的主要内容及宗旨

本书的宗旨是通过机械与生物领域的交叉开拓提升机械表面/加工界面工作效能的仿生新途径，通过在微纳米尺度上向自然生物学习推进传统机械表/界面相关经典理论的发展，为高端机械装备与先进制造技术的发展乃至未来科技革命的早日到来提供新的仿生设计理论和新的仿生制造方法。

参 考 文 献

Gray J. 1936. Studies in animal locomotion[J]. Journal of Experimental Biology, 13(2): 192-199.

Prandtl L. 1904. On fluid flow with very little friction[C]. The 3rd International Congress of Mathematicians: 1-3.

Taylor B. 1712. Concerning the ascent of water between two glass plates[J]. Philosophical Transactions of the Royal Society, 27: 538.

Taylor F W. 1906. On the art of cutting metals[J]. Transactions of the American Society of Mechanical Engineers, 28: 31-279.

Zhang D Y, Li Y Q. 1998. Possibility of biological micromachining used for metal removal[J]. Science in China Series C: Life Sciences, 41(2): 151-156.

第一部分　微纳生物表/界面能场效应的机械特性表征

本部分从机械视角对生物表/界面能场效应表征的典型生物特殊性规律进行解析，建立抽象的生物表/界面能场效应模型；从机械视角推演出生物圈界面能场效应的自然普适性法则及生物表/界面机械能场效应的自调控细则，并从耗散结构、拓扑与分形等理论分析生物表/界面形态与结构的多样性规律，为第二部分微纳仿生表/界面能场效应的应用奠定基础。

第2章　机械视角分类微纳生物表/界面能场效应

人类历史是认识自然与改造自然的历史，对自身的认识最深，自身能力的提升也最快。人类认识自然从无学科边界的一体化粗浅认识开始，随后逐步分学科细化、深化认识自然，发展到近30年的学科交叉、融合认识这个世界。在学科交叉领域，人类对除人之外自然生物的认识还非常不够，特别是机械与生物的交叉领域，对微纳米尺度上生物表/界面的认识及生物启发的机械能力提升亟待深入研究。

在人类逐步进入生物/纳米时代的今天，机械智能化是摆在人类面前的重大课题。自然生物种类繁多，在不同的自然环境生存中都进化出了各自的界面能场效应绝技，个个都是单项“世界冠军”，并做到了生存时空上的“取长补短”、生存界面上的“和谐相处”。机械智能化正需要这种多系统、多能场、多尺度界面的系统化融合。因此，对微纳米尺度上生物表/界面的认识及生物灵感的机械能力提升，是人类在机械智能化新技术革命奋斗中获取自然知识的重要创新源泉。

如图2.1所示，为了弥补传统学科划分导致的对自然生物认识的局限性，作者团队大胆地从机械视角认识自然生物并用于提升机械能力。既“换位思考”理解生命的固有遗传与进化规律，又“设身处地”深入挖掘生物与环境界面的机械适应规律，将动物、植物、微生物等所有生物体表/界面部位分为与环境接触的生物体表部位和摄取营养的生物食器部位，按生物表/界面物质形态与运动状态将表/界面分为固-固界面、固-液界面、固-气界面、动界面/静界面，按生物表/界面常见机械能场效应分为减阻/增阻、减摩/增摩、增输/沉积等能场效应，按生物表/界面结构特征尺度分为米/毫米/微米/纳米四个尺度进行研究。生物表/界面微纳米尺度

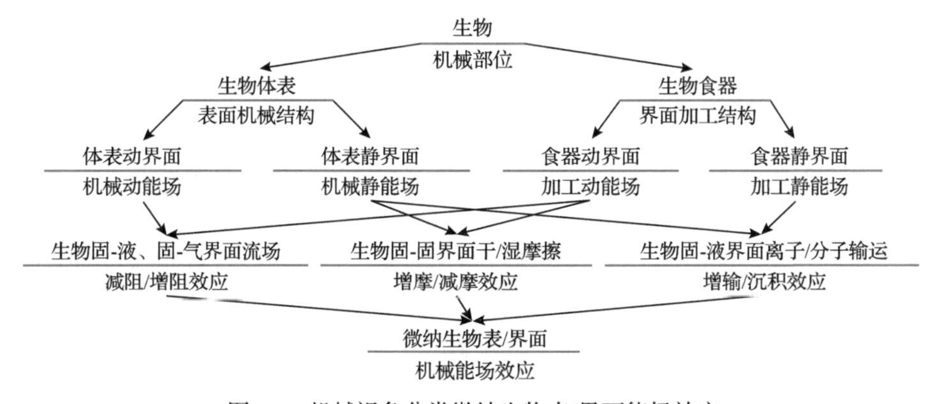

图2.1　机械视角分类微纳生物表/界面能场效应

下的结构能场效应更加丰富，对智能机械的提升更加显著，但微/纳米尺度深层次的表征也更具有挑战性。

如何深层次表征自然生物微纳表/界面能场效应，面临突破现有学科局限的挑战：一是如何拓展医用生物力学为核心的人体效应局限，从机械视角更广泛深入地表征各种环境、各种类型生物体表能场效应规律；二是如何拓展以经典工程力学为基础的低阶表征局限，从多场耦合更综合深入高阶表征生物表/界面特征规律；三是如何拓展以宏观生物圈生态学为中心的生存界面局限，从制造视角更微观深层次表征生物工具化的生机界面介质输运规律。总之，如何突破现有学科局限，深层次表征生物亿万年进化出的微纳表/界面能场效应，将成为机械表面/加工界面向更高质高效、更绿色和谐、更智能持续提升的重要推动力。

2.1 机械与生物表/界面能场效应的巨大差距

如表 2.1 所示，以机械行业最大的两块——交通工具业、制造业为例，比较机械与生物表/界面能场效应的巨大差距。交通工具运载过程中的界面阻力、加工过程中的界面摩擦与界面介质输运都消耗了大量的能量，这些能量又转化为界面热能或化学能排放，反过来限制了运载速度、加工速度，并且工作过程加剧了环境污染。而生物的运动与材料转化的界面阻力、摩擦及输运的能耗均很小，排放也很低。这就诱发了人们对生物表/界面观察表征的强烈兴趣。

表 2.1　机械与生物表/界面能场效应的巨大差距

表/界面	场效应		
	减阻/增阻效应	增摩/减摩效应	输运/沉积效应
生物体表/食器界面优势	鱼、鸟、昆虫、细菌某速域阻力很小；感知丘、毛、纹某速域阻力很大	壁虎、树蛙、蚂蚁足部某方向摩擦很大；猪笼草捕虫笼、瓶子草笼某方向摩擦很小	铁细菌腐蚀、硅藻/磁细菌矿化、细胞内吞噬/外包覆等高效去除/沉积
机械表面/加工界面差距	飞机、船舶、高铁的表面阻力远大于生物表面；机感流速灵敏度远不及生物	夹钳、轮胎、吸盘等摩擦远小于生物；切削、磨削、挤压界面摩擦远大于生物	化学腐蚀效率远不及生物；球磨、溅射、打印产粉体效率远不及生物

将表 2.2 中所示生物数据与航行器参数进行对比分析，可知民航飞机速度约为 900km/h，其身长约为 30m，其速度与身长比为 30；游隼飞行速度为 389km/h，其身长约为 0.5m，其速度与身长比为 778，因此，游隼的飞行效能强，约为民航飞机的 26 倍。邮轮速度约为 60km/h，其身长约为 300m，则其速度与身长比为 0.2；太平洋旗鱼速度为 110km/h，其身长约为 5m，则其速度与身长比为 22，由此可见，太平洋旗鱼的航行效能强，约为邮轮的可观倍数。生物具有强飞行、运行效能主

要是因为它们具有微纳表/界面减阻结构，如果把生物这种减阻效应转移到飞机和船舶表面，哪怕仅产生 10%的减阻率，对人类与环境的贡献也是非常可观的。

表 2.2　不同种类鸟和鱼的飞行或游动速度

鸟类	飞行速度/(km/h)	鱼类	游动速度/(km/h)
游隼	389	太平洋旗鱼	110
金雕	322	剑鱼	90
矛隼	209	刺鲅	86
白喉针尾雨燕	169	马林鱼	80
燕隼	161	蓝鳍金枪鱼	74
军舰鸟	153	灰鲭鲨	70
锯翅燕	142	飞梭鱼	64
红胸秋沙燕	130	飞鱼	60
灰头信天翁	127	大海鲢	56
澳洲斑鸭	117	白鲨	48

由表 2.3 可以看出，猪笼草作为一种食虫草，其瓶形捕虫器的内壁与口缘具有波动干界面减摩、波动湿界面减摩两种特征，这为解决传统机械加工界面打不开、润滑介质进不去问题提供了全新思路。这种生物界面波动减摩原理如果用于机械加工界面减摩，哪怕使难加工材料切削速度提高 1 倍，则同等加工效率下理论粗糙度值可降低到原来的 1/4，这对提升高端装备的使用寿命具有重大意义。另外，壁虎与树蛙脚掌的干/湿吸附增摩原理用于薄壁构件机械加工夹具界面，可以解决装夹变形与加工颤振难题，这对于高端整体化薄壁构件精密加工将会起到重要的支撑作用。

表 2.3　生物界面摩擦与物质输运特性

动物足、植物口	摩擦特性	细胞膜物质输运	输运特性
猪笼草瓶内壁	波动干界面减摩	主动输运速度	每秒可输运 5000 个离子
猪笼草瓶口缘	波动湿界面减摩	易化扩散速度	每秒可输运几百万个离子
壁虎脚掌	强干吸附增摩	胞吞速度	每小时可吞 20%~30%细胞体积
树蛙脚掌	强湿吸附增摩	胞吞直径	直径小于 1μm

由表 2.3 还可以看出，动物或微生物细胞是具有各种形状的微米级外形结构，其表面可以化学吸附催化剂后化学包覆功能材料，制造功能微粒；动物或微生物细胞的表面膜具有大量的纳米通道，可实现离子主动选择性输运或被动自由扩散

输运，其输运速度可达每秒几百万个离子，内沉积制造均匀分散的纳米功能微粒；动物或微生物细胞的表面脂质膜具有向内吞噬纳米微粒功能，每小时可吞噬20%～30%细胞体积，可快速向内吞噬 1μm 以下驱动材料制造靶向细胞。这种以细胞为模板的纳米生物制造技术，具有高效、低成本、多样性且绿色节能等技术优势，对打通生命与非生命制造界限具有重要的战略意义。

总之，有许多生物表/界面能场效应原理值得去学习和深入表征，为机械装备与机械制造的工作效能提升乃至机械智能化技术革命做出重要贡献。

2.2 机械与生物表/界面结构的巨大差距

如表 2.4 所示，传统机械与生物表/界面结构上的巨大差距是导致两者能场效应巨大差距的主要原因。两者表/界面结构上的差距主要体现在结构阶次不同，传统机械表面与加工界面追求简单的表面平整(低表面粗糙度)和加工稳定(低加工颤振)，即追求的是零阶次的常数项，压制的是一阶次到高阶次的难控制项。而自然生物通过亿万年进化出的表/界面高阶次结构的特殊能场效应取得了额外的增效收益。因此，机械表/界面能场提效必须要像生物一样考虑表/界面结构如何高阶次化。

表 2.4 机械与生物表/界面结构的巨大差距

表/界面	结构		
	减阻/增阻结构	增摩/减摩结构	输运/沉积结构
生物体表/食器界面优势	鳞片、羽毛、黏液等自适应高阶多级减阻结构；表/界面、变刚度感知增阻结构	微纳米刚毛、棱柱、黏液高阶多级增摩结构；口缘/侧壁多级增润减摩结构	生物离子输运膜、生物矿化离子通道、细胞吸附表面活性基等高阶微纳结构
机械表面/加工界面差距	机械喷涂表面低阶光滑结构；机械加工/刻蚀简单低阶感知界面结构	机械低阶单级钳齿、轮齿、吸盘面等粗大结构；切削区低阶紧密贴合界面结构	机械腐蚀低阶界面不可循环加工；物理、机械制粉工具低阶界面粗大低质

如图 2.2 所示，生物生存面临着多变的世界，必须遵守“物竞天择，适者生存”的自然法则不停地进化自己，根据生物生存所处的时空条件，生物表/界面系统的信息应对、能量交互、物质输运等各层次，在“广谱”的界面能场效应世界中，选取各阶次效应的不同占比组合使综合效应达到最佳，不断地进化以适应生存环境的变化。当然，突如其来的、剧烈的环境变化可能使难以适应的物种灭绝，但也会诱发新的变异物种分化出来。下面从结构信息、能场效应、介质输运三个方面分析生物表/界面高阶次进化的特性。

在生物表/界面结构信息方面，生物高度有序化使熵减小，是生物界特有的自然现象(图 2.3)。生物的本性还在于最大限度地把自己融入环境形成有序的整体，所以其表/界面必然要形成熵减效应的结构。生物表/界面蕴涵着这种熵减效应的复杂有序结构信息集合：根据生存方式，进化应对某些界面能场的某些阶效应的关键阶次结构，就像控制论中的传递函数的傅里叶变换阶次那样，各阶次结构对应各阶次能场效应，多阶次加权组合，形成系统最健壮(鲁棒性最强)的多尺度、多级、多阶次的有序化结构。这种微纳米高阶次结构常表现为末级小曲率锐尖/锐刃/锐孔/锐槽、中级阵列化鳞片/乳突/网格/筛孔、初级膜/层/体的多阶次串/并联结构。

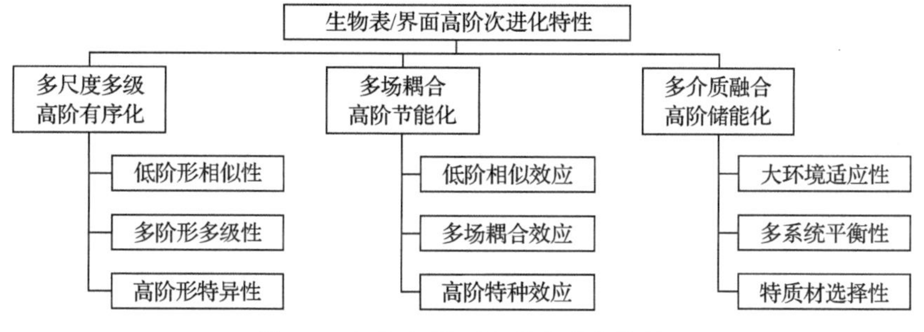

图 2.2　生物表/界面高阶次进化特性

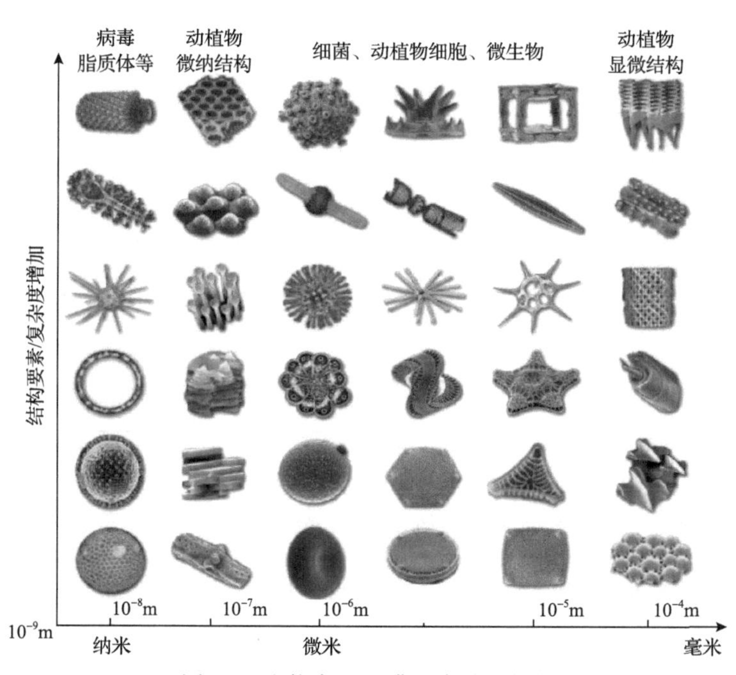

图 2.3　生物表/界面典型高阶次结构

在生物表/界面能场效应方面，生物进化不是按封闭系统热力学第二定律走向无序化平衡态结构，而是按一个远离平衡态的开放系统通过不断地与外界交换物质和能量走向高阶次有序化非平衡态耗散结构(图 2.4)。耗散结构是系统内部某个控制参量的变化达到一定的阈值 λ_C 时，通过微小的涨落，使系统发生突变，由原来的混沌无序状态转变为一种在时间上、空间上或功能上的有序状态。不是任何微小涨落都能得到放大，只有适应系统动力学性质的那些涨落，才能得到系统中绝大多数微观客体参量的响应，将系统推向新的高阶次有序化结构。例如，鲨鱼皮沟槽间距的微小涨落直接影响界面减阻参数间的匹配路径；昆虫足在猪笼草内壁波纹上爬行的波动微小涨落直接影响多级界面材料层的减摩能场效应路径，这都是那些正能效参量微小涨落导致系统有序化突变(使鲨鱼皮表面水流由湍流变为层流而减阻，使虫爪在猪笼草口缘表面接触由连续变为断续而增润减黏)，放大到宏观能效提升而逐步进化出来高阶次结构系统。这种微小涨落如果超出有效界限，则会进入另一个分支路径，但结果可能是相反有害的效应。因此，生物界面耗散结构合理有序是有生存条件限制的。

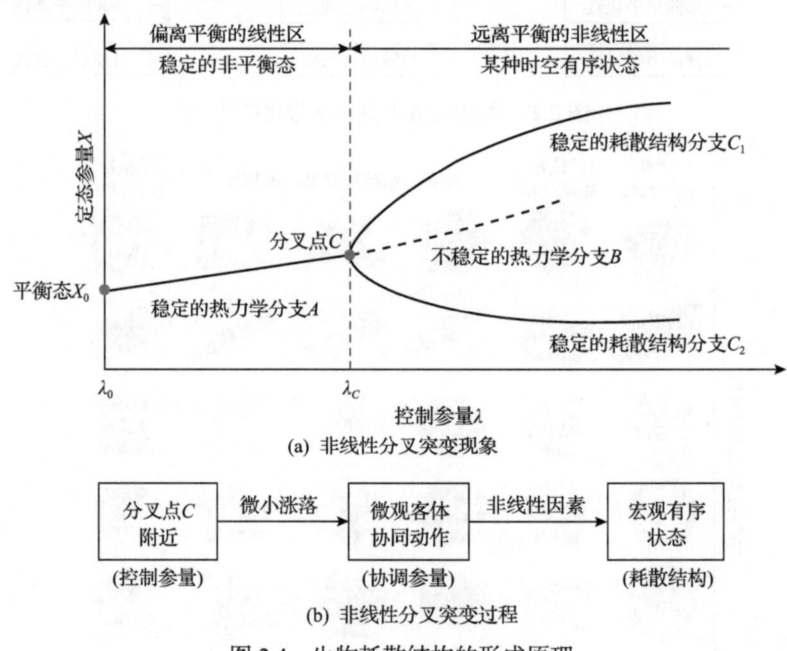

(a) 非线性分叉突变现象

(b) 非线性分叉突变过程

图 2.4　生物耗散结构的形成原理

在生物表/界面介质输运方面，无论生物如何摄食，最终还是要通过生物膜界面的各种介质输运方式实现营养的摄入消化、生物体的生长储能、废物的排泄回归(图 2.5)。生物膜输运介质过程是非常节能的，介质转化储能也是逐级高阶化的：通常是由无机转化为有机，由小分子转化为细胞大分子，由细胞生长分裂转化为有序组织结构，由生物个体转化为生物群体，最后形成生物种群与自然的生态平衡。这种高阶化逐级有序的生物系统储能结构是熵减的耗散结构，最终是太阳能等大自然能量使生态大系统实现减熵。

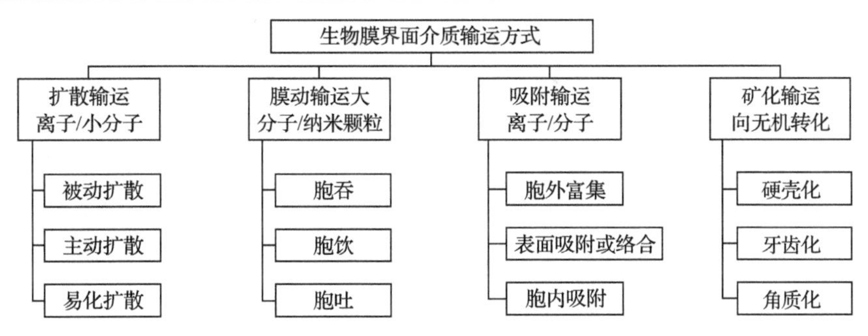

图 2.5　生物膜界面介质输运方式

从以上三方面可以看出机械与生物表/界面结构的最大差别：狭义上，生物明显比机械高阶、有序、储能；广义上，人工“诞生”的产品可以看成自然有序化储能结构，特别是人类产品进化中智能、知识的储能更是无法用实物来衡量的。

2.3　对生物微纳表/界面能场效应的表征方法

如表 2.5 所示，对生物微纳表/界面基本属性逐步深化表征的主要路径是：首先像探测外部星球那样，由表及里地逐层从外部系统物质流演变到界面能量流驱动，再到内部本质功能信息流承载结构，进行生物表/界面生存空间特征的表征；再像心电图诊断那样，分别对系统的模态、能场的耗散、结构的模式等生物表/界面生存时序特征由低到高逐阶地细化分析各层次的主要特征；最后像顺藤摸瓜那样，分别找出系统的主干/分支体系、主推/耦合能谱、主元/联立要素的物质流/能量流/信息流的主体脉络特征。表征过程中，可以省去已知路径脉络的探索，也可以利用现有知识推理可能的路径脉络，通过系统性试验验证推理的正确性。

表 2.5　对生物微纳表/界面属性的主要表征路径

路径	属性		
	系统储能功效	能场节能效应	结构载能能力
表征层次上 由表及里	物质流的系统特征	能量流的能场特征	信息流的结构特征
表征阶次上 由低到高	主/次子系统模态特征	主/次能场耗散特征	主/次结构模式特征
表征因子上 由简单到复杂	主干/分支体系	主推/耦合能谱	主元/联立要素

如表 2.6 所示，对生物微纳表/界面特征的典型试验提取方法有：模本改质法，即通过改变生物模本某部分材质，观察系统性特征的变化，分析材质要素在系统特征中所占的阶次和权重，如通过改质调控表面亲疏水特性观察系统规律的变化；

模本变场法，即通过改变外部能场作用形式或量级，观察系统能场效能的强弱和耦合作用，如通过改变流速或黏度观测表面结构的减阻效应机制；模本解离法，即通过剥离某层、遮盖局部、去除分支等变换手段，观察局部特征对系统特性的影响程度，如通过遮盖助听接收结构局部特征，观测听觉系统各部位结构的放大机制。试验过程中，还需要观测多因素、多目标之间是否有交叉、耦合、联立的影响关系，为表征复杂的生物微纳表/界面能场效应脉络体系提供试验依据。

表 2.6　对生物微纳表/界面特征的典型试验提取方法

提取方法	特征		
	系统模态辨识	耦合能场解耦	联立要素分解
模本改质法	材质对物流模态敏感性	材质对能场效应敏感性	材质对功能信息敏感性
模本变场法	变场对物流模态敏感性	变场对能场效应敏感性	变场对功能信息敏感性
模本解离法	解离对物流模态敏感性	解离对能场效应敏感性	解离对功能信息敏感性

如表 2.7 所示，在上述特征提取后，对机械领域关注的生物微纳表/界面效应原理的典型解析方法为：首先立足于传统经典理论，初步解析零阶系统、能场、结构的相互作用原理，验证初步作用规律；然后在初步摸清基本规律的基础上，建立适于生物主阶时空能场特征的新理论，解析主阶系统、能场、结构的相互作用原理，并通过同类生物表/界面主特征相似性的观测，验证普适性主体作用规律；最终在细节次阶特征上，建立适于某物种生存时空能场特征的新理论，解析次阶系统、能场、结构的相互作用原理，并通过同类不同种生物表/界面次特征特异性的观测，验证特异性特殊作用规律。解析过程中，充分发挥多学科交叉分析的必要性，广泛审视解析理论的科学逻辑性、自然合理性、系统全面性。

表 2.7　对生物微纳表/界面效应原理的典型解析方法

解析层次	效应		
	减阻/增阻效应	减摩/增摩效应	增运/沉积效应
零阶 生物基础性解析	粗糙度<边界层厚度?	粗糙度<润滑膜厚度?	输运势能或动能 >输运阻能?
主阶 生物普适性解析	同类生物表/界面主特征增效相似性?		
高阶 生物特异性解析	同类不同种生物表/界面次特征增效特异性?		

总之，微纳生物表/界面能场效应原理复杂、表征困难，通过上述思路与途径表征出高效有序的微纳生物表/界面能场效应的作用原理，可为通过仿生途径提升传统机械表/界面工作能效提供新的理论依据，也可为推动众多学科的交叉创新提

供了丰富的自然科学依据。

参 考 文 献

Prigogine I. 1967. Structure dissipation and life[C]. Proceedings of the First Conference on Theoretical Physics and Biology: 1-4.

Zhang D Y, Wang Y, Cai J, et al. 2012. Bio-manufacturing technology based on diatom micro-and nanostructure[J]. Chinese Science Bulletin, 57(3): 3836-3849.

第 3 章　生物微纳表面减阻、增阻结构表征

3.1　洞穴鱼侧线增阻结构表征及其理论问题

自然界已经进化出各种各样的生物微纳表面，实现了流固耦合的增阻作用。本章以洞穴鱼侧线系统为例，主要介绍生物微纳表面的表征方法、增阻机制以及生物微纳表面的不同能量场交换。

3.1.1　洞穴鱼侧线增阻结构

借助机械感知侧线系统，鱼类可以感知微弱的水流，进而执行群游、捕食、通信和趋流性等行为。如图 3.1(a)所示，侧线系统由大量、非均匀分布在整个鱼体上的神经丘组成。作为侧线系统的功能单元，神经丘是由机械感知毛细胞和非感知细胞组成的小型感受器。单个毛细胞中的毛束由单个较长的动纤毛和几个沿梯度长度排布的较短静纤毛组成。单个神经丘内所有毛细胞的纤毛束伸入到一个扁长、透明的胶质顶中。胶质顶使静纤毛发生偏转，并通过机械敏感的离子通道启动兴奋或抑制的传导过程。动纤毛远离静纤毛的弯曲激发了离子穿过毛细胞膜

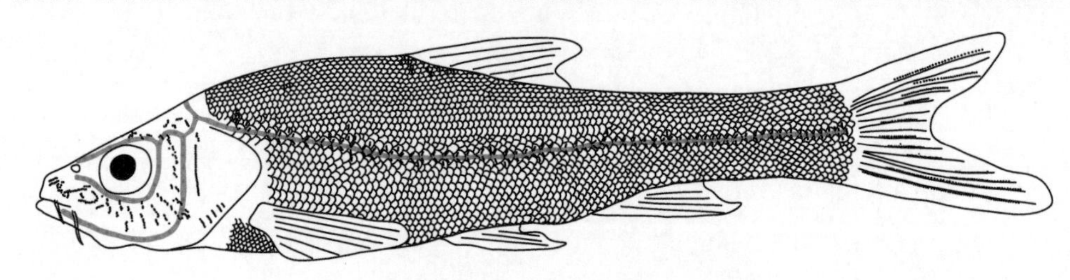

(a) 中国洞穴鱼大眼金线鲃的侧线分布示意图

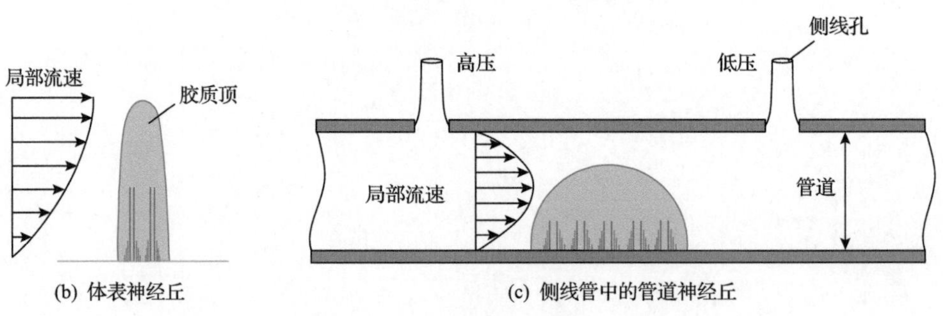

(b) 体表神经丘　　(c) 侧线管中的管道神经丘

图 3.1　鱼类侧线系统

的运输，使其去极化，并增加了产生兴奋性反应的传入神经元的放电率。根据所处位置，硬骨鱼类的神经丘可以分为体表神经丘和管道神经丘两大类，如图 3.1(b)和(c)所示。由于体表神经丘处在皮肤表面，胶质顶直接与外部流体相互作用，因而对流速敏感。管道神经丘位于皮下充满流体的侧线管道中，通过一系列的侧线孔与周围环境相连接，因此对相邻两个侧线孔之间的压力梯度敏感。体表神经丘相当于一个低通滤波器。相比之下，管道神经丘可以过滤各种噪声源，起到高通滤波器的作用，增强鱼类的目标检测能力。

图 3.2 描述了鱼侧线系统刺激传导感知过程中不同形式能量的交换。鱼与周围水体的相对运动所产生的水动力会刺激鱼的侧线系统。水动力环境与神经丘之间的流固耦合作用将水的动力能转化为纤毛束运动的机械能。纤毛束的偏转会造成离子通道的打开，进而使毛细胞产生反应，最终产生作为生物电能量的神经信号。因此，水动力感知过程实现了从水动力能到机械能，最后到生物能的能量交换。

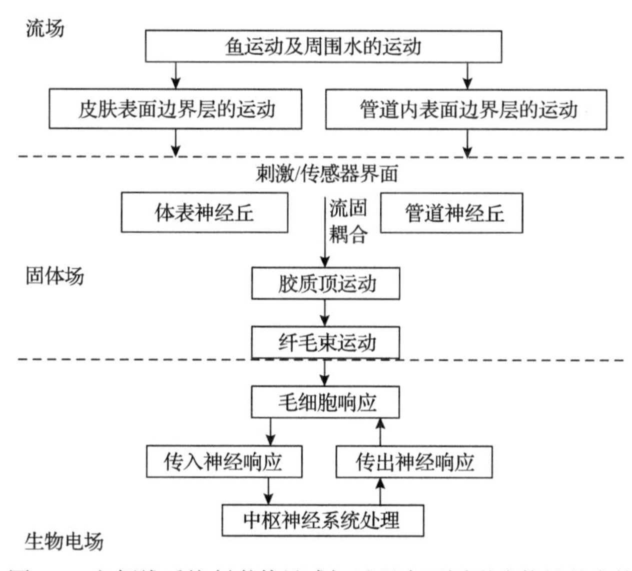

图 3.2　鱼侧线系统刺激传导感知过程中不同形式能量的交换

作为水动力刺激和生物传感器之间的交互界面，胶质顶对鱼侧线系统的能量传递和传感性能起着重要的作用(图 3.1(b)和图 3.3)。胶质顶形貌主要通过扫描电子显微镜(scanning electron microscope, SEM)观察，以及亚甲基蓝染色、聚苯乙烯微球、荧光聚苯乙烯微球等活体染色观察。由于低雷诺数的局部流动和材料的特性，胶质顶实现了阻力的增加，从而提高了侧线系统的灵敏度。

一些生活在黑暗环境中的鱼类，其侧线管道在管道神经丘附近变窄，称为变径结构。新西兰奥克兰大学的蒙哥马利等通过浇铸方法发现生活在海深 200～

400m 的莫氏犬牙南极鱼的侧线管有变径结构。如图 3.4 所示，北京航空航天大学蒋永刚通过4-Di-2-ASP荧光活体观察手段发现了中国洞穴鱼大眼金线鲃管道神经丘附近的侧线管道具有明显的变径结构。变径结构使作用在管道神经丘上的阻力增大，提高了管道侧线系统的感知性能。

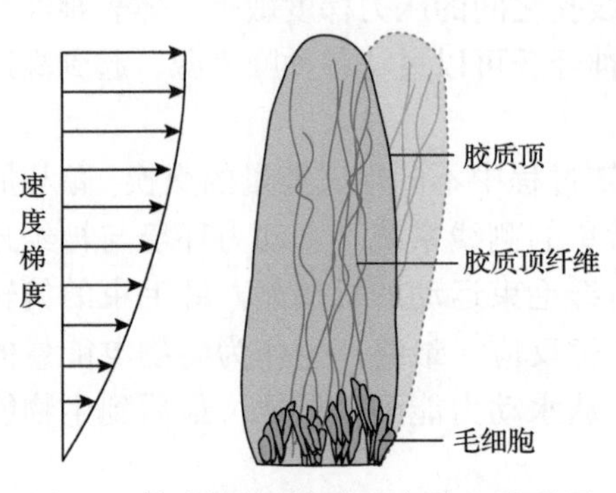

图 3.3 体表神经丘包含毛细胞、胶质顶及内嵌胶质顶纤维的示意图

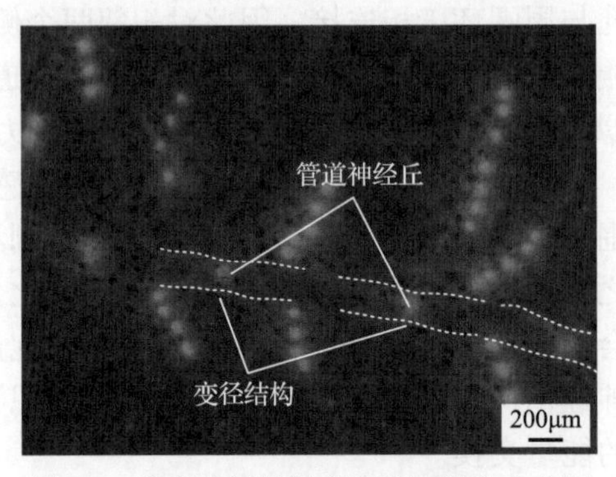

图 3.4 荧光表征结果表明中国洞穴鱼大眼金线鲃的管道神经丘附近具有变径结构

3.1.2 洞穴鱼侧线的增阻效应及其理论问题

雷诺数计算可以表明流场感知是如何受到流体力学在不同层次组织的影响。雷诺数可以通过式(3.1)计算：

$$Re = \frac{\rho v l}{\mu} \tag{3.1}$$

式中，l 为特征长度；ρ 为流体密度；μ 为流体动力黏度；v 为液体流速。雷诺数可以从数学上推导为惯性力与黏滞力之比。因此，通过这些力的近似相对大小，雷诺数表明了流场的水动力状态。

由于流体具有黏性，剪切力 τ 会产生壁面的速度梯度($\mathrm{d}v/\mathrm{d}y$)，可表示为

$$\tau = \mu \frac{\mathrm{d}v}{\mathrm{d}y} \tag{3.2}$$

该公式揭示了剪应力与流速空间梯度之间的关系。由此可以推导出，陡坡度的流速会对浸没在流体中的物体产生较大的黏滞力。以墨西哥洞穴鱼为例，其体表神经丘的特征长度取为 l=10μm，鱼滑翔速度为 v=12cm/s，水的物理参数为 $\rho = 1000\mathrm{kg/m^3}$，$\mu = 0.001\mathrm{Pa \cdot s}$，计算得到的雷诺数约为 1.2。较小的雷诺数表明：在生物传感器尺寸水平上，黏性力在流动阻力中不可忽略。

胶质顶由多孔结构的水凝胶状材料构成，它可以机械地连接内部的机械感毛

细胞和周围的水。因为黏性力起主导作用且胶质顶增加了神经丘的整体表面积，所以胶质顶可以增加作用在神经丘上的黏滞阻力。此外，胶质顶材料的亲水性和渗透性通过与材料相关的摩擦系数增强了信号吸收能力。在微机电系统(micro-electro-mechanical system, MEMS)技术的辅助下，北京航空航天大学蒋永刚等开发了具有水凝胶胶质顶的人工体表神经丘流速传感器。他们用水动力试验证实了胶质顶的存在可以增加作用在传感器上的阻力，进而提高流速传感器的灵敏度。

有一些鱼，如洞穴鱼，其体表神经丘具有嵌入纤维的胶质顶(图 3.3)。这表明，这些胶质顶纤维可能作为胶质顶的结构支撑网络，使胶质顶生长到离体表边界层更远的地方，从而提高了侧线系统的机械灵敏度。此外，这些胶质顶纤维可能有助于将毛细胞与水凝胶胶质顶连接起来，它在将能量从胶质顶传递到机械感觉毛细胞过程中起着至关重要的作用。

无量纲参数 k 可以描述侧线管道内的振荡流动，从而很好地近似表示是否满足抛物线(层流)流动条件：

$$k = r\sqrt{\frac{2\pi f\rho}{\mu}} \tag{3.3}$$

式中，r 为侧线管道半径；f 为水运动的频率；μ 为水的动力黏度；ρ 为水的密度。

当 k 远小于 5 时，管道内的边界层较厚，由于黏性力占优势，通过侧线管道内的速度呈抛物线分布。当 k 远大于 5 时，沿侧线管道壁面仍然有一个很薄的边界层，但是在管道中心有大量的水在边界层之外，并且以与侧线管道外的自由流相同的速度运动，此时惯性力在管道力学中起着重要的作用。因此，k 可以被认为是管道相关的雷诺数，说明黏性力和惯性力的相对重要性。当 k 约等于 5 时，沿管道宽度方向任一点处的流动与另一点处的流动不协调，且最大流速不在管道的中心位置。

变径结构可能是通过增加作用于管道神经丘内胶质顶上的阻力来提高管道侧线系统的灵敏度的。在管道侧线系统中，作用在胶质顶上的阻力主要是摩擦力。图 3.5 是直管道和变径管道(变径管道直径为直管道直径的一半)在低频时的速度分布图，此时 k 远小于 5，速度剖面呈抛物线形。由式(3.2)可知，摩擦力取决于

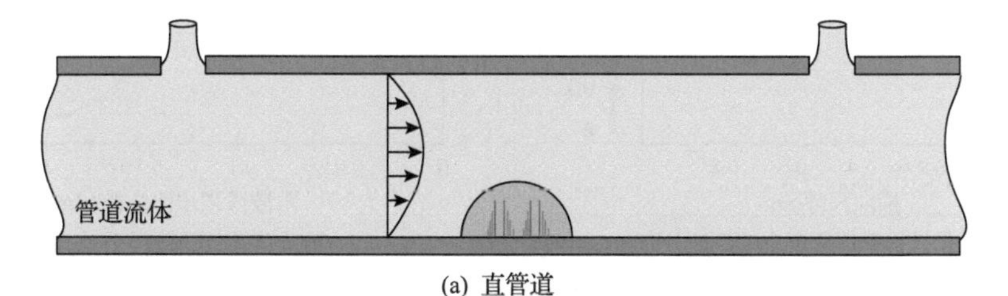

(a) 直管道

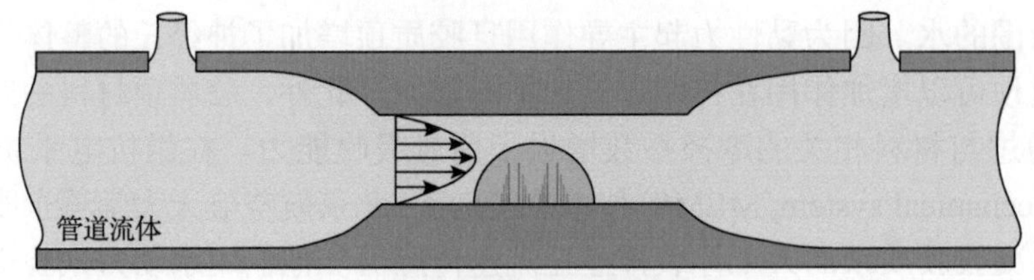

(b) 具有变径结构的管道

图 3.5　侧线管道内速度剖面示意图

垂直于观察表面的速度梯度。由于沿侧线管道的瞬时总流量是恒定的，变窄侧线管道，则作用在变径管道中胶质顶表面上的摩擦力将增加四倍(其中一半增长来自最大流速的翻倍)。

当 k 数值较大时，侧线管道内的流场模式更为复杂。然而，就目前而言，仍可以得出下述结论：①管道中心部分的流速是基本恒定的，并且相对于激振力在每个相位上都有半个相位差；②即使管道中央位置的最大流速保持恒定，但是因为相对于管壁的边界层逐渐变陡，所以垂直于管壁的流速梯度也会随着频率的增加而不断增加。

基于中国洞穴鱼大眼金线鲃管道侧线的生物特征尺寸，北京航空航天大学蒋永刚等应用流固耦合模型来研究侧线管道中变径结构的功用。该流固耦合模型假设：①管径从管孔附近的 210μm 缩小到管道神经丘附近的 150μm；②半球形感觉胶质顶的直径为 150μm；③相邻侧线孔之间的间距为 1.0mm。在流固耦合分析中，将两个管孔之间的最大压力差设置为 1Pa，且内部流体介质的黏度为 0.0051Pa·s。根据流固耦合分析结果，可以发现变径结构侧线管道中的最大流速约为 0.76mm/s (图 3.6(a))，与直径为 210μm 的直管道内的流速相比降低了 34.7%。但是，作用在变径管道内胶质顶表面上的最大正压力增加到 0.93Pa，而直管道中的最大正压

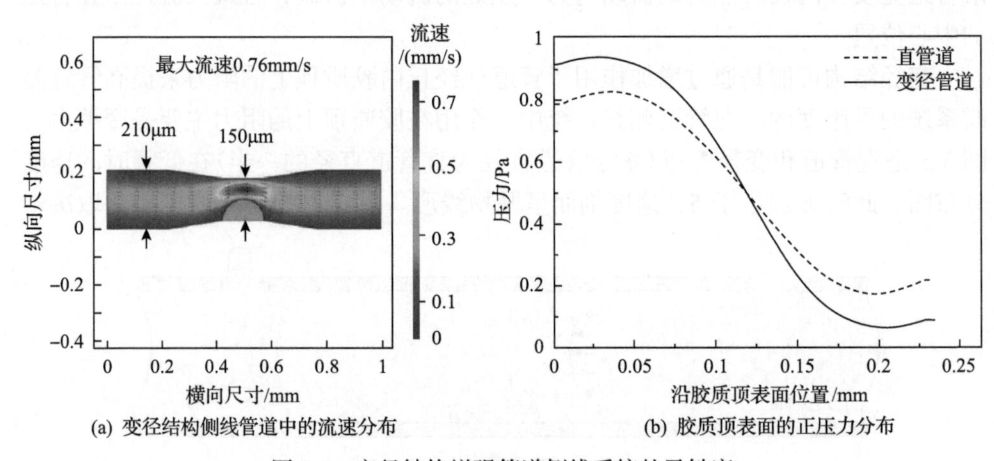

(a) 变径结构侧线管道中的流速分布　　(b) 胶质顶表面的正压力分布

图 3.6　变径结构增强管道侧线系统的灵敏度

力大约为 0.82Pa，如图 3.6(b)所示。仿真结果表明，变径结构可以增加胶质顶上的阻力，促进流场、固体场和神经场之间的能量交换，从而提高侧线系统的灵敏度。此外，受变径结构启发，他们还制造了具有变径结构的人造管道神经丘传感器，从而提高了传感器的灵敏度。

综上所述，胶质顶和变径结构等生物微纳界面，可以实现传感界面中的阻力增加。生物微纳界面的表征主要采用染色方法(荧光和亚甲基蓝)，以及使用光学显微镜或扫描电子显微镜进行显微镜观察。生物微纳表面中增阻机理主要从物理学和有限元建模方法等方面揭示。生物微纳表面中增阻机理的揭示可以：①促进人类对生物感知机制及不同场之间的能量交换的理解；②激发仿生器件的发展，这将有助于增强人类对流场环境的感知能力。

3.2　鲨鱼皮减阻结构表征及其理论问题

3.2.1　鲨鱼皮与黏液的特征结构及减阻性能

“生物非光滑”现象普遍存在于自然界中，已知的生物非光滑表面具有减阻、减黏、脱附、耐磨、自洁、降噪、伪装、抗氧化等多种功能。生物体表的这种表面形态是生物自身的机体结构与生存环境长期作用的最优结果，其优越性是人为设计的机器所无法比拟的。在生物非光滑表面诸多已知性能中，最吸引人们注意的当属其减阻性能。鲨鱼是海洋中的王者，以敏捷的速度和强悍的攻击力而著称。鲨鱼在水中的巡游速度约为 5km/h，在追捕猎物时可短暂爆发到 70km/h，这接近于鱼雷的运动速度。鲨鱼能够高速游动除了与其流线型的身体结构和强有力的尾部肌肉有关，还与其特殊的鳞片结构及体表分泌的黏液有关，两者的综合作用组成了“鲨鱼皮效应”。目前，关于鲨鱼皮所具有的良好减阻功能早已被科学家所认同，但人类尚缺乏精确测量鲨鱼皮减阻效能的有效手段，仅见的也是 Raschi 和 Musick 于 1984 年测量所得的减阻率 8%的报道。但该结论显然不能被研究者所广泛认同，有趣的是该研究后来曾一度引发关于“死鲨鱼皮是否仍保持减阻功能”的争论，原因在于该试验是对死鲨鱼皮进行的测试且当时的测量条件和手段较为落后而难以服众。目前在该领域取得一致认可的结论是，自然状态下鲨鱼皮的减阻效能很可能远远大于 8%。利用生物复制成形技术对灰鲭鲨腹部鱼皮(图 3.7(b))进行研究，并将制备出的仿鲨鱼沟槽表面样件与光滑表面在试验工况下的阻力曲线进行对比分析。阻力曲线如图 3.7(c)所示，可以看出，在 2.0～4.2m/s 水速范围内测试板阻力有明显减小。图 3.7(d)给出了仿鲨鱼沟槽减阻表面在该工况下的减阻率曲线，在试验工况下仿鲨鱼沟槽减阻表面的最大减阻率达到 8.25%，最小减阻率为 5.28%，平均减阻率为 6.91%。

(a) 试验选用的灰鲭鲨

(b) 灰鲭鲨腹部鱼皮

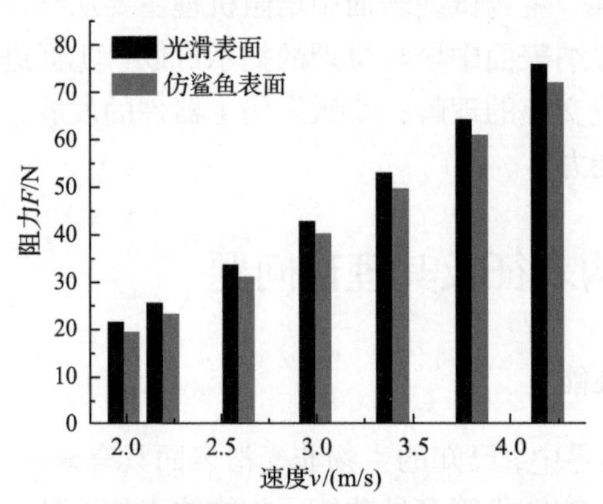

(c) 仿鲨鱼沟槽表面样件在试验工况下的实测阻力

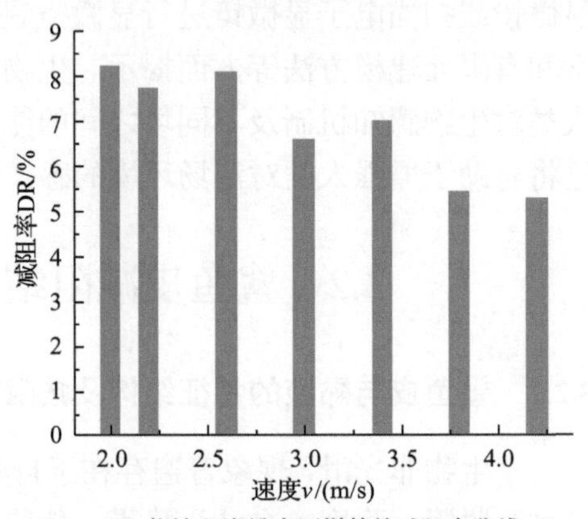

(d) 仿鲨鱼沟槽表面样件的减阻率曲线

图 3.7　仿鲨鱼沟槽表面减阻效果

通过研究鲨鱼的表皮结构，科研人员发现鲨鱼表皮由肉眼难以分辨的盾鳞组成，盾鳞是软骨鱼类特有的一种鳞片类型。与硬骨鱼类扁平且相对柔软的鳞片不同，鲨鱼的鳞片表面布满坚硬的突起，如同锉刀表面一样，再加上鲨鱼皮肤最大厚度可达10mm（居鱼类皮肤厚度之首），因此在古罗马时代鲨鱼皮常被用于打磨木料或包在剑柄以增大摩擦。大多数种类的鲨鱼盾鳞在体表顺流向互成对角线连续排列，依次覆盖等间距的沟槽。在宏观结构上，鲨鱼的盾鳞由基板和鳞棘两部分构成，如图3.8所示。鳞棘伸出于皮肤之外，基板埋在真皮内。鳞棘上的脊状突起称为肋条，肋条之间构成具圆弧底的沟槽，表现出良好的减阻作用。鲨鱼的盾鳞与牙齿在进化上同源，具有相似的组织结构，盾鳞基板中央有一孔，有血管和神经通入棘部的髓腔；鳞棘最外层为牙釉质（硬度 300～350HV），中间层是象牙质，中央是髓腔，这种刚性组织结构有利于对盾鳞进行结构仿生研究。

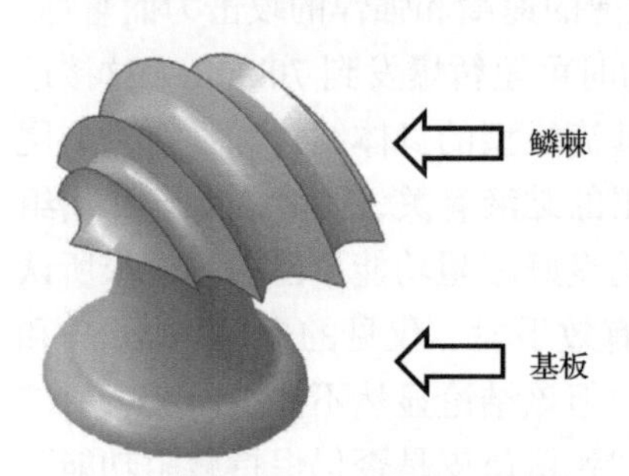

图 3.8　盾鳞的结构

盾鳞是具有多种生物功能的统一体，其形态与主要功能紧密对应。具有减阻作用的盾鳞，形态多为盘状，前后呈覆瓦状排列，脊状肋条呈纵向排列在盾鳞冠上，肋条间形成圆弧底状沟槽。一般来说，鲨鱼盾鳞有两大特点：一是盾鳞不会随着鲨鱼的成长而变大，一经形成就大小不变，但是老的盾鳞会不断地脱落，而新的鳞片会不间断地长出来替代；二是鲨鱼盾鳞的沟槽形状和尺寸因鲨鱼种类而异，且不同生长部位的鳞片也不同，如图 3.9 所示。

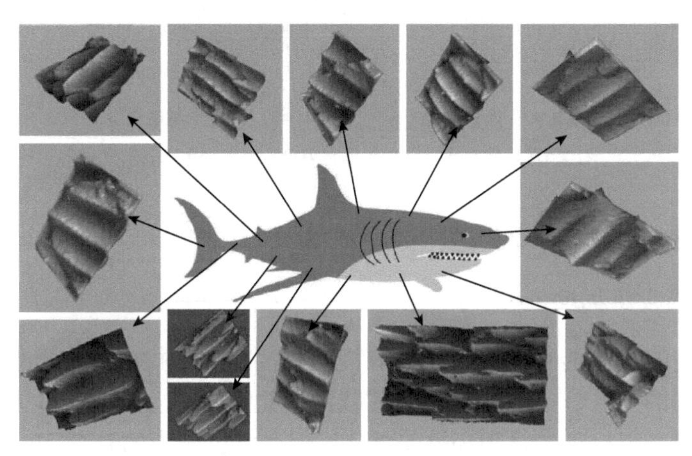

图 3.9　鲨鱼皮各典型部位鳞片的表面形貌照片

鲨鱼和大多数鱼类一样可以分泌黏液，其分泌的黏液除可以保护自身防御菌类外，还可起到减小边界层摩擦的作用，据报道这种鱼体黏液可减阻 60%以上。鱼类分泌黏液是通过表皮黏液腺来实现的，黏液腺周围聚有多杯状细胞，该细胞能够分泌包含多糖类蛋白和部分纤维物质的分泌物，这些分泌物被保存在黏液腺中，通过鱼皮表面均匀分布的微孔缓慢向外界释放，释放后与水结合即成为黏液。在鱼体黏液中起减阻作用的主要是多糖类高分子聚合物，其分子量多在 5 万以上。鲨鱼是能够分泌黏液的鱼类中比较特殊的一种，通常状态下鲨鱼皮表面分泌的黏液较少，用手几乎感觉不到。有学者分析认为，这可能是因为鲨鱼独特的盾鳞结构有助于将黏液分泌到体表最需要的位置，提高了黏液利用率。

建立真实的鲨鱼皮模型对于探究鲨鱼皮减阻机理有重要意义，以真实鲨鱼表皮为模板建立的鲨鱼鳞片三维抽象模型如图 3.10(a)所示。仿鲨鱼复合减阻结构的纳米长链减阻界面是通过水性环氧树脂乳液与聚丙烯酰胺的接枝共聚合成的。接枝共聚是高分子化学改性的主要方法之一，是指在大分子链上通过化学键结合适当的支链或功能性侧基的反应，所形成的产物称为接枝共聚物。采用功能基反应法将水性双酚 A 环氧树脂乳液与聚丙烯酰胺进行接枝反应，其机理是：聚丙烯酰胺中一部分酰胺基团与水性环氧乳液中的环氧基团反应，使环氧基团开环生成羟基(—OH)。将高聚物与水性环氧树脂的共聚体浇注到鲨鱼皮形貌阴模板上，待共聚体固化后经弹性脱模即可获得兼具纳米长链减阻界面与微米沟槽形貌的仿鲨鱼复合减阻结构，如图 3.10(b)所示。

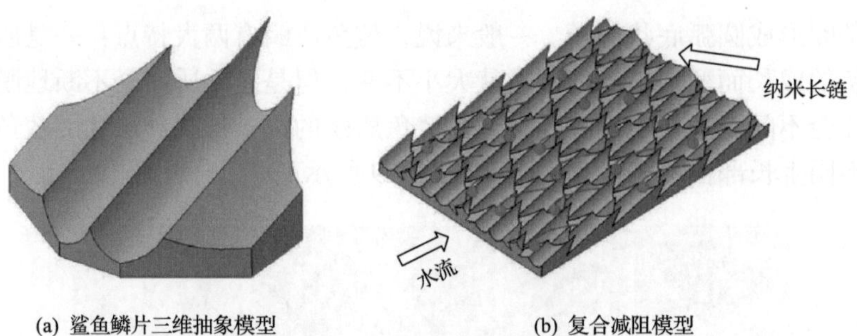

(a) 鲨鱼鳞片三维抽象模型 (b) 复合减阻模型

图 3.10 鲨鱼鳞片三维抽象模型与复合减阻模型

3.2.2 鲨鱼皮减阻效应理论问题

1. 二次涡减阻机理

鲨鱼盾鳞的几何形状参数与其功能特点直接相关，找出这些形貌几何特点与减阻性能之间的关系，是研究仿鲨鱼皮减阻的关键之一。目前国际上关于鲨鱼皮表面盾鳞沟槽减阻机理的认识还并未统一，但最有影响力的是 Bacher 和 Smith 于 1985 年提出的“二次涡”理论。Bacher 和 Smith 认为，沟槽尖峰与流体的作用形成了与流向涡旋转方向相反的流向二次涡，流向二次涡不仅能减弱流向涡的强度，而且能使沟谷处的流体能保持低速安静。本书利用数值模拟计算也证实了流向二次涡的存在，图 3.11 反映了光滑表面和鲨鱼皮表面流向涡的分布情况，可以看出，在鳞片沟槽内形成了小的流向二次涡，而且小的二次涡的旋转方向与主流区的流

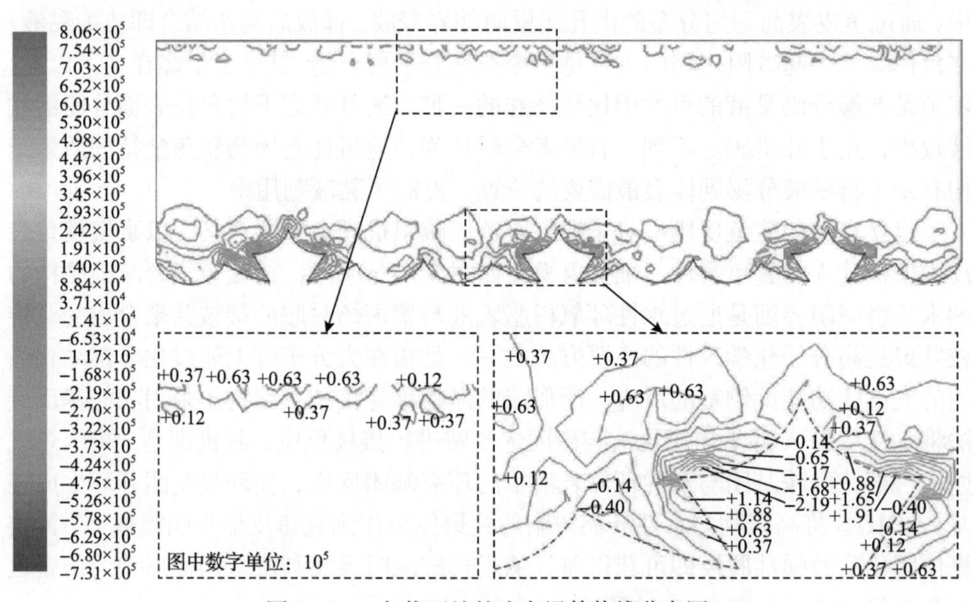

图 3.11 x 向截面处的流向涡等值线分布图

向涡的旋转方向相反，而在光滑表面附近没有产生流向二次涡。二次涡仅仅停留在沟槽尖顶附近区域，对沟槽中上部和沟槽谷底区域几乎不产生影响，沟槽谷底流体运动非常安静。

仿鲨鱼皮形貌与简化直沟槽形貌的主要区别除了表面的沟槽外，鲨鱼皮形貌的鳞片有一定的倾角，两个鳞片间形成了楔槽结构。图3.12为仿鲨鱼皮模型y向截面的速度分布图，由图可知鳞片与流场相互作用，在鳞片下部的楔槽中形成稳定的低速漩涡。这些涡的大小、形状和位置基本相同，并且这些涡的上部与来流方向相同，在涡的下部与之相反，呈顺时针方向；这些涡稳定在鳞片下部，没有向周围扩散，相互之间无影响，形成了展向二次涡。这些展向二次涡使鳞片表面出现了反向流动的液体，从而使得鳞片表面部分区域的流向剪应力出现负值，因此降低了鲨鱼皮形貌的壁面摩阻。

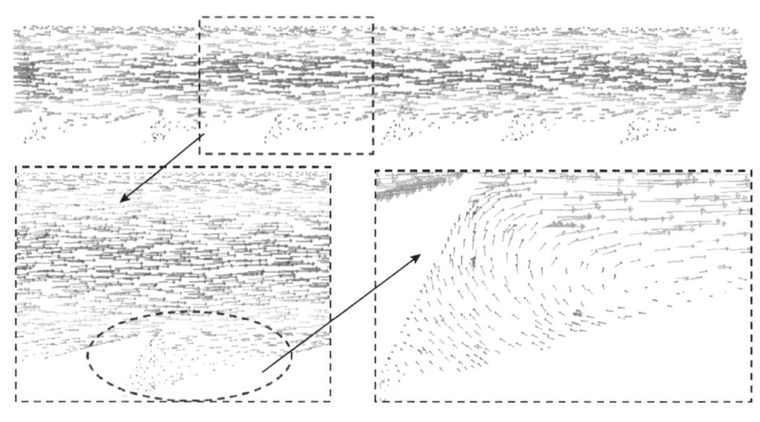

图3.12　y向截面速度分布流线图

综上所述，对鲨鱼皮沟槽形貌的减阻机理概括如下：一方面，鲨鱼鳞片上的沟槽与流向漩涡对相互作用，产生了与流向漩涡对方向相反的流向二次涡(图3.13(a))，缓冲了混合区流体的上冲和下扫运动，并有效削弱了流向漩涡的强度和湍流的运动能量，减小了近壁区的能量损失，从而减小了壁面摩擦阻力；另一方面，鲨鱼鳞片倾角形成的楔槽与流场相互作用产生的展向二次涡也能够缓冲混合区流体的

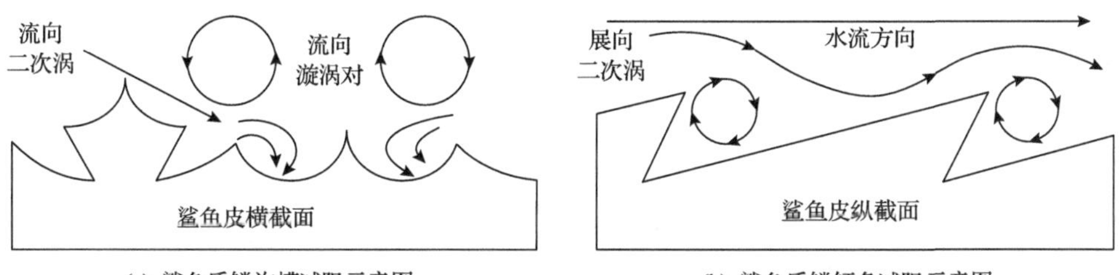

(a) 鲨鱼盾鳞沟槽减阻示意图　(b) 鲨鱼盾鳞倾角减阻示意图

图3.13　鲨鱼盾鳞减阻机理示意图

上冲和下扫运动，进一步减小近壁区的能量损失，并且展向二次涡还能起到类似“滚柱轴承”的润滑作用(图 3.13(b))，使得流场近壁区的黏性底层增厚、速度梯度降低，起到进一步减小壁面摩擦阻力的作用。沟槽和倾角两方面的作用相辅相成，形成了鲨鱼皮表面优异的减阻性能。

根据表面形貌减阻的特点，表面形貌的尺度和形状都会对减阻率产生影响。因此，研究仿鲨鱼皮形貌几何参数对减阻效果的影响，对制造高效能仿鲨鱼皮减阻形貌有重要意义。仿鲨鱼皮形貌的减阻机理与简化直沟槽有很大的相似性，因此在对仿鲨鱼皮形貌的关键参数的研究中，其鳞片表面沟槽的几何参数对减阻效果的影响将沿用直沟槽的基本趋势，再通过后续试验加以证实。一般认为，对于形状确定的沟槽结构，其减阻率与沟槽的无量纲尺寸 s^+ 、h^+ 有关。s^+ 、h^+ 的计算方法如式(3.4)所示：

$$s^+ = \frac{sU}{\nu}\sqrt{\frac{C_\mathrm{f}}{2}},\ \ h^+ = \frac{hU}{\nu}\sqrt{\frac{C_\mathrm{f}}{2}} \tag{3.4}$$

式中，s 和 h 分别为沟槽宽度和高度，如图 3.14 所示；U 为来流速度；ν 为介质的运动黏度；C_f 为摩阻系数，对于管道内流动，其计算公式为

$$\begin{aligned}
&C_\mathrm{f} = \frac{1.328}{\sqrt{Re}} && \left(Re < 5\times10^5，流动为层流\right)\\
&C_\mathrm{f} = \frac{0.0742}{Re^{1/5}} - \frac{1740}{Re} && \left(5\times10^5 \leqslant Re \leqslant 1\times10^7，流动包括层流与湍流\right)\\
&C_\mathrm{f} = \frac{0.0742}{Re^{1/5}} && \left(5\times10^5 \leqslant Re \leqslant 1\times10^7，略去层流段的影响，流动视为湍流\right)\\
&C_\mathrm{f} = \frac{0.455}{(\lg Re)2.58} - \frac{1700}{Re} && \left(5\times10^5 \leqslant Re \leqslant 1\times10^9，流动含有层流段的影响\right)
\end{aligned} \tag{3.5}$$

其中，Re 为雷诺数，$Re=UL/\nu$ ，L 为物体的几何特征尺寸。

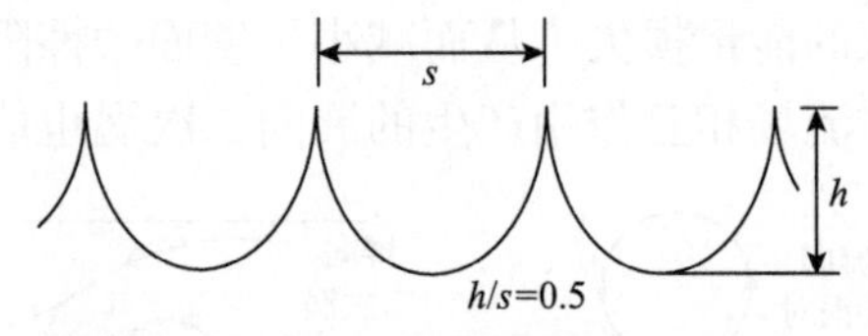

图 3.14　鲨鱼沟槽结构截面尺寸关系

对于形状确定的沟槽，只有当沟槽尖部伸出到黏性底层之外时才开始发挥减阻作用，黏性底层的无量纲高度为 $y^+\approx5$；当沟槽尖部位于湍流强度的峰值平面上时，沟槽发挥的减阻作用最大，峰值平面的无量纲高度 $y^+\approx12$；当沟槽尖部的高度超过峰值平面高度的 2 倍时，沟槽的减阻作用丧失。故当沟槽无量纲高度 h^+为

5～12 时，减阻率随水流速度增加而逐渐上升，直到 h^+≈12 时，减阻率达到最大。沟槽的减阻率随无量纲宽度变化的曲线称为沟槽的固有减阻特征曲线，不同形状沟槽的固有减阻特征曲线可能有所差别，但变化趋势基本相同。图 3.15 为直沟槽的固有减阻特性，由图可知，如果要使直沟槽处于有效减阻状态(DR>5%)，需要直沟槽的 s^+保持在 10～25 范围内。由式(3.4)可知，决定沟槽无量纲宽度 s^+的基本变量有 4 个：沟槽宽度 s、来流速度 U、介质的运动黏度 ν 以及航行器特征尺寸 L。其中 s 为沟槽的特征参数，其他三个变量为航行器的应用条件。这意味着某一尺度的直沟槽在某一航行器上应用时对应着一个有效减阻速度区间，由于仿鲨鱼皮形貌的减阻机理与简化直沟槽有很大的相似性，仿鲨鱼皮形貌的变化趋势应与直沟槽相似，都应该对应一个有效减阻速度区间，当然这一点需要通过对仿鲨鱼皮形貌的减阻测试试验才能证明。

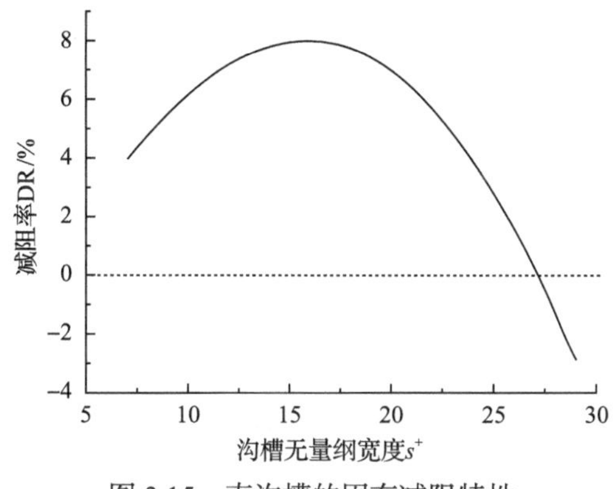

图 3.15　直沟槽的固有减阻特性

2. 高分子长链减阻

对于单纯的减阻剂高分子长链，其减阻机理与沟槽结构不同。高分子长链处于层流或时均速度梯度不为零的湍流中时，如果长链两端时均速度不同，那么长链将向使两端速度差减小的方向旋转，最终倾向于平衡在与管流平行的位置处。该过程称为对高分子长链的扭转定向作用，其示意图如图 3.16 所示。

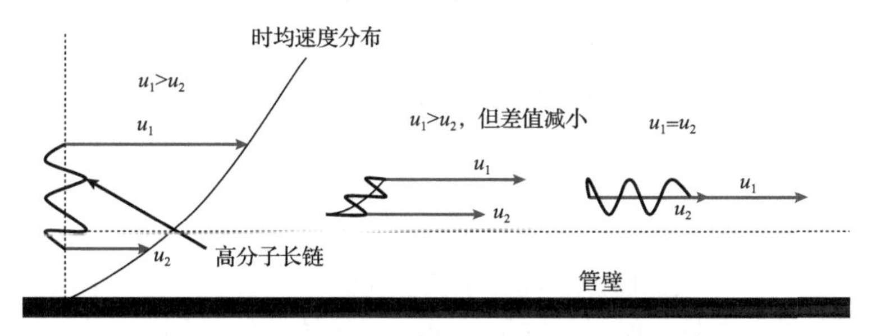

图 3.16　时均速度差将高分子长链定向在管流方向

通常，高分子长链仅在速度梯度和湍流径向脉动都较强烈的过渡层及与之相邻的少部分对数律层中起明显的减阻作用。在湍流核心区，虽然湍流脉动强烈，但时均速度梯度很小或为零，对高分子长链的定向作用很弱；而在黏性底层，速度梯度虽然较大，湍流脉动或湍流附加应力却很小。因此，在这两个区域，高分子长链的减阻作用比较微弱。在过渡层及少部分对数律层中，时均速度梯度将高分子长链定向在管流方向，速度梯度越大，定向作用越强。被定向的长链减弱流体微团的径向脉动，减小湍流附加应力，致使该区域时均速度梯度显著增大。高分子长链作用的结果：一方面使过渡层及少部分对数律层的速度分布曲线变陡，接近于直线或抛物线，现象上表现为“黏性底层变厚”；另一方面，湍流核心区及大部分对数律层的速度普遍得到提高，表现为减阻或增阻。

如图 3.16 所示的纳米长链减阻界面上的长链绝大部分固着在基底表面，而不随流体流失。这种固着在表面上的长链大部分处于黏性底层内，少部分可以伸入到过渡层中参与减阻。因此，对于纳米长链减阻蒙皮，当水流速度较低时，湍流脉动较弱，大部分处于黏性底层的长链无法发挥减阻作用，反而由于长链上亲水基团对水流产生的牵制作用而表现出增阻现象；随着水速增加，湍流脉动变强，黏性底层减薄，部分原本位于黏性底层内的长链伸入到过渡层中，发挥的减阻作用增强，抑制了部分湍流脉动，表现出一定的减阻作用。

3. 复合减阻机理

仿鲨鱼复合减阻结构由微米沟槽形貌与纳米长链减阻界面构成。根据减阻机理，建立的仿鲨鱼复合减阻结构模型如图 3.17 所示。

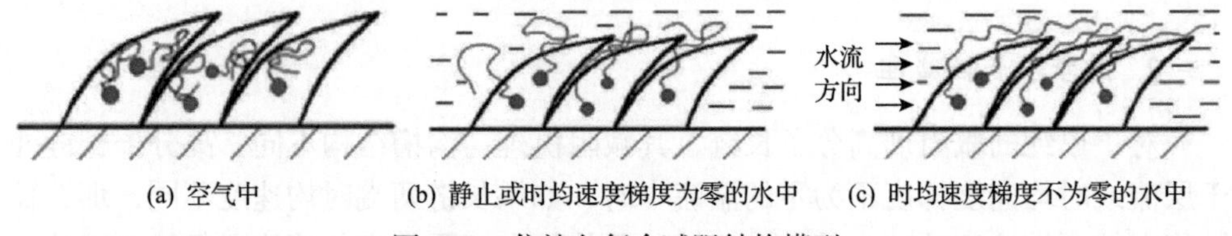

(a) 空气中　(b) 静止或时均速度梯度为零的水中　(c) 时均速度梯度不为零的水中

图 3.17　仿鲨鱼复合减阻结构模型

当仿鲨鱼复合减阻结构置于空气中时，沟槽结构表面接枝的纳米减阻剂高分子长链呈团聚状态附着在沟槽表面，如图 3.17(a)所示；当复合减阻结构置于静止或各部分水速之间无速度差的水流中，抑或是时均速度梯度为零的湍流中时，由于高分子长链具有大量酰胺基、羟基等亲水基团，而在水中逐渐伸展。但由于各部分流体间不存在速度差，彼此位置相对稳定，长链与流体相对静止，处于各向同性状态，如图 3.17(b)所示；如果将复合减阻结构置于层流或时均速度梯度不为零的湍流中，由于存在速度差，高分子长链在流体带动下倾向于平衡在与管径垂直、管轴平行的位置处，如图 3.17(c)所示。对于仿鲨鱼复合减阻结构，其纳米长链接枝在沟槽结构表面，在有效减阻速度区间，接枝在沟槽结构上的长链比单纯的纳米长链减阻界面上接枝的长链更容易伸入到过渡层中，发挥减阻作用。

参 考 文 献

Bacher E, Smith C R. 1985. A combined visualization-anemometry study of the turbulent drag reducing mechanisms of triangular micro-groove surface modifications[C]. Shear Flow Control Conference: 548.

Bora M, Kottapalli A G P, Miao J M, et al. 2018. Sensing the flow beneath the fins[J]. Bioinspiration & Biomimetics, 13 (2): 025002.

Chen H W, Zhang X, Che D, et al. 2014. Synthetic effect of vivid shark skin and polymer additive on drag reduction reinforcement[J]. Advances in Mechanical Engineering, 6: 425701.

Coombs S, Görner P, Münz H. 1989. The Mechanosensory Lateral Line: Neurobiology and Evolution[M]. New York: Springer.

Coombs S, van Netten S. 2005. The Hydrodynamics and Structural Mechanics of the Lateral Line System[M]//Fish Physiology. Amsterdam: Elsevier: 103-139.

Engelmann J, Hanke W, Mogdans J, et al. 2000. Hydrodynamic stimuli and the fish lateral line[J]. Nature, 408 (6808): 51-52.

Flock A, Wersäll J. 1962. A study of the orientation of the sensory hairs of the receptor cells in the lateral line organ of fish, with special reference to the function of the receptors[J]. The Journal of Cell Biology, 15 (1): 19-27.

Han X, Zhang D Y, Li X, et al. 2008. Bio-replicated forming of the biomimetic drag-reducing surfaces in large area based on shark skin[J]. Science Bulletin, 53 (10): 1587-1592.

Jiang Y G, Fu J C, Zhang D Y, et al. 2016. Investigation on the lateral line systems of two cavefish: *Sinocyclocheilus Macrophthalmus* and S. *Microphthalmus* (Cypriniformes: Cyprinidae) [J]. Journal of Bionic Engineering, 13 (1): 108-114.

Jiang Y G, Ma Z Q, Zhang D Y. 2019. Flow field perception based on the fish lateral line system[J]. Bioinspiration & Biomimetics, 14 (4): 041001.

Jiang Y G, Zhao P, Ma Z Q, et al. 2020. Enhanced flow sensing with interfacial microstructures[J]. Biosurface and Biotribology, 6 (1): 12-19.

Ma Z Q, Herzog H, Jiang Y G, et al. 2020a. Exquisite structure of the lateral line system in eyeless cavefish *Sinocyclocheilus tianlinensis* contrast to eyed *Sinocyclocheilus macrophthalmus* (Cypriniformes: Cyprinidae) [J]. Integrative Zoology, 15 (4): 314-328.

Ma Z Q, Jiang Y G, Wu P, et al. 2019. Constriction canal assisted artificial lateral line system for enhanced hydrodynamic pressure sensing[J]. Bioinspiration & Biomimetics, 14 (6): 066004.

Ma Z Q, Xu Y H, Jiang Y G, et al. 2020b. BTO/P (VDF-TrFE) nanofiber-based artificial lateral line sensor with drag enhancement structures[J]. Journal of Bionic Engineering, 17(1): 64-75.

McConney M E, Anderson K D, Brott L L, et al. 2009. Bioinspired material approaches to sensing[J]. Advanced Functional Materials, 19(16): 2527-2544.

McHenry M J, van Netten S M. 2007. The flexural stiffness of superficial neuromasts in the zebrafish (*Danio rerio*) lateral line[J]. Journal of Experimental Biology, 210(23): 4244-4253.

Montgomery J, Coombs S, Janssen J. 1994. Form and function relationships in lateral line systems: Comparative data from six species of Antarctic notothenioid fish[J]. Brain, Behavior and Evolution, 44(6): 299-306.

Raschi W, Musick J. 1984. Hydrodynamic aspects of shark scales[R]. Washington: NASA.

Rosen M W, Cornford N E. 1971. Fluid friction of fish slimes[J]. Nature, 234(5323): 49-51.

Schlichting H. 1979. Boundary-layer Theory[M]. New York: Springer.

Schmitz A, Bleckmann H, Mogdans J. 2008. Organization of the superficial neuromast system in goldfish, *Carassius auratus*[J]. Journal of Morphology, 269(6): 751-761.

Teyke T. 1990. Morphological differences in neuromasts of the blind cave fish *Astyanax hubbsi* and the sighted river fish *Astyanax mexicanus*[J]. Brain, Behavior and Evolution, 35(1): 23-30.

Walsh M J. 1983. Riblets as a viscous drag reduction technique[J]. AIAA Journal, 21(4): 485-486.

Windsor S P, Tan D, Montgomery J C. 2008. Swimming kinematics and hydrodynamic imaging in the blind Mexican cave fish (*Astyanax fasciatus*)[J]. Journal of Experimental Biology, 211(18): 2950-2959.

Yoshizawa M, Jeffery W, van Netten S, et al. 2013. The sensitivity of lateral line receptors and their role in the behavior of Mexican blind cavefish (*Astyanax mexicanus*)[J]. Journal of Experimental Biology, 217: 886-895.

第 4 章　生物微纳界面减摩、增摩结构表征

4.1　猪笼草减摩界面结构表征及其理论问题

黏着经常发生于两相互接触固体之间的固-固界面。减黏和减摩是很多工程界面的核心课题。常见的减黏或者减摩方法主要分为两类：采用具有低表面能的材质和在表面上构筑粗糙织构。尽管这两种方式都能实现一定程度的减黏或者减摩，但是在很多工况下，这种效应存在不稳定、易失效的特征。从接触本质来分析其原因可以看到，这两种方式虽然一定程度上减弱了接触黏着的程度，但并没有避免固-固接触的本质特征。自然界中的一些典型生物，如猪笼草，进化出了一些独特的防粘减摩方式：利用液膜实现防粘减摩。本节尝试表征这种防粘减摩效应，揭示其内在机理，以期为仿生减黏和减摩提供新思路。

4.1.1　猪笼草减摩结构及其参数模型

热带植物翼状猪笼草生长在贫瘠的土地上，为了适应环境而生存，这种植物进化出了一种独特的器官——捕虫笼。捕虫笼能够捕食昆虫，吸收昆虫的养分，来弥补土地的贫乏供给。如图 4.1(a)所示，捕虫笼具有四个独特的区域：笼盖、口缘、蜡质区和消化区。笼盖能够保护捕虫笼，使它避免被淋入过多的雨水。消化区内壁上存在着大量的消化腺体。这些腺体可以分泌消化液，这种黏稠的消化液对昆虫有麻痹作用，当昆虫从湿滑的口缘表面滑进捕虫笼之后，消化液会麻痹并杀死昆虫，之后逐渐消化昆虫，并吸收其养分，达到捕食昆虫获得营养的目的。口缘是捕虫笼捕获昆虫的地方。当昆虫在被水润湿的口缘上攀爬时，其会滑落进捕虫笼而被捕获。口缘具有两级沟槽及微孔结构(图 4.1(b))。蜡质区具有各向异

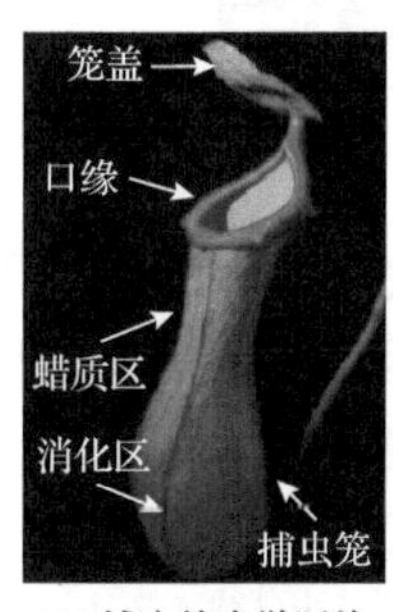

(a) 捕虫笼光学照片

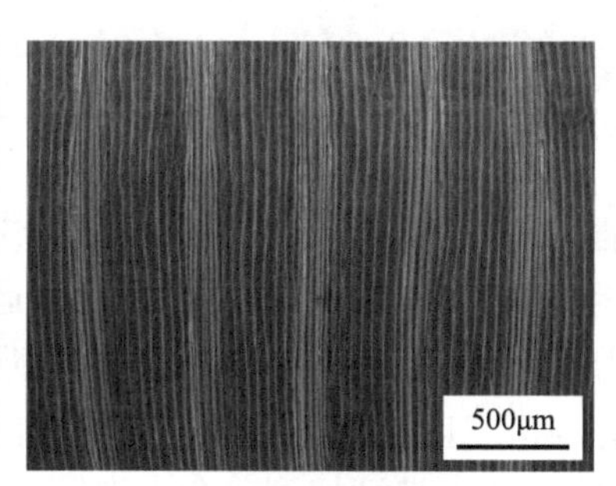

(b) 口缘SEM图像

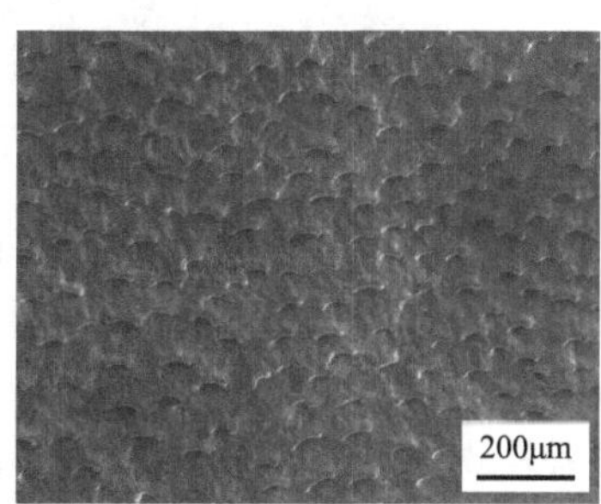

(c) 蜡质区SEM图像

图 4.1　猪笼草捕虫笼及各功能区

性朝向捕虫笼内部的新月结构，而且其上分布有两层纳米级蜡质结构，这种两级复合结构能够阻碍捕食的昆虫从捕虫笼内逃脱。口缘和蜡质区是猪笼草体表减黏和减摩的区域，本节将详细表征它们的结构和功能。

研究人员发现，猪笼草的口缘能够被雨水、露水、高湿度空气及口缘边缘腺体分泌的液体完全润湿。口缘被润湿后会形成一层液膜。当昆虫在液膜上爬行时会因湿滑而落入捕虫笼中。进一步的研究发现，液膜在形成过程中存在着动态的液体单方向搬运现象。如图4.2所示，当一滴水落在口缘表面上时，液滴会快速地由口缘内侧向口缘外缘铺展，进而完全润湿口缘。这种独特的液体润湿现象显著有利于昆虫的捕食。对比研究发现，昆虫捕食效率取决于口缘的润湿程度。捕虫笼捕食昆虫主要发生在早晨或者雨水之后，而在这些时间口缘是被完全润湿的。当口缘是干燥时，捕虫笼并不具有捕食昆虫的能力。由此可以得到结论，口缘被雨水等其他水分润湿而产生湿滑的液膜，当昆虫在湿滑液膜上爬行时会落入捕虫笼而被捕获。

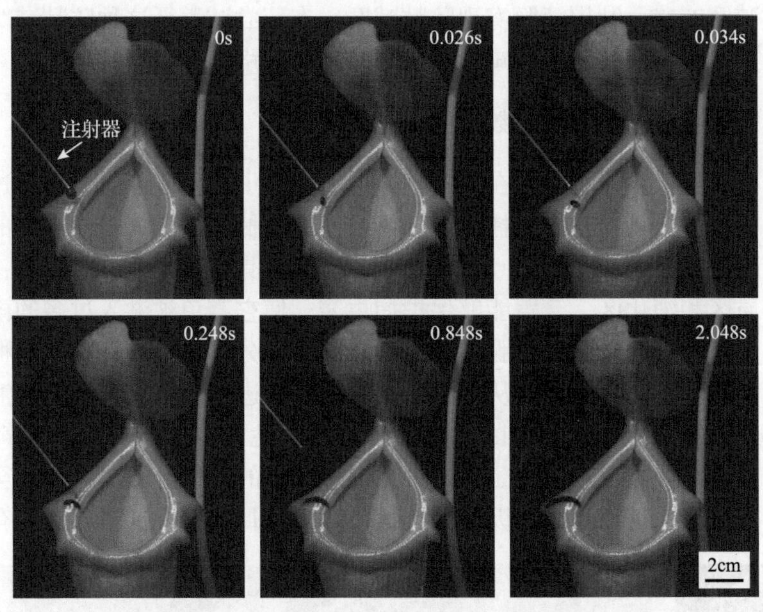

图 4.2　液体在口缘表面的单方向搬运现象

进一步观察证明这种液体铺展是一种附着于表面结构上的快速单向搬运。具体而言，滴加在口缘上的水滴能够由口缘内缘在几秒钟之内搬运到口缘外缘，但是不能从口缘外缘搬运到口缘内缘。当使用显微镜观察这种微观运动过程时，研究者发现水的搬运被局限于大的沟槽之内，且在每个大沟槽之内的搬运是相互独立的，如图 4.3(a)所示。当更小的一滴水被滴加到单个大沟槽之内时(图 4.3(b))，液体迅速沿着朝向口缘外缘的方向铺展，而液膜底端(下方虚线框标注)基本不动，这种单方向的搬运铺展非常快速而明显。图 4.3(c)是(b)中最右侧液面顶部的放大图像(图 4.3(b)上方虚线标注)，可以看到，在液体沿着大沟槽搬运的过程中，大沟槽内的液体运动又存在于二级小沟槽内，且这种小沟槽内的运动在液面顶端也不存在相互接触，即相互独立。由此可以看到，液体在口缘表面上的快速连续搬运的本源来自于二级小沟槽内的液体搬运。

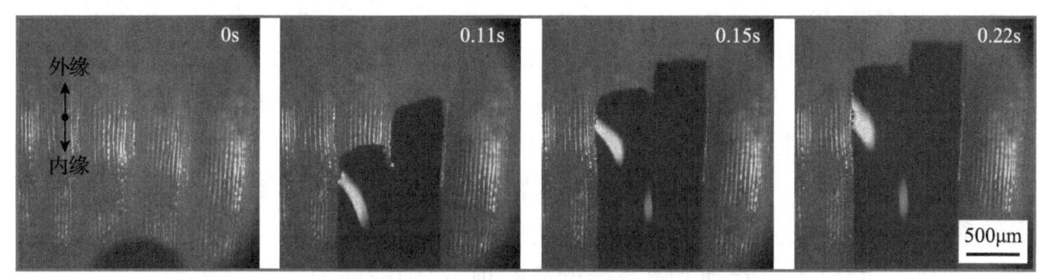

(a) 液体在并列两个大沟槽内的搬运时间截图

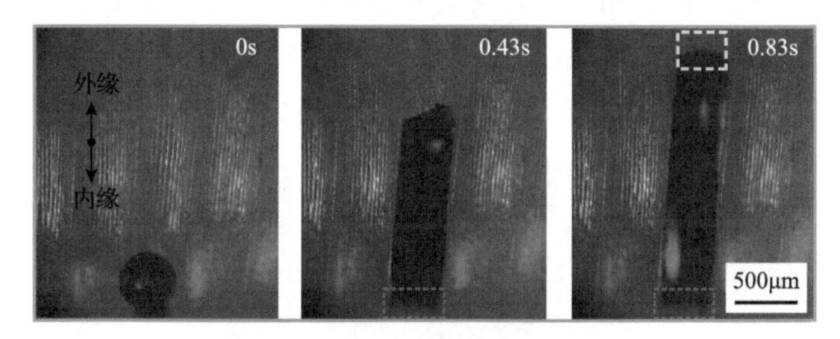

(b) 液体在单个大沟槽内的搬运时间截图

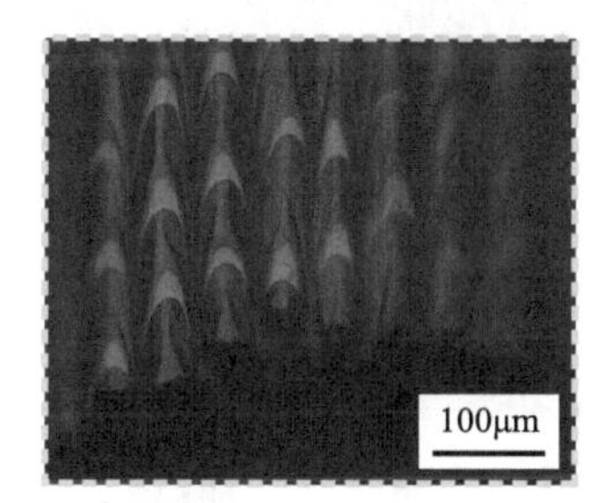

(c) 液体在一级大沟槽搬运时的液面顶部局部放大图像

图 4.3　液体在一级大沟槽内的搬运

这种“水往高处流”的现象明显对立于因重力引起的“水往低处流”。自然界中的很多生物在亿万年的进化之后拥有了具有特殊结构的表面，而这些表面结构能够产生特殊的毛细现象，影响液体在表面上的运动。例如，著名的集水蜘蛛丝，锥形结构能够产生梯度拉普拉斯毛细压力，形成集水效应。为了分析口缘表面的这种有趣的液体运动现象，需要深入表征口缘表面的结构。口缘表面分布着两级沟槽和微米级鸭嘴状斜孔的多级结构(图 4.4(a))，两级沟槽沿着口缘由内向外的方向呈散射分布，其中一级沟槽宽度 L_1 大约为 500μm，二级沟槽分布在一级沟槽内，宽度 L_2 大约为 50μm。图 4.4(b) 为一级沟槽底部局部放大图像，可以清晰地看到，在二级沟槽底部分布有朝向一致的鸭嘴状斜孔结构，这些斜孔结构具有弧形的外缘，外缘渐变消失在二级小脊上，且这些外缘结构为层叠式分布，形成了连续重叠的结构特征。图 4.4(c) 为鸭嘴状斜孔结构的纵截面图像，显示这些斜孔为盲孔，且孔的外缘薄而尖锐。图 4.4(d) 中左侧为朝向斜孔内侧的一系列切片，可以看出，随着逐渐接近孔内部，孔的上盖与底面形成的楔形夹角逐渐减小(图中虚线标注的角度)；从横截面可以明显看出鸭嘴状变形孔结构的重叠效应(图中箭头标注的位置)，在沿着上一个斜孔结构还没有切到孔顶部时，下一个斜孔结构的外缘位置已经出现。为了明确表示这种特殊的结构特征，图 4.4(d) 中右侧画出了其示意图。将这种夹角特征与夹角所在的楔形孔空间位置一同绘制在一张图内(图 4.4(e))，明显可以看到，随着接近孔的顶端(图中插图里的虚线为斜孔的弧形内缘轮廓)，斜孔的楔形夹角具有梯度减小的特征，具体为从大约 90°减小到大约 28°，与之对应的口缘轮廓位置从起始位置到斜孔顶部的距离大约为 110μm。这种梯度楔形夹角特征有利于产生增强的毛细楔形效应，后面将会进行详细分析。

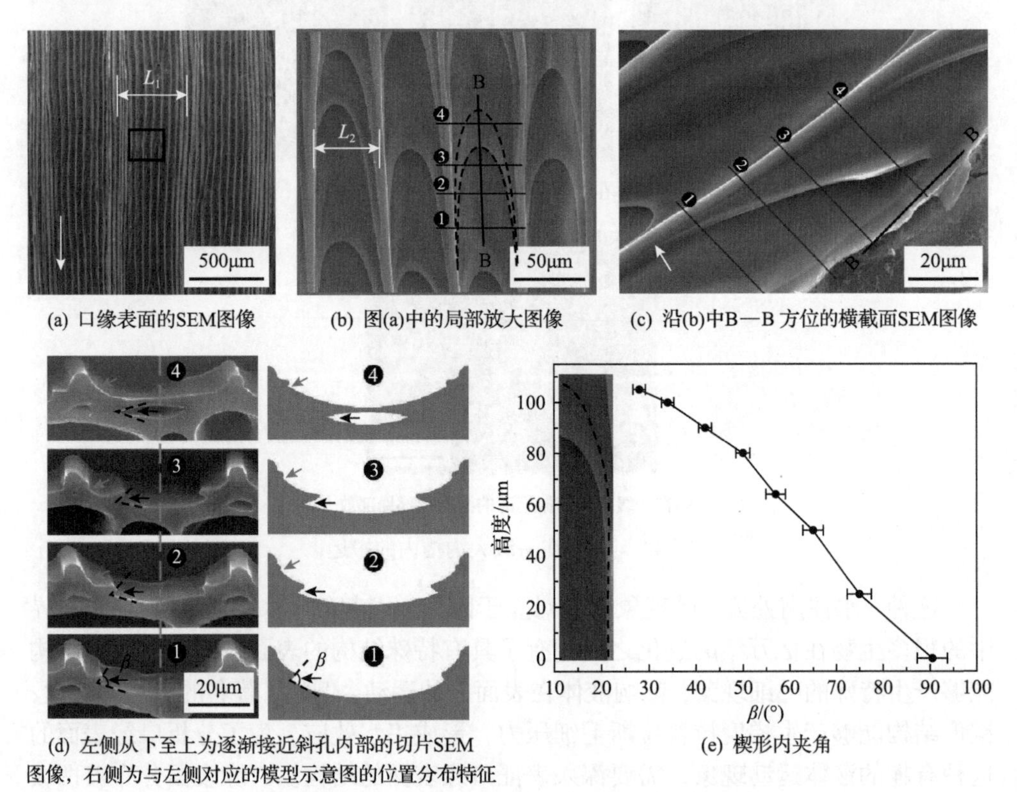

(a) 口缘表面的SEM图像　(b) 图(a)中的局部放大图像　(c) 沿(b)中B—B 方位的横截面SEM图像

(d) 左侧从下至上为逐渐接近斜孔内部的切片SEM图像，右侧为与左侧对应的模型示意图的位置分布特征　(e) 楔形内夹角

图 4.4　猪笼草捕虫笼口缘表面结构

捕虫笼内还存在着另一种通过减摩方式阻碍昆虫逃脱的现象：即使口缘变干，捕虫笼内被捕获的昆虫仍然不能逃脱捕虫笼。捕虫笼捕获的主要昆虫是蚂蚁，蚂蚁能在很光滑的表面上攀爬，如玻璃，但是不能从捕虫笼内逃脱。研究者进一步试验分析了这种减摩防逃脱现象，他们将切掉的只具有蜡质区的捕虫笼扣在试管上，然后在试管内放入一定数量的蚂蚁，如图 4.5(a)所示。试验结果表明，蜡质区具有显著的减弱蚂蚁攀附的作用(图 4.5(b))。对于无捕虫笼覆盖的试管，所有的蚂蚁都能逃脱，对于覆盖有正向放置的捕虫笼，仅有 6%的蚂蚁能够逃脱；对于覆盖有反向放置的捕虫笼，约有 58%的蚂蚁能够逃脱。当将口缘区的蜡质层用氯仿腐蚀掉之后，这两个对应的逃脱比例分别变为 30%和 84%。同样明显地，该试验结果也显示出蜡质区的减摩和减攀附能力受到其表面上蜡质层的影响，并且这种效应具有各向异性的特征。这些效应都需要深入的结构表征来阐释。

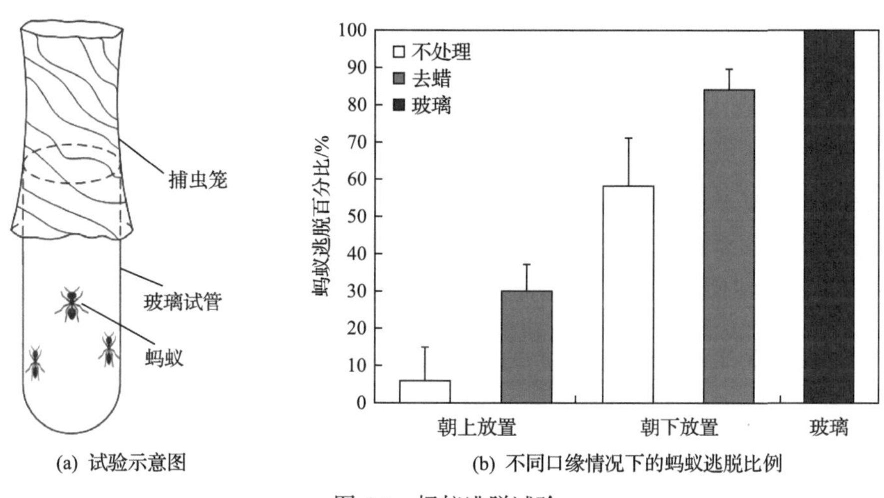

(a) 试验示意图　　(b) 不同口缘情况下的蚂蚁逃脱比例

图 4.5　蚂蚁逃脱试验

SEM 图像显示，不处理的蜡质区分布有大量具有各向异性朝向的新月形结构(结构参数为密度(178.81 ± 27.89) mm^2，长度 L_1 = (63.30 ± 2.62) μm，宽度 W_1 = (15.56 ± 2.86) μm) 和厚密的蜡质层(图 4.6(a))。新月形结构大致朝向捕虫笼底端并具有弧形轮廓和孔洞。在这些新月形结构上方及周围分布有双层蜡质(图 4.6(b))。上层蜡质为片状晶体，分布不规则；下层蜡质具有更大的密度，且垂直于表面分布。这些各向异性朝向的结构与蜡质区的减摩特征具有一致的各向异性，表明新月形结构影响减摩效应。而去除蜡质层的蜡质区结构显示，其表面具有类似的新月形结构(结构参数为长度 L_2 = (43.83 ± 5.08) μm，宽度 W_2 = (9.96 ± 0.99) μm，但是完全不具有纳米级的蜡质层。这种不处理蜡质区和去蜡质层蜡质区的结构区别证明纳米级的蜡质层结构明显有利于蜡质区的减摩防附着效应。

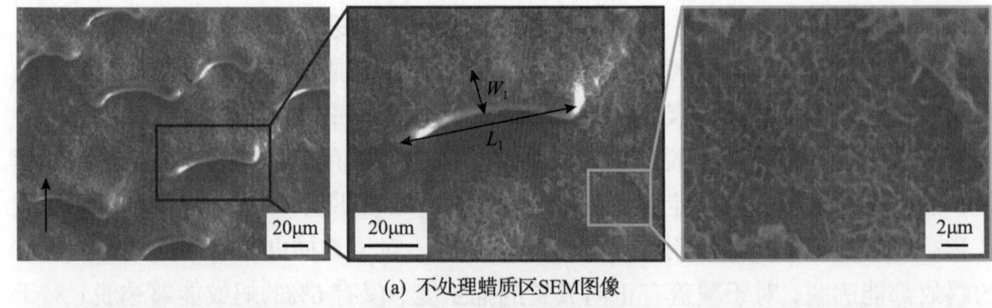

(a) 不处理蜡质区SEM图像

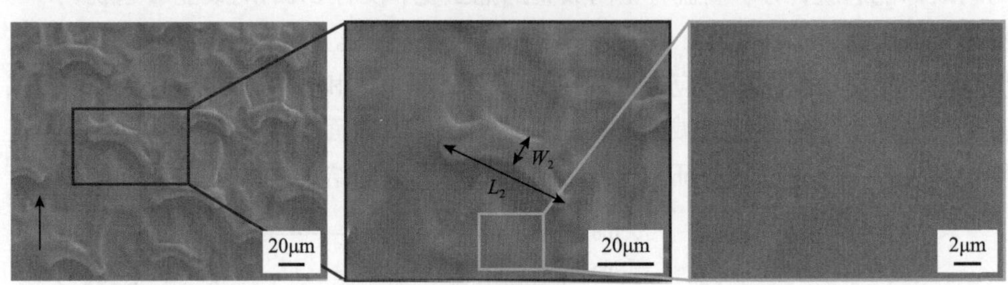

(b) 去蜡质层蜡质区SEM图像

图 4.6　蜡质区 SEM 图像

表面功能通常是表面结构与表面化学性质共同作用的结果。表面化学特征可以通过浸润性和表面化学成分构成来表征。为了更进一步理解口缘和蜡质区表面性质，测量了它们对应的接触角和傅里叶变换衰减全反射红外光谱(attenuated total internal reflectance Fourier transform infrared spectroscopy, ATR-FTIR)。图 4.7 显示，当约 4μL 水滴滴加到口缘表面上时，水滴迅速铺展并完全润湿口缘。这种润湿具有明显的方向性，沿着由口缘内缘朝向口缘外缘的方向。最终液滴完全浸润口缘表面，没有明显的接触角，表明口缘表面具有超亲水性。口缘表面的 ATR-FTIR 光谱显示其具有两个明显的峰值 3360cm^{-1} 和 1650cm^{-1}，而这两个峰值对应的官能团分别是—OH 和 C═O，它们均为亲水官能团，富集亲水官能团是口缘表面超亲水的根本原因。

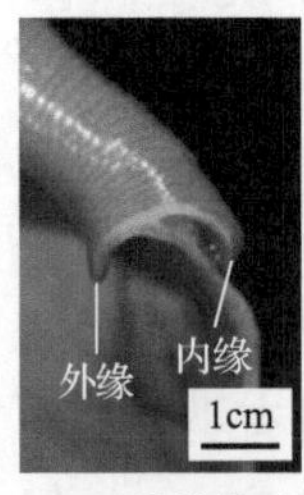

(a) 口缘横截面及其内外缘分布

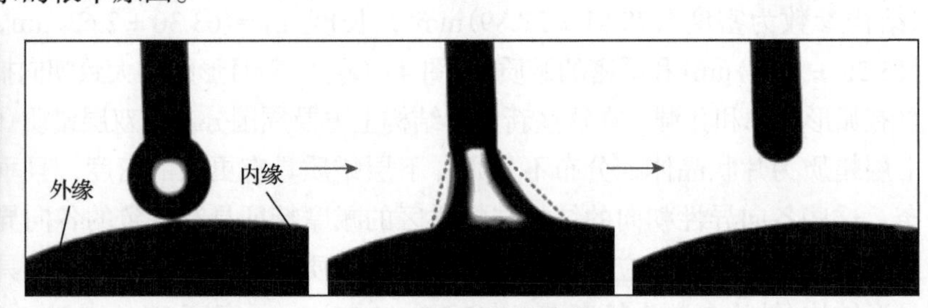

(b) 口缘表面的超亲水性

图 4.7　口缘区表面浸润性

由于蜡质区具有各向异性的表面结构，其浸润性也表现出各向异性的特征。在静态浸润性上，其表现出各向异性超疏水。图 4.8(b)为蜡质区表面垂直于(左侧)和平行于(右侧)新月形结构朝向的静态接触角图像。垂直于新月形结构方向表现为超疏水，接触角可达 153.3°；在平行于新月形结构朝向方向，表观接触角为 140.1°。图 4.8(c)为对应的去蜡之后各方向的接触角，两个方向的接触角差异基本消失，证明两层纳米级蜡质对各向异性超疏水具有决定性影响。另外，在动态浸润性上，其表现出各向异性动态浸润。图 4.8(d)为蜡质区表面逆着(左侧)和顺着(右侧)新月形结构开口方向的水动态接触角图像，方向定义见图 4.8(a)。在开始滚动的时候逆向动态接触角约为 10°，而顺向动态接触角约为 3°。表明蜡质区同样具有各向异性的动态浸润性。图 4.8(e)显示，去蜡之后的各向异性的动

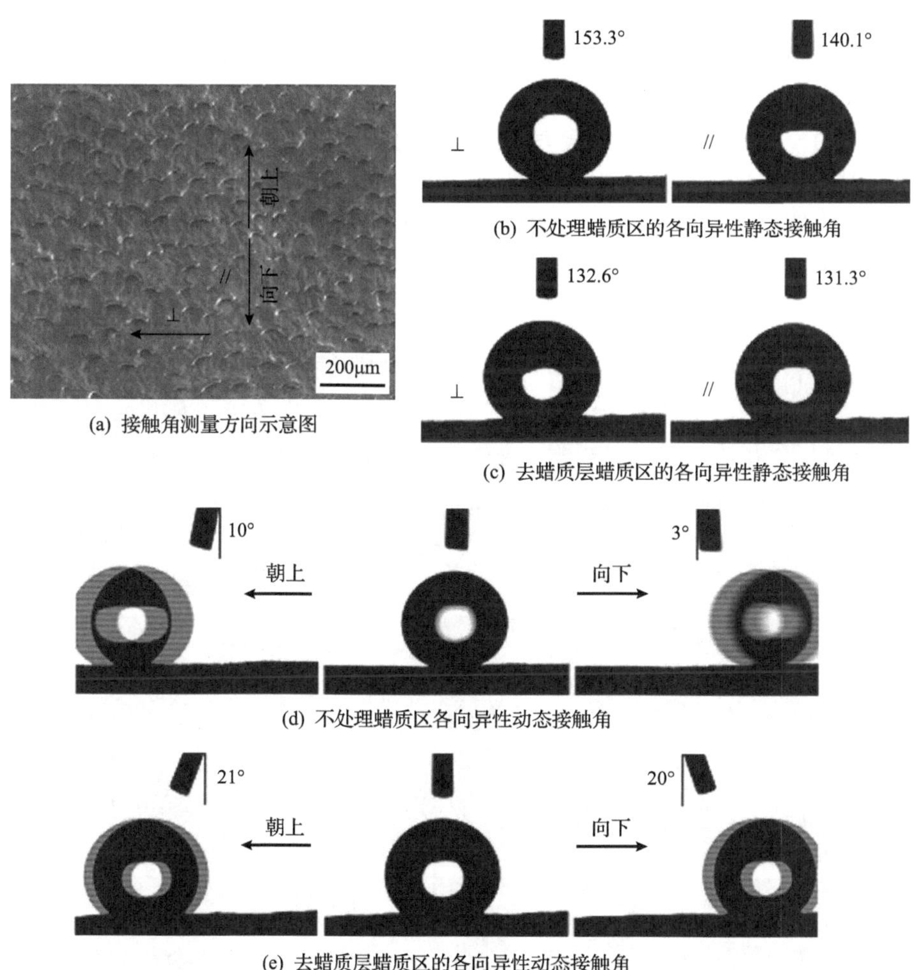

(a) 接触角测量方向示意图

(b) 不处理蜡质区的各向异性静态接触角

(c) 去蜡质层蜡质区的各向异性静态接触角

(d) 不处理蜡质区各向异性动态接触角

(e) 去蜡质层蜡质区的各向异性动态接触角

图 4.8　蜡质区表面浸润性

态浸润性基本消失。这就证明了蜡质区表面的双层蜡质对各向异性的动态浸润性也有决定性影响。蜡质区 ATR-FTIR 显示其具有两个明显的峰值，即 2920cm^{-1} 和 2850cm^{-1}，这两个峰值对应的官能团是 C—H，属于典型的疏水官能团，这是导致蜡质区超疏水的重要原因。

4.1.2　猪笼草减摩效应理论问题

4.1.1 节中，研究人员发现翼状猪笼草口缘表面存在着快速单向的液体搬运现象，这种动态浸润性有利于液膜的形成，进而促进了口缘表面的超湿滑。同时，蜡质区的各向异性结构能够有效减弱昆虫的攀附，有效起到减摩减附着的作用。这两种减摩效应为仿生减摩表面提供了新思路。本节将进一步揭示它们的机理。

对于液体在口缘结构上的搬运，高速摄像机记录了液体在微观结构上的具体搬运过程。当一小滴水滴加到口缘大沟槽之内时，在朝向口缘内侧方向，液体的边缘浸润线在鸭嘴状斜孔处停止铺展，表明液体的搬运被尖锐的斜孔外缘所阻碍(图 4.9(a))。而在朝向口缘外缘方向，液体的浸润线会先沿着斜孔的内楔形夹角处填充斜孔，当斜孔被液体完全填充时，斜孔正前方的液体尚未到达斜孔内部，这样斜孔内填充的液体与斜孔正前方的液体在斜孔前方处汇合(图 4.9(b))。由于斜孔结构是重叠分布的，水在它们之间的连续填充形成了在朝向口缘外缘方向的连续搬运。

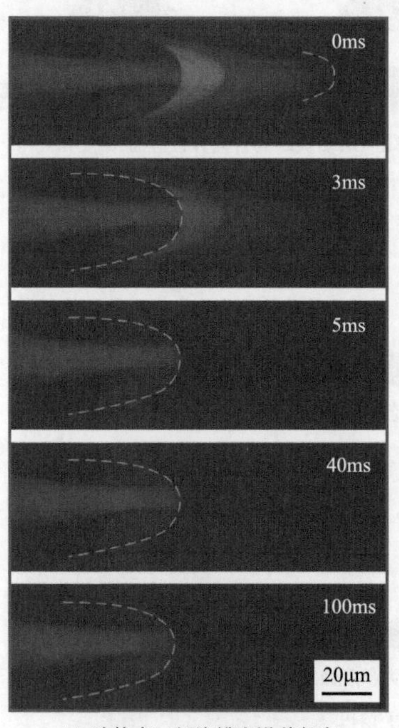

(a) 液体在二级沟槽内沿着朝向口缘内侧运动时的浸润阻碍现象

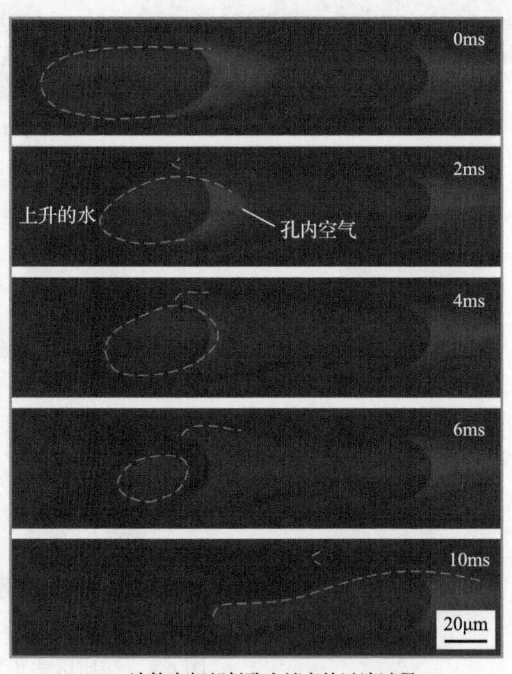

(b) 液体在相邻斜孔内填充的过渡过程

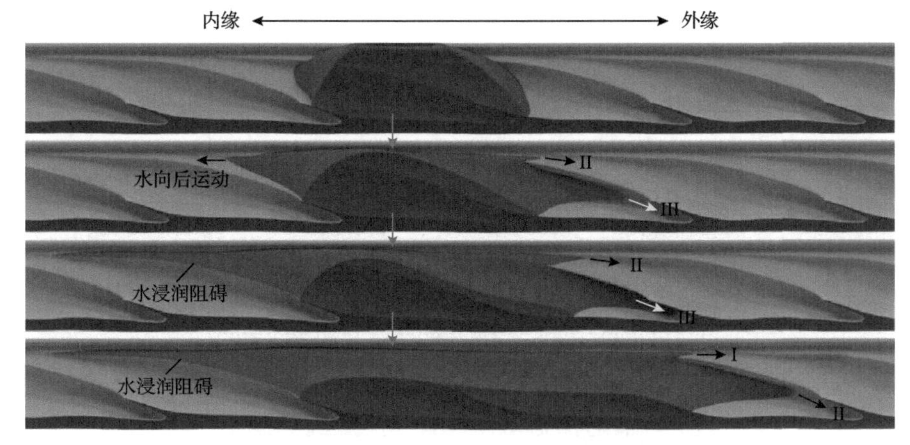

(c) 液体在口缘二级沟槽内的单向快速搬运过程模型

I、II、III 指代三层水，正文 1、2、3 指代三个连续的孔。下层水 III 填孔 1，上层水 II 填孔 2，顶层水 I 填孔 3

图 4.9　液体在二级沟槽内的搬运过程

进一步，这种连续单向的液体搬运模型可以总结如图 4.9(c)所示。这里定义连续的三个孔，为孔 1、2 和 3，分别对应下层水、上层水和顶层水。具体过程：下层水首先填充对应的孔 1；在未完全填充之前，下层水液面厚度已经越过孔 1 的外缘而进入孔 2 的楔形内角处，产生了上层水，填充孔 2；而同样在孔 2 未完全填充之前，上层水越过孔 2 的外缘进入孔 3 的楔形内角处，产生顶层水。这样的连续填充循环实现了液体的连续搬运。与此同时，液体的反向铺展被阻碍在了孔 1 之前的孔外缘处，液体在反向不能搬运铺展。

一个很容易提出的问题是：为什么水在口缘上以如此的方式被搬运？一般来说，被动式的液体搬运由梯度表面能或者梯度表面结构所引起。使用表面能谱(energy dispersive spectroscopy, EDS)对口缘表面的化学成分进行分析显示口缘表面并不存在梯度成分分布。那么，这种特殊的搬运形式可能是由口缘表面的多级结构引起的。

对于一个特定的表面结构，水在其上浸润铺展由其浸润性和结构的拓扑形态决定。4.1.1 节显示口缘表面为超亲水，为了分析超亲水是否是液体搬运的必要条件，需要可调控浸润性的口缘结构来辅助分析。研究人员采用直接复型的方法制备了仿生人工口缘，其具有与天然口缘一致的表面结构。通过采用氧气等离子体处理人工口缘，以处理之后不同的放置时间点对应的不同浸润性为依据，研究人员发现液体在口缘上的搬运大致遵循 65°的浸润分界线。低于 65°能够搬运，高于 65°不能搬运，且在超亲水时具有与天然口缘类似的搬运速度((78 ± 12) mm/s，图 4.10)。该试验验证了表面亲水性是液体在口缘表面快速单向搬运的必要条件。

但是，如果一个表面只有超亲水性，它并不能够实现液体的搬运。由此可见，液体在口缘表面，特别是二级沟槽内的单方向搬运现象主要是由其表面结构造成的。液体的单方向运动可以从两方面来分析：朝向内缘一侧的浸润阻碍和朝

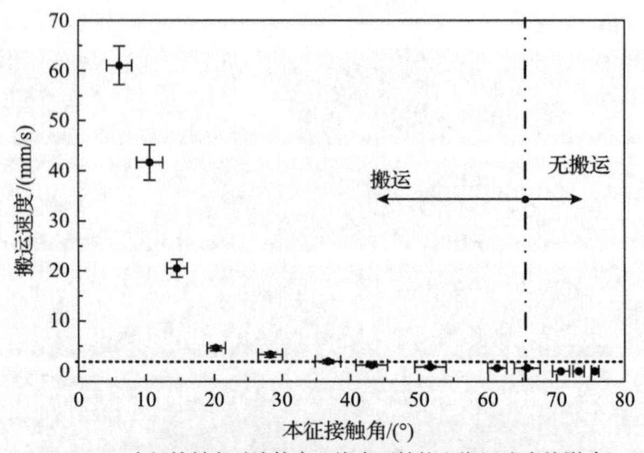

(a) 本征接触角对液体在口缘表面结构上搬运速度的影响

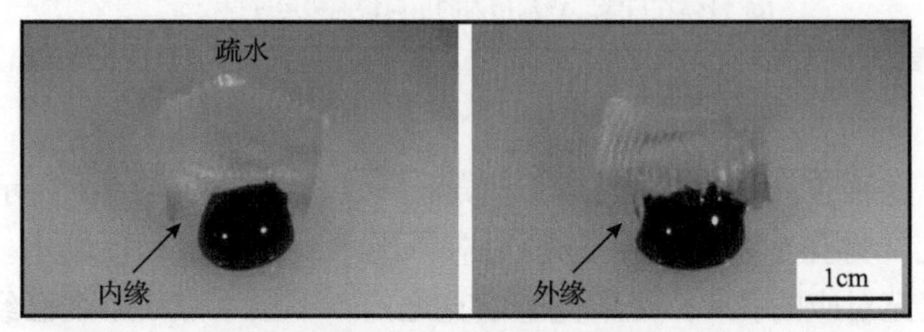

(b) 液体在疏水口缘结构上无搬运

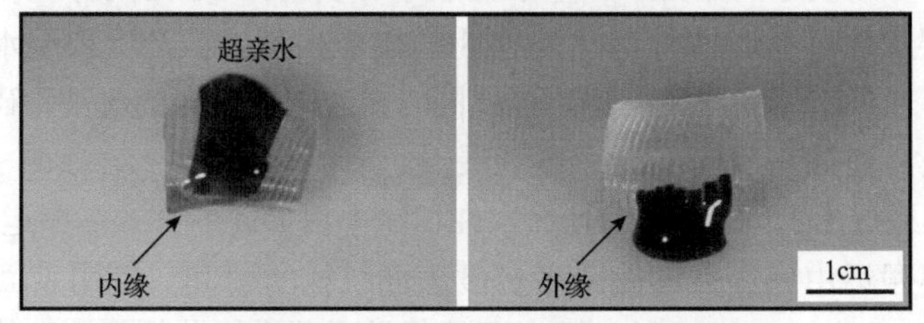

(c) 液体在超亲水口缘结构上有明显的方向性搬运

图 4.10　浸润性对液体搬运的影响

向外缘一侧的快速搬运。对于朝向口缘方向的液体浸润阻碍，动态浸润观测显示液体被口缘结构上的斜孔外缘所阻碍。外缘结构如图 4.11 (a) 所示，其具有弧形轮廓。它的剖面分析显示尖锐外缘的上下面夹角为 2°～8°。当液体在尖锐结构边缘润湿时，其易被结构所阻碍，这由吉布斯不等式决定。具体而言，当液体在一具有夹角 φ 的边缘浸润时，如果液体在边缘位置处的实测接触角 θ 满足吉布斯不等式：

$$\theta_0 \leqslant \theta \leqslant (180° - \varphi) + \theta_0 \tag{4.1}$$

则液体的浸润就会被该外缘阻碍，式中，θ_0 为液体在该表面上的本征接触角。考虑到口缘表面为超亲水，θ_0 约为 0°，实测接触角 θ 只要不大于式 (4.1) 右项即可满足浸润阻碍的条件。由于 φ 为 2°～8°，所以实测接触角 θ 只需满足 172°～178°就能实现液体的浸润阻碍。显然，液体在此边缘处很难达到 172°以上，即液体的浸润铺展很容易被斜孔的尖锐外缘阻碍。即使液体翻过一个外缘，连续分布的外缘结构也能保证在随后阻挡住液体的铺展。因此，斜孔的尖锐外缘保证了口缘表面的液体不能沿着口缘外缘朝向口缘内侧的方向搬运铺展。

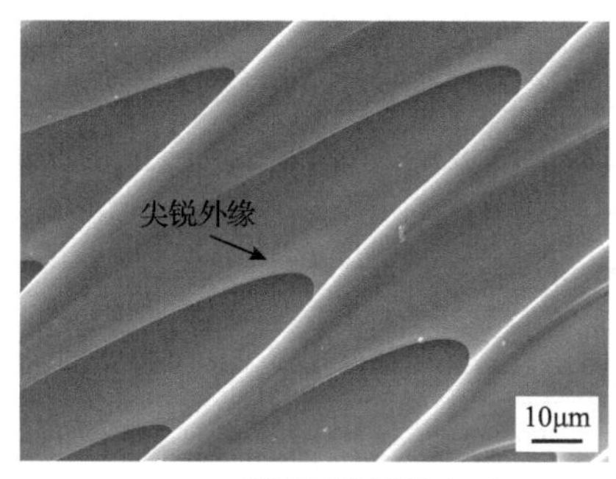

(a) 口缘表面的斜视图　　(b) 斜孔结构的横截面图

图 4.11　鸭嘴状斜孔结构的尖锐外缘

对于朝向口缘外缘的液体搬运，前面的观察显示这是由连续的斜孔填充引起的。对于单个斜孔的填充，可通过记录液体浸润线的位置定量评价其过程，如图 4.12(a)所示。结果显示液体首先快速在斜孔内楔形夹角填充，然后挤出内孔

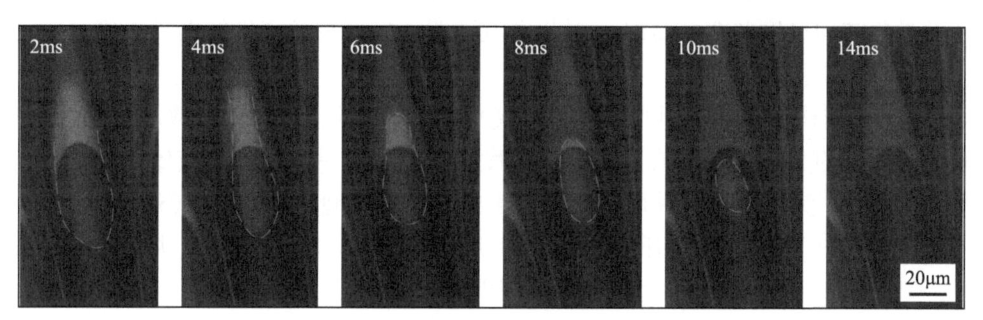

(a) 液体填充单个斜孔结构的时间截图

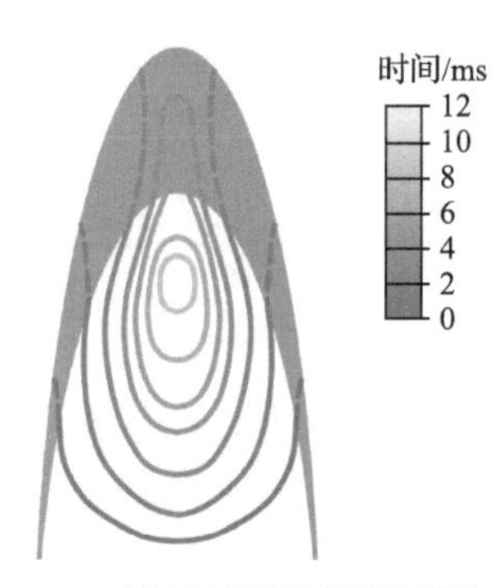

(b) 填充过程液膜顶端边缘随时间的变化过程示意图

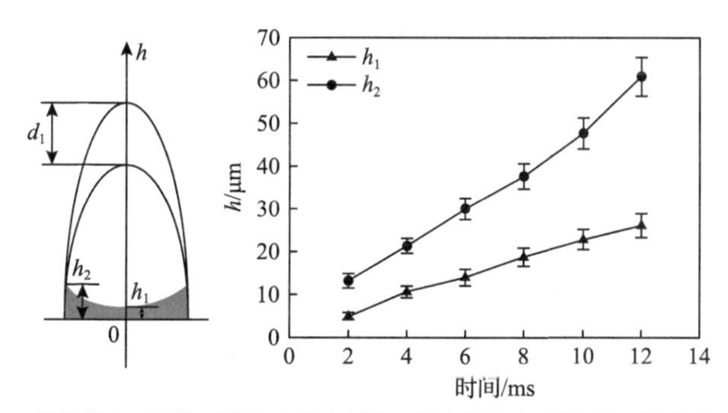

(c) 液体填充时在楔形内夹角处和斜孔正前方处的液面位置与时间的关系

图 4.12　液体填充单个鸭嘴状斜孔结构的过程

中的空气，最后在内孔前方和在二级沟槽中铺展的液体汇合。通过测量各时间点的填充位置，可以得到液体在单个斜孔中的填充模型，如图 4.12(b)和(c)所示。结果更进一步证明，这种朝向口缘外缘快速的液体搬运很大程度上是由斜孔内楔形夹角的毛细浸润所引发的。

这种在斜孔结构内楔形夹角中的填充是一种特殊的毛细现象：泰勒毛细升。具体而言，当液体在两垂直交错的两个亲水板形成的固定内夹角向上铺展时，在满足 $\alpha/2 + \theta < 90°$ 时，液体会沿着夹角板无限地爬升，其中 θ 为表面接触角，α 为张开角。液体沿着夹角边缘的爬升高度 $H_{\mathrm{e}}(x)$ 可以表示为

$$H_{\mathrm{e}}(x) = \frac{2\gamma\cos\theta}{\rho\alpha g x} \tag{4.2}$$

式中，γ、ρ 和 g 分别为表面张力、液体密度和重力加速度。理论来说，液体能够在楔形夹角内缘处无限爬升。假设存在斜孔结构尺度的楔形夹角，选择 x 的数量级为 100μm，取水密度为 $\rho = 1000\mathrm{kg/m^3}$，水表面张力 $\gamma = 72.75\times10^{-3}\mathrm{N/m}$，重力加速度 $g = 10\mathrm{m/s^2}$，则可得到 $H_{\mathrm{e}}(x) \approx 1.455\cos\theta/\alpha\times10^{-1}\mathrm{m}$。即使取浸润角度和张开角度的极值 $\theta = \pi/2$，$\alpha = \pi/2$，得到的 $H_{\mathrm{e}}(x)$ 值的数量级也要大于 $1\times10^{-2}\mathrm{m}$，这高于斜孔结构尺度两个数量级，因此也就证明了楔形夹角产生的泰勒毛细升是远远足够填充斜孔结构的。

此外，结构表征显示斜孔内的楔形夹角存在梯度分布特征，大致从底部的 90°减小到顶部的 28°(图 4.13(a))。这种梯度结构特征进一步增强了液体在楔形夹角中的毛细升。为了分析这种增强效应，给出其简化模型，如图 4.13(b)所示，模型中 α_1 为梯度夹角的底端张开角，α_2 为其顶端张开角。对于液体在此夹角中的毛细升，但满足 $\alpha_1 > \alpha_2$ 时，其对应的 $H_{\mathrm{e}}(x)$ 可以表示为

$$H_{\mathrm{e}}(x) = \frac{2\gamma\cos\theta}{\rho\alpha_1 g x} + \frac{\alpha_1 - \alpha_2}{\alpha_1 h}\frac{4\gamma^2\cos^2\theta}{\rho^2\alpha_1^2 g^2 x^2} + \cdots \tag{4.3}$$

式中，h 为两夹角板的高度。对比式(4.3)和式(4.2)，式(4.2)是式(4.3)在满足 $\alpha_1 = \alpha_2$ 时的特殊情况。梯度楔形夹角满足 $\alpha_1 > \alpha_2$，具有更强的毛细升能力，因而增强了液体在斜孔中的搬运能力。

综上，斜孔结构尖锐外缘对液体的浸润阻碍和斜孔内梯度楔形结构的增强毛细升的协同作用产生了口缘表面快速单向的液体搬运。这种独特的拓扑多级结构给予研究者很大的启发去设计能够实现单向液体搬运的表面。事实上，多种制造方法包括生物复制成形、3D(三维)打印和光刻技术已经被用来制备口缘仿生表面，并取得了显著的成效。然而，回归到猪笼草捕虫笼本身，其口缘液体搬运形

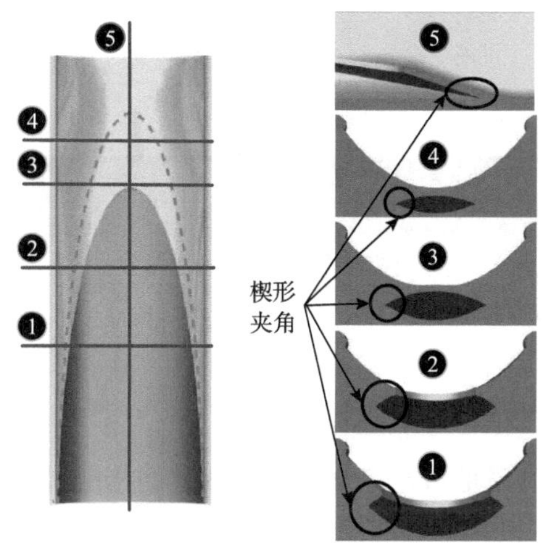

(a) 单个斜孔结构模型及其梯度楔形夹角示意图

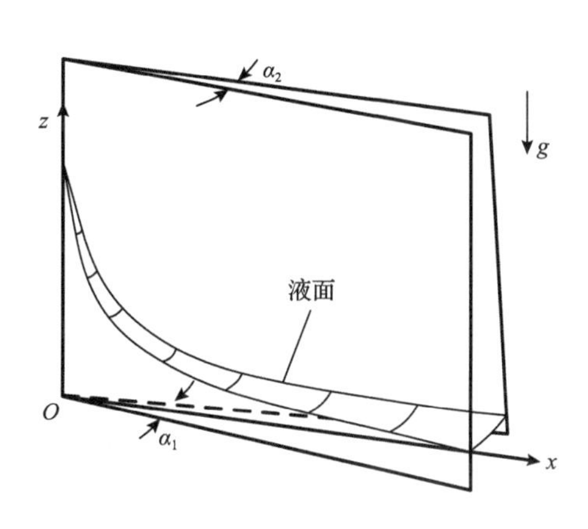

(b) 梯度泰勒毛细升模型

图 4.13　斜孔结构的梯度楔形夹角及其产生的梯度泰勒毛细升模型

成液膜的主要目的是实现防粘减摩的功能效用。这种液体灌注的湿滑表面实现防粘同样给予了仿生设计思路，并已经实现了很多实用性的应用。从理论层面分析这种液膜调节的防粘表面，其简化模型如图 4.14 所示。当没有液膜时，昆虫足垫与口缘结构是一种固-固接触；有液膜时，液膜起到隔离足垫与结构的作用，主要接触为足垫与液膜的接触。根据固-固接触的德加根-穆勒-托普洛夫(Derjaguin-Muller-Toporov, DMT)模型，假定两个接触固体均具有高的弹性模量，它们之间的单元接触黏着力可以表示为

$$F_{ss} = 2\pi R \Delta\gamma \tag{4.4}$$

式中，R 为固体接触对象微元模型的等效半径；$\Delta\gamma$ 为两接触固体之间的黏着能（$\Delta\gamma = \gamma_{s1} + \gamma_{s2} - \gamma_{12}$）。当有液膜隔离时，接触对象与液膜之间的黏着力可以表示为

$$F_{sl} = 2\pi R \gamma_1 (1 + \cos\theta) \tag{4.5}$$

式中，γ_1 为液体的表面张力；θ 为液体与固体之间的本征接触角。固体的表面能一般范围是几百毫焦每平方米到几千毫焦每平方米；然而，对于大多数液体，其表面张力是几十毫焦每平方米。因此，很容易得出一般情况时相同接触情形下，固-固接触的黏着力明显大于固-液接触的黏着力，即 $F_{ss} \gg F_{sl}$。事实上，添加润滑油到两接触固体之间是普遍采用的防粘减摩策略。大自然利用独特的多级结构来有效搬运液体实现液膜的完全浸润，进而以此作为防粘减摩的方式。这种仿生概念为具有防粘和减摩的表面设计提供了有力的借鉴。

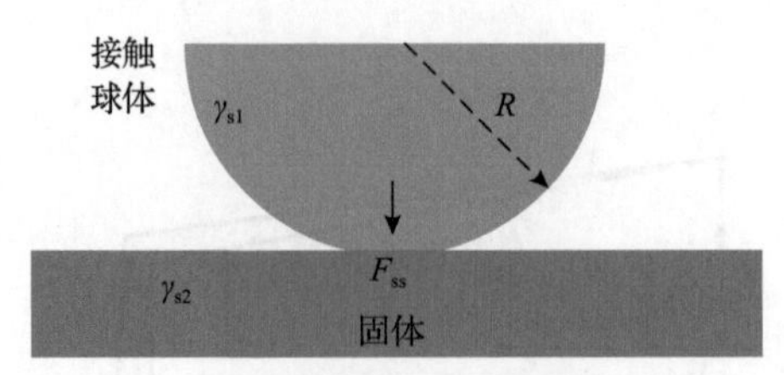

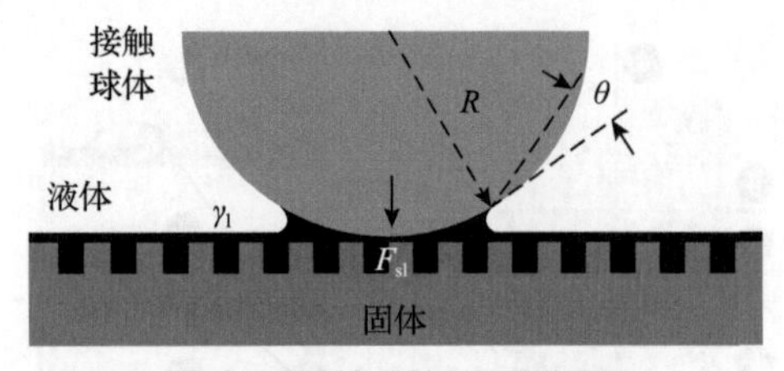

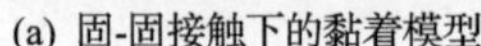
(a) 固-固接触下的黏着模型　　(b) 有液膜隔离接触下的黏着模型

图 4.14　微元接触的黏着模型

4.1.3　波动减摩理论

如图 4.15 所示，基于盲孔的液-气润滑增强是指非完全光滑的两表面接触界面在相对运动时界面间发生的微观波动效应。盲孔位置的液-气界面可产生边界润滑的作用，进而增强总体的润滑效应并减小摩擦。对于边界润滑，接触界面间的粗糙峰承载大部分负载，位于盲孔的液-气承载小部分负载，盲孔中的液-气总量决定总体润滑能力。弹-塑接触模型可以用来计算粗糙峰的弹-塑位移，润滑方程可以用来计算液-气压强及由此引起的盲孔位置处的弹性位移、总位移和总压强的叠加效应，以及计算液-气在盲孔中的残余量。

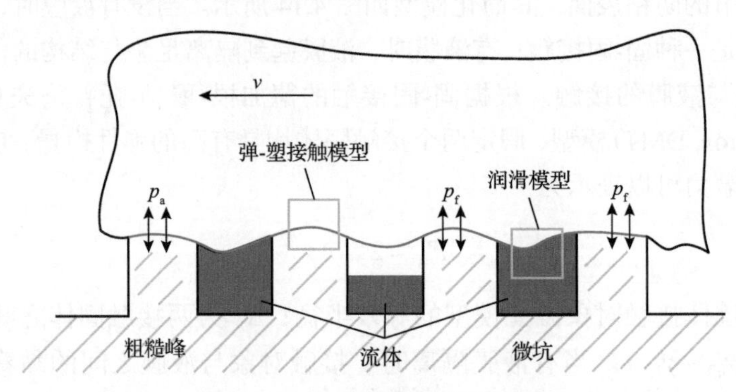

图 4.15　波动减摩理论示意图

对于接触界面中粗糙峰的弹-塑接触模型，接触中的上表面与下表面间的距离满足位移协方程

$$\delta_z = \frac{x^2}{2R_x} + \frac{y^2}{2R_y} + z_1(x,y) + z_2(x,y) + u(x,y,t) \tag{4.6}$$

式中，$z_1(x,y)$ 和 $z_2(x,y)$ 分别为两表面的粗糙度方程；$u(x,y,t)$ 为弹性位移 $u_e(x,y,t)$ 和塑性位移 $u_p(x,y,t)$ 的和；$\frac{x^2}{2R_x} + \frac{y^2}{2R_y}$ 为表面在发生变形之前的形状方程。

弹性变形位移可以通过 Boussinesq 方程进行计算。塑性位移适用于 Sahlin 等提出的算法，即更有效地采用快速傅里叶变换计算弹性变形，使用共轭梯度法(conjugate gradient method, CGM)计算接触压强分布：

$$u_{\mathrm{e}}(x,y)=\frac{2}{\pi E}\iint_{\Omega}\frac{p(s,t)}{\sqrt{(x-s)^2+(y-t)^2}}\mathrm{d}s\mathrm{d}t \tag{4.7}$$

盲孔中的液-气面积可以采用雷诺方程计算：

$$\frac{\partial}{\partial x}\left(\frac{\rho h^3}{\eta}\cdot\frac{\partial p}{\partial x}\right)+\frac{\partial}{\partial y}\left(\frac{\rho h^3}{\eta}\cdot\frac{\partial p}{\partial y}\right)=12\frac{\partial \rho h}{\partial t}+12\frac{\partial}{\partial x}(\rho U h)+12\frac{\partial}{\partial y}(\rho V h) \tag{4.8}$$

式中，ρ 为油膜的密度；η 为油膜的动力黏度；h 为上表面和下表面间的距离；p 为油膜压强分布；$U=\frac{U_1+U_2}{2}$，U_1 和 U_2 分别为上表面和下表面在 x 方向上的速度；$V=\frac{V_1+V_2}{2}$，V_1 和 V_2 分别为上表面和下表面在 y 方向上的速度。由于 y 方向上的速度非常小，可以忽略。只考虑 x 方向上速度的动压和挤出效应，雷诺方程可以简化为

$$\frac{\partial}{\partial x}\left(\frac{\rho h^3}{\eta}\cdot\frac{\partial p}{\partial x}\right)+\frac{\partial}{\partial y}\left(\frac{\rho h^3}{\eta}\cdot\frac{\partial p}{\partial y}\right)=12\frac{\partial \rho h}{\partial t}+12\frac{\partial}{\partial x}(\rho U h) \tag{4.9}$$

盲孔位置液-气区域的瞬时薄膜厚度可以表示为

$$h(x,y,t)=h_0(t)+\frac{x^2}{2R_x}+\frac{y^2}{2R_y}+z_1(x,y)+z_2(x,y)+u(x,y,t) \tag{4.10}$$

式中，$h_0(t)$ 为初始液-气薄膜厚度；$u(x,y,t)$ 为接触压强与薄膜流体压强引起的总位移。连续超松弛压强方法可以用来计算流体薄膜的压强。总体负载方程可以表达为

$$F=\iint_{\Omega}(p_{\mathrm{a}}+p_{\mathrm{f}})\mathrm{d}x\mathrm{d}y \tag{4.11}$$

式中，p_{a} 为两表面接触面积的压强分布；p_{f} 为液-气区域的压强分布；Ω 为粗糙峰以及液-气接触区域之和。为了简化该模型，Dowson 方程可以用来描述密度、黏度和压强之间的关系：

$$\eta=\eta_0\exp\left\{(\ln\eta_0+9.67)\left(1+\frac{p}{p_0}\right)^2\right\} \tag{4.12}$$

$$\rho = \rho_0 \left(1 + 0.6 \frac{p}{1 + 1.7p} \right) \tag{4.13}$$

在两接触表面相互运动时，盲孔中液体和气体不会一直停留在微坑内。微坑中液体及气体量的减少会降低流体压力及减弱润滑效应。定义 φ 为液-气固持系数，表示特定时间点一定接触间隙内液-气残余体积与间隙总体积之比。当液-气固持系数减小到一定程度时，界面间的液体和气体将失去润滑效应，可表示为

$$(Q_{\text{in}} - Q_{\text{out}}) \Delta t = \varphi \rho h S \tag{4.14}$$

式中，Q_{in} 和 Q_{out} 分别为输入流量和输出流量。

4.2　树蛙增摩界面结构表征及其理论问题

4.2.1　树蛙增摩界面结构及其参数模型

与鸟嘴、鸟爪等尖齿大力夹持防滑方式不同，树蛙作为一种典型生活在潮湿环境中的生物，其脚掌能够在不施加正向外压力的情况下，轻松爬附于潮湿光滑的表面(图 4.16(a))。使用 SEM 对其脚掌表征发现，树蛙脚掌主要包含两级结构：一级结构由多边形棱柱形状的微米级细胞密排而成，棱柱间形成相互连通的沟槽(图 4.16(b)～(d))；一级微米棱柱之上，还密排着纳米级的二级棱柱，其直径约为 250nm(图 4.16(e)、(f))，这样两级微纳结构复合在一起，覆盖于整个脚掌底

(a) 斑点树蛙爬行

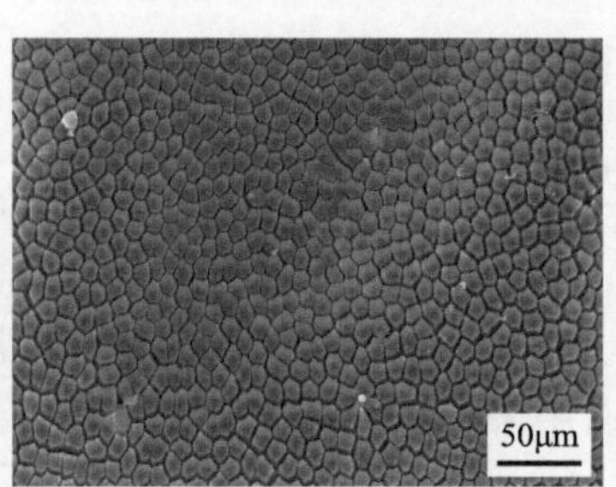

(b) 树蛙脚掌SEM图像

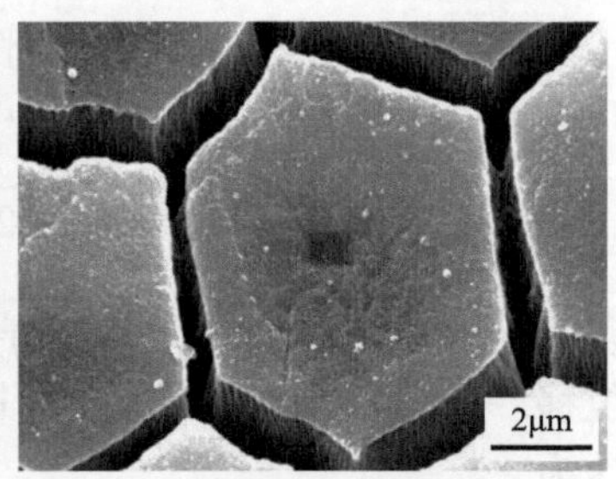

(c) 单个棱柱细胞

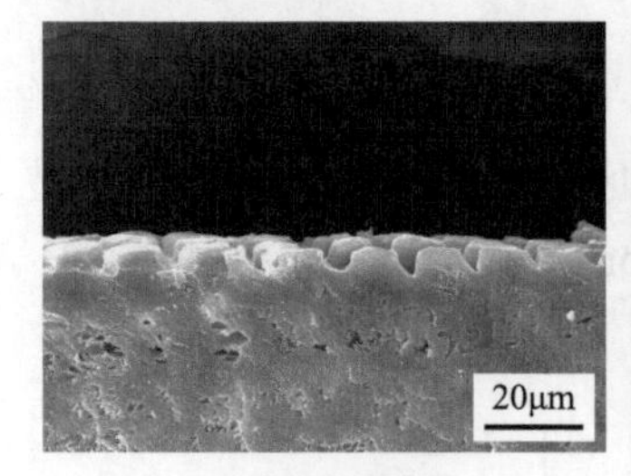

(d) 脚掌沟槽截面

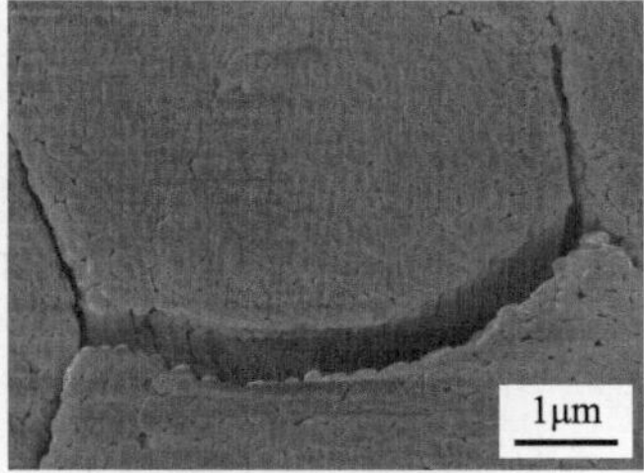

(e) 树蛙脚掌沟槽放大图

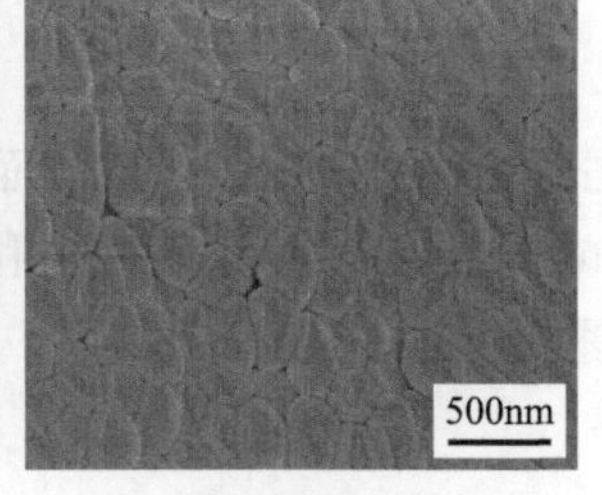

(f) 树蛙脚掌二级结构

图 4.16　树蛙脚掌结构表征

面。通过对树蛙脚掌一级棱柱尺寸统计得出，微米级棱柱外接圆直径约为 10μm，高度约为 5μm，沟槽宽度约为 1μm。一级微米棱柱由多种多边形棱柱构成，包括四棱柱、五棱柱、六棱柱和七棱柱，其中六棱柱包括正六边形棱柱和异形六边形棱柱(图 4.17)。通过统计来自 3 只树蛙脚掌的 1455 个棱柱，其比例分布如表 4.1 所示，六棱柱比例超过 50%。

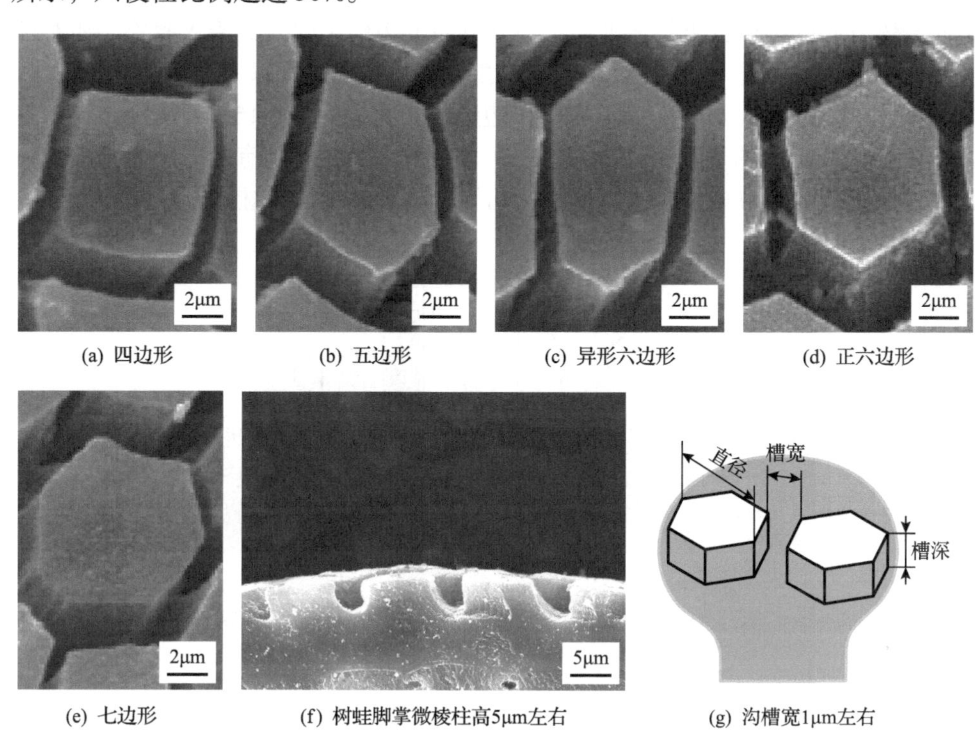

(a) 四边形　(b) 五边形　(c) 异形六边形　(d) 正六边形

(e) 七边形　(f) 树蛙脚掌微棱柱高5μm左右　(g) 沟槽宽1μm左右

图 4.17　树蛙脚掌表面的不同形状微棱柱

表 4.1　树蛙脚掌不同形状微棱柱占比统计(来自 3 只树蛙脚掌的 1455 个棱柱)

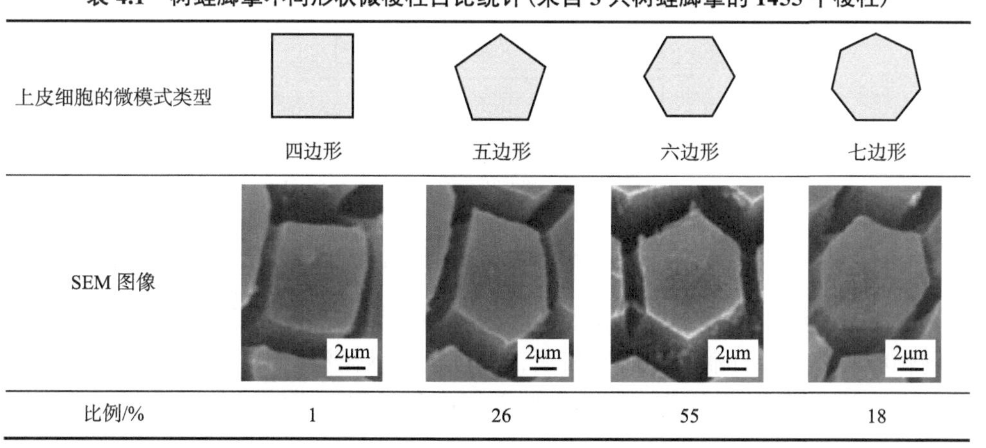

上皮细胞的微模式类型	四边形	五边形	六边形	七边形
SEM 图像	2μm	2μm	2μm	2μm
比例/%	1	26	55	18

沟槽角度分布如图 4.18(a)所示，总共统计 2483 条沟槽。可以看出，随着沟槽方向和树蛙脚掌沿身体向脚趾方向的夹角 θ 增大，其数量总体减少，0°～10°区间沟槽数目是 80°～90°区间数目的接近 2 倍。这就意味着，沟槽有沿着脚垫指向身体方向分布的趋势。进一步将每个区间中沟槽长度相加，如图 4.18(b)所示，0°～10°区间沟槽总长度是 80°～90°区间沟槽总长度的 4 倍左右。这意味着，沿着脚垫指向身体方向的沟槽也更长，平均是垂直方向上沟槽长度的 2 倍。此外，还对棱柱结构的异形程度进行了统计，按照脚垫指向身体方向计算每一个棱柱的长宽比，即 a/b 值。如图 4.18(c)所示，常规正六边形的长宽比约为 1.15，而统计结果中超过 80%的棱柱细胞的长宽比超过了 1.15，即意味着棱柱细胞有沿着脚垫指向身体方向拉长的趋势。对树蛙脚掌特征结构的提取，有助于仿树蛙脚掌表面的设计。

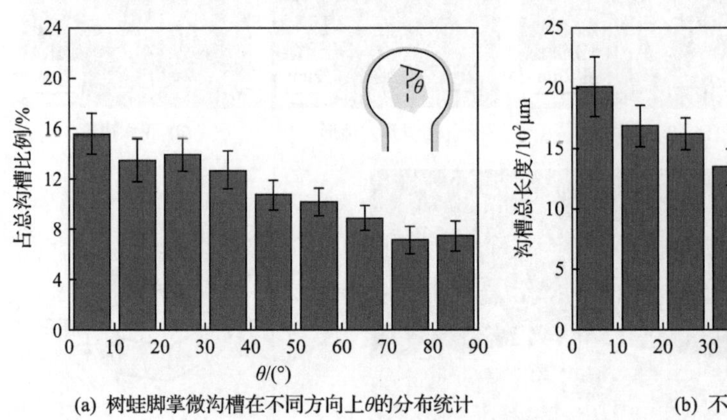

(a) 树蛙脚掌微沟槽在不同方向上θ的分布统计

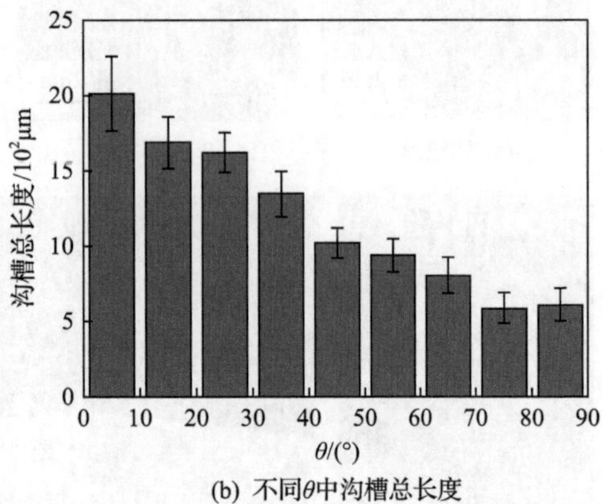

(b) 不同θ中沟槽总长度

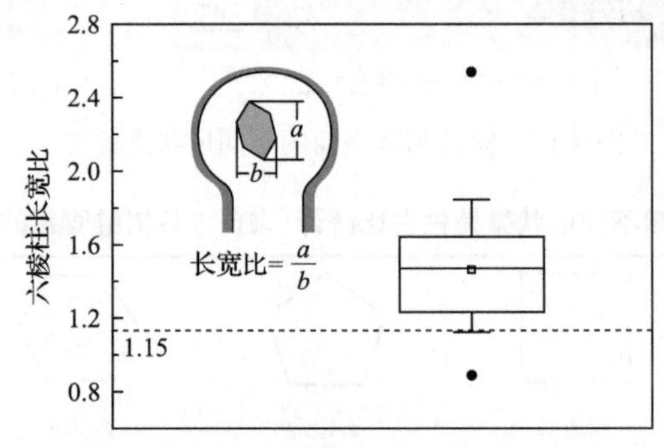

(c) 共计436个棱柱细胞的长宽比统计分布结果
(其均值为1.46，高于正六边形的长宽比1.15)

图 4.18　树蛙脚掌微棱柱结构特征统计

由于树蛙脚趾表皮细胞本身透明，为了使其沟槽变得可见，将主要成分为纳米碳颗粒胶体的墨汁滴加至脚趾表面，并逐渐扩散至沟槽中。将树蛙脚掌压至载玻片上，通过侧打光方式，借助显微镜即可观察到被墨汁显色的沟槽和被沟槽围住的棱柱细胞。观察发现，树蛙脚掌上沿着轴线方向均匀成列地分布着黑点（图 4.19(a)），即脚掌的腺体位置。利用相机长时间观察，通过观察沟槽中墨汁液体的运动即可分辨出黏液分泌情况。结果表明，这些腺体会间歇性地同时分泌出黏液(图 4.19(b))，图中变白色区域即腺体位置。最初分泌黏液较少，每次分泌量逐渐增加，到最后突然大量分泌并同时伴随着脚掌抬离接触表面。通过全部连通的沟槽，实现了将黏液分散至整个脚掌表面的效果。该现象表明树蛙脚掌会持续分泌黏液，以保持脚掌处于湿润状态。

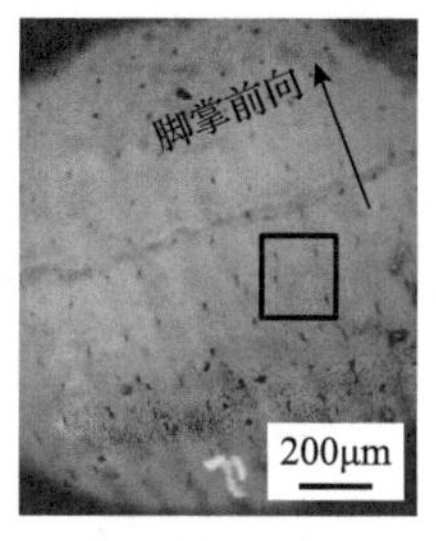

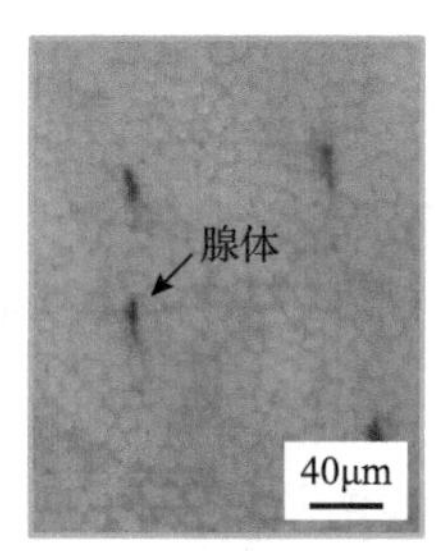

(a) 在脚掌表面滴上2μL墨汁来显示其沟槽和腺体分布

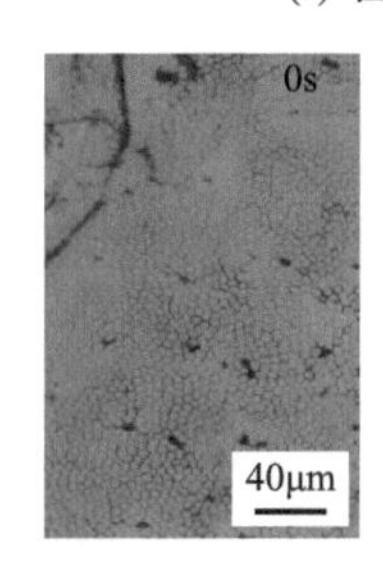

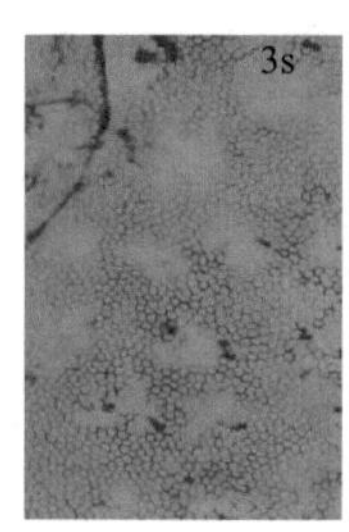

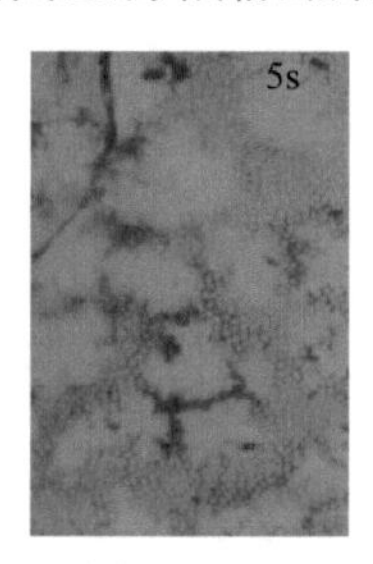

(b) 脚掌表面持续的黏液分泌过程

图 4.19　树蛙脚掌表面黏液原位表征

为了研究树蛙脚掌表面黏液和摩擦力的动态变化，通过模仿树蛙爬行行为，将脚掌连续与干燥基底表面接触，使得树蛙脚掌黏液量连续减少，并记录接触中的黏液状态和摩擦力大小，测量中保持法向力约为 5mN。常规黏液状态下，树蛙脚掌与基底接触时，界面间会形成一层连续液膜(图 4.20(a))。随着测量步数的增加，脚掌间黏液量逐渐减少，液膜逐渐变薄，并且连续膜从沟槽处出现了分离，如图 4.20(b)所示，出现了明显的干、湿区域，在此将其称为边界液膜。

选取树蛙脚掌的连续 10 步来测量摩擦力，每次测量都重新选取新的干燥基底进行，如图 4.21(a)所示，随着黏液量的减少，脚掌摩擦力逐渐增高，约为原来的 10 倍，并进入稳定状态，定义为边界摩擦。将摩擦力与黏液膜状态关联发现，此时液膜恰好从湿液膜状态进入边界液膜状态，而界面摩擦也由湿摩擦进入边界摩擦。由此可以看出，树蛙脚掌摩擦力显著受到液膜的影响。此外，在保证相同界

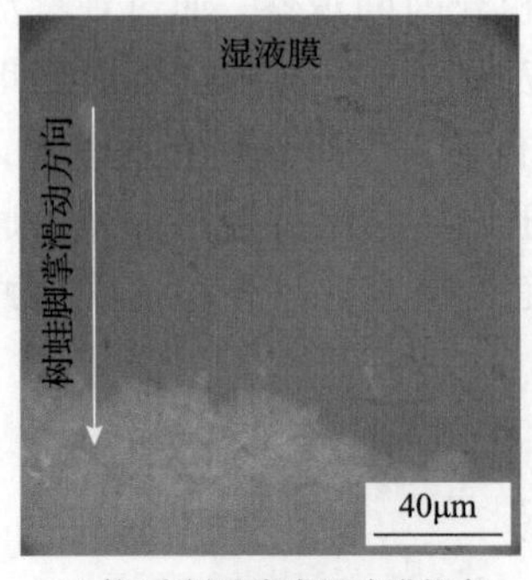

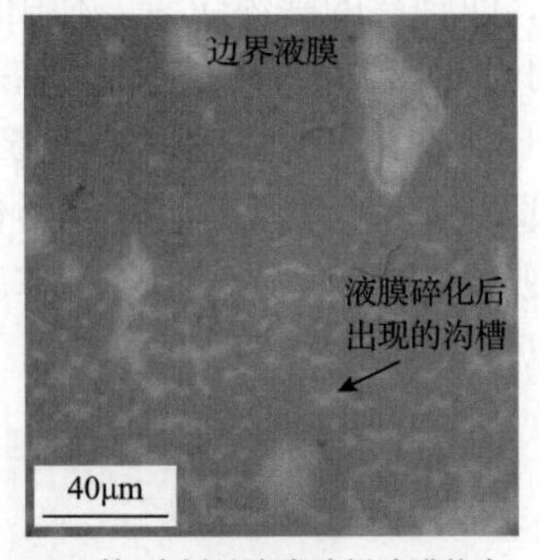

(a) 第1步树蛙脚掌湿液膜状态　　(b) 第8步树蛙脚掌边界液膜状态

图 4.20　随着界面黏液量减少界面黏液分布变化

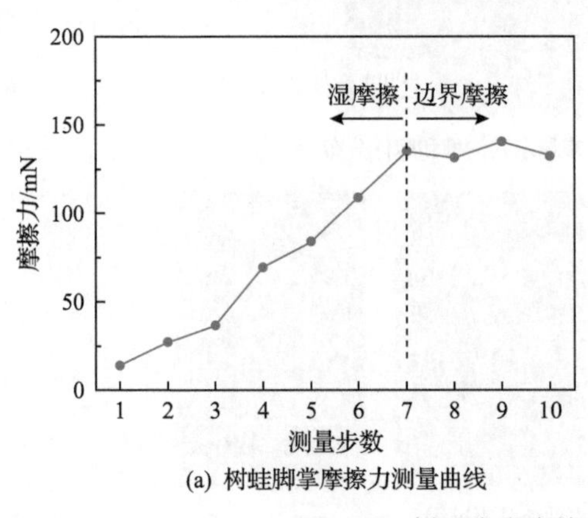

(a) 树蛙脚掌摩擦力测量曲线

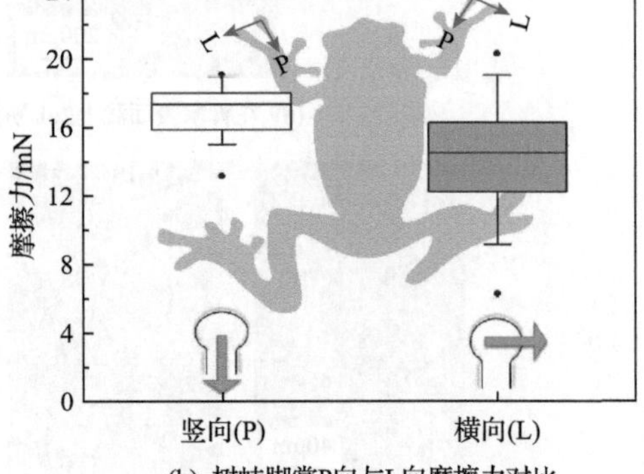

(b) 树蛙脚掌P向与L向摩擦力对比

图 4.21　树蛙脚掌摩擦力连续测量和方向性测量

面黏液量的情况下，树蛙脚掌还表现出了方向性的摩擦力，脚掌 P 向(即由脚掌指向身体方向)摩擦力约为 L 向(正交于 P 向)的 1.2 倍(图 4.21(b))。在研究树蛙脚掌不同方向摩擦力试验中，不对称的密排刚毛结构导致了脚掌的方向性摩擦力，因而树蛙脚掌的方向性摩擦力也可能来自于其表面的异形微结构，包括树蛙脚掌棱柱沿 P 向拉长的趋势，以及沟槽大多沿 P 向分布的特点。

4.2.2　树蛙增摩效应理论问题

基于树蛙脚掌的结构特征，仿生设计了密排棱柱表面，并通过光刻复制方式实现了仿生表面的制备。通过采集仿生表面在连续抬步测试下的界面液膜状态和摩擦力变化，得到如图 4.22 所示关系。与树蛙脚掌界面液膜和摩擦变化趋势极为相似，仿生表/界面液膜随着步数增加逐渐减少，界面液膜出现了均匀碎化现象，也出现了从连续湿液膜转变为逐渐分散的混合液膜，至完全分散的边界液膜，以及最终进入完全干状态。伴随着界面液膜状态的变化，仿生表面摩擦力也出现了与树蛙脚掌类似的规律，从数毫牛级的湿摩擦逐渐增大三个量级，至约 1000mN 的边界摩擦，并随着界面液膜消失急剧下降至数毫牛级的干摩擦状态。由此可见，仿生表面完全复现了树蛙脚掌界面液膜和摩擦力变化规律，以及两者相互间的影响关系，通过研究仿生表面有效揭示树蛙脚掌界面强湿摩擦形成机制。

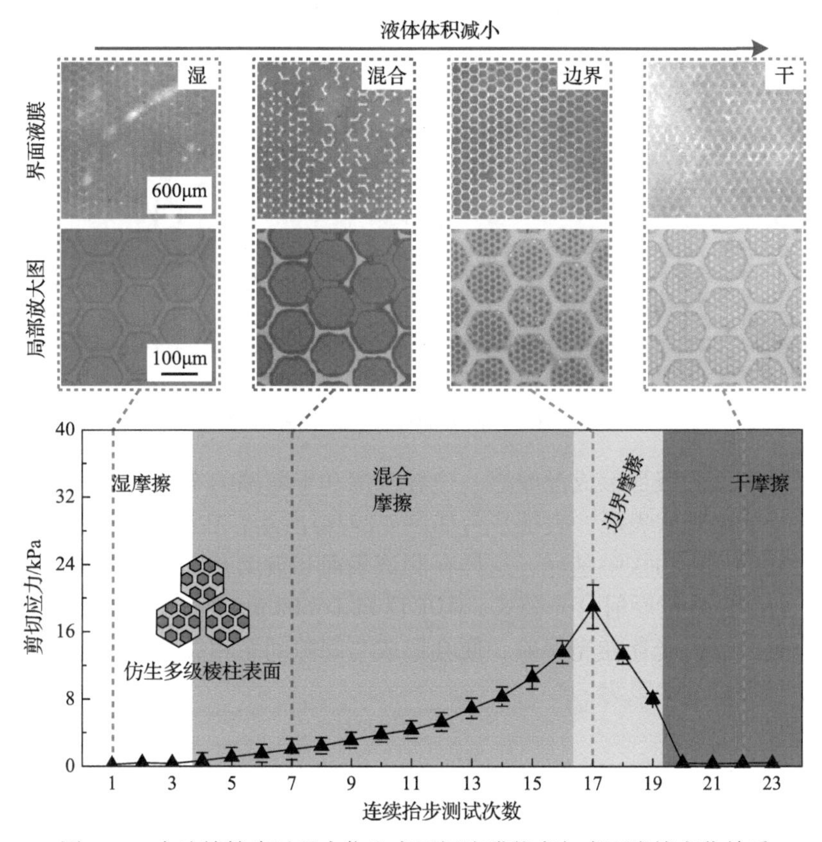

图 4.22　在连续抬步过程中仿生表面间液膜状态与表面摩擦变化关系

在模仿树蛙脚掌从基底表面分离的试验中，液膜在光滑表面与仿生表面上呈现出截然不同的运动状态。在光滑表面上，液膜分离过程中由于表面张力的存在，界面上液膜会一起运动，分离后常聚成大液滴留在表面上，如图 4.23(a)所示。而仿生表面由于有特殊密排棱柱结构，液膜分离时先在沟槽处出现均匀分裂，并在每个棱柱上形成了均一的液桥。由于棱柱边缘对液体的阻滞效应，液桥最终在棱柱表面断裂，在各个棱柱表面上会留下几乎等量的液体，从而使液膜均匀铺展，实现了液膜法向均匀自碎化效果(图 4.23(b))。这种效果使得仿生棱柱表面在连续与基底接触时，仍然能够保证液体几乎均匀分布至整个表面，而光滑表面液体始终聚团分布。

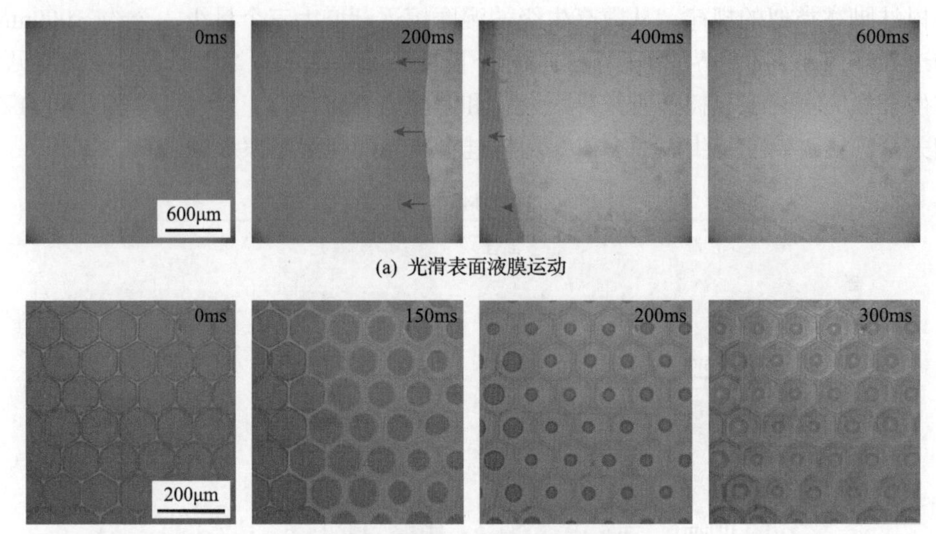

(a) 光滑表面液膜运动

(b) 仿生表面液膜法向均匀自碎化现象

图 4.23 不同表面液体运动过程对比

为了研究不同液量形成湿摩擦、边界摩擦和干摩擦的本质原因，本节对界面间液体进行微观观察表征。表征平台如图 4.24(a)所示，在测试表面上滴加液体，然后盖上载玻片作为接触基底，这样在测试表面和玻璃基底之间的间隙形成了一个薄膜。利用显微镜反射打光模式，用单色光 λ=600nm 垂直照射测试样品，由于间隙两个表面反射光存在光程差，便会形成与间隙间距相关的薄膜干涉现象，间隙厚度 d 与条纹的关系为

$$d=\frac{n\lambda}{2},\quad n=1,2,\cdots \tag{4.15}$$

式中，n 为条纹级数。

在仿生棱柱表面，随着液体的挥发，液桥面积从边缘开始逐渐减小，此时在边缘出现了干涉条纹(图 4.24)。由于中间液桥部分液膜极薄(小于 $\lambda/2$，约为 300nm)，定义为零级条纹，通过标记条纹数目，从中间向外依次记录为一级、二级、三级等。新的条纹总是从棱柱边缘出现，而棱柱中间部分条纹级数保持不变，表明棱柱边缘与基底间距在逐渐增大，即随着液膜挥发，棱柱从边缘逐渐脱离基底。在液膜挥发减小过程中，会出现“快速分离”现象，即液膜突然(时间小于 1s)快速缩小，同时伴随着干涉条纹从外围向中间液桥部位移动并消失。该现象表明，棱柱中间条纹消失部位出现了与基底分离的情况。“快速分离”后，在棱柱中间留下一个小面积的液桥。随着液体继续挥发，该液桥最终完全消失，棱柱与基

底间无任何接触。

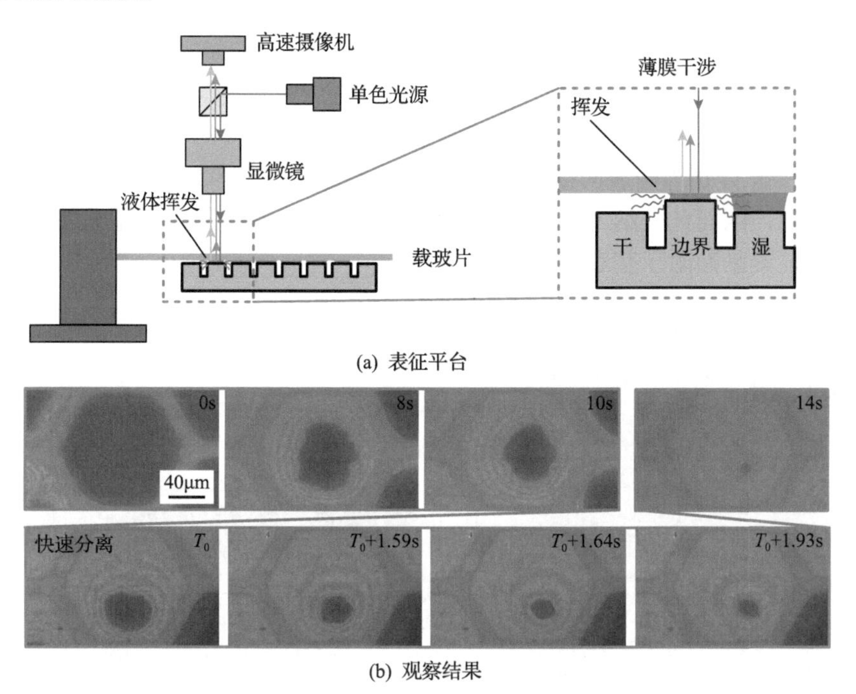

(a) 表征平台

(b) 观察结果

图 4.24　液膜挥发时通过干涉条纹实时表征棱柱表面的变形情况

同一条干涉条纹所代表的间隙距离是固定的，因而可以通过记录“快速分离”前后干涉条纹的运动，对分离前后两个间隙三维形貌和液膜状态进行几何模型重构。利用干涉条纹级数得到干涉条纹所代表的间隙距离，再提取出图片上干涉条纹的位置信息，即可得到棱柱表面的三维几何等高线数据。重构过程如图 4.25 所示，在“快速分离”前，从图 4.25(a) 中可以看到由于薄液膜形成的极强毛细吸附力，液桥接触部位的棱柱表面被拧起了小部分，与基底接触到一起；“快速分离”后，图 4.25(b) 中棱柱表面与基底完全分离，仅有一个小液桥连接两个表面。分析其成因，该“快速分离”现象主要来自于，液桥产生的拉普拉斯力不足以维持棱柱变形所需的弹性变形力，因而棱柱表面突然与基底出现了分离。由于“快速分离”占用时间极短(小于 1s)，可以认为该段时间内液体挥发量极少，分离前后液量可以近似相同。通过测量分离前后液桥截面积 A_c、A_s 和分离后液桥厚度 d_s，可以估算出分离前液膜厚度 d_c，即

$$d_c = \frac{d_s \cdot A_s}{A_c} \tag{4.16}$$

测量计算得出，分离前液膜厚度在 200nm 左右。利用拉普拉斯公式

$$P_c = \frac{2\gamma(\cos\theta_1 + \cos\theta_2)}{d_c} \tag{4.17}$$

可以计算出，液膜内部的负压约为 0.7MPa，即约 7 个大气压的吸附力作用在两表面上，远超过常见负压吸附的一倍大气压吸附力极限(式(4.17)中，γ 为液体表面张力；θ_1、θ_2 分别为两表面接触角)。试验表明，水能够承受约 30MPa 的负压而不发生气化，因而此处纳米液桥形成的 0.7MPa 负压能够完整传递至整个棱柱表面，使棱柱紧紧贴附于基底。

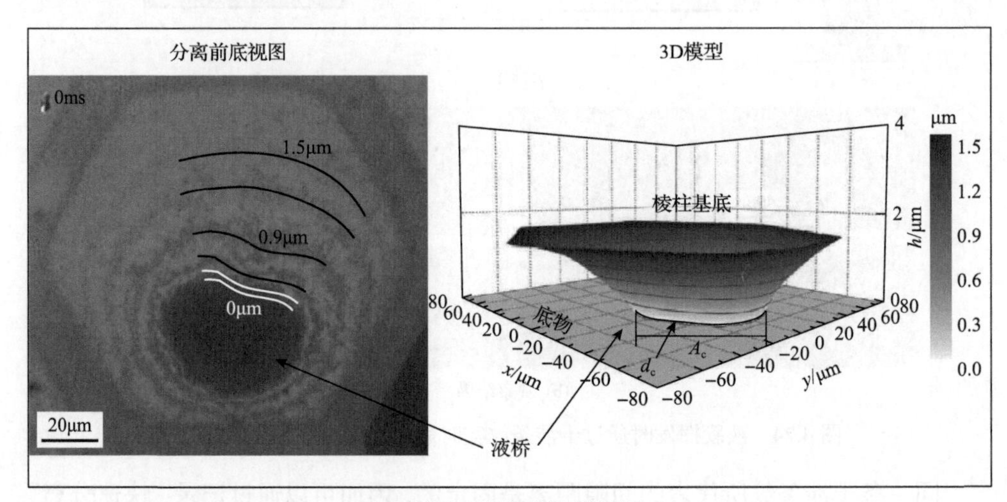

(a) 棱柱与基底分离前液膜情况

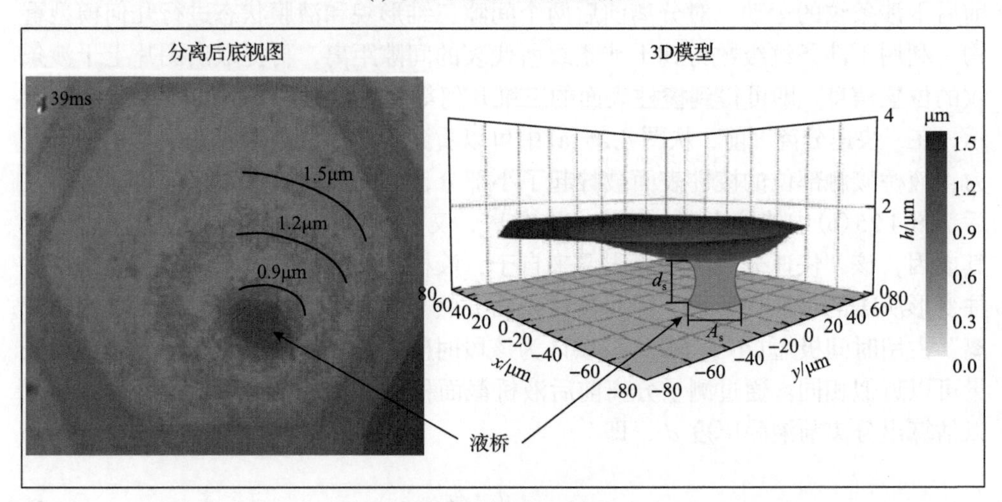

(b) 棱柱与基底分离后液膜情况

图 4.25 棱柱与基底分离时液膜变化

纳米液膜形成的这种强毛细力替代了外加正压力，成为树蛙脚掌边界摩擦形

成的关键(图 4.26)，边界摩擦力可以表示为

$$F = \frac{2\mu\gamma(\cos\theta_1 + \cos\theta_2)A_c}{d_c} \tag{4.18}$$

式中，μ 为表面与基底间的摩擦系数。这种通过液膜毛细力替代外压力的树蛙脚掌湿摩擦机制，实现了无外压力湿黏附效果，可应用于医疗手术器械和可穿戴传感等与人体组织、器官的接触，降低对人体造成的损伤，以及提高检测精度。

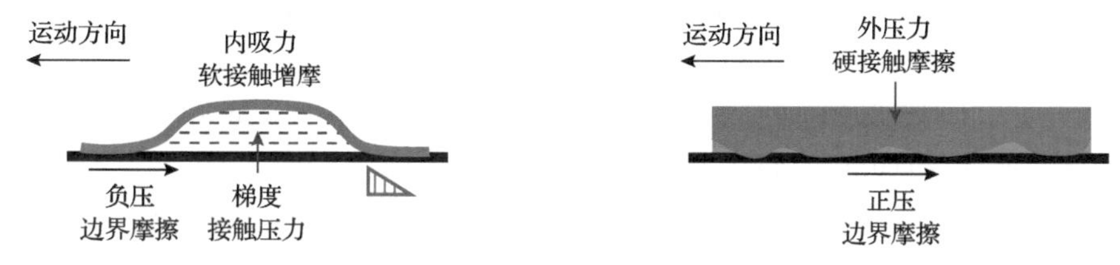

图 4.26　边界摩擦形成机制

参 考 文 献

Bauer U, Bohn H F, Federle W. 2008. Harmless nectar source or deadly trap: *Nepenthespitchers* are activated by rain, condensation and nectar[J]. Proceedings of the Royal Society B: Biological Sciences, 275(1632): 259-265.

Bhushan B. 2013. Introduction to Tribology[M]. New Jersey: Wiley.

Bohn H F, Federle W. 2004. Insect aquaplaning: *Nepenthes* pitcher plants capture prey with the peristome, a fully wettable water-lubricated anisotropic surface[J]. Proceedings of the National Academy of Sciences of the United States of America, 101(39): 14138-14143.

Bonhomme V, Pelloux-Prayer H, Jousselin E, et al. 2011. Slippery or sticky? Functional diversity in the trapping strategy of *Nepenthes* carnivorous plants[J]. New Phytologist, 191(2): 545-554.

Chaudhury M K, Whitesides G M. 1992. How to make water Run uphill[J]. Science, 256(5063): 1539-1541.

Chen H W, Zhang L W, Zhang D Y, et al. 2015. Bioinspired surface for surgical graspers based on the strong wet friction of tree frog toe pads[J]. ACS Applied Materials & Interfaces, 7(25): 13987-13995.

Chen H W, Zhang P F, Zhang L W, et al. 2016. Continuous directional water transport on the peristome surface of Nepenthes alata[J]. Nature, 532(7597): 85-89.

Concus P, Finn R. 1969. On the behavior of a capillary surface in a wedge[J]. Proceedings of the National Academy of Sciences of the United States of America, 63(2): 292-299.

Daniel S, Chaudhury M K, Chen J C. 2001. Fast drop movements resulting from the phase change on a gradient surface[J]. Science, 291(5504): 633-636.

Ellison A M. 2006. Nutrient limitation and stoichiometry of carnivorous plants[J]. Plant Biology, 8(6): 740-747.

Ellison A M, Gotelli N J. 2001. Evolutionary ecology of carnivorous plants[J]. Trends in Ecology & Evolution, 16(11): 623-629.

Finn R. 1999. Capillary surface interfaces[J]. Notices of the AMS, 46(7): 770-781.

Higuera F J, Medina A, Liñán A. 2008. Capillary rise of a liquid between two vertical plates making a small angle[J]. Physics of Fluids, 20(10): 1-7.

Oliver J F, Huh C, Mason S G. 1977. Resistance to spreading of liquids by sharp edges[J]. Journal of Colloid and Interface Science, 59(3): 568-581.

Ponomarenko A, Quéré D, Clanet C. 2011. A universal law for capillary rise in corners[J]. Journal of Fluid Mechanics, 666: 146-154.

Taylor B. 1712. Concerning the ascent of water between two glass planes[J]. Philosophical Transactions, 27: 538.

Tian Y, Jiang L. 2013. Intrinsically robust hydrophobicity[J]. Nature Materials, 12(4): 291-292.

Vogler E A. 1998. Structure and reactivity of water at biomaterial surfaces[J]. Advances in Colloid and Interface Science, 74(1-3): 69-117.

Zhang L W. 2018. Bioinspired surgical grasper based on the strong wet attachment of tree frog's toe pads[J]. Journal of Mechanical Engineering, 54(17): 14.

Zhang P F, Chen H W, Zhang D Y. 2015. Investigation of the anisotropic morphology-induced effects of the slippery zone in pitchers of *Nepenthes alata*[J]. Journal of Bionic Engineering, 12(1): 79-87.

Zhang L W, Chen H W, Zhang P F, et al. 2016. Boundary friction force of tree frog's toe pads and bio-inspired hexagon pillar surface[J]. Chinese Science Bulletin, 61(23): 2596-2604.

Zhang L W, Chen H W, Guo Y R, et al. 2020. Micro-nano hierarchical structure enhanced strong wet friction surface inspired by tree frogs[J]. Advanced Science, 7(20): 2001125.

Zheng Y M, Bai H, Huang Z B, et al. 2010. Directional water collection on wetted spider silk[J]. Nature, 463: 640-643.

第5章　细胞纳米界面的输运和沉积结构表征

除了对动植物表面具有上述能场效应，微生物细胞还可以广义地理解为一种能量和物质交换的食器界面。与上述仿生方法不同，可以直接利用微生物作为能量和物质转化的媒介，实现特定需求的制造方法，这种制造方法称为生物制造。它是近20年来在制造业中与物理、化学制造方法并行的一种技术手段。本章将针对一些特殊的细胞纳米界面，对其输运和沉积结构进行表征，以便深入理解能场效应。

5.1　氧化亚铁硫杆菌氧化膜结构的表征及理论问题

5.1.1　氧化亚铁硫杆菌氧化膜结构及反应模型

氧化亚铁硫杆菌对纯铁、纯铜、铜镍合金等金属具有较强的生物制造能力。因此，在讨论界面能场效应之前，以齿轮的生物加工为例，简要介绍生物制造技术的制造过程。

制造过程中采用中国科学院微生物研究所保藏的氧化亚铁硫杆菌 T-9 菌株，其最佳生长温度为 30～35℃，最佳 pH 为 2.5。为了控制细菌加工的方向和区域，分别制备了材料为纯铁（纯度 98.4%）、纯铜（纯度 99.9%）和铜镍合金（Ni+Co 40%，Cu 58%）的具有所需图案的抗蚀剂膜。

生物加工过程如图 5.1 所示。将制作好的具有抗蚀剂膜的金属试件放入装有氧化亚铁硫杆菌培养液的三角瓶中。再将三角瓶放入恒温摇床内，在培养液配比为 $(NH_4)_2SO_4$ 0.15mol/L、K_2HPO_4 0.05mol/L、$MgSO_4·7H_2O$ 0.50mol/L、KCl 0.05mol/L、$Ca(NO_3)_2$ 0.01mol/L、$FeSO_4·7H_2O$ 25.0mol/L 的条件下振荡培养。在此条件下，就可以对金属试件的外露部分进行二维生物加工。每加工一段时间间隔用千分表测量 1 次试件的加工深度，最后将加工好表面图形的试件用浓度为 3%～5%的氢氧化钠水溶液去膜，放入 SEM 进行测量和观察。

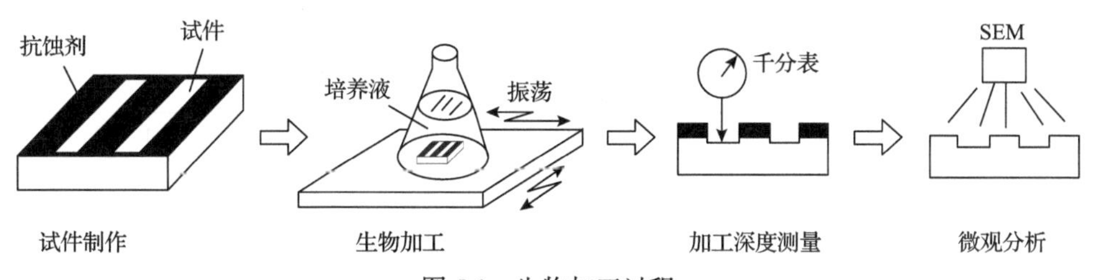

图 5.1　生物加工过程

生物加工过程的关键环节是铁离子通过细胞膜从 Fe^{2+}氧化为 Fe^{3+}。如图 5.2 所示，细胞膜由外膜、周质区和内膜构成。铁氧化酶存在于细胞外膜上。在这方面，生物加工过程可以描述如下：

(1) Fe^{2+}的氧化。Fe^{2+}与外膜上的细胞色素 c (Cyc2) 结合；结合的 Fe^{2+}将电子 (e^-) 转移到 Cyc2 以产生 Fe^{3+}；获得电子的 Cyc2 改变其结构以释放 Fe^{3+}。在 pH 2.0 微环境下，Fe^{2+}/Fe^{3+}对的电位为 0.77V。O_2/H_2O 对的电位在 pH 6.5 的环境下为 0.82V。e^- 可以通过铜蛋白质 (Rus)、细胞色素 c (Cyc1) 和 aa3 复合物转移到 O_2 上。大约 5%的少量电子从 Rus 分支点沿逆电势梯度途径传递，途经细胞色素蛋白 CycA1、细胞色素 bc1 复合体等，提供细胞固定 CO_2 和参与有氧代谢所需的还原力。CtaA、CtaB、CtaT 合成血红素经亚铁血红素 Heme A 与细胞色素氧化酶 aa3 发生生物反应。反应可表示为

$$2Fe^{2+} \xrightarrow{\text{氧化亚铁硫杆菌}} 2Fe^{3+} + 2e^- \tag{5.1}$$

$$2e^- + \frac{1}{2}O_2 + 2H^+ \longrightarrow H_2O \tag{5.2}$$

总体反应可归纳为

$$2Fe^{2+} + \frac{1}{2}O_2 + 2H^+ \xrightarrow{\text{氧化亚铁硫杆菌}} 2Fe^{3+} + H_2O \tag{5.3}$$

外膜上的 Fe^{3+}产物将被用于外界环境中的生物加工，而水和相应的能量将被用于磷酸化、二氧化碳固定和细胞生长。

(2) 金属工件的生物加工。细胞膜上产生的 Fe^{3+}是强氧化剂，能氧化纯铁和纯铜。反应如下：

$$Fe + 2Fe^{3+} \longrightarrow 3Fe^{2+} \tag{5.4}$$

$$Cu + 2Fe^{3+} \longrightarrow Cu^{2+} + 2Fe^{2+} \tag{5.5}$$

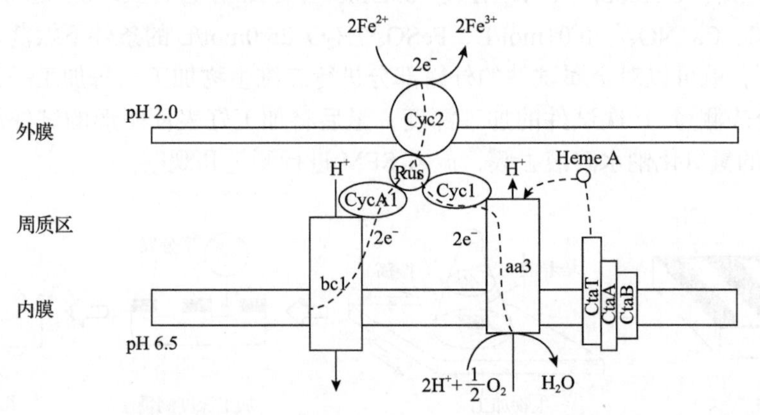

图 5.2　氧化亚铁硫杆菌生物膜在食器上铁的氧化生物加工机理示意图

在上述过程中，通过金属生物加工将氧化亚铁硫杆菌产生的 Fe^{3+}再还原为 Fe^{2+}，然后通过氧化亚铁硫杆菌中的氧气将 Fe^{2+}再氧化为 Fe^{3+}，形成了一个循环系统。细胞膜作为物质和能量传递的界面提供了反应平台。从广义上讲，细胞膜可以看成一种吸收食物的食器，如从 Fe^{2+}释放的一个电子进入器官并产生废弃的 Fe^{3+}。在这个过程中，氧化亚铁硫杆菌可以获得生长所需的能量，与此同时金属也得以被加工。

由图 5.2 可以很容易地发现，生物加工过程，即自动氧化和生物催化氧化，完全依赖于生物活性来再生中间氧化剂 Fe^{3+}。一旦由于某种原因阻碍了铁氧化酶的再生作用，Fe^{3+}将不会再生并且生物加工过程将会停止。在这方面，利用氧化亚铁硫杆菌作为活性微加工工具与化学加工或电化学加工有所不同，其特点是加工量和加工区域受生物活性的控制。因此，对单个细菌或菌群的控制是使用这种加工方法的关键因素。

5.1.2　氧化亚铁硫杆菌生物膜循环氧化效应的理论问题

本节讨论如何评价细胞膜界面的能场效应，以及生物加工方法与其他方法的比较。应定量解释加工机理。细菌浓度对生物加工率影响有多大？生物加工和化学加工的主要区别是什么？H^+、Fe^{3+}、Fe^{2+}和 Cu^{2+}的浓度变化规律及其相互关系是什么？这些未解决的问题阻碍了这项技术的发展。

首先研究纯铁和纯铜的生物加工深度与加工时间的关系，结果如图 5.3 所示。图中，实心黑点表示未用氧化亚铁硫杆菌且加工 8h 后的深度约为零，空心点表示用氧化亚铁硫杆菌培养液进行加工的深度，其与加工时间成正比。因此，加工深度可以由加工时间通过简单的线性关系来表示。纯铁、纯铜和铜镍合金的生物加工速度分别为 10μm/h、13.5μm/h 和 13.3μm/h。

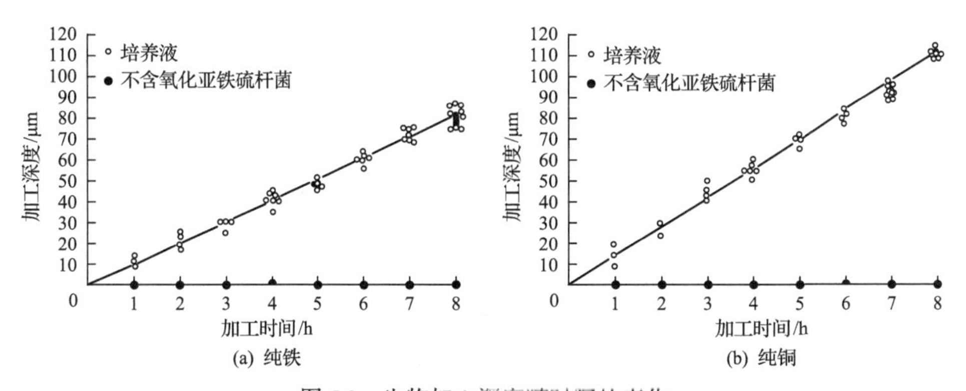

(a) 纯铁　(b) 纯铜

图 5.3　生物加工深度随时间的变化

为了定量描述生物加工过程，进行 6 组生物加工与纯化学加工的对比试验。表 5.1 中设置了对比试验条件。用$[Fe^{2+}]$表示 Fe^{2+}浓度，$[Fe^{3+}]$表示 Fe^{3+}浓度。所有试验均在装有 100mL Leathen 培养基的摇瓶中进行，转速为 160r/min，温度为 28～30℃。初始 pH 为 1.888，并通过在加工过程中每隔一小时供应 1∶1 H_2SO_4进行 pH 的控制。定期测定纯铜样品的重量、可溶性铁和细菌的浓度。

表 5.1　试验条件

序号	试验方式	$[Fe^{2+}]$/(g/L)	$[Fe^{3+}]$/(g/L)	细菌浓度/(10^7 个/mL)
1	细菌培养	8.90	0.65	0.70
2	细菌培养过程加工铜	8.90	0.65	0.70
3	细菌培养液加工铜	0.00	9.05	14.04
4	Fe^{3+}化学加工铜	0.00	9.00	0.00
5	Fe^{2+}自然氧化	9.10	0.00	0.00
6	Fe^{2+}自然氧化过程加工铜	9.10	0.00	0.00

Fc 的消耗率 $V_c[Fe^{3+}]$可通过以下公式计算：

$$V_c[Fe^{3+}] = 2V[Cu^{2+}]=2 \times \Delta Cu \times 10^4 / 63.54 \ \ (mmol/(L \cdot h)) \tag{5.6}$$

式中，$V[Cu^{2+}]$表示系统中 Cu^{2+} 的变化率；ΔCu 表示铜样品的重量变化。

Fe^{3+}的生成速率$V_g[Fe^{3+}]$由式(5.7)给出：

$$V_g[Fe^{3+}] = V_t[Fe^{3+}] + V_c[Fe^{3+}] \ \ (mmol/(L \cdot h)) \tag{5.7}$$

式中，$V_t[Fe^{3+}]$用于表示$[Fe^{3+}]$的增加率，其取决于测定的$[Fe^{2+}]$，因为系统中$[Fe^{2+}]$和$[Fe^{3+}]$的总和是常数。

图 5.4 显示了生物加工过程中 2 号、3 号、4 号和 6 号试验中$V_t[Fe^{3+}]$的变化。$V_t[Fe^{3+}]$在 0～15h 内变化很大，此后$V_t[Fe^{3+}]$趋于零，表明整个反应趋于稳定平衡，即$V_g[Fe^{3+}] \approx V_c[Fe^{3+}]$。15h 后，四个试验之间的重要区别是 2 号和 3 号试验的生物加工率大于 4 号和 6 号试验的化学加工率。同时，细菌浓度为 10.04×10^7 个/mL 的 3 号试验的生物加工率大于细菌浓度为 4.68×10^7 个/mL 的 2 号试验，6 号和 4 号试验接近稳定平衡的方式不同，因此在达到平衡之前 4 号试验中的化学加工速率略高于 6 号试验。

接种细菌的 1 号试验将 Fe^{2+}转化为 Fe^{3+}的速率远大于无细菌的 5 号试验。含铜的 2 号试验的 Fe^{3+}和细菌浓度均低于无铜的 1 号试验。因此，为了细菌的生长和 Fe^{3+}的再生，有必要定期去除 Cu^{2+}。

除铁离子的变化外，还讨论了氢离子的变化。在加工铜的 2 号、3 号、4 号和 6 号试验中，为使 pH 达到 1.888 而每隔 1h 供应 H^+的量小于消耗 Fe^{3+}的量，即

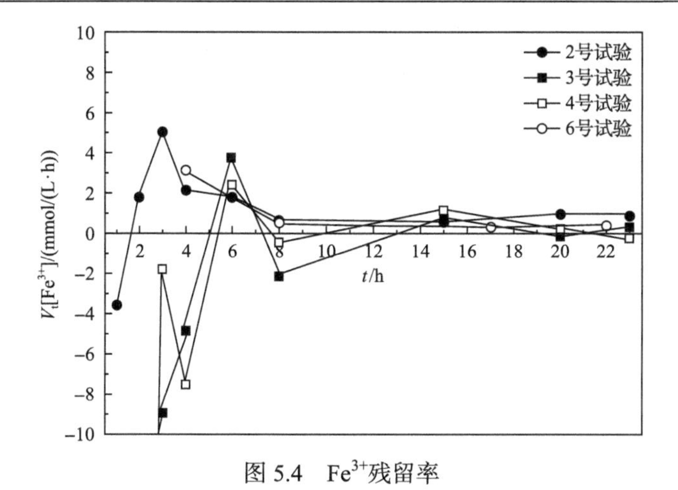

图 5.4　Fe^{3+}残留率

$\Delta[H^+] < V_g[Fe^{3+}]$。但根据生物加工反应，$\Delta[H^+] = V_g[Fe^{3+}]$的方程应该成立。这一结果可能与 Fe^{3+}水解导致 H^+增加有关。

如果$V_g[Fe^{3+}] = V_c[Fe^{2+}]$，生物加工系统将达到平衡。生物加工动力学研究表明，在适宜的条件下，细菌可以再生生物加工金属所消耗的 Fe^{3+}，并使依赖于氧化亚铁硫杆菌氧化过程的生物加工速率保持恒定。反应速率方程如下：

$$K_g = \frac{V_g[Fe^{3+}]}{[Fe^{2+}]}, \quad K_c = \frac{V_c[Fe^{3+}]}{[Fe^{3+}]} \tag{5.8}$$

式中，K_g 和 K_c 分别为反应速率系数。

在 2 号试验中，继代培养液中的细菌浓度逐渐增加，导致$V_g[Fe^{3+}]$和$V_c[Fe^{3+}]$逐渐增加到稳定值。3 号试验培养液中细菌浓度逐渐下降到一定值，因此$V_g[Fe^{3+}]$和$V_c[Fe^{2+}]$也逐渐下降到稳定值。在从初始状态到平衡状态的生物加工过程中，2 号试验的细菌浓度从 0.7×10^7 个/mL 上升到 4.68×10^7 个/mL，而 3 号试验的细菌浓度从 14.04×10^7 个/mL 下降到 10.04×10^7 个/mL，在 15～23h 内，2 号和 3 号试验的细菌浓度稳定在 4.68×10^7 个/mL 和 10.04×10^7 个/mL。在生物加工 2 号和 3 号试验中，Fe^{2+}对 Fe^{3+}的整体氧化可分解为生物氧化和自然氧化两个分量。为了确定生物氧化对$V_g[Fe^{3+}]$和$V_c[Fe^{3+}]$的影响，应将自然氧化的分量从 Fe^{2+}到 Fe^{3+}的整体氧化反应中去除。在 15～23h 这段时间中 6 号和 4 号试验的$V_g[Fe^{3+}]$和$V_c[Fe^{3+}]$的平均值表示自然氧化分量，即$V_{g0}[Fe^{3+}]$和$V_{c0}[Fe^{3+}]$。将$V_{g0}[Fe^{3+}]$和$V_{c0}[Fe^{3+}]$从整体氧化中去除，在 15～23h 内取平均值，得到生物氧化分量，即$\bar{V}_{bg}[Fe^{3+}]$和$\bar{V}_{bc}[Fe^{3+}]$。图 5.5(a) 显示了$\bar{V}_{bg}[Fe^{3+}]$和$\bar{V}_{bc}[Fe^{3+}]$与细菌浓度

的关系。可以看出，关系曲线基本呈线性，即细菌浓度越大，生物加工速度越快，细菌浓度对 Fe^{3+}生成速度和消耗速度的影响非常接近。

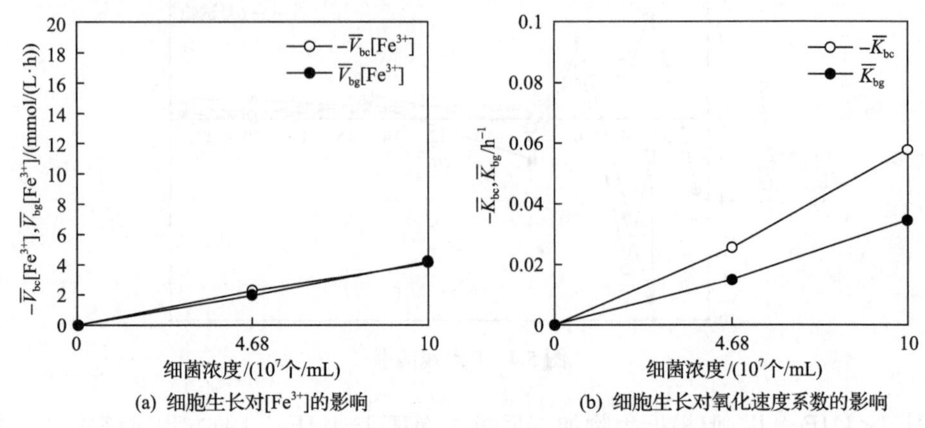

(a) 细胞生长对[Fe^{3+}]的影响　(b) 细胞生长对氧化速度系数的影响

图 5.5　生物加工过程中铁离子浓度与速度常数的变化

2 号、3 号、4 号和 6 号试验中产生 Fe^{3+}的反应速率系数 K_g 和消耗 Fe^{3+}的反应速率系数 K_c 由式(5.8)计算，并在 15～23h 内取平均值，将自然氧化速率系数分量从 Fe^{2+}到 Fe^{3+}的整体氧化中去掉，得到生物氧化速率系数分量，如图 5.5(b)所示。可以看出，关系曲线近似线性，细菌对消耗 Fe^{3+}速度系数的影响大于对生成 Fe^{3+}速度系数的影响，即当生物加工系统达到平衡即[Fe^{2+}]$\gg$[Fe^{3+}]时，消耗 Fe^{3+}的反应非常快。通过四个试验中的实际测量值可知，[Fe^{2+}]是[Fe^{3+}]的 4～5 倍。

氧化亚铁硫杆菌对铜的生物加工是一个复杂的热力学过程，因为 Fe^{3+}具有很强的水解性，可以生成 H^+，所以水解过程分为以下三步：

$$Fe^{3+}+H_2O \rightleftharpoons Fe(OH)^{2+}+H^+ \tag{5.9}$$

$$Fe(OH)^{2+}+H_2O \rightleftharpoons Fe(OH)_2^+ +H^+ \tag{5.10}$$

$$Fe(OH)_2^+ +H_2O \rightleftharpoons Fe(OH)_3\downarrow +H^+ \tag{5.11}$$

第 1 步水解常数 K_1 表示为

$$K_1=\frac{[Fe(OH)^{2+}][H^+]}{[Fe^{3+}]}=K_{a1} \tag{5.12}$$

式中，K_{a1} 为 $Fe(OH)^{2+}$ 的电离常数。根据相关文献的数据，$K_{a1}=6.3\times10^{-3}$。

在加工纯铜的试验中，每隔 1h 的 pH 变化率 $\Delta[H^+]$由式(5.13)给出：

$$\Delta[H^+]=10^{-1.888}-10^{-pH} \tag{5.13}$$

水解产生 H^+的速度 $V_g[H^+]$由式(5.14)给出：

$$V_g[H^+] = V_c[H^+] - \Delta[H^+] \tag{5.14}$$

式中，$V_c[H^+]$为由于 Fe^{2+}氧化为 Fe^{3+}而产生的 H^+消耗率。大致认为水解生成的 H^+都是在一级水解中生成的。一级水解的浓度商由式(5.15)给出：

$$Q_c = \frac{V_g[H^+] \cdot [H^+]}{[Fe^{3+}] - V_g[H^+]} \tag{5.15}$$

若 $Q_c < K_{a1}$，则先进行一级水解，水解反应朝生成 H^+的方向进行；若 $Q_c \geqslant K_{a1}$，则一级水解饱和，开始二级甚至三级水解，使水解产生的 H^+量增加。

在加工纯铜的试验中，Fe^{3+}水解产生 H^+的速度低于 Fe^{2+}氧化消耗 H^+的速度，pH 逐渐升高。若不随时添加 H^+以将 pH 调节到 2 左右，则水解将加剧，并且氧化亚铁硫杆菌的生长速度将下降。测试结果 $Q_c < K_{a1}$ 表明一级水解过程尚未完成，将继续缓慢生成 H^+。据文献介绍，Fe^{3+}水解在六个月后仍未达到平衡状态。

依据前文，生物加工纯铜过程可以抽象为如图 5.6 所示的离子循环模型，与图 5.2 相比增加了一些与反应过程相关的信息。Fe^{2+}和 Fe^{3+}之间的离子循环是由反应引起的，并且$[Fe^{3+}]+[Fe^{2+}]$=常数。铜的两个电子最终被氧化亚铁硫杆菌输送到氧气中，伴随着 H^+的消耗，因此铜的生物加工速度与细菌浓度有关。为了使 pH 保持在 2 左右以便氧化亚铁硫杆菌生长，可以在加工液中加入 H_2S 气体用以提供 H^+和去除 Cu^{2+}。如果 $\Delta[H^+]=V_c[H^+]-V_g[H^+]$，且营养充足和已去除 Cu^{2+}，那么

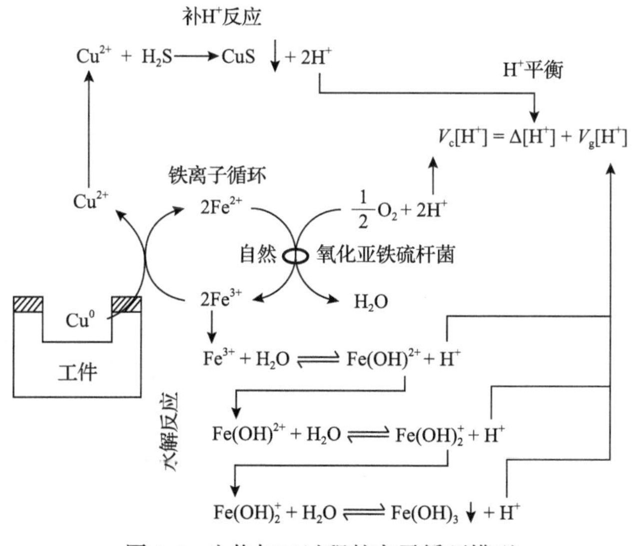

图 5.6　生物加工过程的离子循环模型

生物加工系统中的离子循环和 pH 将处于稳定的平衡状态。

至此，已经详细介绍了一种直接利用生物食器表面加工金属的方法。在这个过程中，生物微/纳米界面通过物质的传输实现能量的转化，同时能量的转化促进了物质的变化。因此，可以利用生物与环境之间物质和能量交换的能力来实现所需要的特定物质和能量转换。

5.2　细胞内界面生物约束成形微纳米功能颗粒

5.2.1　微生物细胞内界面沉积微纳米功能颗粒的制造

微生物广泛存在于自然界中，由于具有标准外形、环境友好及成本低廉等独特优势，可以用作成形模板来制造微纳米功能颗粒。目前，大多数研究主要基于表面沉积技术对微生物整体外形结构进行直接利用。但在微纳制造领域，微生物的内部空间同样具有广泛的研究前景。因此，基于对微生物细胞界面及其微纳米尺度效应的研究，特别是生物膜对金属离子的吸附行为以及细胞界面内纳米颗粒的生物合成等方面的研究逐渐深入，细胞界面内沉积微纳米功能颗粒技术得以不断发展。

如图 5.7 所示，由于微生物细胞界面屏障，其对微纳米颗粒的渗透能力较弱，使得在微生物细胞界面内部高效批量合成均匀分散的微纳米颗粒具有极大的挑战性。本节以螺旋藻细胞为对象，探讨如何改善微生物细胞界面通透性，并探索生物模板内沉积微纳米功能颗粒的通用性策略。螺旋藻细胞主要由蛋白质和多糖组成，具有由拟核、叠层类囊体和羧酶体等组成的胞内超微结构，天然的三维螺旋外形，较大的尺寸，便于收集。此外，螺旋藻细胞具有天然交联多孔的细胞质，有利于液体反应介质的渗透；同时，其高度有序的细胞结构纹理可以作为纳米颗粒沉积和组装的支撑位点，实现在细胞内部合成均匀分散的纳米颗粒。

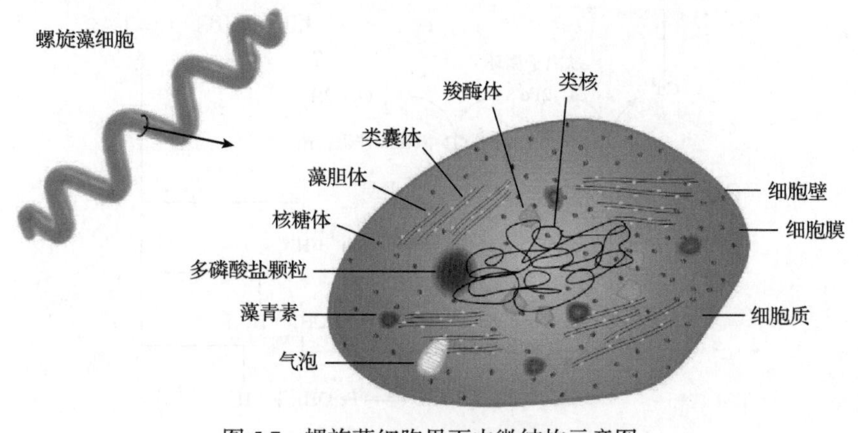

图 5.7　螺旋藻细胞界面内微结构示意图

微生物模板细胞界面内合成纳米颗粒包括三个步骤：透性化处理、活化和化学沉积。螺旋藻细胞界面内合成 Pd@Ag 纳米颗粒过程如图 5.8 所示。原始螺旋藻细胞壁膜结构密实紧凑，因此首先需要进行通透性增强处理，以改善其界面渗透能力，常见的方法包括酸处理法、冻融法和乙醇处理法等。随后，利用胶态钯溶液对透性化处理后的细胞进行活化处理，该方法是微纳制造领域实现化学沉积的常见方法。Pd/Sn^{2+}纳米颗粒可以通过细胞壁上的纳米孔道渗透进入细胞界面内部空间，在有机-无机相互作用下，进入的 Pd 粒子可以在细胞界面内位点有序聚集，并为后续金属沉积提供成核位点。通过解胶处理去除 Pd 粒子周围的 Sn^{2+}，从而裸露出 Pd 晶核以作为催化中心。最后，进行细胞界面内化学沉积，在纳米孔道的空间限域作用下，基于 Pd 晶核完成 Ag 纳米颗粒的原位生长。

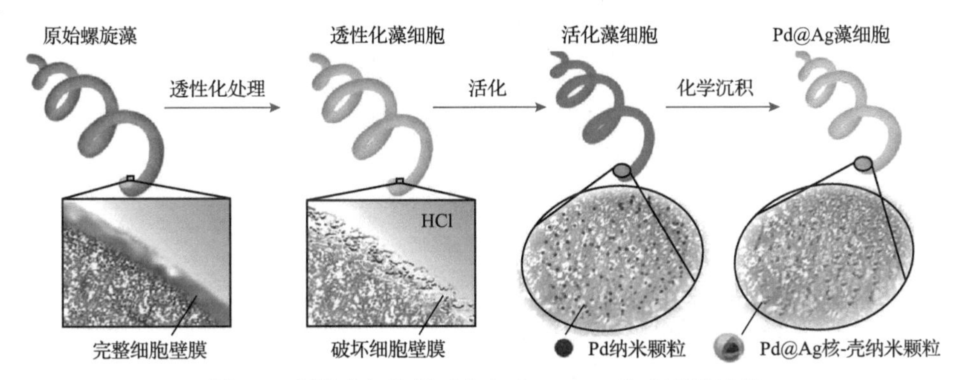

图 5.8 螺旋藻细胞界面内合成 Pd@Ag 纳米颗粒过程

1. 透性化处理

图 5.9 为酸处理前后螺旋藻细胞壁膜的形态结构表征结果。如 SEM 图像所示，在保持螺旋藻细胞整体螺旋结构的同时，细胞壁膜发生了明显的变化，经过酸处理的螺旋藻细胞表面较为粗糙。如透射电子显微镜(transmission electron microscope, TEM)图像所示，原始螺旋藻细胞壁膜致密，内部具有海绵状疏松微结构；然而在酸处理后，细胞壁膜结构变得和细胞内部一样疏松。利用原子力显微镜(atomic force microscope, AFM)图像，可以进一步验证细胞界面的通透性变化。原始螺旋藻细胞表面具有纳米尺度的网状结构和不规则分布的凹陷，蛋白质分子可以清晰观测到。由于分子在细胞表面的不规则波动，呈现出波浪状起伏形貌，经测量，细胞表面粗糙度约为0.778nm，相邻分子之间堆砌排列紧密，形成渗透屏障。经过酸处理后，细胞表面可以观察到明显的褶皱，表面被很多形状不规则的聚集体占据。形貌波动起伏明显增大，表面粗糙度增加到 2.99nm，孔蛋白分子和其他典型特征无法识别。这是因为细胞壁膜天然分子结构遭到破坏，从规则紧密排列变为疏松且结构不紧凑的聚集体。研究表明，由致密堆砌的磷脂分子和脂蛋白组成的

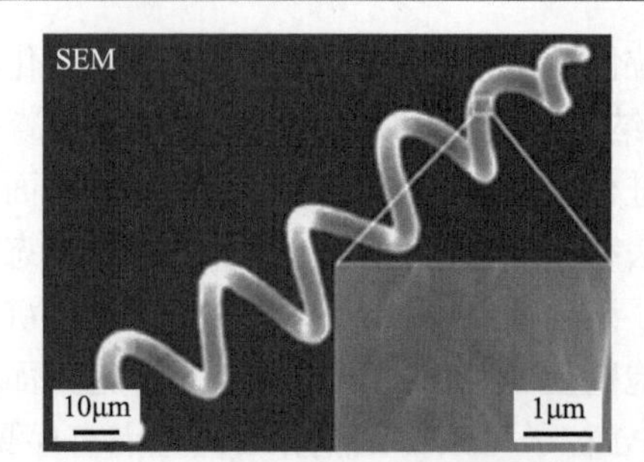

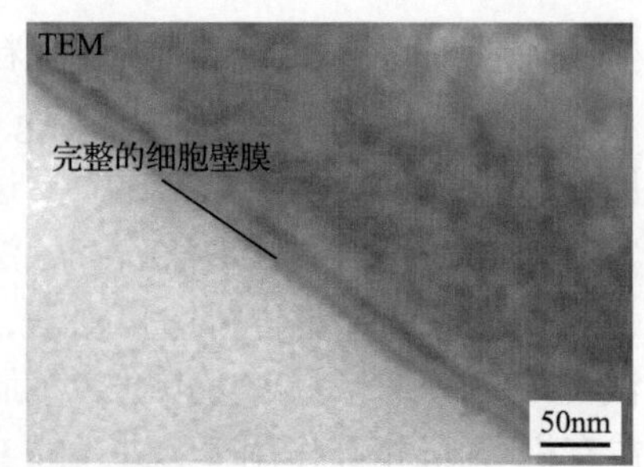

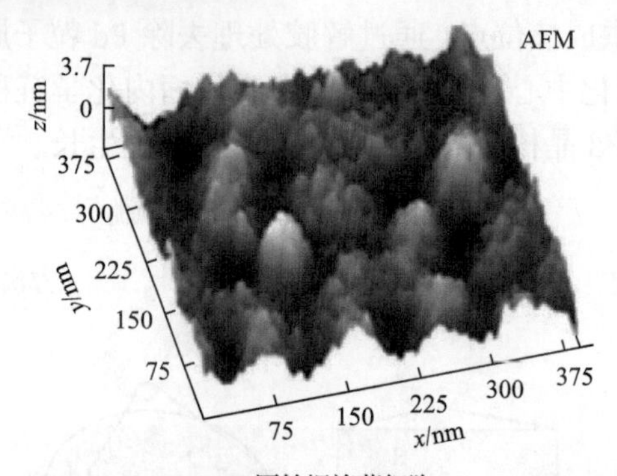

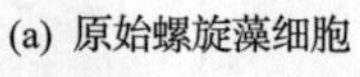

(a) 原始螺旋藻细胞

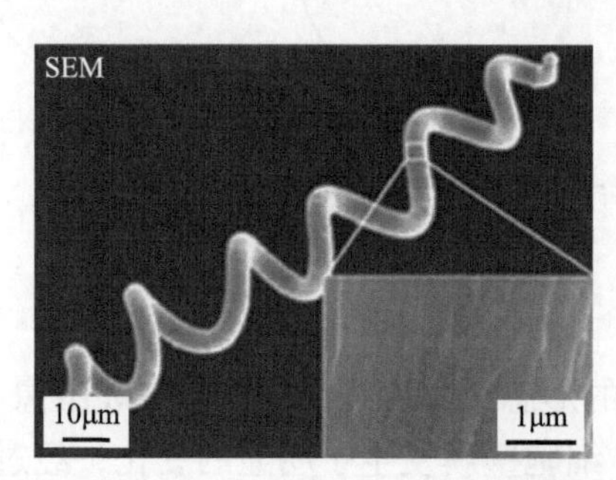

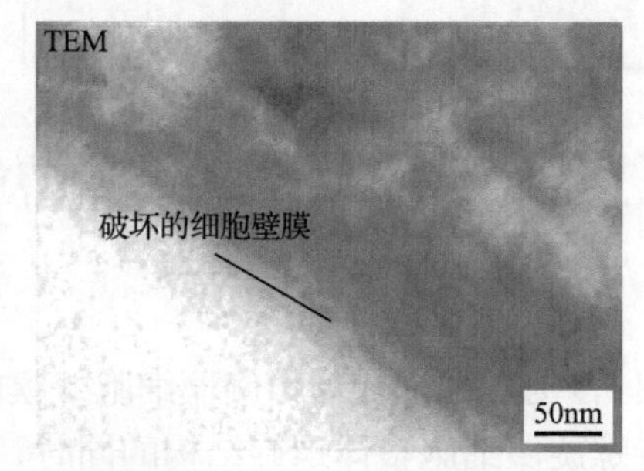

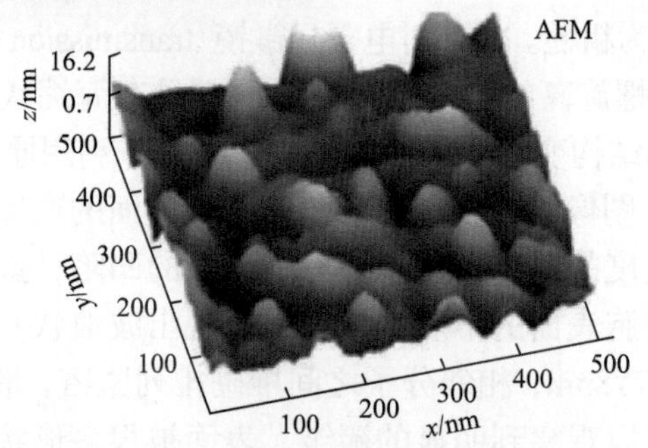

(b) 酸处理后的螺旋藻细胞

图 5.9　SEM、TEM、AFM 表征结果

螺旋藻细胞外膜是其主要渗透屏障，具有很高的细胞结构强度，并且可以抵抗外界毒素和有害物质。通过酸处理破坏细胞外膜，可以显著提高螺旋藻细胞壁膜界面的渗透能力，有利于反应介质渗透进入细胞界面内部并扩散。

图 5.10 展示了冻融法处理前后螺旋藻细胞壁膜界面的形态结构变化。原始螺旋藻细胞表面结构完整，而冻融处理后的细胞表面出现了明显的裂缝，表明生物模板渗透屏障被有效破坏，Pd 晶核和外部化学介质进入细胞的通路被打开。TEM 图像表明，螺旋藻细胞在冻融处理后，其细胞内部的拟核、叠层类囊体和羧酶体等微结构仍然可以被很好地保留(图 5.11)。

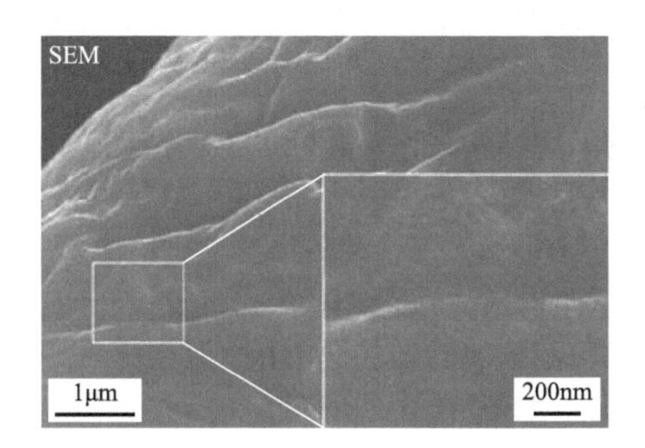

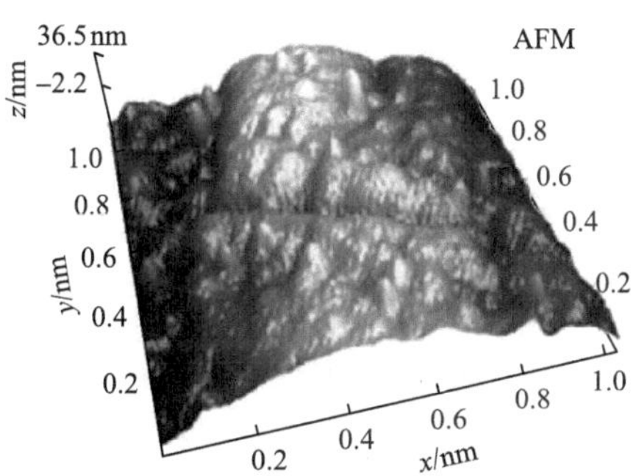

(a) 原始螺旋藻细胞

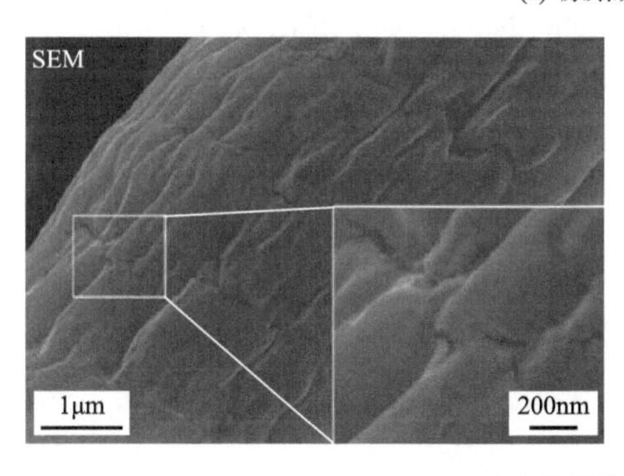

(b) 冻融处理后的螺旋藻细胞

图 5.10　SEM 和 AFM 表征结果

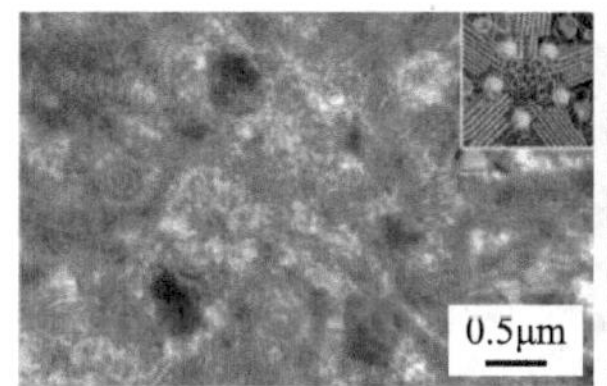

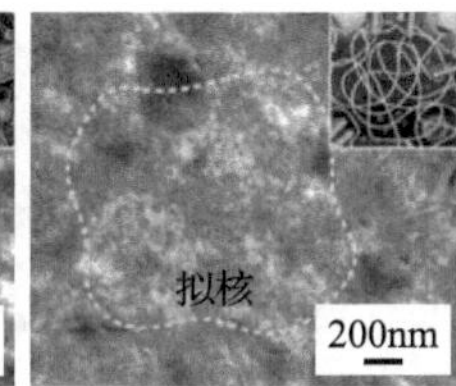

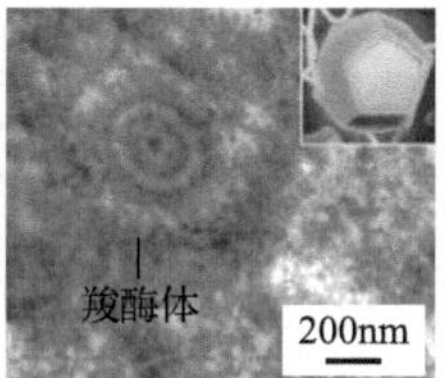

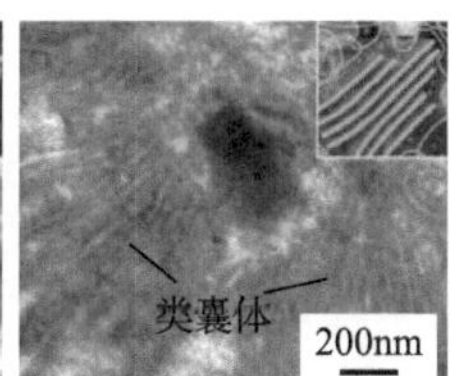

图 5.11　冻融处理后的螺旋藻细胞 TEM 表征

2. 活化

化学沉积过程存在反应能量势垒，使得金属沉积得以局限在具有催化活性的细胞表/界面发生。因此，对于没有催化活性的基底，需要引入催化活性位点来实现沉积，这个过程称为活化。以常用的胶态钯一步活化法为例，水解的 Sn^{2+}结合在 Pd 纳米颗粒上，形成稳定的胶体并防止钯颗粒团聚。在浓度梯度驱动下，稳定的 Pd/Sn^{2+}胶团扩散穿过破损的壁膜屏障，进入细胞界面内部。随后使用次亚磷酸钠($Na_2H_2PO_2$)溶解外层 Sn^{2+}，使内部具有催化活性的 Pd 晶核裸露出来。相应的反应方程式为

$$Sn_2(OH)_3Cl + 2Na_2H_2PO_2 + 2H_2O \longrightarrow 2Na_2H_2PO_3 + Na_2SnO_3 + Sn + HCl + 3H_2 \tag{5.16}$$

活化前螺旋藻细胞界面内部为匀质的海绵结构，而活化后的螺旋藻细胞内部则均匀镶嵌有 Pd 纳米颗粒。

3. 化学沉积

在化学镀银过程中，沉积速度通常随着碱浓度的增加而加快。通过采用不同浓度的 NaOH 溶液进行对比测试，以达到细胞界面内沉积的最佳效果。如图 5.12 所示，在较高的 NaOH 浓度下，细胞表面被包覆一层均匀致密的银层，几乎没有纳米颗粒嵌入细胞中。相比之下，较低浓度的 NaOH 使得沉积物密集充满细胞内部，而外表面没有连续的沉积层。当采用中等浓度的 NaOH 进行沉积，在大量的纳米颗粒填充细胞内部空间的同时，细胞表面仍会形成连续而疏松的沉积层。以上结果表明，足够低的沉积速率是实现细胞界面内沉积的关键。利用沉积反应的

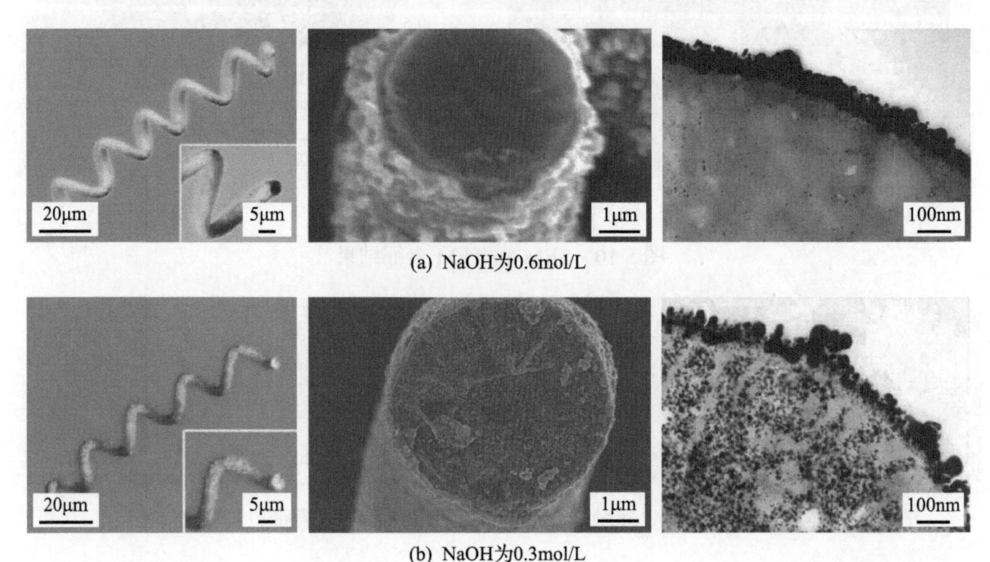

(a) NaOH为0.6mol/L

(b) NaOH为0.3mol/L

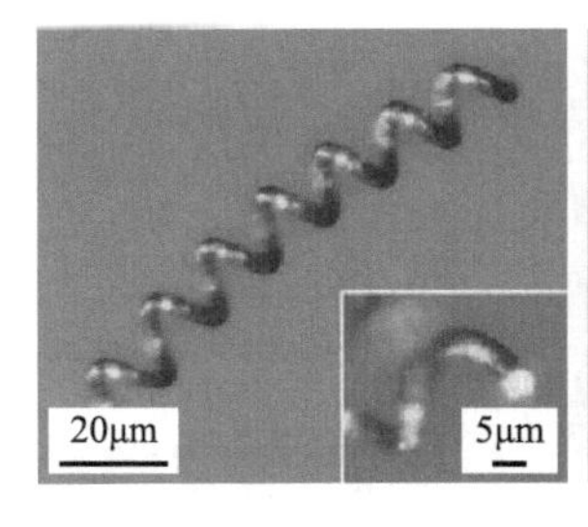

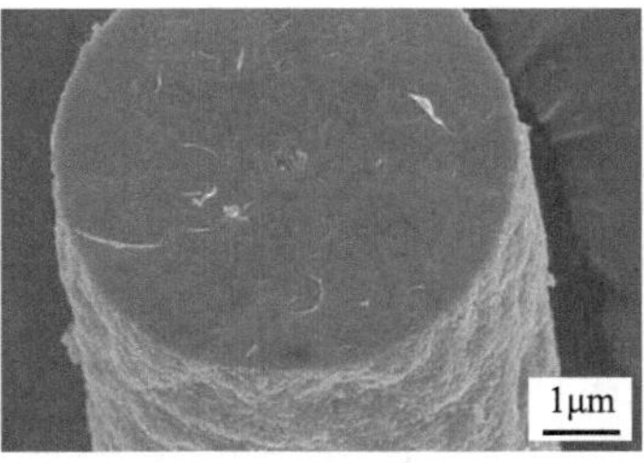

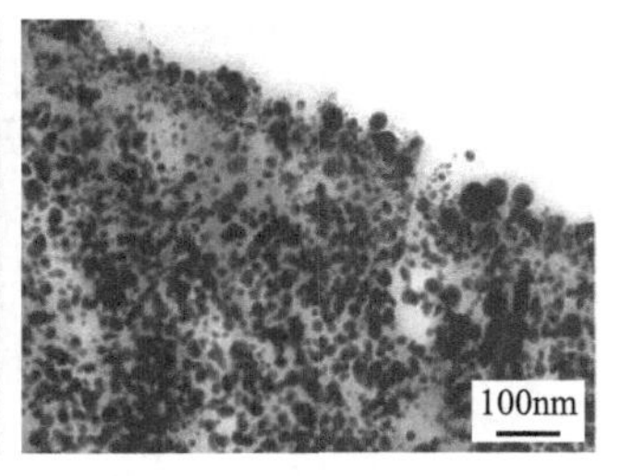

(c) NaOH为0.15mol/L

图 5.12　螺旋藻细胞界面内沉积 Pd@Ag 纳米颗粒表征结果

化学动力学分析，可以对银颗粒的分布机理进行阐释：NaOH 浓度较高时，Ag 沉积反应快速而剧烈，溶液中大部分 Ag^+前驱体被迅速消耗而沉积在细胞壁膜上，只有少数 Ag^+能穿透细胞壁膜并沉积在细胞质中。而 NaOH 浓度较低时，反应速率变得缓慢，使得纳米银颗粒能够同时在细胞内部和细胞壁膜结构上沉积。

有两种方法可以控制 Ag 的沉积量：一种是调节添加银前驱体的总量，使之反应完全；另一种是在一定比例的银前驱体下，控制化学沉积的反应时间。为了调节 Ag 的含量并获得不同尺寸的纳米颗粒，可以改变银氨溶液的添加量，将银氨溶液的添加量设定为 2.5mL、5mL、7.5mL 和 15mL（表示为(Pd @ Ag) @Sp-X）。TEM 分析表明，粒径为 5.37nm、6.32nm、17.85nm 和 38.98nm 的 Pd@Ag 纳米颗粒相应地被均匀嵌入细胞中。图 5.13 给出了螺旋藻细胞界面内沉积 Pd @ Ag 纳米颗粒的 TEM 表征结果，图 5.13(a)～(c) 中采用的银氨溶液体积依次为 5mL、7.5mL 和 15mL，图 5.13(d)～(g) 为 Pd @ Ag 纳米颗粒的 TEM 图，可以看到所合成的纳米颗粒为直径 10nm 的圆球形。放大的晶格界面表征分析进一步证实了非对称 Pd@Ag 核-壳纳米颗粒的合成，其中银的成核位点位于钯催化颗粒的表面。

在化学镀银过程中，还可以通过控制沉积时间来制备具有纳米球和纳米片结构的 Pd@Ag 纳米颗粒。如图 5.14 所示，随着沉积时间的增加，细胞内 Pd@Ag 纳米颗粒在细胞界面内孔道的空间限制下，沿着特定的晶面进一步选择性生长为纳米片，实现银纳米片以极小的粒子间距进行 3D 组装。

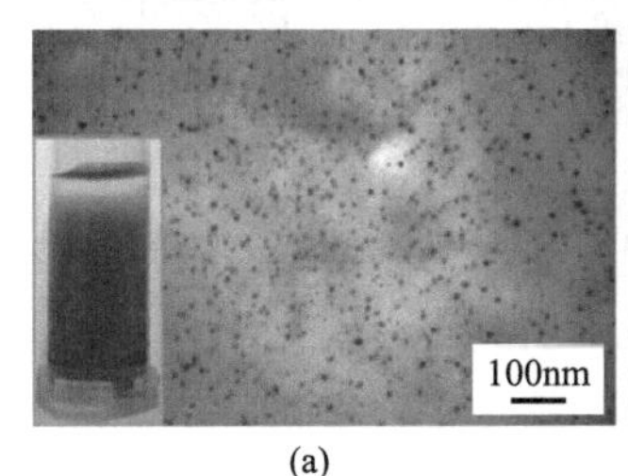

(a)

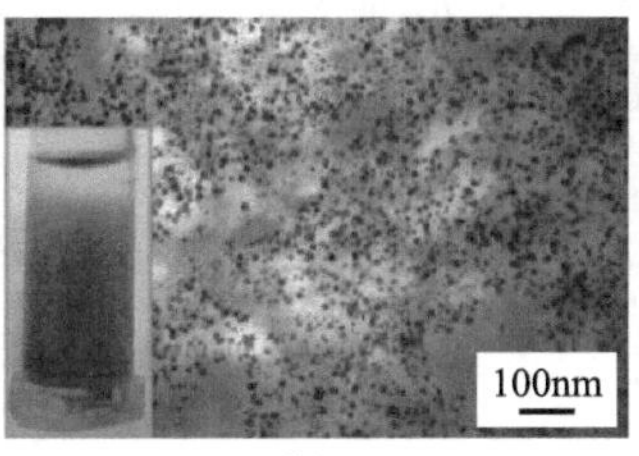

(b)

(c)

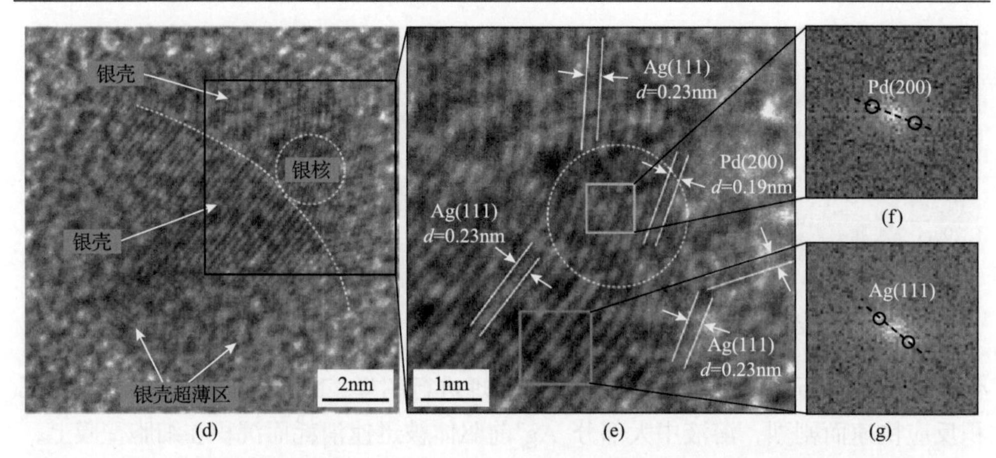

图 5.13　螺旋藻细胞界面内沉积 Pd@Ag 纳米颗粒的 TEM 图像及表征结果

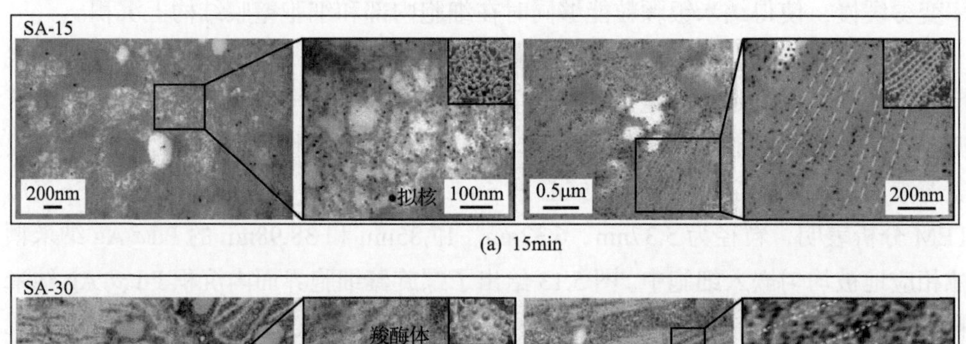

(b) 30min

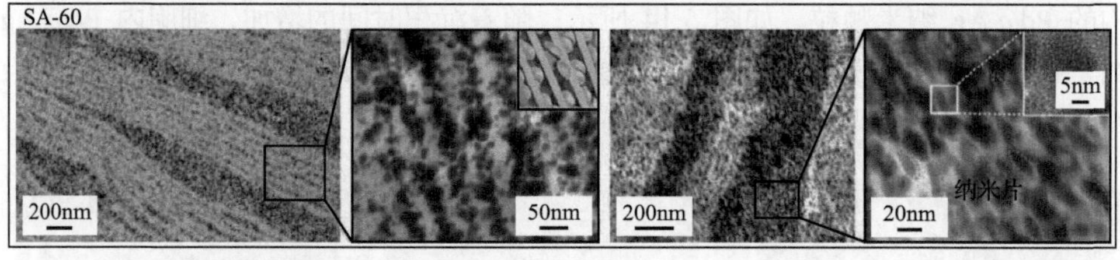

(c) 60min

图 5.14　不同反应时间下 Pd@Ag 纳米颗粒在螺旋藻细胞界面内聚集的 TEM 表征结果

基于胶态钯活化方法，其他种类的核-壳纳米功能颗粒也可以以螺旋藻细胞为生物模板实现内沉积。例如，活化后的螺旋藻细胞通过内沉积负载 Pd@Au 纳米颗粒。如图 5.15 所示，球形 Pd@Au 纳米颗粒在细胞内沉积后均匀地分布在细胞内部海绵状结构以及细胞壁膜上。经测量，Pd@Au 纳米颗粒的平均粒径为 14.79nm，其核-壳纳米结构可通过高分辨率 TEM 做进一步鉴定。

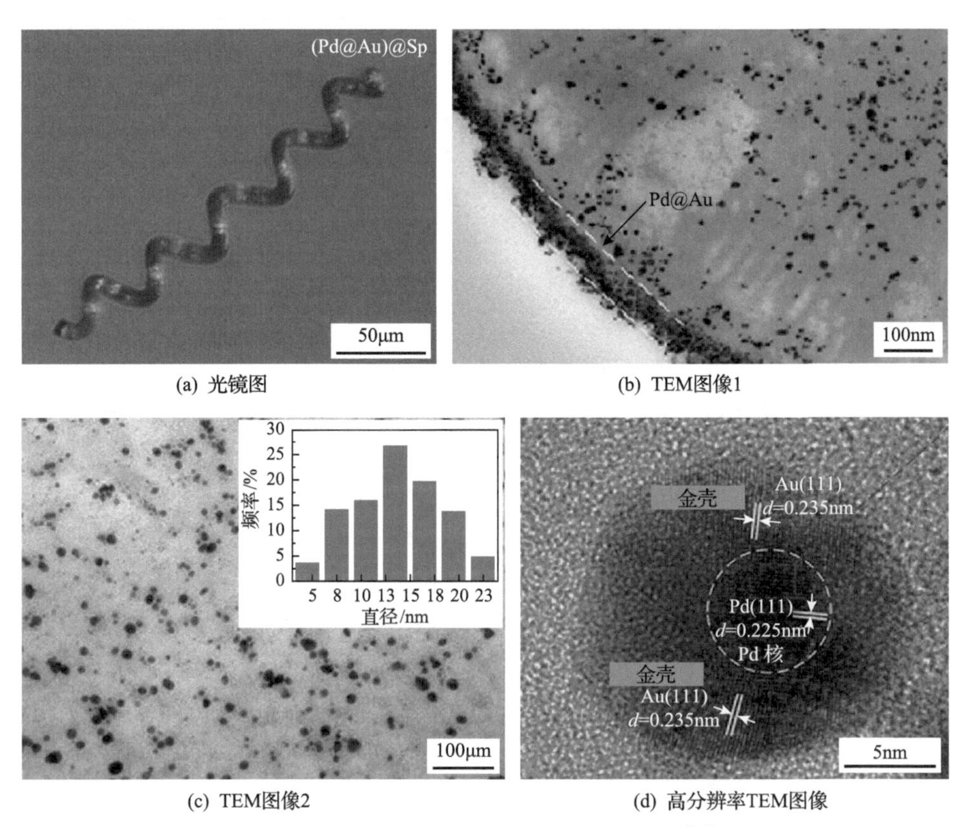

(a) 光镜图　　(b) TEM图像1

(c) TEM图像2　　(d) 高分辨率TEM图像

图 5.15　螺旋藻细胞界面内沉积 Pd@Au 纳米颗粒表征结果

5.2.2　细胞内界面沉积微纳米功能颗粒的应用

细胞界面内沉积微纳米颗粒具有独特的功能特性，可以构造功能材料，并在许多应用领域具有巨大潜力。本节介绍基于螺旋藻细胞的内沉积微纳米功能颗粒的应用。

首先，它们能够充当功能催化剂。上述螺旋藻细胞内沉积的Pd@Ag 纳米颗粒具有体积小、分散性好、无表面修饰和非对称核-壳结构的优点。此外，细胞壁膜界面良好的渗透性和稳定性赋予了合成纳米颗粒优异的催化性能。以所制备的(Pd@Ag)@Sp 功能微粒为例，选择在 $NaBH_4$ 作用下，测试它对 4-硝基苯酚(4-NP)

进行催化还原的效能。该样品显示出优异的催化活性，内沉积粒径为 6.32nm 的 Pd@Ag 纳米颗粒的摩尔转换效率高达 2893h^{-1}，具备良好的稳定性和循环利用能力。

如图 5.16 所示，微纳米颗粒在微纳米工程领域展现出巨大潜力。通过螺旋藻细胞内沉积可以合成具有纳米球和纳米片结构的 Ag 纳米颗粒。Ag 纳米颗粒沿着细胞界面内孔道有序聚集，并且在细胞界面内部空间限制下，可以在其连续生长

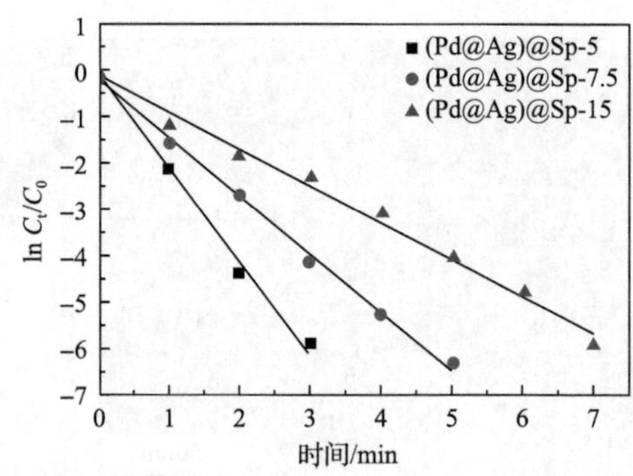

(a) 催化活性(右图直线为拟合所得结果)

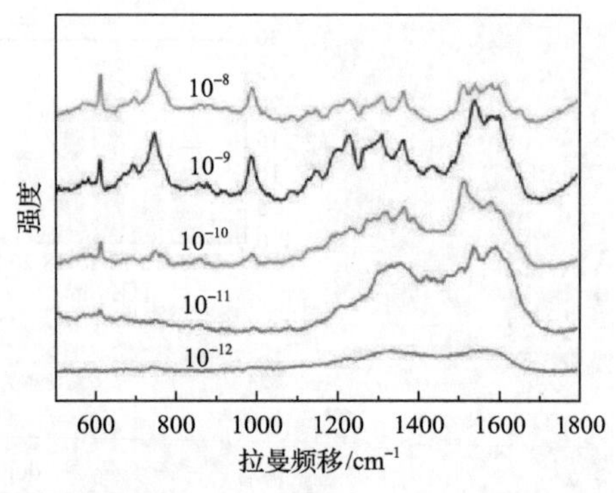

(b) 表面增强的拉曼散射性能

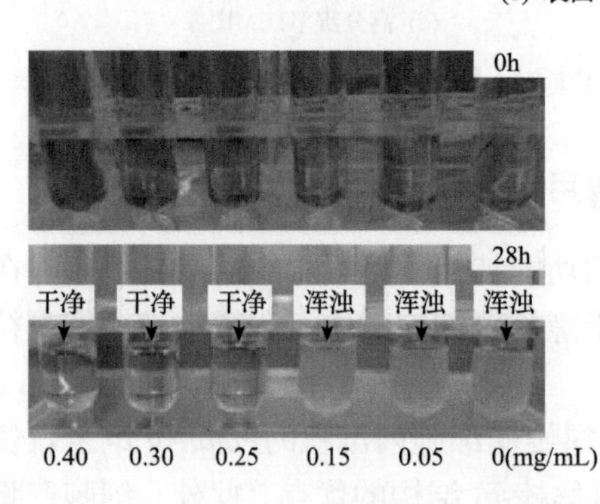

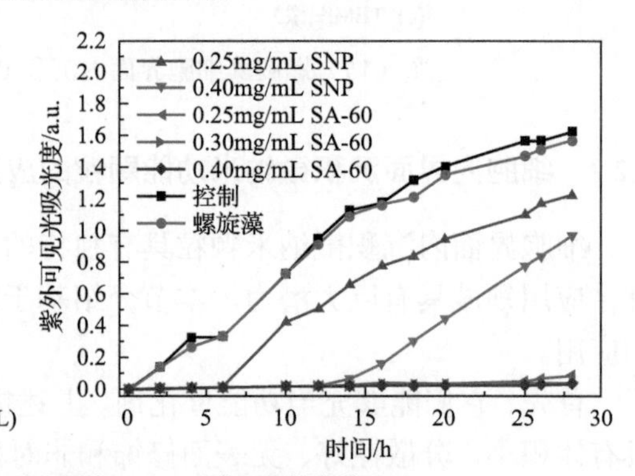

(c) 抗菌性能(右图中SNP为银纳米颗粒，SA-60为载银螺旋藻样品)

图 5.16　螺旋藻细胞界面内沉积 Pd@Ag 纳米颗粒的应用

期间发生从球形到片形的形态转变。该样品表现出优异的表面增强拉曼散射性能，增强因子高达 5.95×10^8。其优良表现可归因于细胞界面内 Ag 纳米颗粒的片层结构及其均匀分散性。同时，装载 Ag 纳米颗粒的螺旋藻细胞表现出有良好的抗菌性能，其抗菌性能取决于 Ag 纳米颗粒的粒径及负载量。由于 Ag 纳米颗粒释放的 Ag^+对细菌展现毒性，当 Ag 纳米颗粒装载量较低时，可能导致 Ag^+释放量不足；当 Ag 纳米颗粒的粒径过大时，其表面能低，也会导致抗菌活性较差。

如图 5.17 所示，它们可与微机器人技术结合应用于靶向癌症治疗。螺旋藻细胞内沉积 Pd@Au 纳米颗粒后，经过磁性修饰和药物装载，可作为磁性螺旋形微机器人进行靶向抗癌。细胞界面内沉积的核-壳型 Pd@Au 纳米颗粒在尺寸控制、负载能力和避免团聚方面显示出巨大优势，使负载 Pd@Au 纳米颗粒的微机器人在近红外激光辐射下展现出优异的光热性能。其机理可以解释为：近红外光照射时，Au 纳米壳和 Pd 核发生等离子体共振，将光能转换成热能，引起温度升高，从而能够有效杀死癌细胞。因此，该微机器人在靶向药物负载和化学-光热协同治疗方面展现出巨大的应用前景。

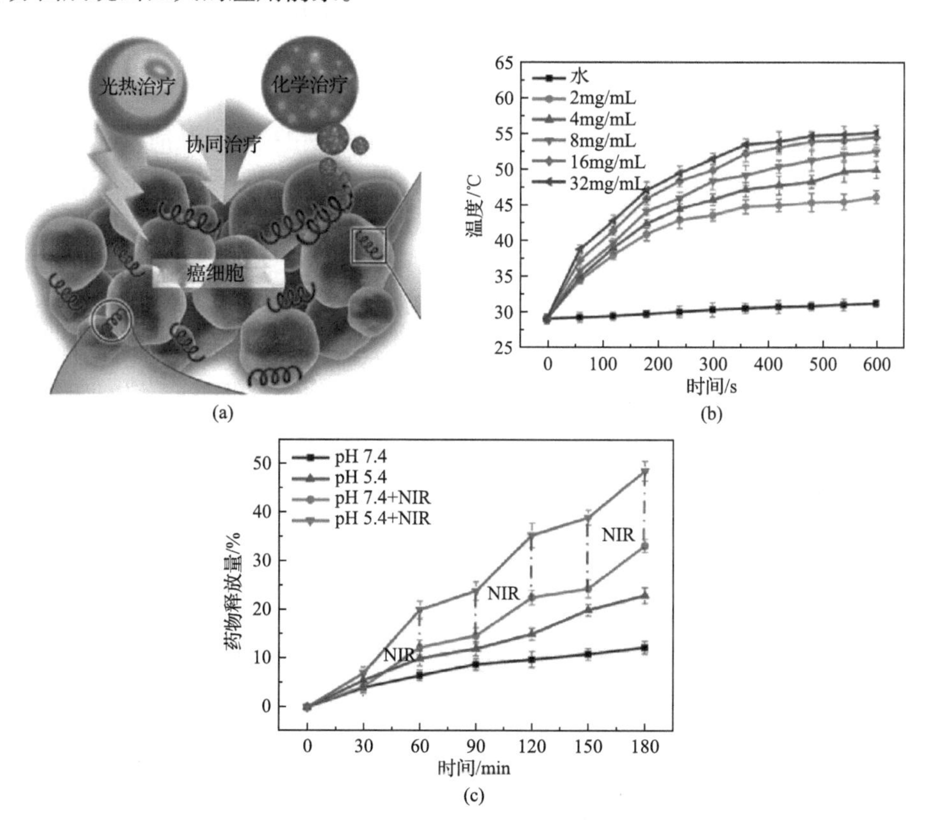

图 5.17　螺旋藻细胞界面内沉积 Pd@Au 纳米颗粒用于化学-光热协同治疗癌症

NIR 为 808nm 近红外激光

5.3 细胞膜纳米沉积结构表征及其理论问题

5.3.1 细胞对纳米颗粒的摄取

随着纳米技术的发展，纳米材料越来越多地出现在人们的日常生活中。对于大多数纳米颗粒，其有益和/或有害影响都离不开与细胞膜的相互作用。本节着重介绍纳米颗粒在细胞内的“奇幻旅程”，重点讨论纳米颗粒-细胞膜界面产生的机械力以及相关的动力学和能量学。值得指出的是，细胞膜和纳米颗粒之间的相互作用受纳米颗粒尺寸、形状和表面性质的影响，对此感兴趣的读者可参考相关文献。一般来说，纳米颗粒在细胞内的旅程可以分为以下两个步骤。

(1) 纳米颗粒绑定细胞膜。纳米颗粒可以与细胞膜发生特异性或/和非特异性的相互作用，这些作用将扩散中的纳米颗粒吸附在细胞表面。特异性相互作用主要是指受体与配体之间的特异性吸附，是一种类似于分子锁匙的系统。非特异性相互作用包括疏水相互作用、静电相互作用、分子相互作用或全部。纳米颗粒与细胞膜的结合形成一个高度异质性的纳米颗粒-细胞膜界面，并启动一系列动态的理化反应以及动力学过程。

(2) 纳米颗粒的跨膜运输。绑定在细胞膜上的纳米颗粒可以激活细胞发生一系列的动力学反应并被转运至细胞内部。通常，根据细胞膜是否发生形变，将细胞内化纳米颗粒的过程分为非内吞途径和内吞途径。非内吞途径是指纳米颗粒可以直接穿透细胞，通过分子间整体的吸引或排斥自发产生驱动力。当黏附在细胞膜上的纳米颗粒粒径足够小时，不会引起细胞膜变形，这一过程常发生在粒径小于2nm 的纳米颗粒的跨膜运输过程中。内吞途径是细胞内化纳米颗粒的主要途径，通过细胞膜变形包裹纳米颗粒产生靶向驱动力。细胞膜总变形能 $W(\eta)$ 由弯曲能 $C(\eta)$、拉伸能 $\Gamma(\eta)$ 和附加变形能 $\Lambda(\eta)$ 决定。η 表示纳米颗粒与细胞膜的包裹程度($0 \leqslant \eta \leqslant 1$)。细胞膜总变形能 $W(\eta)$ 通过下列公式计算：

$$W(\eta) = C(\eta) + \Gamma(\eta) + \Lambda(\eta) \tag{5.17}$$

式中，$C(\eta) = 1/\left[2B\left(\bar{\kappa} - \kappa_0\right)^2\right]$，$\bar{\kappa} = \left(\kappa_1 + \kappa_2\right)/2$。对于球形的纳米颗粒，$C(\eta) \approx \eta$ 和 $\Gamma(\eta) \approx \eta - 2$，当纳米颗粒被完全包裹时($\eta = 1$)或无张力情况下，$\Lambda(\eta)$ 可以忽略不计；B 为膜的弯曲刚度；κ_1 和 κ_2 为纳米颗粒表面的两个主要曲率；κ_0 为细胞膜的内在自发曲率。

如图 5.18 所示纳米颗粒的胞内运输，被完全包裹的纳米颗粒将脱离细胞膜，以囊泡的形式通过细胞骨架运输到细胞内，并与其他囊泡融合形成内含体。内含体内的纳米颗粒可以被释放进入细胞质或者被继续转运至溶酶体，在溶酶体内相关酶的作用下，纳米颗粒可被降解或沉积在细胞中。被降解的纳米颗粒可以释放相应的小分子，维持细胞正常代谢。例如，低密度脂蛋白在肝细胞中被降解，释放胆固醇及脂肪酸，随后转变为胆汁酸、类固醇、维生素 D3 等参与体内正常代谢。Fe_3O_4 纳米颗粒在干细胞中被降解，释放 Fe^{2+}，随后被氧化为 Fe^{3+} 并以铁蛋白的形式参与细胞代谢。沉积的纳米颗粒可以赋予细胞新的功能，如药物传递、仿生加工等。

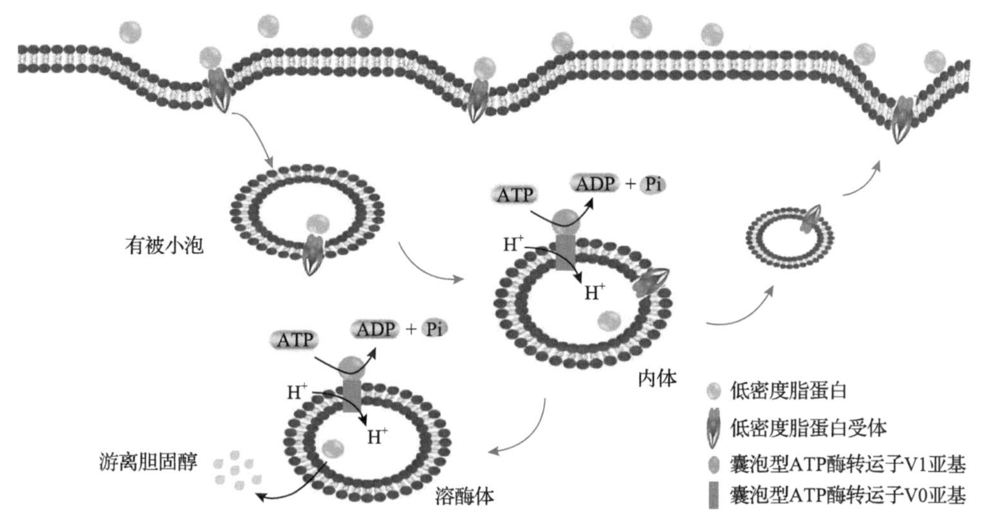

图 5.18　经典的受体调控内吞途径(以低密度脂蛋白代谢为例)

在研究细胞摄入纳米颗粒时，需要考虑三个问题：纳米颗粒能否被内吞？纳米颗粒被内吞的速度有多快？一个细胞能吞下多少个纳米颗粒？本节将以研究最广泛的半径为 R 的球形纳米颗粒的内吞途径为例回答以上三个问题。

在细胞膜包裹纳米颗粒时，只有当纳米颗粒的尺寸大于某一数值时，细胞膜才会发生形变。可被内吞的纳米颗粒的最小粒径（$R_{\min}$）可表示为

$$R_{\min}=\sqrt{2B/\left[\mu\xi_1+\ln\left(\xi_0/\xi_1\right)\right]} \tag{5.18}$$

式中，α_s、α_h 和 α_r 分别为黏附强度、焓和熵分量，

$$\alpha_s=\alpha_h+\alpha_r,\quad \alpha_h=\mu\xi_b,\quad \alpha_r=\ln\left(\xi_+/\xi_1\right)$$

ξ_b 为结合在纳米颗粒表面的受体密度；ξ_+ 为纳米颗粒附近耗损区的受体密度；ξ_1 为纳米颗粒表面涂覆的配体密度达到的最大值；ξ_0 为远处区域的受体密度；B 为膜的弯曲刚度。

当纳米颗粒粒径 $R>R_{\min}$ 时，纳米颗粒才可被细胞内吞；当 $R<R_{\min}$ 时，纳米颗粒则通过直接穿膜的方式进入细胞。细胞对纳米颗粒的内吞速率可通过下面公式

进行计算：

$$t_{\mathrm{W}} = \beta R^2 / D, \quad \beta = 4\xi^{\Lambda}\xi_1 / (\xi_0 - \xi_+) \tag{5.19}$$

式中，D 为细胞表面受体的扩散系数；β 为无量纲量。

一个细胞可内吞的纳米颗粒数量可通过下面公式计算得到：

$$N = A\varphi \mathrm{e}^{4\Pi R^2\left[\alpha_{\mathrm{M}} - W_{(\eta=1)}\right]} \tag{5.20}$$

式中，A 为纳米颗粒可接触到的细胞膜的面积；α_{M} 为黏附强度；$W_{(\eta=1)}$ 为纳米颗粒被完全包裹状态下 $(\eta=1)$ 的膜变形能密度(单位面积上的膜变形能)。

5.3.2 细胞膜矿化结构表征及其理论问题

1. *天然矿化*

铁细菌广泛存在于自然水域环境中，其细胞膜界面上会产生生物矿化(氧化)作用，该作用在满足细菌繁殖生长所需的能量供给的同时，自然形成了大长径比的微米尺度下铁(或锰)的氧化物管鞘结构，并成为一种具有应用潜力的功能产品和器件结构。其中，只能氧化铁离子的球衣菌属和可以氧化水中铁离子、锰离子的纤发菌属的铁细菌被研究最为广泛和深入。亚铁离子极易自发快速氧化(在中性富氧环境的氧化半衰期小于1min)，矿物营养类细菌(铁细菌中的纤发菌属)如果要利用铁氧化来实现化能自养，必须要细胞的新陈代谢能消耗小于铁氧化中产出的吉布斯自由能($\Delta G°$)并在亚铁离子氧化速率竞争中保持优势，这是相当严酷、困难的。文献研究表明，反应式(5.21)描述的酸性环境铁氧化过程中，可产生的吉布斯自由能为 29kJ/mol：

$$Fe^{2+} + 0.25O_2 + H^+ \longrightarrow Fe^{3+} + 0.5H_2O \tag{5.21}$$

在中性环境中，若铁离子发生氧化反应并以氧化物沉淀的形式存在，则反应过程可描述为

$$Fe^{2+} + 0.25O_2 + 2.5H_2O \longrightarrow Fe(OH)_3 + 2H^+ \tag{5.22}$$

经此反应流程，微生物可利用的吉布斯自由能则可达到式(5.21)的 2 倍。更特殊的是，若将环境氧含量降低，则可利用的能量达到 90kJ/mol。而生盘纤发菌、球衣菌恰恰生长在中性、微氧环境中，其衣鞘固定铁氧化物的产物为 $Fe(OH)_3$，具备了化能自养的基本条件。与此同时研究证实，铁细菌表面的铁氧化过程是一种酶催化过程；在中性微氧环境中，铁细菌以其界面上的铁氧化蛋白作为诱导催化节点，氧化形成氢氧化铁的速率可以达到 $FeCl_2$ 自发氧化的 10 倍，确立了生物在铁氧化的竞争优势，也是铁细菌诱导实现铁矿化沉积的重要理论依据。

铁细菌细胞界面是铁氧化、能量捕获的主要区域，界面上发生的总氧化还原反应式可以归纳为

$$4FeCO_3 + O_2 + 6H_2O \longrightarrow 4Fe(OH)_3 + 4CO_2 + 能量 \tag{5.23}$$

直到今天，关于其分子层面的化能自养作用及反应过程的研究和报道仍较少。铁细菌的氧化矿化可以分为两种情况：一种是细胞离散状态的直接矿化，如图 5.19 所示；另一种是细菌在贫营养条件下的多细胞分裂形成衣鞘包被结构的矿化。将从福建厦门污水处理厂活性污泥中分离出球衣菌与从 ATCC 公司购置的生盘纤发菌进行了铁离子氧化矿化过程试验，基于试验结果及相关文献资料，总结并示意了细胞尺度的铁细菌表面形成纤维管鞘状结构的氧化铁矿化机理，如图 5.19 所示。

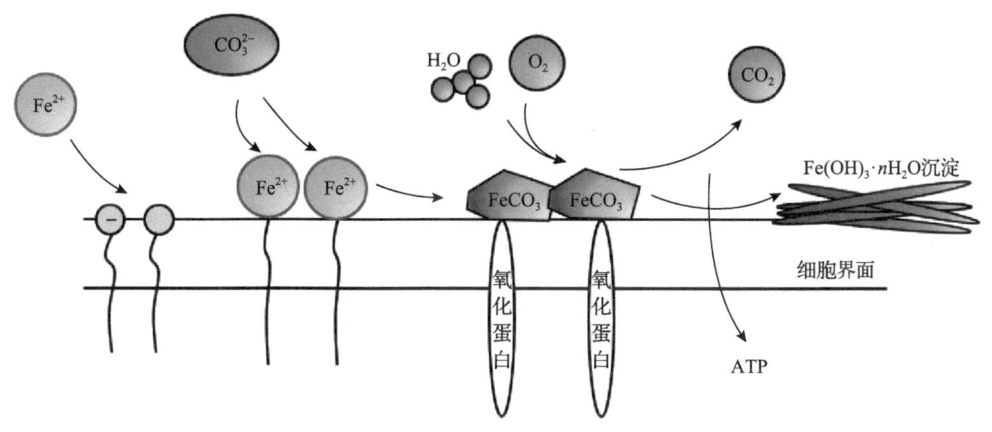

图 5.19　铁细菌细胞界面水合氧化铁矿化机理示意图

首先，铁细菌在 pH 为 6～8 的生长环境中，其细胞表面发生水解，产生如 OH^-、COO^-等负电基团，使细胞表面呈现负电属性并在贫营养的条件下形成衣鞘(衣鞘主要成分为多糖)(图 5.20)；液体环境中的 Fe^{2+}被吸附到细菌的细胞膜表面，并进一步和碳源(CO_3^{2-})结合形成 $FeCO_3$ 沉淀；细菌利用其细胞膜上的铁氧化蛋白

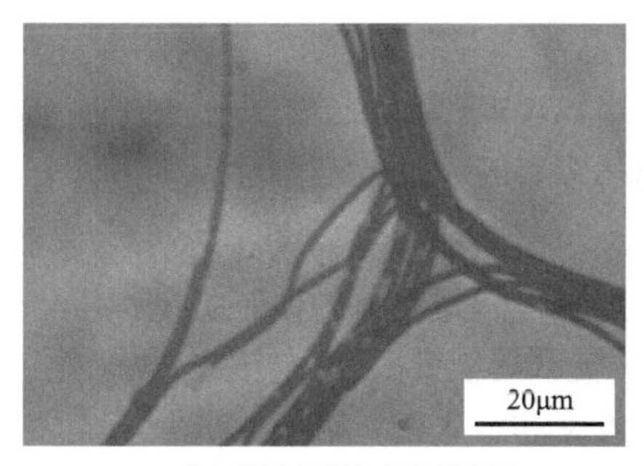

(a) 球衣菌结晶紫染色光学照片

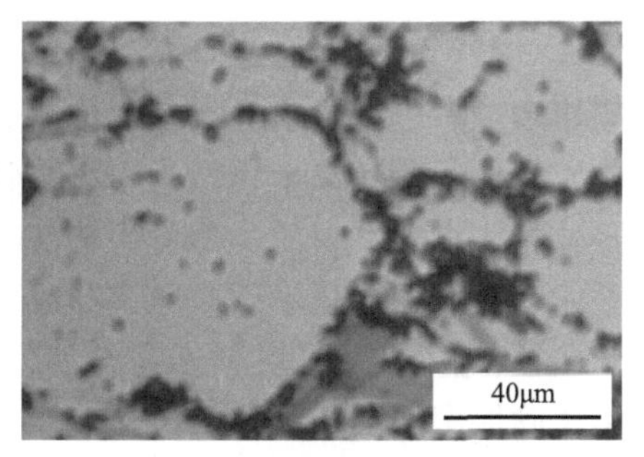

(b) 生盘纤发菌结晶紫染色光学照片

图 5.20　菌体形貌

将 $FeCO_3$ 氧化为 $4Fe(OH)_3$，该过程中产生的能量借由 ATP(三磷酸腺苷)的形式供应到细胞内部；$Fe(OH)_3$ 从细胞表面脱离后进入细胞外网络状的酸性多糖衣鞘层中。随着细胞生长及 Fe^{2+}氧化过程在细胞表面的持续进行，受衣鞘网络的约束与已经形成的纳米核点位影响(非均匀成核理论)，$Fe(OH)_3$ 沿网络纤维方向结晶长大并最终以针状水合氢氧化铁的形式形成微管鞘形矿化结构。显微表征结果证实，通过培养铁细菌可获得直径 1～3μm、长径比超过 50 且 Fe/O 原子比为 0.77 的非晶纤维状铁氧化物(图 5.21)。经过 800℃高温处理后，纤维主要成分变为铁氧体(Fe_2O_3)，晶粒平均直径为 41nm。铁细菌氧化矿化后形成的氧化铁管鞘结构，可以避免细菌细胞生长中被氧化铁完全包被而不能继续生长和汲取物质、能量。图 5.21(a)中，A 为沉积获得的纤维结构，B 为伴随产生的氧化铁杂质。

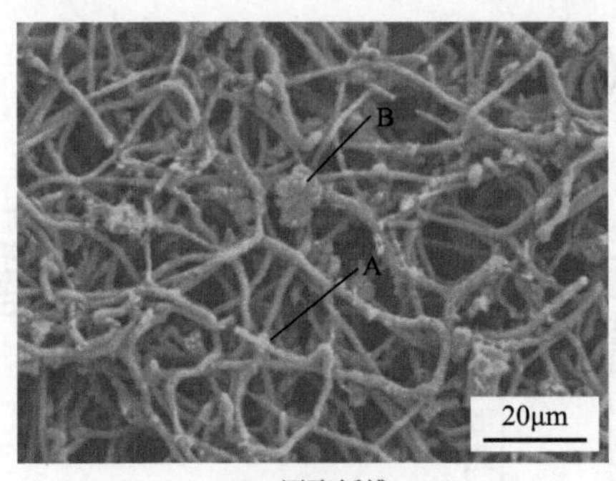

(a) 团聚纤维

(b) 纤维断裂截面

图 5.21 铁细菌生物矿化氧化铁纤维的 SEM 照片

总体来看，在铁细菌的化学自养过程中，细胞对水中亚铁离子实现引导式矿化成形的必要条件包括：①氧化还原反应过程可以自发进行且可以控制环境条件使其反应速率极低；②微生物表面上具有铁氧化还原蛋白可以增加反应速率并降低反应能量消耗；③细胞外部独特的界面结构可以约束和吸附氧化产生的沉积物，并促进氧化铁纤维有序生长。

2. 人工沉积

受生物细胞界面吸附并诱导矿化以形成微管鞘结构的原理的启发，如果使用具有丰富形体结构的微生物作为模板，研究揭示人工诱导包覆的机理，就有可能获得形体更加多样、材质类型更为丰富的功能微粒或产品，突破微纳制造领域的制造技术瓶颈。根据化学反应原理和成形形式，包覆可分为以下类型：①化学镀金属化包覆；②金属有机物热分解金属化包覆；③溶胶-凝胶(共沉积)氧化物包覆。

为了确保湿法沉积工艺的镀覆效能，参考非金属固体表面的成核与晶体生长机理，必须遵循以下基本原则：

(1)根据反应动力学，选择适当的氧化还原反应，以确保金属离子在一定条件下不能自发快速地反应，便于对其诱导后可以选择性地在微生物表面进行沉积。

(2) 通过引入催化成核靶点，降低成核活化能，加速反应，实现非均匀成核。

(3) 调节加热温度、搅拌速度、溶液 pH 和反应物浓度等环境因素，动态控制“过冷度”（ΔT_k），从而控制晶体的生长方向，最终实现功能材料在微生物表面的人工诱导包覆。

1) 化学镀金属化包覆机理与表征

化学镀是在无电流通过(无外界动力)时的一种常见的非金属表面金属化手段，其沉积包覆的主要机理是在结构表面催化金属的作用下，镀液发生电化学的氧化还原反应，金属原子围绕催化金属沉积成核并逐渐长大从而形成金属镀层。在对微生物细胞表面进行化学镀金属化的研究过程中发现，微生物自身并不具有催化能力。因此，为加速在微生物表面的化学镀反应，降低反应电位，有必要对微生物表面进行活化预处理(暴露出成核催化金属如 Au、Ag、Pt 等)，从而形成催化靶点以顺利实现多种金属及合金的金属化包覆(如 Cu、Ag、Ni-P 等)，不同金属及合金镀层的化学镀液配方和还原剂各不相同，但在细胞表面的约束成形机理基本一致。以采用化学镀法在螺旋藻细胞表面镀一层铜膜为例，其工艺流程主要包括胶态钯活化→解胶→化学镀三个步骤。图 5.22 示意了螺旋藻细胞表面胶态钯活化化学镀铜的包覆过程原理。

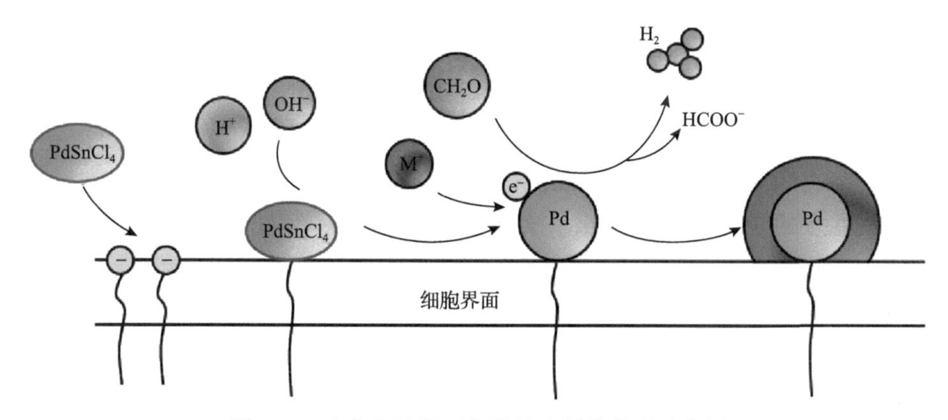

图 5.22　生物细胞界面化学镀金属化机理示意图

化学镀过程中，金属离子向活性中心聚集并析出，是金属单质经历从无到有、从小到大的过程，整个过程包括两个阶段，即发生阶段和成长阶段。微生物细胞表面的 Cu 原子成核和生长机理描述如下。

首先，与大多数微生物相似，螺旋藻在液体环境中细胞表面发生水解反应并表现出负电特性。根据胶团假说，在静电吸附作用下，胶态钯基团在细胞表面形成并完成活化。胶态钯基团结构是双电层结构，其化学表达式如下所示：

$$\left\{\left[Pd^0\right]m\cdot nSn^{2+}\cdot 2(n-x)Cl^-\right\}\cdot 2xCl^- \quad (5.24)$$

活化的微生物细胞的表面均匀地被胶态 Pd 颗粒层吸附，而 Pd 颗粒被溶胶状的水解 Sn^{2+}包围，这种胶态 Pd 颗粒没有催化活性，不能成为化学镀膜的结晶中心。因此，引入 H^+和 OH^-实现解胶过程，使 Pd 在细胞表面还原成核。

采用化学镀铜的沉积过程如式(5.25)～式(5.27)所示：

$$HCHO+OH^- \xrightarrow{\text{钯催化}} H_2\uparrow +HCOO^- \quad (5.25)$$

$$Cu^{2+}+H_2+2OH^- \longrightarrow Cu+2H_2O \quad (5.26)$$

$$HCHO^-+OH^- \xrightarrow{\text{铜膜自催化}} H_2\uparrow +HCOO^- \quad (5.27)$$

反应(5.25)必须使用贵金属 Pd 作为反应的催化剂；反应(5.26)描述了在碱性条件下 Cu^{2+}的还原反应；反应(5.27)描述的是以 Cu 膜为自催化表面的自催化反应过程。反应(5.25)中所示的甲醛氧化实际上包括以下过程：

$$HCHO+H_2O \longrightarrow H_2C(OH)_2 \quad (5.28)$$

$$H_2C(OH)_2+OH^- \longrightarrow H_2C(OH)O^-+H_2O \quad (5.29)$$

$$2H_2C(OH)O^- \longrightarrow 2HCOOH+H_2\uparrow +2e^- \quad (5.30)$$

反应(5.28)～(5.30)表明，在化学镀铜过程中，吸附的甲醛分子在 Pd 催化活性中心的表面发生氧化反应。甲醛分子可以提供电子和氢原子，从而 Cu^{2+}可以在 Pd 催化活性中心的表面接收电子，以进行还原反应，沉积出金属 Cu。

值得注意的是，溶液中的Cu 晶核可以通过均匀成核和非均匀成核两种成核形式形成。在均匀成核作用中，临界晶核的形成是需要一定能量的，该能量值ΔG_c称为成核能；非均匀成核也需要一定的成核能，记为$\Delta G_c'$。预处理可以产生大量附着在微生物细胞表面的粒径为 10～50nm 的催化剂胶体；在裸露的 Pd 作用下，还原剂(甲醛)可将吸附在细胞表面催化活性中心附近的 Cu^{2+}还原并非均匀成核；而液体环境中因没有 Pd 的催化效应，只能自发均匀成核，由于$\Delta G_c>\Delta G_c'>0$，且催化剂有利于降低反应活化能，因此合理地控制反应工艺参数(如温度、pH 和溶液浓度)就可以确保在微生物表面 Cu 的选择性沉积包覆。

临界晶核形成后，当质点再继续往上堆积时，由于体系的总自由能随着晶核的增大而迅速下降，促使晶核不断地成长，进入晶体长大阶段。研究表明，化学镀层的组织构造和性质在很大程度上取决于发生化学镀的基体，液-固界面的微观结构会影响晶核的长大机制。根据微观结构，液-固界面可以分为粗糙界面和光滑界面。粗糙界面的ΔT_k值为 1～2℃，而光滑界面的ΔT_k值仅为 0.01～

0.05℃，这导致液相原子向界面微观结构不同的固相上添加的方式(即晶粒长大的机制)不同。

根据文献，可以将预处理过的微生物细胞表面视为粗糙表面。在化学镀铜过程中它是通过垂直生长机制生长的，因此初始沉积过程中主要是细微晶粒按照等轴生长，待镀层厚度增大后开始转变为柱状结晶。然而，对沉积过程中薄膜形貌及生长方式调控的研究表明，扩散速率对于薄膜生长方式和形貌有着较大影响。当扩散速率较低时，主要观察到岛状生长，并且表面相对粗糙；当扩散速率增加时，层状生长占主导，并且表面相对平坦。因此，结合微生物基体自身的高吸附效应和连续搅拌的环境，可以在提高扩散速率的同时改善沿界面的晶体生长能力，所制备的金属 Cu 螺旋的镀层表面粗糙度会得到显著提高(具体工艺参数优化请参阅第 12 章)。所沉积的 Cu 膜具有自催化活性，使得甲醛的氧化反应和 Cu^{2+}的还原反应继续在其表面上发生，所沉积的 Cu 膜的厚度持续增加，逐渐由不连续膜变为连续膜。

图 5.23 为螺旋藻细胞表面化学镀铜的光学照片，从图中可以看出，化学镀铜后的螺旋藻细胞表面呈泛红色，表明其表面已沉积了一层金属铜膜。

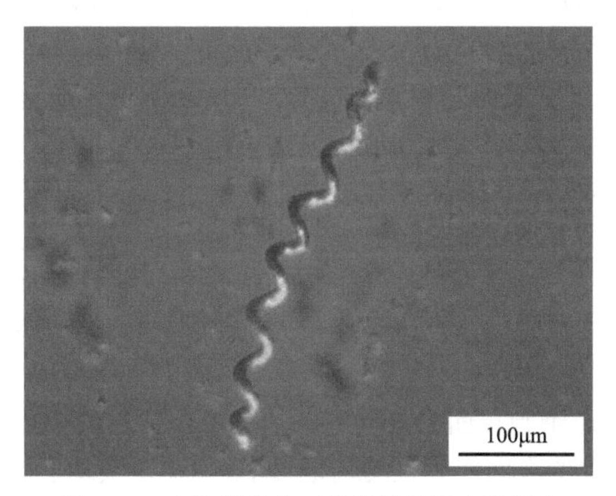

图 5.23　生物微粒表面化学镀铜的光学照片

2)金属有机物热分解金属化包覆机理与表征

金属有机物(如五羰基铁和四羰基镍等)在室温下呈液态存在，加热时其分子结构容易被破坏并分解为金属和有机物。利用其热分解特性，可以轻松制造出各种形态、尺度的金属及合金材料。基于五羰基铁热分解的微生物细胞(以螺旋藻为例)表面金属化机理(图 5.24)，具体可阐释如下。

(1)通过加热将五羰基铁分解为 Fe 纳米颗粒的化学反应表示为

$$3Fe(CO)_5 \xrightarrow{100\sim110℃} Fe_3(CO)_{12} + 3CO\uparrow \tag{5.31}$$

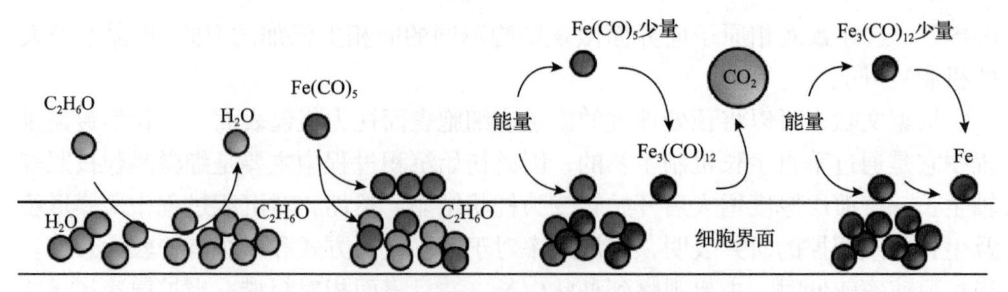

图 5.24　生物细胞界面热分解五羰基铁包覆机理示意图

$$Fe_3(CO)_{12} \xrightarrow{140\sim150℃} 3Fe + 12CO\uparrow \tag{5.32}$$

$Fe(CO)_5$在逐步加热下的液相热分解过程分两个步骤进行：第一步，分解温度约为 103℃，反应中$Fe(CO)_5$失去部分羰基生成多核羰基合铁；第二步，分解温度为140～150℃，多核羰基合铁再次分解，生成金属铁颗粒。

(2) 螺旋藻细胞表面金属化 Fe 的包覆。将脱水的微生物细胞与五羰基铁溶液混合并均匀搅拌后，在细胞内部和表面均发现存在$Fe(CO)_5$。当温度升至 110℃时，存在于细胞内部和表面的$Fe(CO)_5$开始受热分解变为多核羰基合铁，优先在细胞表面吸附、成核、沉积。当温度进一步升高到146℃时，多核羰基合铁开始分解为铁原子和CO。由于细胞表面是相对“粗糙”的，与微生物细胞离得最近的反应物在其表面很容易发生非均匀成核，成为微生物细胞表面晶体的形核中心。形成的晶核沿各自的方向吸附周围的原子并继续生长，同时反应液中的初级粒子(多核羰基合铁分解产生的铁原子)和二级粒子(以液体中自由铁原子为核长大的纳米级 Fe 粒子)也因为尺度小极易吸附在微生物细胞表面。细胞表面的晶体不断生长，当相邻的晶体彼此接触时晶体被迫停止长大，转而向垂直于细胞表面的方向伸展，直至全部反应完毕形成连续的包覆层。

图 5.25 为螺旋藻细胞界面上五羰基铁热分解包覆层的 SEM 和 EDS 图像。试验研究证实，螺旋藻的表面连续且均匀地被 Fe 覆盖，实现了生物模板的金属化。

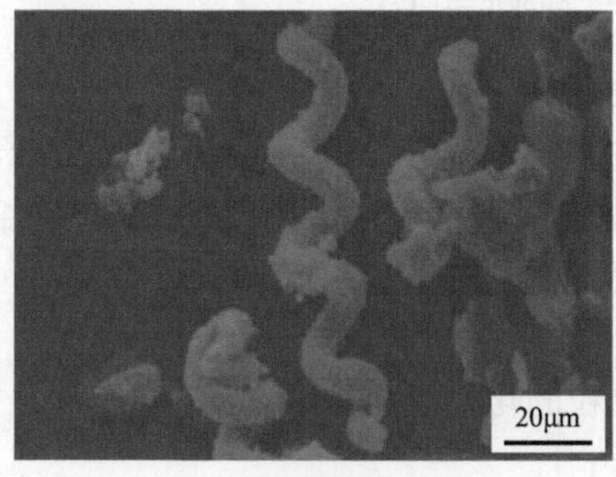

(a) SEM照片

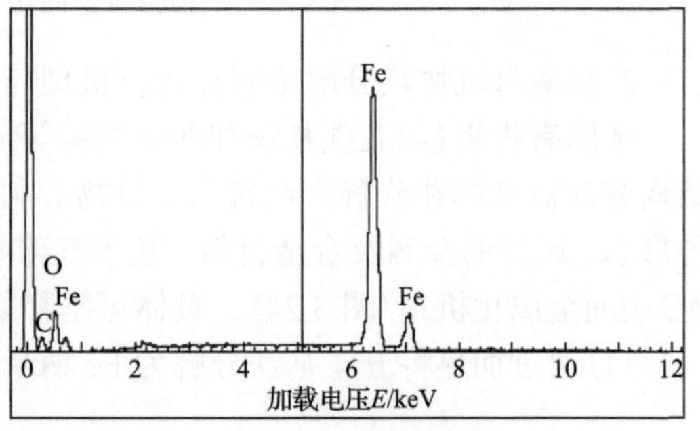

(b) EDS分析结果

图 5.25　五羰基铁液相沉积包覆样品 SEM 和 EDS 分析结果

根据图 5.26 所示的 TEM 照片及横截面的局部放大照片，表征了所制得的微粒为表面沉积了纳米五羰基铁颗粒的空心螺旋。另外，随着五羰基铁的含量增加，样品的表面沉积物晶粒长大趋势减缓，导致表面粗糙度增加，而且在颗粒的内部有更加细小的纳米级铁颗粒存在，由此推测在热分解过程中细胞表面非均匀成核相比介质内均匀成核更容易，细胞表面结构促成了包覆过程的实现。

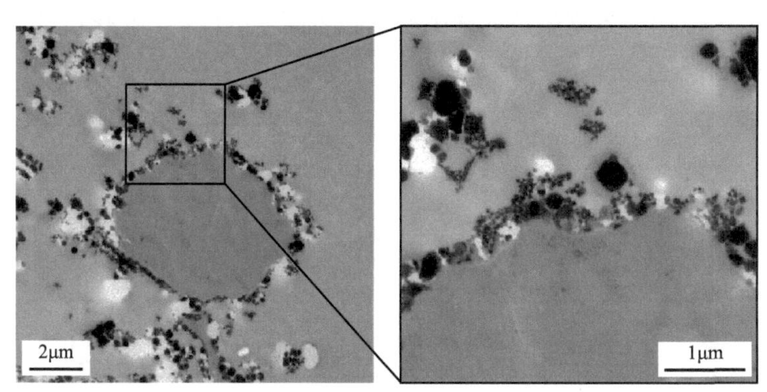

(a) 包覆层形貌及局部放大图(0.5mL)

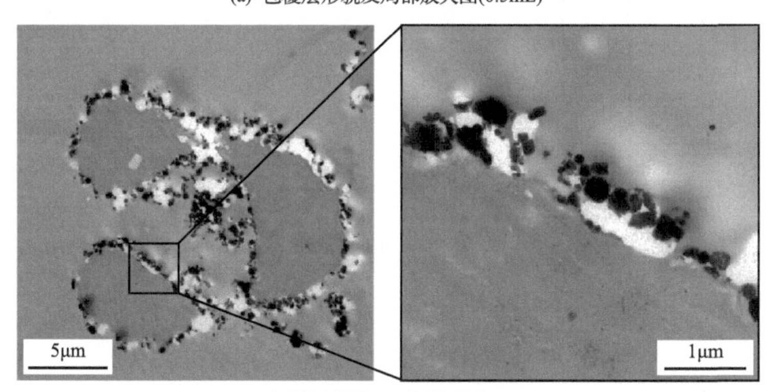

(b) 包覆层形貌及局部放大图(1mL)

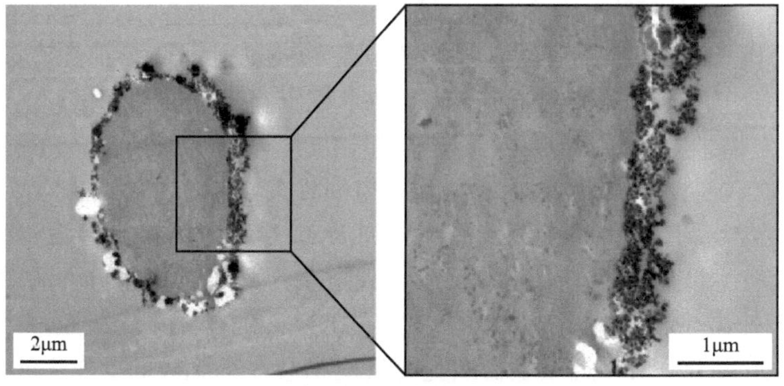

(c) 包覆层形貌及局部放大图(2mL)

图 5.26　不同浓度五羰基铁热分解包覆螺旋藻 TEM 照片

3)溶胶-凝胶氧化物包覆机理与表征

铁氧体是一种广泛使用的磁性材料，在电磁保护和生物医学领域具有重要的应用价值。形体多样的核-壳形式的铁氧体复合微粒已成为研究热点，主流的制造方法包括溶胶-凝胶法、共沉积法等。其中，溶胶-凝胶法的步骤包括溶胶-凝胶前驱体与微生物细胞的混合及胶体网络的老化，它可以可控地实现复杂形体铁氧体微粒的制造。基于溶胶-凝胶法的微生物细胞表面 Fe_3O_4 人工矿化机理(图 5.27)，具体可阐释如下。

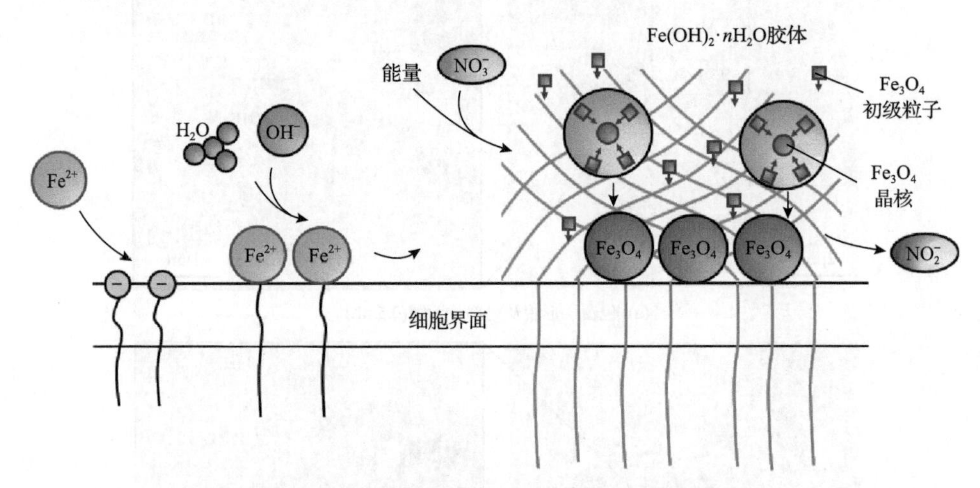

图 5.27　生物细胞界面溶胶-凝胶 Fe_3O_4 包覆机理示意图

(1) Fe_3O_4 粒子的制备。溶胶-凝胶法制备 Fe_3O_4(可表达为 $FeO·Fe_2O_3$)纳米粒子及形成包覆结构的主要反应过程为

$$Fe^{2+} + 2OH^- \longrightarrow Fe(OH)_2 \downarrow \tag{5.33}$$

$$3Fe(OH)_2 + NO_3^- \longrightarrow \left(FeO \cdot Fe_2O_3\right) \downarrow + NO_2^- + 3H_2O \tag{5.34}$$

$FeSO_4$ 溶液和 KOH 溶液反应生成 $Fe(OH)_2$ 胶粒并进一步形成凝胶。在温和氧化剂 KNO_3 的氧化作用下，凝胶内生成 Fe_3O_4 纳米粒子并成核长大沉积。

(2)微生物细胞表面 Fe_3O_4 人工矿化包覆机理。将微生物细胞与 $FeSO_4$ 凝胶溶液混合并均匀搅拌后，细胞表面会呈现负电属性并吸附 Fe^{2+}使之均匀分布在细胞表面。当混合均匀的藻、$FeSO_4$ 溶液加入到 KOH 和 KNO_3 的混合液中时，Fe^{2+}和 OH^-迅速反应生成纳米级 $Fe(OH)_2$ 胶粒，吸附在与其尺寸相差较大的微生物细胞表面，并依托微生物细胞形成凝胶网络。在 KNO_3 的作用下，凝胶网络中的反应物会发生氧化反应，最靠近微生物细胞的反应物会在细胞表面上发生非均匀成核，成为微生物细胞表面晶体的形核中心。形成的晶核按各自方向吸附周围原子继续长大，在长大的同时又有新晶核出现、长大；与此同时，凝胶网络中产生的 Fe_3O_4

初级粒子和 Fe_3O_4 二级粒子也因为小尺寸极易吸附在微生物细胞表面。细胞表面的晶体逐渐长大，其周围的粒子也逐渐积累，并更多地吸附在微生物细胞表面，并继续长大。当细胞表面相邻晶体彼此接触时，晶体被迫停止长大，而向垂直于细胞表面的方向伸展，直至全部结晶完毕，从而形成连续的包覆层。

图 5.28 为螺旋藻细胞表面溶胶-凝胶沉积 Fe_3O_4 前后的照片。TEM 和 X 射线衍射(XRD)结果(图 5.29)，证实了采用溶胶-凝胶原理可以实现纳米尺度 Fe_3O_4 粒子在螺旋藻细胞表面的均匀沉积，形成磁性螺旋。细胞内部形成的纳米粒子和表面上纳米粒子的形态、尺度证实了溶胶-凝胶法中细胞表面非均匀成核相比介质内均匀成核更容易，细胞表面结构可促成包覆过程的实现。

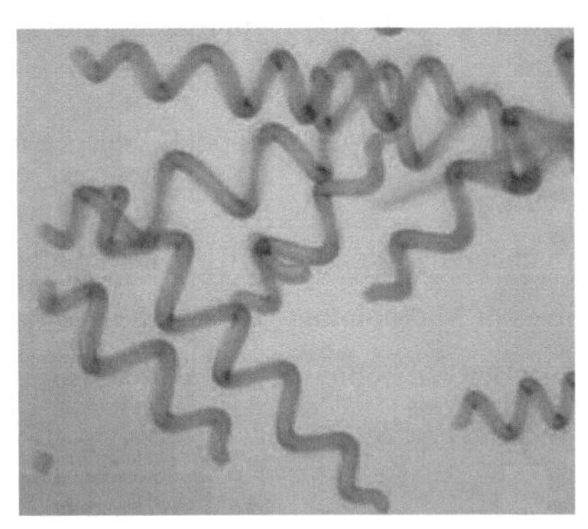

(a) 溶胶-凝胶处理前绿色和透明螺旋藻的光学照片

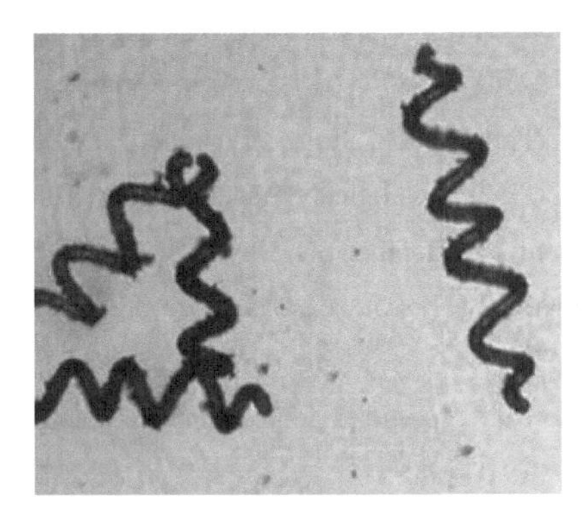

(b) 一次溶胶-凝胶处理后液体中棕黑色半透明螺旋藻的光学照片

图 5.28　螺旋藻在不同阶段的照片(×300)

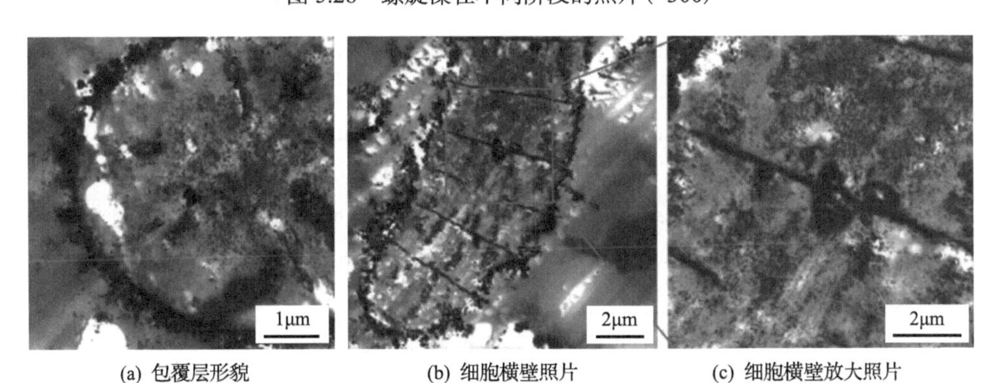

(a) 包覆层形貌　(b) 细胞横壁照片　(c) 细胞横壁放大照片

图 5.29　多次溶胶-凝胶处理后 TEM 图像

参 考 文 献

蔡军, 胡琰琰, 兰明明. 2014. 基于微生物模板复合化学镀的轻质导电颗粒制造及其表征[J]. 功能材料, 45(19): 19109-19114.

陈顺, 彭晓彤, 周怀阳, 等. 2010. 深海热液环境中的铁氧化菌及其矿化[J]. 地球科学进展, 25(7): 746-752.

沈伟. 2000. 化学镀铜的沉积过程与镀层性能[J]. 材料保护,(1): 33-36, 4.

Bai X, Zhang J X, Chang Y N, et al. 2018. Nanoparticles with high-surface negative-charge density disturb the metabolism of low-density lipoprotein in cells[J]. International Journal of Molecular Sciences, 19(9): 2790.

Behzadi S, Serpooshan V, Tao W, et al. 2017. Cellular uptake of nanoparticles: Journey inside the cell[J]. Chemical Society Reviews, 46(14): 4218-4244.

Cai J, Lan M M, Zhang D Y, et al. 2012. Electrical resistivity and dielectric properties of helical microorganism cells coated with silver by electroless plating[J]. Applied Surface Science, 258(22): 8769-8774.

Chen B, Zhan T. 2008. Study on magnetization of microbial cytosol-gel method[J]. Science in China Series E: Technological Sciences, 38(7): 1055-1060.

El Gheriany I A, Bocioaga D, Hay A G, et al. 2011. An uncertain role for Cu(II) in stimulating Mn(II) oxidation by *Leptothrix discophora* SS-1[J]. Archives of Microbiology, 193(2): 89-93.

Huang X X, Zou X X, Meng Y Y, et al. 2015. Yeast cells-derived hollow core/shell heteroatom-doped carbon microparticles for sustainable electrocatalysis[J]. ACS Applied Materials & Interfaces, 7(3): 1978-1986.

Jia R, Gao M. 2009. Microbial Mineralization[M]. Beijing: The Science Publishing Company.

Kabiri S, Tran D N H, Azari S, et al. 2015. Graphene-diatom silica aerogels for efficient removal of mercury ions from water[J]. ACS Applied Materials & Interfaces, 7(22): 11815-11823.

Li X, Li Y. 2001. Research on the metallization process of microbial cells[J]. Science China Technological Sciences, 32(3): 338-342.

Li X, Li Y. 2003. Research on microbial cell magnetic metallization[J]. Chinese Science Bulletin, 48(2): 145-148.

Manivannan S, Kang I, Seo Y, et al. 2017. M13 virus-incorporated biotemplates on electrode surfaces to nucleate metal nanostructures by electrodeposition[J]. ACS Applied Materials & Interfaces, 9(38): 32965-32976.

Nel A E, Mädler L, Velegol D, et al. 2009. Understanding biophysicochemical interactions at the nano-bio interface[J]. Nature Materials, 8(7): 543-557.

Nguyen-Ngoc H, Tran-Minh C. 2007. Sol-gel process for vegetal cell encapsulation[J]. Materials Science and Engineering: C, 27(4): 607-611.

Ni X. 2001. Basic research on biological constraint forming[D]. Beijing: Beihang University .

Niu L. 2007. Study of chemical platting on micro-nano structures[D]. Changchun: Jilin University.

Roden E E, Sobolev D, Glazer B, et al. 2004. Potential for microscale bacterial Fe redox cycling at the aerobic-anaerobic interface[J]. Geomicrobiology Journal, 21 (6) : 379-391.

Sawayama M, Suzuki T, Hashimoto H, et al. 2011. Isolation of a *Leptothrix* strain, OUMS1, from ocherous deposits in groundwater[J]. Current Microbiology, 63 (2) : 173-180.

Sheng Z, Zhao Z. 2004. Colloid and Surface Chemistry[M]. Beijing: Chemistry Industry Press.

Song D, Park J, Kim K, et al. 2017. Recycling oil-extracted microalgal biomass residues into nano/micro hierarchical Sn/C composite anode materials for lithium-ion batteries[J]. Electrochimica Acta, 250: 59-67.

Sotiropoulou S, Sierra-Sastre Y, Mark S S, et al. 2008. Biotemplated nanostructured materials[J]. Chemistry of Materials, 20 (3) : 821-834.

Sun L L, Zhang D Y, Sun Y M, et al. 2018. Facile fabrication of highly dispersed Pd@Ag core-shell nanoparticles embedded in *Spirulina platensis* by electroless deposition and their catalytic properties[J]. Advanced Functional Materials, 28 (20) : 1707231.

Sun L L, Cai J, Sun Y M, et al. 2019. Three-dimensional assembly of silver nanoparticles spatially confined by cellular structure of *Spirulina*, from nanospheres to nanosheets[J]. Nanotechnology, 30 (49) : 495704.

Sung W, Morgan J J. 1980. Kinetics and product of ferrous iron oxygenation in aqueous systems[J]. Environmental Science & Technology, 14 (5) : 561-568.

Wang M L, Yang Z G, Zhang C, et al. 2013. Growing process and reaction mechanism of electroless Ni-Mo-P film on SiO_2 substrate[J]. Transactions of Nonferrous Metals Society of China, 23 (12) : 3629-3633.

Wang X, Cai J, Sun L L, et al. 2019. Facile fabrication of magnetic microrobots based on *Spirulina* templates for targeted delivery and synergistic chemo-photothermal therapy[J]. ACS Applied Materials & Interfaces, 11 (5) : 4745-4756.

Yan X, Wang C. 1993. Ion Equilibrium and Chemical Reaction in Aqueous Solution[M]. Beijing: Higher Education Press.

Yan X H, Zhou Q, Yu J F, et al. 2015. Magnetite nanostructured porous hollow helical microswimmers for targeted delivery[J]. Advanced Functional Materials, 25 (33) : 5333-5342.

Zan G T, Wu Q S. 2016. Biomimetic and bioinspired synthesis of nanomaterials/nanostructures[J]. Advanced Materials, 28 (11) : 2099-2147.

Zhang D Y, Li Y Q. 1998. Possibility of biological micromachining used for metal removal[J]. Science in China Series C: Life Sciences, 41 (2) : 151-156.

Zhang D Y, Li Y Q. 1999. Studies on kinetics and thermodynamics of biomachining pure copper[J]. Science in China Series C: Life Sciences, 42 (1) : 57-62.

Zhang D Y, Zhang W Q, Cai J. 2011. Magnetization of microorganism cells by thermal decomposition method[J]. Science China Technological Sciences, 54 (5) : 1275-1280.

Zhang S L, Gao H J, Bao G. 2015. Physical principles of nanoparticle cellular endocytosis[J]. ACS Nano, 9(9): 8655-8671.

Zhang W Q, Cai J, Zhang D Y. 2012. Preparation and properties of ferrite derived from iron oxidizing bacteria[J]. Chinese Science Bulletin, 57(19): 2470-2474.

第 6 章　生物表/界面能场效应普适性与多样性分析

在以上各章特定微纳生物表/界面结构特定环境能场效应的基础上，本章通过分析一般生态系统界面能场效应理论，从机械视角推演出生物圈界面能场效应的自然普适性法则和生物表/界面机械能场效应的自调控细则；从生物多样性的自组织现象出发，从机械视角分析生物表/界面能场效应形态作用多样性的强大调控能力与功效，以及结构生成多样性的强大调配能力与成效，从而为机械工程领域广泛利用生物表/界面能场效应原理提供更宽泛的生物表/界面表征方法论。

6.1　生物表/界面能场效应普适性分析

6.1.1　生物圈界面能场效应普适性法则

分析生物圈界面能场效应的普适性法则，必须先分析生物群体生存过程中的物质与能量传递链。植物、动物和微生物在生态系统物质与能量传递链中分别扮演着生产者、消费者和分解者的不同角色，每一个生物个体的生存都需要摄取食物/营养/能量(即摄取的总能，ΔQ)，为此需要进行运动和捕食而消耗一部分能量(即活动能，ΔW)，剩余自身生长可用的能量(即生长能，ΔE)可由热力学第一定律表达为

$$\Delta E = \Delta Q - \Delta W \tag{6.1}$$

其中，生长可用的能量 ΔE 为自身系统潜在做功的能(即系统热焓)，可按热力学第二定律分解为两部分：有用能和热能。前者可继续做功，称为自由能，用于生长固定为有序结构，通常占一小部分。按生态学十分之一定律，生态系统中，能量在食物链上流动，上一营养级大约只能固定下一营养级能量的 10%。后者无法再利用，而以低温形式散发于外围空间，往往占一大部分。生物生长吸收的自由能 ΔG 表示为

$$\Delta G = \Delta E - T\Delta S \tag{6.2}$$

式中，ΔS 为系统的熵；T 为过程进行时的绝对温度。生物吸收自由能 ΔG 做功来维持生命耗散结构系统的有序状态，包括生物圈界面有序结构。

这种生物圈界面有序结构反过来又助力生物节省活动和捕食等过程而消耗能量，这就是生态系统中生物圈界面系统的运行原理(图 6.1)。首先，生态系统中能量与物质流是通过吸收或取食从下级生物向上级生物流动的，对于任何一个生态系统或一个生物个体系统都是开放的，其最根本的能量与物质来源是阳光和地质。在生态大系统中，外界能量不断供给，物质不断循环，根据物质循环的范围不同分为地球化学循环(地质大循环)和生物循环(生物小循环)两种基本形式。其次，在生物摄食、成长过程中要消耗一部分活动或捕食、分泌、消化等生命运动所需的界面能量，这部分能量是通过不断摄食能量与物质来补充的。为了最大限度地节省这部分界面能耗，生物界面进化出了各种有序耗散结构，包括高效活动或捕食的机械界面结构、高效分泌或消化的化学界面结构、高效感知环境与自身状况的感知界面结构等。这些生物界面有序结构通过耗能路径缩短、反应活性增强等手段使界面耗能大幅度降低，为机械工程仿生、化学工程仿生、自动控制仿生提供了绝佳的自然模本。最终，生物界面的能量流、物质流、信息流在生物系统中维持着协调、反馈、智能的最佳动态平衡状态，系统上表现出节能、降耗和抗扰的自然普适性法则。

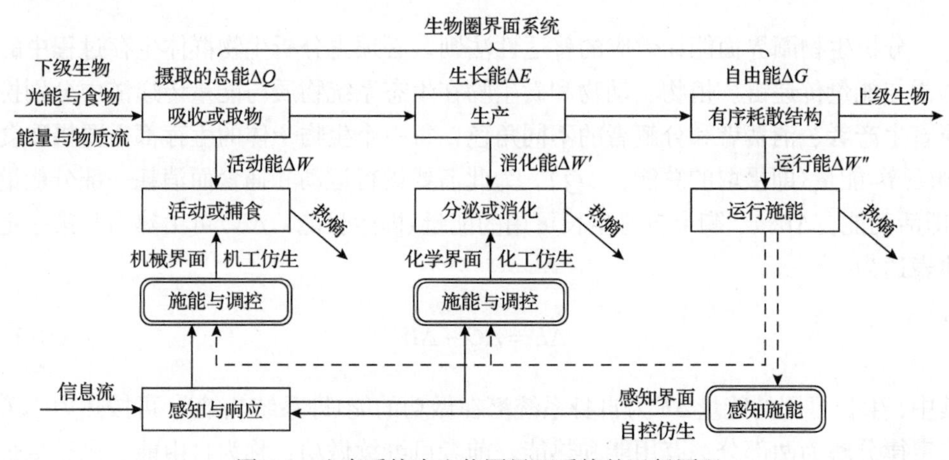

图 6.1　生态系统中生物圈界面系统的运行原理

为了便于更加形象地理解和更抽象地归纳生物圈界面能场效应的节能、降耗、抗扰普适性法则的基本原理，构建了如图 6.2 所示的生物圈界面系统示意图与能场效应普适性模型图，并从三方面解释。

在界面能量流上，采取耗散结构微小扰动激发有序最佳施能路径策略，达到“四两拨千斤”的能流路径功效，为结构上节能提供了合理的界面能场能量流路径保障。这在形象上宛如图 6.2(a)所示的“杠杆”省力原理，在界面上引入“支点”微小扰动调控，使界面受力路径缩短，换取整体很大的推动能力。这也相当于在鲨鱼捕食运动中，由于鲨鱼皮界面引入沟槽或黏液微小扰动，界面上摩擦路径由较大的固-液摩擦转变为较小的液-液摩擦成分，使得界面流体黏滞路径显著缩短，界面剪切速度显著增大，从而得到整体高效减阻效果。这就是自然生物的“悟性”,通过界面结构的微小扰动缩短界面能量流的路径,达到整体能量流动“节能”的目的。

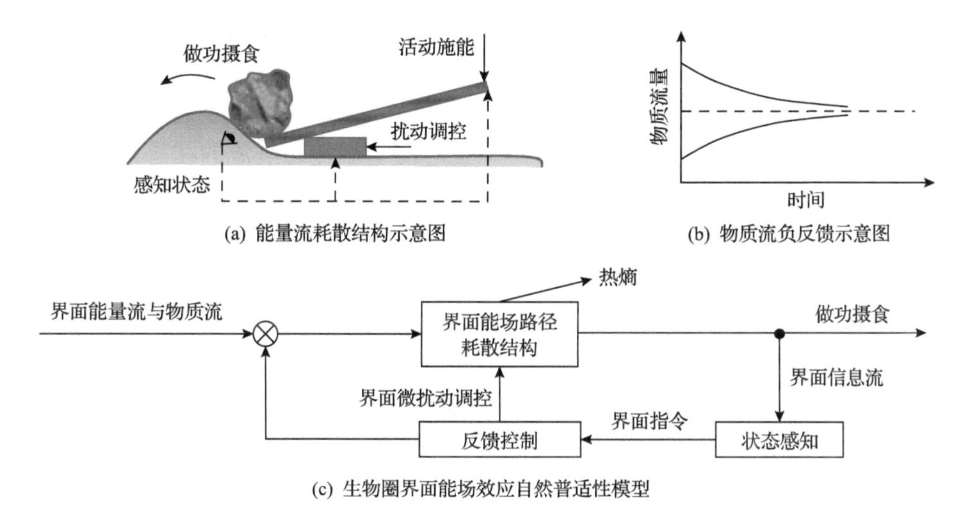

图 6.2　生物圈界面能场效应自然普适性法则(节能、降耗、抗扰)的形象示意图与抽象模型图

在界面物质流上，采取开放系统自身摄取能力与外部资源生长能力闭环负反馈策略，达到“适度可持续”的物质流量功效，为系统降耗提供了合理的界面能场物流容量保障。这在形象上宛如草原上鹿吃草的负反馈关系：草多、鹿多→草变少、鹿变少→草又变多、鹿又变多→适度保持鹿的保有量，有利于鹿草系统的可持续，表现出如图 6.2(b)所示的可持续动态平衡机制。又如，海洋中鲨鱼皮界面减阻的负反馈系统：释放黏液多、速度快、捕食多→食物变少、黏液变少、速度变慢→食物又变多、黏液又变多、速度又变快→适度在接近猎物时才使用黏液与沟槽复合高效减阻，实现运动加速确保摄食的成功率，在长距离巡航中采用沟槽减阻，有利于界面消耗与补给系统可持续。这就是自然生物的“天性”，通过感受环境的承载力,适度控制界面物质流的流量和生长速度,达到整体物质循环“降耗”的目的。

在界面信息流上，采取自控系统对瞬时波动、过程扰动、环境变化而动态趋敏感、趋稳定、趋适应策略，达到“敏感快响应”的控制趋向功效，为状态上抗扰提供了合理的界面信息流趋向保障。这三种自控策略实质上是界面系统对不同时间尺度内发生的、不同量级的、不确定因素的变化，所表现出的感知与响应能力与方式。其中，瞬时波动是界面系统时刻面对的瞬时能场变化，采取自适应控制方式，如鱼体侧线瞬时感知的水流变化信号传到神经中枢后进行条件反射式自适应游动，维持正常高效巡航活动；过程扰动是界面系统突然面对的外界突发事件，采取鲁棒性控制方式，如鲨鱼发现猎物后鱼皮主动释放黏液实现界面复合减阻，达到瞬间加速捕获猎物的目的，获得食物后及时补充活动与捕食所消耗的能量，剩余能量和物质用于自身生长，维持生命过程高效生存延续；环境变化是生物世代繁衍过程中界面系统长期面对的自然环境变迁，采取演化控制方式，如 2.5 亿年前有一类恐龙发生基因突变，前肢演化成了一对翅膀，成为鸟类始祖翼龙，而鸟类已经被证实是唯一在史前大型动物大规模灭绝中，幸存下来的恐龙的后代，维持了世代繁衍过程高效适应延续。这就是自然生物的“灵性”，通过精准感知外界信息流的变化，快速响应来调整自身结构对能量流和物质流的状态适应趋向，达到整体信息传递“抗扰”的目的。

这些生物圈界面能场效应中的能量流、物质流、信息流调控机制包括了本书重点关注的生物表/界面机械能场效应的调控机制。综合上述形象分析，抽象出如图 6.2(c)所示的生物圈界面能场效应自然普适性模型，形成的生物圈界面能场效应自然普适性法则的主要关系和重要作用如下：

(1)影响生物圈界面能场能量流路径的最敏感微小扰动是界面耗散结构的关键调控要素，对整体能量流动“节能”具有“四两拨千斤”的正反馈自放大调控作用。

(2)生物圈界面能场承载能量与物质流的流量和外部资源生长能力呈闭环负反馈关系，对整体物质循环“降耗”具有“适度可持续”的负反馈自平衡调控作用。

(3)生物感知外部变化的各尺度信息流影响界面能场控制的瞬时自适应、过程自校正和世代自演化能力，对整体信息传递“抗扰”具有“敏感快响应”的自趋向调控作用。

6.1.2 生物表/界面机械能场效应自调控细则

如图 6.3 所示，在上述生物圈界面能场效应自然普适性法则的基础上，进一步提出其包含的生物表/界面机械能场效应自调控细则，主要体现在：生物体表与食器的机械运动、机械接触、机械传质等表/界面机械能场中，通过表/界面传能路径适当微扰、承载容量适度占比、控制趋向适应状态等“适者生存”自调控细则，使生物表/界面空间有序、占比有序、时间有序，并实现生物表/界面机械能场效应节能、降耗、抗扰的自然法则目的。

如表 6.1 所示，通过典型生物表/界面功能分析生物表/界面机械能场效应普适性细则的适用性。

在生物体表机械运动界面减阻/增阻能场效应上，最受机械交通行业关注的是游动与飞行动物体表的流阻规律，其细则的关键在于表面微流扰动对流-固剪切路径的调控规律。流-固剪切耗能路径的变化，降低了其界面流阻低阶强耗能的占比。

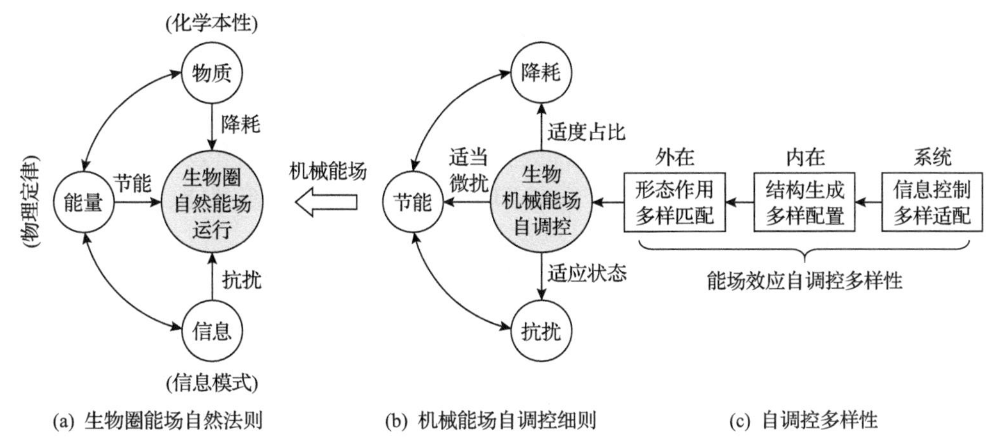

图 6.3　生物表/界面机械能场效应自调控细则与自然法则的对应关系

表 6.1　生物表/界面机械能场效应自调控细则

细则	主功能		
	减阻/增阻	减摩/增摩	输运/沉积
适当微扰 提升节能性	流体界面形貌或介质微扰剪切减黏减阻； 流感界面凸起或狭道微扰处增加剪切力或增压增阻	摩擦界面波动结构微扰锁模增润减摩； 抓持界面内吸结构微扰负压边界增摩	细胞界面物理或化学结构微扰跨膜势能输运； 细胞界面物理或化学结构微扰催化沉积
适度占比 提升降耗性	流体界面低黏滞化，使流-固剪切耗能占比降低； 流感界面能场集中，使感点摩擦耗能占比降低	摩擦界面低亲和化，使固-固剪切耗能占比降低； 抓持界面常吸自锁，使外力摩擦耗能占比降低	输运界面浸润化，使跨膜摩阻耗能占比降低； 沉积界面自活化，使钝吸附耗能占比降低
适应状态 提升抗扰性	适应流阻条件变化，趋向调控减阻功能适应性； 适应流感条件变化，趋向调控增阻功能适应性	适应摩擦条件变化，趋向调控减摩功能适应性； 适应抓持条件变化，趋向调控增摩功能适应性	适应输运条件变化，趋向调控增输功能适应性； 适应沉积条件变化，趋向调控增积功能适应性

通过感知与适应界面流阻条件的变化，趋向调控减阻/增阻功能的适应性。这些表面流阻能场效应细则规律，最终归结到生物表/界面系统节能、降耗、抗扰的普适性法则。

在生物体表机械接触界面减摩/增摩能场效应上，最受机械工具行业关注的是动植物爪、齿接触面的摩擦规律，其细则的关键在于表面微流扰动对固-固剪切路径的调控规律。固-固剪切耗能路径的变化，降低了其界面摩擦低阶强耗能的占比。通过感知与适应界面摩擦条件的变化，趋向调控减摩/增摩功能的适应性。这些界面摩擦能场效应细则规律，最终归结到生物表/界面系统节能、降耗、抗扰的普适性法则。

在生物食器机械传质界面输运/沉积能场效应上，最受材料加工行业关注的是细胞表面及其亚结构的传质规律，其细则的关键在于胞面微构扰动对粒-面传质耗能路径的调控规律。粒-面传质耗能路径的变化，降低了其界面传质低阶强耗能的占比。通过感知与适应界面传质条件的变化，趋向调控增输/增积功能的适应性。这些界面传质能场效应细则规律，最终归结到生物表/界面系统节能、降耗、抗扰的普适性法则。

上述分析了生物表/界面机械能场效应普适性细则与生物圈界面能场效应自然普适性法则的对应关系。虽然生物表/界面在生态学上表现出能量流、物质流、信息流的节能、降耗、抗扰自然普适性法则，在机械能场效应上表现出结构传能路径、承载容量占比、控制趋向状态的自调控普适性细则。但是，毕竟自然生物在地球表面无处不在，环境能场各异，生存方式不同，导致生物表/界面的形态、结构和过程表现各异，使人们感觉上眼花缭乱。因此，从机械的视角，按机械能场效应普适性细则表征种类繁多的自然生物中，面临生物表/界面能场效应的形态作用、结构生成和过程控制等自调控多样性的系统性分析问题(图 6.3(c))，这已成为机械工程领域广泛利用生物表/界面能场效应原理所面临的重要课题。

6.2　生物表/界面机械能场效应多样性分析

6.2.1　生物表/界面机械能场效应的形态作用多样性分析

从生物角度看，生物多样性包括遗传多样性、物种多样性和生态系统多样性；从机械角度看，生物形态作用多样性是生物外在形态对外在能场多样性的主动作用能力。生物多样性来源于自组织现象，20 世纪初人们发现了自组织现象，解释了生命的发生和物种的起源，都是从低级到高级、从无序到有序的变化。这似乎都违反了热力学第二定律的无序化熵增规律，1967 年普利高津(I. Prigoging)创立的耗散结构理论澄清了这一切，打开了一个从物理科学通向生命科学的窗口。

自然生物之所以形态各异是因为其所生存环境多样与变化导致的自组织多样形态的结果。如果一个系统靠外部指令而形成组织，就是他组织；如果不存在外部指令，系统按照相互默契的某种规则，各尽其责而又协调地自动地形成有序结构，就是自组织。从热力学的观点来说，“自组织”是指一个系统通过与外界交换物质、能量和信息，而不断地降低自身的熵含量，提高其有序度的过程。一个系统自组织多样形态越强，其保持和产生新功能的能力也就越强。本节从机械角度把生物放在外部系统中观察生物与外部环境的交互现象，关注生物对外部能场条件变化而自组织多样匹配产生的表/界面外在生物形态作用多样性，而不是从生物角度排除外因的主宰作用，分析生物系统因内部组织结构和运行模式的不断自我完善而提高对于环境适应能力的生理学过程多样性。从两个角度分析生物形态作用本质所遵循的自然普适性法则，即节能、降耗、抗扰是一致的。

如图 6.4 所示，从机械角度对生物形态作用多样性与生物表/界面能场效应多样性的匹配关系进行分析。首先从机械角度划分生物表/界面形态作用多样性和能场多样性的基本属性与类型。

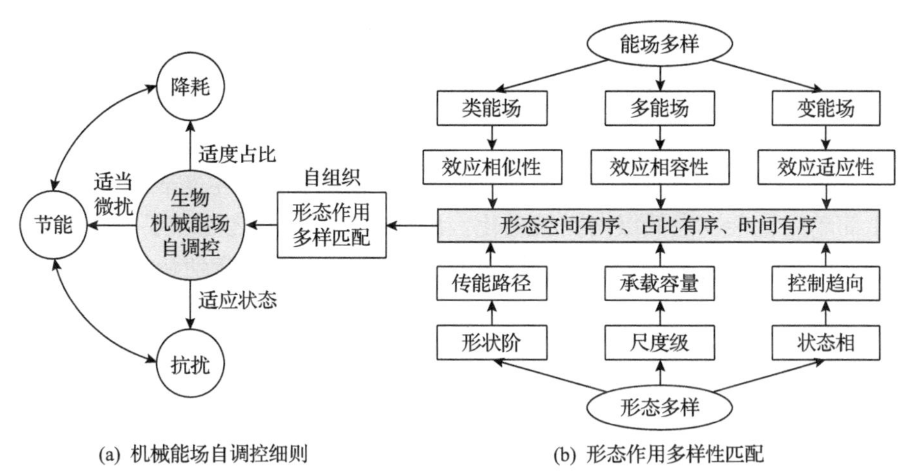

图 6.4　生物表/界面机械能场效应的形态作用多样性匹配的基本关系与目标

从机械角度划分，生物表/界面形态作用多样性的基本属性包括形状阶、尺度级和状态相。不同于生态学上把植物、动物和微生物作为生物群落时空外貌的形成者来描述其分布、组成和演替等生物生存形态作用多样性，也不同于生物形态学上把细胞、组织和器官作为研究对象划分生物外形与器官构造同生理机能关系的生理形态作用多样性，从机械角度观察生物表/界面形态作用多样性，是描述与生物表/界面机械能场效应直接相关的不同阶次形状、不同级次尺度、不同相次状态等基本属性派生出的机械形态作用多样性。可采取“能场相关”原则描述生物形态作用特征属性：对不同阶次形状用猪笼草口缘多阶次形状举例说明，一阶是口缘环形表面，二阶、三阶是缘面上两级并行弧线形槽形轮廓，四阶是槽内抛物线形盲孔边缘轮廓曲线，盲孔轴向剖面线是更高阶锐利折线；对不同级次尺度用猪笼草口缘多级次尺度举例说明，一级尺度是 460μm 宽横向排列的大直槽，二级尺度是大直槽内 50μm 宽横向再排列的微直槽，三级尺度是微直槽内节距约为 100μm 的阶梯楔盲孔；对不同相次状态用猪笼草口缘多相次状态举例说明，猪笼草口缘具有表面能场吸湿铺展液膜相(第一相)和摩擦能场波动液膜增润相(第二相)相容的双相状态。

从机械角度划分，生物表/界面机械能场多样性的基本类型包括类能场、多能场、变能场。生物体表与食器同外部固、液、气介质机械接触、流动、输运等交互作用实现摩动、游动、食动过程中，会发生主动或被动的界面摩擦力场、界面流场、界面分子能场等的耗能与做功效应。类能场是指类似介质、类似运动下类似能量流、物质流、信息流的能场效应，类能场表/界面形态作用间会有一定相似，如飞鸟和鱼类都有适应气/液流场相似形态的羽毛/鳞片。多能场是指多种介质、多种运动下多种能量流、物质流、信息流的能场效应，多能场表/界面形态会是单能场形态一定程度的融合，如海豹具有适应流场和热场的柔顺与多层融合形态的皮毛。变能场是指变介质、变运动下变能量流、物质流、信息流的能场效应，变能场表/界面形态会有一定动态变化，如树蛙脚掌具有变湿度、变刚度的开裂指纹。

接着分析生物表/界面形态作用多样性和能场多样性之间进行的自组织多样匹配的目的和方式。生物表/界面形态多样匹配的目的是更好地适应环境条件的变化，增强在生物界群到种群中的竞争力，随着不断演替，使生物表/界面形态作用不断由简单向复杂、由低级向高级进化。形态进化的奇妙之处在于，不是按排列组合海选方式匹配优选，而是按耗散结构在随机微扰动下突变到新的不稳定状态，系统各要素之间按新的路径协同匹配，推动系统进入新的有序状态。因此，自然生物形态在大千世界里按“适者生存”的原则，不断地调整自己形态与自然能场“谐振”来求得相互竞争力和依存度。

表 6.2 展示了生物表/界面机械能场效应的形态作用多样性匹配的强大调控能力与功效。下面从能场效应自然普适性法则的三个方面入手分析。

表 6.2 生物表/界面机械能场效应的形态作用多样性匹配的强大调控能力与功效

多样性 能场的匹配	生物形态属性		
	形状阶（单阶/多阶） 调控传能路径	尺度级（单级/多级） 调控承载容量	状态相（单相/多相） 调控控制趋向
类能场效应形态匹配相似性	同类形状特征与同类能场传导路径的适当性匹配及系统形状相似性	同类尺度特征与同类能场承载容量的适度性匹配及系统尺度相似性	同类状态特征与同类能场控制趋向的适应性匹配及系统状态相似性
多能场效应形态匹配相容性	多阶形状特征与多种能场传导路径的适当性匹配及系统形状相容性	多级尺度特征与多种能场承载容量的适度性匹配及系统尺度相容性	多相状态特征与多种能场控制趋向的适应性匹配及系统状态相容性
变能场效应形态匹配适应性	动态形状特征与变化能场传导路径的适当性匹配及系统形状适应性	动态尺度特征与变化能场承载容量的适度性匹配及系统尺度适应性	动态状态特征与变化能场控制趋向的适应性匹配及系统状态适应性
自组织多样性匹配的功效	空间有序使系统能场传导路径更高效节能	占比有序使系统能场承载容量更高效降耗	时间有序使系统能场控制趋向更高效抗扰

形状阶次上自组织多样匹配，使生物表/界面传能路径更高效节能。面对复杂多样的自然能场作用环境，生物表/界面通过自组织多样匹配不同阶次形状，形成高效节能的空间有序传能路径，并遵从相应的物理定律，表现出同类形状特征、多阶形状特征、动态形状特征分别对类能场、多能场、变能场传能路径上的适当

性匹配，使系统分别具有形状相似性、相容性和适应性。例如，植物叶片作为具有吸收能量、捕食营养、保护自身等功能的器官，其表/界面多样形状特征具有非常丰富的传能路径调控能力，在形状相似性方面，大部分都有疏水自洁用的高阶凸起点/棱/毛等相似形状，与普通单阶次传能光滑疏水自洁性表面相比，均具有气膜适当缩短固-液界面黏滞剪切场路径而高效节能传流场的功效；在形状相容性方面，猪笼草口缘具有表面能场吸湿铺展和摩擦能场波动增润双功能相容的多阶形状，既可以通过底层液膜适当缩短固-液界面黏滞剪切场路径而高效节能传流场的功效，又可以通过虫足波动分离液膜形成来适当缩短固-固界面粘接剪切场路径而高效节能滑过的功效；在形状适应性方面，大部分植物叶面或叶茎的位姿形状都有温度和光照等能场适当的路径，具有通过改变局部水分的液压作用适当调控位姿形状来按高效节能路径吸光传热的功效。

尺度级次上自组织多样匹配，使生物表/界面承载容量更高效降耗。面对复杂多样的自然能场承载环境，生物表/界面通过自组织多样匹配不同级次尺度，形成高效降耗的占比有序承载容量，并遵从相应的物理定律，表现出同类尺度特征、多级尺度特征、动态尺度特征分别对类能场、多能场、变能场承载容量上的适度性匹配，使系统分别具有尺度相似性、相容性和适应性。还是以植物叶片为例，其表/界面多样尺度特征具有非常丰富的承载容量调控能力，在尺度相似性方面，大部分疏水自洁用的凸起点/棱/毛均为相似微纳米尺度，与普通单级次承载光滑疏水自洁性表面相比，均具有与水黏度相匹配的适度气膜占空比而高效降耗承载液膜的功效；在尺度相容性方面，猪笼草口缘具有表面能场吸湿铺展和摩擦能场波动增润双功能相容的多级尺度，最重要的是末级纵向排列的适度斜孔占空比，既具有高效降耗承载浸润液膜的功效，又具有高效降耗承载虫足界面液膜的功效；在尺度适应性方面，大部分植物叶面或叶茎的位姿尺度都有温度和光照等能场适度的容量，具有通过改变局部水分的液压作用适度调控位姿尺度来高效降耗承载光热容量的功效。

状态相次上自组织多样匹配，使生物表/界面控制趋向更高效抗扰。面对复杂多样的自然能场状态环境，生物表/界面通过自组织多样匹配不同相次状态，形成高效抗扰的时间有序控制趋向，并遵从相应的物理定律，表现出同类状态特征、多相状态特征、动态状态特征分别对类能场、多能场、变能场控制趋向上的适应性匹配，使系统分别具有状态相似性、相容性、适应性。再以植物叶片为例，其表/界面多样状态特征具有非常丰富的控制趋向调控能力，在状态相似性方面，大部分疏水自洁凸起点/棱/毛非光滑表面均为相似的气膜相隔离状态，与普通单相次控制光滑疏水自洁性表面相比，均具有气膜隔离作用适应表面磨损趋向而高效抗扰耐磨疏水状态控制的功效；在状态相容性方面，猪笼草口缘具有表面能场吸湿铺展液膜相和摩擦能场波动液膜增润相相容的双相状态，最重要的是末级纵向实时的适应连续趋向而断续供给的控制，既具有高效抗扰而稳定铺展液膜的功效，又具有高效抗扰而稳定虫足减摩的功效；在状态适应性方面，大部分植物叶面或叶茎的位姿状态都有温度和光照等能场适应的趋向，具有通过改变局部水分的液压作用实时适应调控位姿的状态来高效抗扰控制吸光传热趋向的功效。

总之，通过上述分析生物表/界面机械能场效应的形态作用多样性的强大调控能力与功效，为机械工程领域广泛利用生物表/界面能场效应原理提供了生物形态作用多样性表征，揭示了生物形态作用系统性规律的方法论。但是，为了能够把生物形态作用规律真正应用到机械领域，还面临生物表/界面能场效应下结构生成多样性的系统性分析问题，下面对此进一步分析。

6.2.2　生物表/界面机械能场效应的结构生成多样性分析

从生物角度上看，生物结构生成层次由低到高包括细胞、组织、器官、动物体/植物体。从机械角度上看，生物结构生成多样性是生物内在结构在外在能场多样性下被动生成能力。生物结构生成多样性看上去与传统欧几里得几何的规则整形、整数维形体简单性截然不同，是完全不同层次的不规则多级、自相似形体复杂性。20 世纪 70 年代，芒德布罗(B. B. Mandelbrot)发现的分形几何提供了一种描述这种不规则复杂现象中秩序和结构的新方法。生物结构生成多样性还表现在与传统几何学的形状不变形、形体可不连续“刚性化”几何截然不同，它是完全不同形式的形状可变形、形体必连续的“弹性化”几何。18 世纪出现的拓扑学提供了一种描述各种“空间”在连续性变化下路径不间断性质的方法。因此，“拓扑分形结构”为生物结构生成多样性提供了连续可变形、递归相似性复杂结构描述的有效途径。

自然生物之所以结构生成多样，是因为其本身为了适应所生存环境多样与变化而自组织多样调配生长。生物界的自组织现象在形式上广泛存在拓扑路径连续性和分形递归自相似性，分形组织控制着贯穿生物全身的结构。例如，当以不同的放大倍数观察小肠表面结构时，较大的形态与较小的形态之间的相似结构没有变化；又如，一棵大树由一个主干及一些从主干上分叉长出来的树枝组成，该树枝也是由一些从该树枝上分叉长出来的更小的细枝条组成，其构成形式与一棵大树完全相似；仔细观察叶脉，也可以发现类似的自相似结构。分形与生命本质特征密切相关：分形结构可以行使生命必需的各项特殊功能，并且对生物表/界面能场效应的放大作用成效巨大。如典型的人肺表面展开之后比网球场还大，小肠内壁面积达到了 $200m^2$，是同样长度和直径圆筒面积的 600 倍。

分形赋予了生命在结构与功能上有别于非生命的现象。例如，细胞膜表面的分形使之具有普通膜所不具备的融合、流动、吸附等特性，而这些特性与细胞的内吞作用、信号转导、细胞迁移等各项生理功能密切相关。又如，蛋白质表面的分形使之产生了特殊的生物学活性，使之呈现一种半溶液、半表面的特殊状态。

分形解决了有限空间尺度内实现无限多种生物功能的难题。通过分形途径使生物体的结构向多层次、高复杂度的深方向生长。分形其实是一种简单的规律在不同尺度上的反复运用，因此它能使生物通过相对简单的模式产生复杂的结构。

对生物结构生成多样性的观察视角不同，导致描述侧重点不同。在生物角度，更注重生物结构递进相似性生长体的生理学机能层次，解剖学倾向于掩盖跨越不同尺度的统一性，直接分析器官结构与位置的相互关系。在机械角度，更注重生物结构递进相似性生成的机械性能分解、能力分工、流程表达的机械功能层次，把握从大尺度到小尺度保持相似性的分层、分支、分程的结构配置行为，以满足能场调控所需。但是，两个角度分析生物结构生成本质所遵循的自然普适性法则——节能、降耗、抗扰是一致的。

如图 6.5 所示，从机械角度对生物结构生成多样性与生物表/界面能场效应多样性的配置关系进行分析。从机械角度划分的生物表/界面结构生成多样性的基本属性，包括体系层、分支维、序列程。不同于生态系统的结构，把植物、动物和微生物作为生态系统构成要素的提供者来描述营养结构、组分结构和时空结构等生态结构生成多样性，也不同于结构生物学上把生物大分子作为研究对象，研究大分子各组成层次的结构功能关系，从机械角度观察生物表/界面结构生成多样性，是描述与生物表/界面机械能场效应直接相关的不同层次体系、不同维次分支、不同程次序列等基本属性派生出的机械结构生成多样性。采取“能场相关”原则描述生物结构生成特征属性。对不同层次体系用猪笼草口缘递进相似性多层次双曲率曲面体系举例说明，1 层是口缘环形双曲率曲面，2 层、3 层是弧形缘面上两级并行槽双曲率曲面，4 层是槽内平行盲孔双曲率曲面，所以体系为 4 层次。

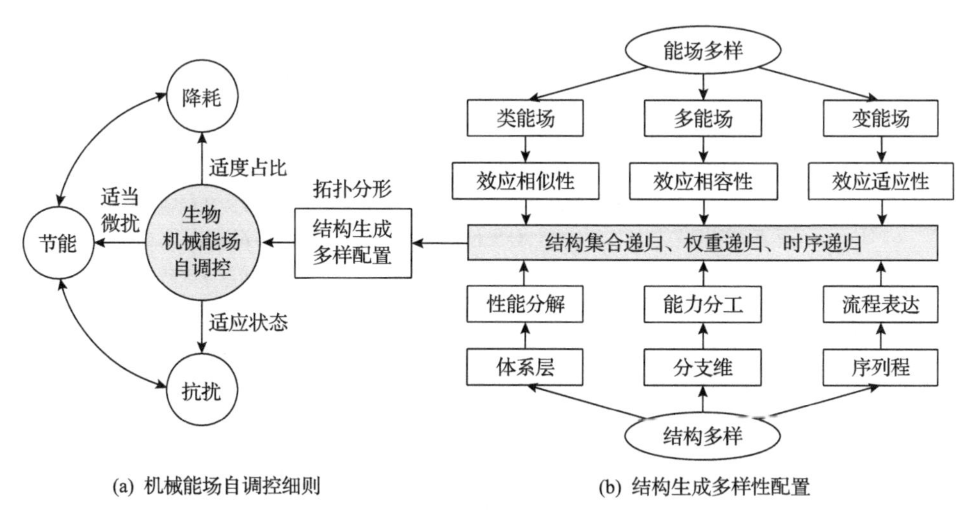

图 6.5　生物表/界面机械能场效应下结构生成多样性配置的基本关系与目标

对不同维次分支用猪笼草口缘分维次多分支举例说明，双曲率曲面生成元的生成规则是将长方形的长和宽直线进行弯折化处理，长、宽两直线段，均将其 3 等分，保留两端的两段，将中间一段拉起为等腰三角形的两条边，长度变为 4.5 份，面积扩大了 4.5×4.5 倍，这是测尺缩小到 1/3 得到的，则分形维度为 ln(4.5×4.5)/ln3=2.74，远大于平面维度 2，说明分形面积扩大非常大。双曲率曲面生成元的长宽剖面线为 4 段线，代表的 2 个弧形边缘和 2 个弧侧各负其责，数学描述分支为 2.74 分维。

对不同程次序列用猪笼草口缘多程次序列举例说明，猪笼草口缘具有表面能场吸湿铺展液膜程(第一程)和摩擦能场波动液膜增润程(第二程)相容的双程序列。

下面分析生物表/界面结构生成多样性和能场多样性之间进行自组织拓扑分形多样配置的目的和方式。生物表/界面结构多样配置的目的是更好地满足自身生存的需要，增强在界群到种群中的生存力，随着不断演化，使生物表/界面结构生成不断由简单向复杂、由低级向高级进化。结构进化的奇妙之处在于用简单而少量的特征迭代规则就可以实现生命体在自我复制过程中生成复杂结构的过程。因此，自然生物结构在大千世界里按照“简单高效”的原则，不断地调整自身结构对自然能场“收益”来求得自身生存力和延续度。

表 6.3 展示了生物表/界面机械能场效应下结构生成多样性配置的强大调配能力与成效。下面从能场效应自然普适性法则的三个方面入手分析。

表 6.3　生物表/界面机械能场效应下结构生成多样性配置的强大调配能力与成效

多样性能场的配置	生物结构属性		
	体系层(单层/多层)调配性能分解	分支维(单维/多维)调配能力分工	序列程(单程/多程)调配流程表达
类能场效应结构配置相似性	同类体系特征对同类能场性能分解的适当性配置及系统体系相似性	同类分支特征对同类能场能力分工的适度性配置及系统分支相似性	同类序列特征对同类能场流程表达的适应性配置及系统序列相似性
多能场效应结构配置相容性	多层体系特征对多种能场性能分解的适当性配置及系统体系相容性	多维分支特征对多种能场能力分工的适度性配置及系统分支相容性	多程序列特征对多种能场流程表达的适应性配置及系统序列相容性
变能场效应结构配置适应性	动态体系特征对变化能场性能分解的适当性配置及系统体系适应性	动态分支特征对变化能场能力分工的适度性配置及系统分支适应性	动态序列特征对变化能场流程表达的适应性配置及系统序列适应性
拓扑分形多样性配置的成效	集合递归使系统性能分解更高效节能	权重递归使系统能力分配更高效降耗	时序递归使系统流程表达更高效抗扰

体系层次上自组织拓扑分形多样配置，使生物表/界面性能分解更高效节能。为了更好地满足自身生存的需要，生物表/界面通过自组织拓扑分形多样配置不同

层次体系，生成高效节能的集合递归性能分解，并遵从相应的化学本性，表现出同类体系特征、多层体系特征、动态体系特征分别对类能场、多能场、变能场性能分解上的适当性配置，使系统分别具有体系相似性、相容性和适应性。例如，植物叶片作为具有吸收能量、捕食营养、保护自身等功能的器官，其表/界面多样结构特征具有非常丰富的性能分解调配能力，在体系相似性方面，大部分都生成凸起疏水自洁性能分层次的相似体系，与普通单层次体系光滑疏水自洁性表面相比，均具有结构体系上疏水自洁性能适当分层次分解而高效节能提升流动性的成效；在体系相容性方面，猪笼草口缘生成表面吸湿铺展性和波动增润性双机能相容的多层体系，生成结构既适应吸引底层液膜而高效节能提升铺展性的成效，又适应波动液膜而高效节能提升滑过性的成效；在体系适应性方面，大部分植物叶面或叶茎的位姿适当模式都满足温度和光照等性能的需要，具有通过改变局部水分的液压作用适当调配位姿模式来满足高效节能，提升吸光传热性能的成效。

分支维次上自组织拓扑分形多样配置，使生物表/界面能力分工更高效降耗。为了更好地满足自身生存的需要，生物表/界面通过自组织拓扑分形多样配置不同维次分支，生成高效降耗的权重递归能力分工，并遵从相应的化学本性，表现出同类分支特征、多维分支特征、动态分支特征分别对类能场、多能场、变能场能力分工上的适度性配置，使系统分别具有分支相似性、相容性和适应性。还以植物叶片为例，其表/界面多样分支特征具有非常丰富的分工调配能力，在分支相似性方面，大部分都生成凸起疏水自洁能力分维次的相似分支，与普通二维整次分支光滑疏水自洁性表面相比，均具有结构分支上疏水自洁能力适度分维次分工而高效降耗提升自洁力的成效；在分支相容性方面，猪笼草口缘生成表面吸湿铺展性和波动增润性双机能相容的多维分支，最重要的末层生成纵向排列的适度斜孔分维次，既具有适度扩大孔腔面积而高效降耗提升浸润力的成效，又具有适度增大波动幅度而高效降耗提升增润力的成效；在分支适应性方面，大部分植物叶面或叶茎的位姿适度挠度都满足温度和光照等能力的需要，具有通过改变局部水分的液压作用适度调配位姿挠度来满足高效降耗，提升吸光传热能力的成效。

序列程次上自组织拓扑分形多样配置，使生物表/界面流程表达更高效抗扰。为了更好地满足自身生存的需要，生物表/界面通过自组织拓扑分形多样配置不同程次序列，生成高效抗扰的时序递归流程表达，并遵从相应的化学本性，表现出同类序列特征、多程序列特征、动态序列特征分别对类能场、多能场、变能场流程表达上的适应性配置，使系统分别具有序列相似性、相容性、适应性。再以植物叶片为例，其表/界面多样序列特征具有非常丰富的流程表达调配能力，在序列相似性方面，大部分表面疏水自洁凸起结构生成流程表达均为相似的逐层分形细化序列，与普通单层次光滑疏水自洁性表面相比，均具有表面逐层次气膜隔离流程表达而高效抗扰的提升耐磨作用的成效；在序列相容性方面，猪笼草口缘表面结构生成能场逐层吸湿铺展液膜流程和摩擦能场逐层波动增润流程相容的双程序列，既具有高效抗扰满足稳定铺展液膜的成效，又具有高效抗扰满足稳定虫足减摩的成效；在序列适应性方面，大部分植物叶面或叶茎结构都生成适应温度和光照等能场变化的位姿变化序列，具有通过改变局部水分的液压作用调配位姿序列而高效抗扰地表达吸光传热流程的功效。

总之，在6.2.1节生物表/界面形态学作用多样性分析的基础上，本节进一步对其结构学生成多样性进行了分析，但是为了更全面地掌握生物表/界面机械能场效应的系统性运行规律，还面临生物表/界面机械能场效应的信息学控制多样性的系统性分析问题，这对于推进机械工程智能化发展具有重要意义。

生物表/界面机械能场效应的信息学控制多样性方面，生物角度上，20世纪生物学经历了由宏观到微观的发展过程，由形态、结构的描述逐步分解、细化到生物体的各种分子及其功能信息的研究。机械角度上，从宏观到微观生物表/界面机械能场效应相关的生物信息基本属性包括干涉向(单向/多向)、整合元(单元/多元)和信息序(单序/多序)，分别通过诱导突变、统合组分和控制行为等自组织多样性信息控制，使生物表/界面机械能场效应更高效节能、降耗和抗扰。在此，不展开对生物表/界面机械能场效应的信息学控制多样性强大调整能力与控效的细化分析。

本章对生物表/界面能场效应普适性与多样性的分析，为更宽视角从机械角度分析生物表/界面能场效应的系统性规律提供了表征方法论，也为从生物角度指导机械工程更好地利用生物表/界面能场效应奠定了建立仿生设计制造方法的分析基础。

参考文献

Mandelbrot B B. 1982. The Fractal Geometry of Nature[M]. San Francisco: W. H. Freeman and Company.

Mandelbrot B B, Michael A. 1977. Fractals: Form, Chance, and Dimension, Translated from the French. Revised Edition[M]. San Francisco: W. H. Freeman and Company.

Theodore W. 2013. Gamelin, Robert Everist Greene, Introduction to Topology[M]. 2nd ed. New York: Dover Publications.

Zhang D Y, Li X F, Li Y Q. 2001. Biomanufacture—A new micro/nano manufacturing technology[J]. Aeronautical Manufacturing Technology, 4: 51-53.

第二部分　微纳仿生表/界面能场效应的设计制造应用

在第一部分从机械视角对生物表/界面能场效应表征的典型生物特殊性规律解析及一般生物普适性法则分析的基础上，第二部分从生物视角对仿生表/界面能场效应的应用技术体系进行分类，针对机械工程领域中典型机械表面/加工界面机械能场效率低问题，开展了一系列微纳仿生表/界面机械能场效应提升的应用研究，最后从生物与机械交叉角度对从生物到仿生的能场效应(B2BFE)技术体系进行归纳总结和前景展望。

第 7 章　生物视角分类仿生表/界面能场效应

人类区别于其他生物的最大特征是会认识自然和改造自然，但是人类社会发展到今天面临的最大问题是人类融入自然的知识还很匮乏，特别是近代人工技术最大的短板是对工作界面不节能、对资源消耗不和谐、对生态循环不可持续，违背了自然生物圈生存的普适性法则——节能、降耗、抗扰。人类必须虚心向众多自然生物学习，并与它们和谐相处，共造美好地球家园。

作为支撑当今人类社会文明的机械主体平台，面临重大机械装备覆盖不断延伸、重大制造装备能力不断提升的迫切需求。虽然机械表面/加工界面的能场效应一直在追求高质、高效、低耗等基本目标，但是离上述人类融入自然的生物普适性法则还有很大差距。如何把本书第一部分所指出的生物表/界面机械能场效应自调控细则转移到人工机械表面/加工界面的设计制造中，建立仿生表/界面机械能场效应技术体系，已成为缩小这一差距的最有效途径。

如图 7.1 所示，为了打通传统产品表面/制造界面与生物表/界面的联系，通过仿生表/界面机械能场效应技术提升机械工程的深层次生机环自然相容性，本团队大胆地从生物视角，深层次利用自然生物表/界面能场效应原理或生物复杂结构手段，提升机械设计与制造能力及其自然相容性。实现机械表面/加工界面的自然相容性的仿生途径是将自然生物食器界面与生物体表面能场效应原理表征出来后，

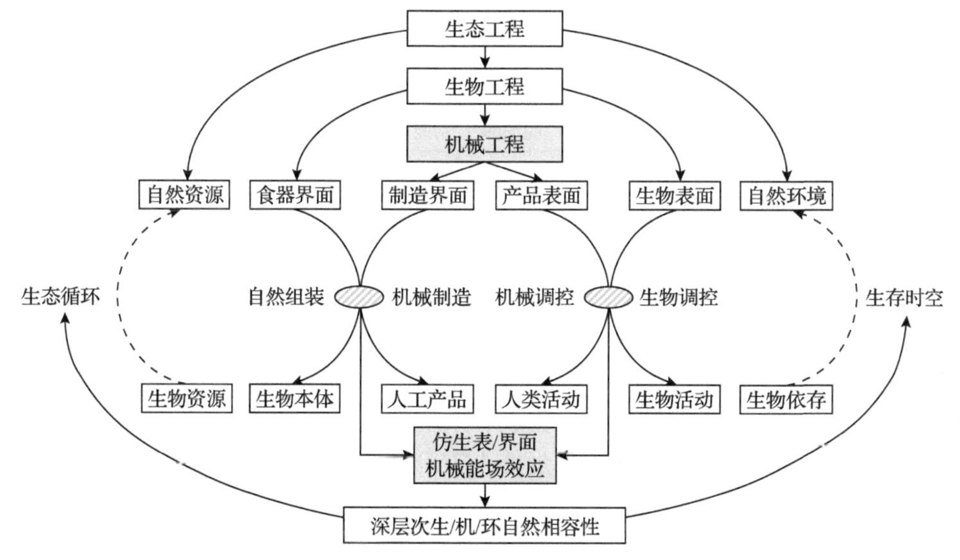

图 7.1　生物视角剖析仿生表/界面机械能场效应的工程价值

将此原理转移映射到机械表面/加工界面的时空条件，进行仿生人工进化能场匹配与结构创成，或直接利用生物结构手段制造仿生复杂结构，来实现仿生表/界面机械能场效应及其深层次自然相容性的提升。这一仿生途径将产生机械表面/加工界面向更高质高效、更绿色和谐、更智能持续提升的学科交叉推动力。

如何实现仿生表/界面机械能场效应及其深层次自然相容性的提升，面临突破现有生/机学科界限和微纳米技术极限的挑战：一是如何突破仿生表/界面机械设计与生物表/界面生理表征的界限？只有两者交换视角深层次交叉才能实现生/机学科的理论联系和自然相容性设计；二是如何突破仿生表/界面机械制造与生物表/界面生医制造的界限？只有两者交换手段深层次融合才能实现生/机学科的互动创新和自然相容性制造；三是如何突破多阶、多级、多相、多维、多场等复杂仿生表/界面机械能场效应的微纳米技术极限？只有设计/制造齐头并进、生物/仿生制造双管齐下，才能实现自然相容性仿生表/界面机械能场效应中复杂能场、复杂尺度、复杂过程的技术极限突破。总之，如何突破生命与非生命界限，深层次仿生延伸人工机械的生机环界面自然相容性，将成为机械工程支撑人类可持续发展的重要任务。

如图 7.2 所示，目前来看，人类认识自然、改造自然和融入自然的链条与循环中，最核心的一环是大制造能力。限制生物体表或食器表/界面能场效应向机械产品或制造表/界面转移设计的主导因素是机械制造、微纳制造、生医制造、绿色制造、智能制造等制造属性决定的大制造技术能力。大仿生自然相容性表/界面设计反过来又通过仿生调控提升大制造的能力，还反过来促进可设计、可制造生物体表或食器表/界面特征的可用要素的提取。这种大制造能力与大仿生形态设计的相互提升作用实现了人类与自然融合系统不断向更高端、更和谐方向发展。

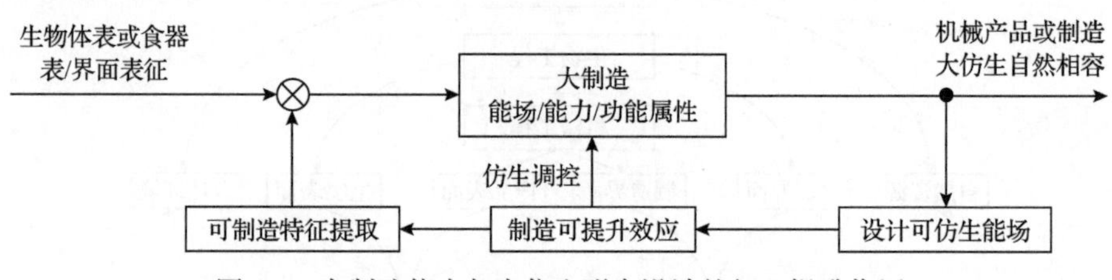

图 7.2　大制造能力与大仿生形态设计的相互提升作用

下面从大制造的能场属性、能力属性、功能属性三个方面出发，对生物体表与食器表/界面能场效应向机械产品或制造转移，形成制造或产品仿生表/界面机械能场效应的大仿生形态设计、结构创成、系统整合三个层次进行技术分类与关键问题剖析，布局出实现深层次仿生延伸人工机械的生机环界面自然相容性的技术发展与应用途径。

7.1　生物表/界面能场效应向机械转移的仿生形态设计途径分类及关键

人类作为生物圈中的一员，所有相关行为也必须遵从自然界面能场效应普适性法则——自然生态系统节能、降耗、抗扰，人类除了代谢与繁殖等基本形态要融入生物圈，更重要的是人类双手与大脑延伸出的大制造生产形态与人工产品存在形态都应该与生物圈和谐相容。为了维持包括人类在内的自然生物圈系统的可持续进化发展，人类生存所发生的直接或延伸行为的外在形态与内在结构应该遵从这一自然相容普适性法则，对人工产品与人类大制造的自然表/界面外在形态与内在结构进行大仿生是实现自然相容普适性法则的根本途径。

如图 7.3 所示，为了使自然生物表/界面能场效应向机械转移，需要建立大制造能场属性与大仿生形态设计思想的作用关系，使机械产品或制造表/界面外在能场形态上实现空间有序、占比有序、时间有序的自然相容大仿生形态设计，达到生机环一体认识自然的目的。人类延伸大脑或双手派生出的机械产品或制造发展过程中，通过不断加深对自然生物表/界面形态的认识，启发人们不断将生物知识向机械转移，目前面临着大仿生形态设计思想与大制造能场属性如何复杂匹配问题，说白了就是复杂形态仿生可设计、仿生可制造的相互促进与相互制约问题。在设计与制造一体化发展的今天，极端化制造能场属性处于设计制造一体化中的主导地位，因此应该以大制造能场属性为出发点，分析机械产品或制造表/界面自然相容大仿生形态设计的分类及关键问题。下面从大制造的能场属性出发，破解实现自然生物形态转移到现实的机械表/界面能场效应的自然相容大仿生形态设计的途径。

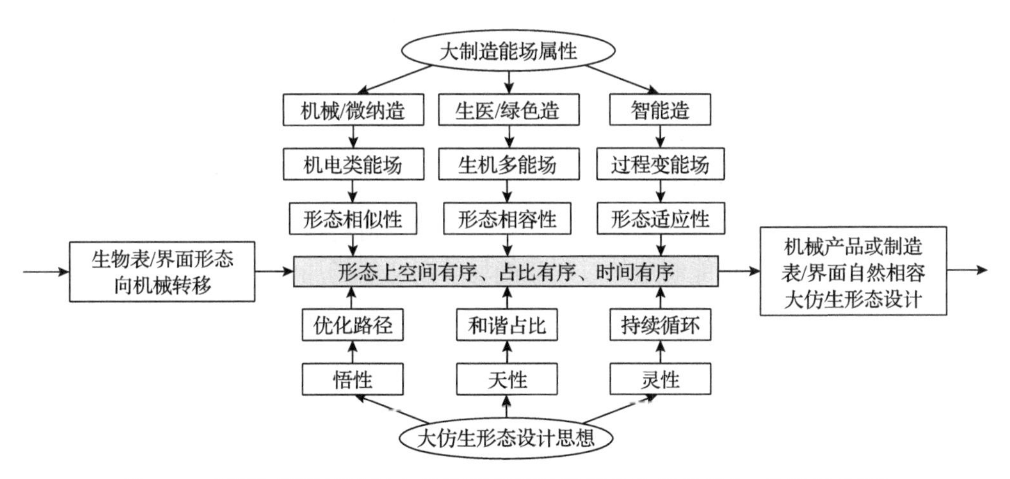

图 7.3　大制造能场属性与大仿生形态设计思想的作用关系（一体认识自然）

如表 7.1 所示，将大制造能场属性按主能场特征分为机械制造的动能场、微纳制造的定向场、生医制造的诱导场、绿色制造的转换场及智能制造的适应场等多样制造能场，将大仿生形态设计分为制造仿生界面形态设计与产品仿生表面形态设计，从大制造的多样制造能场属性出发，分别对产品表面与制造界面的仿生表/界面能场效应的形态设计进行了途径分类及关键问题分析。这里对各制造能场属性做一些说明：机械制造的动能场表示制造界面能场可运动；微纳制造的定向场表示制造能场被约束在一定方向；生医制造的诱导场表示制造能场被生物自身材料特性演变而诱导变化；绿色制造的转换场表示制造能场根据环境需要而转换；智能制造的适应场表示制造能场根据工件特征或加工状态变化而自适应变化。

表 7.1　机械产品或制造形成仿生表/界面能场效应的形态设计分类及关键

大仿生形态设计	大制造能场属性				
	机械制造（动能场）	微纳制造（定向场）	生医制造（诱导场）	绿色制造（转换场）	智能制造（适应场）
制造仿生界面形态设计分类及关键	长刀寿加工界面运动/形貌仿生形态设计，关键是加工界面能场仿生占空效应形态匹配设计	大深比复制界面材料/流态仿生形态设计，关键是二维制造能场仿生占空效应形态匹配设计	自生长界面材料/流态仿生形态设计，关键是多维生物制造能场仿生增长形态匹配设计	可循环再造界面材料/状态仿生形态设计，关键是多循环绿色制造能场仿生转换形态匹配设计	自适应制造界面感知/控制仿生形态设计，关键是多系统智能制造能场仿生适应形态匹配设计
产品仿生表面形态设计分类及关键	机械制造多材料织构表面仿生形态设计，关键是机械产品简单表面机械能场仿生形态匹配设计	微纳制造多尺度织构表面仿生形态设计，关键是微纳器件二维表面机电能场仿生形态匹配设计	生医制造多维度织构表面仿生形态设计，关键是生医器械相容表面生物能场仿生形态匹配设计	绿色制造多循环结构表面仿生形态设计，关键是机电产品回收/再造表面能场仿生形态匹配设计	智能制造多系统协同表面仿生形态设计，关键是机械产品对变化能场适应性仿生形态匹配设计

自然生物表/界面能场效应向机械转移，目前并不是所有形态设计所需的基本有序要素都能制造出来，下面从大制造能场属性的机电类能场、生机环多能场、过程变能场等三种归类出发，按它们可制造有序的形态特征，对机械产品表面与制造界面的仿生形态设计途径分析如下。

在机械产品仿生表面形态设计上，机械/微纳制造的机电类能场、生医/绿色制造的生机环多能场、智能制造的过程变能场等制造能场属性下，产品表面分别按相似性、相容性、适应性仿生形态设计途径，可以更方便、更容易、更稳定地符合自然普适性法则，理由分别是：①通过机械加工制造/电子微纳制造的表面形貌是刃口轮廓横向运动包络/掩模图形法向刻蚀叠加等机电类能场作用形成的，这类制造表面形貌在横向加工纹理和法向刻蚀形貌上可以形成广义相似的有序形态，所以该类制造表面具有广义相似的仿生形态设计所需的基本有序要素，如通过切削/激光/电火花加工或通过光刻/刻蚀加工的仿鲨鱼皮减阻沟槽形貌等均可以形成广义相似的仿生形态设计所需的基本有序要素。②通过生医制造/绿色制造的表面形貌是生物加工成形(生物作为工具的制造)、医疗制造(对生物细胞、组织、器官成形/手术的制造)、绿色制造(环境友好的制造)等生机环相容多能场作用形成的，这类制造表面形貌在有序性、组织性、环保性上可以形成生机环相容的有利形态，所以该类制造表面具有自然相容的仿生形态设计所需的基本有序要素，如鲨鱼皮直接复制成形减阻形貌、医疗手术自愈形貌、涂/镀/沉积可修复防污形貌等均可以形成自然相容的仿生形态设计所需的基本有序要素。③通过智能制造的表面形貌是状态监测、能量补偿、质量调控等过程变能场作用形成的，这类制造表面形貌在传能性、场布性、时序性上可以形成过程适应的大面积有序形态，所以该类制造表面具有过程适应的仿生形态设计所需的基本有序要素，如智能压印的变曲率表面减阻形貌、智能波切的变刚度表面细化形貌、智能喷涂的吸波表面梯度形貌等均可以形成过程适应的仿生形态设计所需的基本有序要素。关键问题是，产品表面按某一仿生形态设计途径得到所需的基本有序要素与生物原型形貌的有效映射程度，对机械产品可制造表面形态仿生高效设计至关重要。

在加工制造仿生界面形态设计上，机械/微纳制造的机电类能场、生医/绿色制造的生机环多能场、智能制造的过程变能场等制造能场属性下，制造界面形态分别按相似性、相容性、适应性仿生形态设计途径，可以更方便、更容易、更稳定地符合自然普适性法则，理由分别是：①机械加工制造/电子微纳制造界面是通过界面机械切削/电加工/电刻蚀能场等机电类能场进行表面制造的，这类制造在切削界面运动周期分离、刻蚀界面能量周期断续上均可以形成相似的纵向周期占空比有序形态，所以该类制造界面具有纵向占空相似的仿生形态设计所需的基本有序要素，如与生物食器波动界面相似的波动式切削/脉冲激光/脉冲电火花/脉冲等离子体加工界面等均可以形成纵向占空相似的仿生形态设计所需的基本有序要素。②生医制造/绿色制造界面是通过生物加工成形、医疗制造、绿色制造等环境相容多能场作用进行材料加工的，这类制造界面在降低排放性、损伤性、污染性上可以形成环境相容的有序形态，所以该类制造界面具有自然相容的仿生形态设计所需的基本有序要素，如生物去除加工离子循环界面、防粘手术刀切割止血界面、波刃干式切割刀防滑增锐界面等均可以形成环境相容的仿生形态设计所需的基本有序要素。③智能制造界面是通过状态监测、能量补偿、质量调控等过程变能场作用进行复杂/大面积表面制造的，在稳质性、提效性、调控性上可以形成过程适应的有序形态，所以该类制造界面具有过程适应的仿生形态设计所需的基本有序要素，如智能稳刀痕波动式切削界面、智能强力超声切骨刀界面、智能稳压痕滚压加工界面等均可以形成过程适应的仿生形态设计所需的基本有序要素。关键问题是，加工制造界面按某一仿生形态设计途径得到所需的基本有序要素与生物原型界面形态的有效映射程度，对可加工制造界面形态仿生高效设计至关重要。

本节把机械产品与制造表/界面形态纳入生态系统进行设计，从生物视角认识其自然相容性，并以制造能场属性为先导，分析了生物表/界面能场效应向机械转移的可制造表/界面形态特征基本有序要素提取及其仿生形态设计途径分类。7.2 节进一步分析机械产品或制造仿生表/界面结构创成途径如何分类。

7.2　生物表/界面能场效应向机械转移的仿生结构创成途径分类与难点

生物表/界面能场效应服从自然普适性法则，其原理结构向机械产品或制造转移所创成的仿生表/界面结构也应该符合自然普适性法则。从生态系统看，生物外在形态对外在能场主动作用，生物内在结构在外能场下被动生成。从深层次生机环自然相容性系统看，机械产品或制造大仿生表/界面自然相容形态设计是更好地发挥其对外部能场的主动作用，而自然相容结构创成是更好地创造出适于外部能场的有效结构。生物结构生成与机械结构创成的路径截然不同，生物结构是按细胞、组织、器官、动物体/植物体等连续路径生成的，机械结构是按材料、零件、部件、系统等离散路径创成的，但两者在层次体系上均具有不同尺度下的自相似递归性。因此，人工产品与制造表/界面结构完全可以通过大仿生结构创成途径更好地符合自然普适性法则。

如图 7.4 所示，为了使自然生物表/界面能场效应向机械转移，不仅要有满足类能场效应所需形态设计所需基本有序要素的可制造性，还要有满足强能场效应所需结构创成基本递归元素的强制造力，需要建立大制造能力属性与大仿生结构创成思想的作用关系，使机械产品或制造表/界面内在结构上实现集合递归、权重

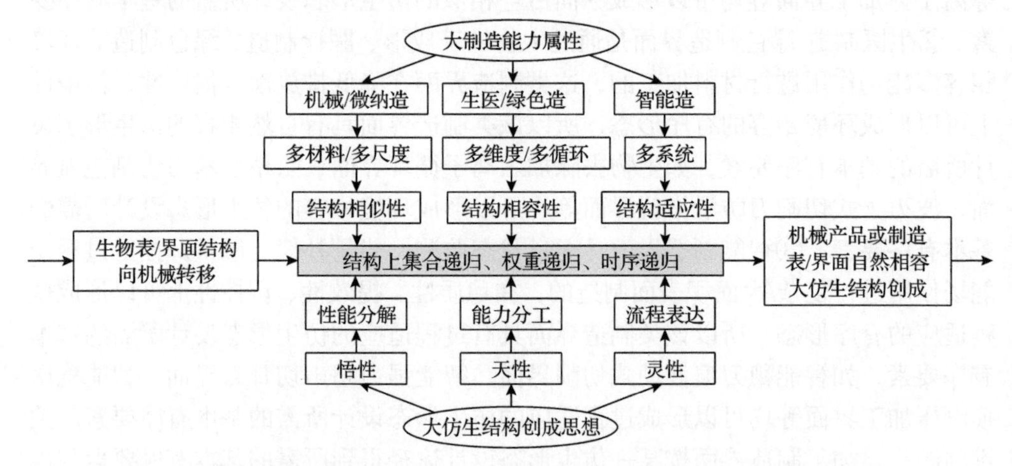

图 7.4　大制造能力属性与大仿生结构创成思想的作用关系(交叉改造自然)

递归、时序递归的自然相容大仿生结构创成，达到生机环交叉相容改造自然的目的。为了充分挖掘大制造能力属性以创成更高的仿生结构效能，应该更深化地对大制造能力属性从多材料、多尺度、多维度、多循环、多系统等方面提升仿生表/界面结构创成能力。

如表 7.2 所示，将大制造能力属性按主工艺特性分为机械制造的多材料、微纳制造的多尺度、生医制造的多维度、绿色制造的多循环及智能制造的多系统等多样制造能力，将大仿生结构创成分为制造仿生界面结构创成与产品仿生表面结构创成，从大制造的多样制造能力属性出发，分别对产品表面与制造界面的仿生表/界面能场效应的结构创成进行了途径分类及关键问题分析。这里对各制造能力属性做一些说明：机械制造的多材料表示具备多材料结构的制造能力；微纳制造的多尺度表示具备多尺度结构的制造能力；生医制造的多维度表示具备多维度特别是分维度结构的制造能力；绿色制造的多循环表示具备适应环境多循环结构的制造能力；智能制造的多系统表示具备感知环境多系统结构的制造能力。

表 7.2 机械产品或制造形成仿生表/界面能场效应的结构创成分类及关键

大仿生结构创成	大制造能力属性				
	机械制造（多材料）	微纳制造（多尺度）	生医制造（多维度）	绿色制造（多循环）	智能制造（多系统）
制造仿生界面结构创成分类及关键	难加材构件整体化加工界面结构仿生创成，关键是如何调配加工界面仿生增润满足表面提质效应	难构形器件大批量构造界面结构仿生创成，关键是如何调配刻蚀界面仿生定向满足结构增深效应	难制备粒构大批量构造模板结构仿生创成，关键是如何调配成形界面仿生定形满足结构精准效应	难回收构件大批量再造界面结构仿生创成，关键是如何调配再造界面仿生转换满足结构循环效应	难监控制造多传感智制界面结构仿生创成，关键是如何调配智制界面仿生适应满足结构稳定效应
产品仿生表面结构创成分类及关键	仿生表层多材料织构大面积机械制造，关键是如何调配机械产品仿生织构满足其表面多场效应	仿生器件多尺度织构大批量微纳制造，关键是如何调配机电产品仿生织构满足其结构多场效应	仿生微粒多维度织构有序化生医制造，关键是如何调配生医器械仿生织构满足其表面多场效应	仿生再利用多循环回收结构绿色制造，关键是如何调配机电产品仿生循环满足其结构环保效应	仿生感知多系统表层智能化系统制造，关键是如何调配机械产品仿生智能满足其运行稳定效应

自然生物表/界面能场效应向机械转移，目前并不是所有能场效应所需结构创成的基本递归元素都能制造出来，下面从大制造能力属性的多材料/多尺度、多维度/多循环、多系统等三种归类出发，按它们可创成递归的结构特征，对机械产品表层与制造界面的仿生结构创成途径分析如下。

在机械产品表层仿生结构创成上，机械制造/微纳制造的多材料/多尺度、生医制造/绿色制造的多维度/多循环、智能制造的多系统等制造能力属性下，产品表层分别按相似性、相容性、适应性仿生结构创成途径，可以更方便、更容易、更稳定地符合自然普适性法则，理由分别是：①通过机械加工制造/电子微纳制造的表层结构是刀具切削熨压表层/沉积改质表层等多材料/多尺度制造能力创成的，这类制造的表层结构在法向梯度变质层和改性层上可以形成广义相似的递归结构，所以该类制造的表层具有广义相似的仿生结构创成所需的基本递归元素，如通过波动式切削/激光喷丸/化学腐蚀或通过溅射/扩散/注入加工的仿生耐磨表层结构等均可以形成广义相似的仿生结构创成所需的基本递归元素。②通过生医制造/绿色制造的表层结构是生物加工成形、医疗制造、绿色制造等多维度/多循环制造能力创成的，这类制造的表层结构在递归性、微创性、循环性上可以形成生机环相容的递归结构，所以该类制造的表层具有自然相容的仿生结构创成所需的基本递归元素，如微生物直接约束成形电磁表层结构、微创手术凝血表层结构、喷涂/编织可循环温控表层结构等均可以形成自然相容的仿生结构创成所需的基本递归元素。③通过智能制造的表层结构是质量监测、参数调控、性能评估等多系统制造能力创成的，这类制造的表层结构在层次性、梯度性、序列性上可以形成过程适应的大面积递归结构，所以该类制造的表层具有过程适应的仿生结构创成所需的基本递归元素，如智能挤压的变曲率强化表层、智能扩散的变浓度梯度表层、智能喷涂的吸波粒布梯度表层等均可以形成过程适应的仿生结构创成所需的基本递归元素。关键问题是，产品表面按某一仿生结构创成途径得到所需的基本递归元素与生物原型结构的有效映射程度，对机械产品表面强制造结构仿生高效创成至关重要。

在加工制造界面仿生结构创成上，机械制造/微纳制造的多材料/多尺度、生医制造/绿色制造的多维度/多循环、智能制造的多系统等制造能力属性下，制造界面结构分别按相似性、相容性、适应性仿生结构创成途径，可以更方便、更容易、更稳定地符合自然普适性法则，理由分别是：①机械加工制造/电子微纳制造界面是通过难材加工界面增润而提质、微宽深刻界面异向选择而增深等多材料/多尺度制造能力进行表面创成的，这类制造在切削界面横向推移轨迹周期交叠层、刻蚀界面横向保护膜周期交叠层上均可以形成横向占空相似的递归结构，所以该类制造界面具有横向占空相似的仿生结构创成所需的基本递归元素，如波切界面横向推移波动轨迹周期交叠层、黑硅法异向刻蚀界面横向保护膜周期交叠层等均可以形成横向占空相似的仿生结构创成所需的基本递归元素。②生医制造/绿色制造界面是通过生物加工成形、医疗制造、绿色制造等多维度/多循环制造能力进行材料创成的，这类制造界面在降低排放性、损伤性、污染性上可以形成环境相容的递归结构，所以该类制造界面具有自然相容的仿生结构创成所需的基本递归元素，如生物去除加工界面电子传递链结构、防粘手术刀界面波动增润结构、波刃干式切割刀界面波动变角结构等均可以形成环境相容的仿生结构创成所需的基本递归元素。③智能制造界面是通过状态监测、能量补偿、质量调控等多系统制造能力进行复杂/大面积表面创成的，这类制造界面在稳质性、提效性、调控性上可以形成过程适应的递归结构，所以该类制造界面具有过程适应的仿生结构创成所需的基本递归元素，如智能波切界面频转相位调控结构、智能骨刀界面力阻抗反馈调控电流结构、智能滚压界面稳静压力浮动弹性结构等均可以形成过程适应的仿生结构创成所需的基本递归元素。关键问题是，加工制造界面按某一仿生结构创成途径得到所需的基本递归元素与生物原型界面结构的有效映射程度，对强加工制造界面结构仿生高效创成至关重要。

本节将机械产品与制造表/界面结构纳入生态系统进行创成，从生物视角认识其自然相容性，并以制造能力属性为先导，分析了生物表/界面能场效应向机械转移的强力制造表/界面结构特征基本递归元素提取及其仿生结构创成途径分类。7.3 节进一步分析机械产品或制造仿生表/界面系统整合途径如何分类。

7.3　生物表/界面能场效应向机械转移的仿生系统整合途径分类与难点

生态系统中生物个体之间及其与环境之间的表/界面能场效应服从自然普适性法则，其协同系统向机械产品或制造转移所整合的仿生表/界面系统也应该符合自然普适性法则。从生态系统看，生物体表与食器表/界面能场效应对环境圈和食物链的系统整合和可持续生存具有重要意义。从深层次生机环自然相容性系统看，机械产品或制造大仿生表/界面自然相容系统整合是更好地协同生机环大系统的总体效益。生态系统整合与机械系统整合的路径近似相同，生态系统是通过能量转化、物质交换和信息传递等自控路径，形成占据一定空间、具有一定结构、执行一定功能的动态平衡整体；机械系统是通过用能量驱动、对自然改造和有运行秩序等整合路径，形成消耗一定能量、具有一定成分、执行一定过程的动态循环整体，但两者在系统组分上均具有不同功能间的互耦合协同性。因此，为了生机环系统过程相容，对人工产品与制造表/界面系统完全可以通过大仿生整合途径更好地符合自然普适性法则。

如图 7.5 所示，为了使自然生物表/界面能场效应向机械转移，不仅要有满足类能场效应所需形态设计所需基本有序要素的可制造性，还要有满足强能场效应所需结构创成基本递归元素的强制造力，更要有满足广能场效应所需系统整合基本协同因素的宽制造域，需要建立大制造功能属性与大仿生系统整合思想的作用关系，使机械产品或制造表/界面整体系统上实现能量协同、物质协同、信息协同的自然相容大仿生整合，达到生机环交叉相容改造自然的目的。为了充分挖掘大制造功能属性以整合更高的仿生系统效益，应该更全面地对大制造功能属性从机械构件/微纳器件、相容/循环材料、适应过程等方面提升仿生表/界面系统的整合效果。

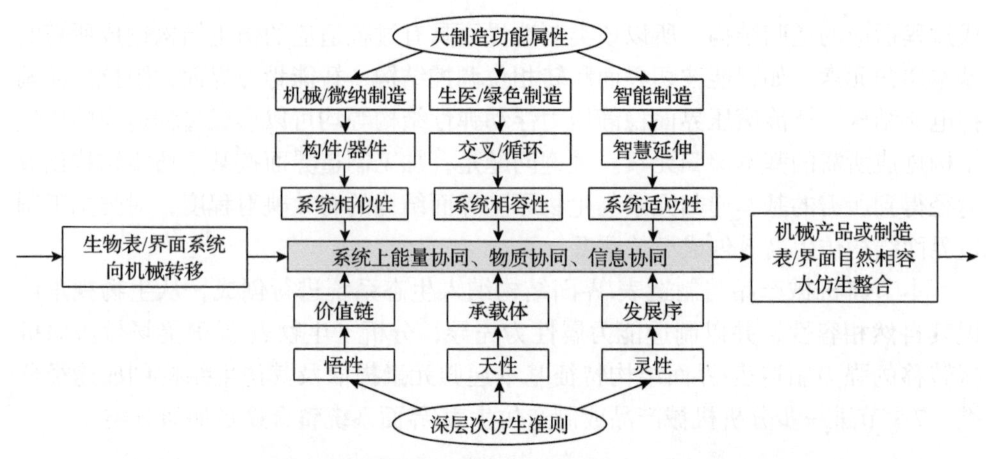

图 7.5　大制造功能属性与深层次仿生准则的作用关系（系统融入自然）

如表 7.3 所示，将大制造功能属性按主对象特征分为机械制造的机械构件、微纳制造的微纳器件、生医制造的相容材料、绿色制造的循环材料及智能制造的适应过程等多样制造功能，将大仿生系统整合分为制造仿生界面系统整合与产品仿生表面系统整合，从大制造的多样制造功能属性出发，分别对产品表面与制造界面的仿生表/界面能场效应的系统整合进行了途径分类及关键问题分析。这里对各制造功能属性做一些说明：机械制造的机械构件表示机制母机生产机械构件的制造功能；微纳制造的微纳器件表示微纳母机生产微纳器件的制造功能；生医制造的相容材料表示

表 7.3　机械产品或制造形成仿生表/界面能场效应的系统整合分类及关键

大仿生系统整合	大制造功能属性				
	机械制造（机械构件）	微纳制造（微纳器件）	生医制造（相容材料）	绿色制造（循环材料）	智能制造（适应过程）
制造仿生界面系统整合分类及关键	仿生加工、成形、连接、涂装、装配等相关加工界面各环节，关键是如何建立机制母机仿生高质生产工艺链	仿生压印、刻蚀、沉积、合成、键合等相关制造界面各环节，关键是如何建立微纳母机仿生高质生产工艺链	生医手术、加工、成形、构筑、连接等相关制造界面各环节，关键是如何建立生医母机仿生精准操作工艺链	仿生浸出、再合成、再强化、可降解等相关制造界面各环节，关键是如何建立循环母机仿生绿色转换工艺链	仿生感知、推理、控制、跟踪、服务、回收等制造全界面环节，关键是如何建立监控母机仿生智能生产工艺链
产品仿生表面系统整合分类及关键	运载、建筑、工程机械、能源机械等各种机械制造表面仿生，关键是如何建立机械产品仿生高效运行装备圈	传感器、制动器、微能源与动力等各种微纳制造表面仿生，关键是如何建立微纳产品仿生高效运行器件网	器官、芯片、薄膜、涂装、蒙皮等各种生医制造表面仿生，关键是如何建立生医产品仿生高效构筑材料集	家电、线路板、复合材料、电池等各种绿色制造表面仿生，关键是如何建立机电产品仿生高效循环利用闭环圈	自愈、变色、压敏、热敏、频选、缓释等各种智能表面仿生，关键是如何建立机械产品仿生高效运行智能网

生医母机生产相容材料的制造功能；绿色制造的循环材料表示循环母机生产循环材料的制造功能；智能制造的适应过程表示监控母机过程适应的制造功能。

自然生物表/界面能场效应向机械转移，目前并不是所有能场效应所需系统整合的基本协同因素都能制造涵盖，下面从大制造功能属性的机械构件/微纳器件、相容材料/循环材料、适应过程等三种归类出发，按它们可整合协同的系统特征，对机械产品表层与制造界面的仿生系统整合途径分析如下。

在机械产品仿生表面系统整合上，机械制造的机械构件、微纳制造的微纳器件、生医制造的相容材料、绿色制造的循环材料及智能制造的适应过程等制造功能属性下，产品表面分别按相似性、相容性、适应性仿生系统整合途径，可以更方便、更容易、更稳定地符合自然普适性法则，理由分别是：①通过机械加工制造/电子微纳制造的表面系统是由表面几何性能、力学性能、热学性能、化学性能等构件/器件制造功能整合的，这类制造的表面系统在表面完整性、耐久性、可靠性上可以形成广义相似的协同系统，所以这类制造的表面具有广义相似的仿生系统整合所需的基本协同因素，如通过机械加工构件的增强表面、微纳制造器件的增强表面系统等均可以形成广义相似的仿生系统整合所需的基本协同因素。②通过生医制造/绿色制造的表面系统是由生物加工成形、医疗制造、绿色制造等相容材料/循环材料制造功能整合的，这类制造的表面系统在协同性、微创性、循环性上可以形成生机环相容的协同系统，所以这类制造的表面具有自然相容的仿生系统整合所需的基本协同因素，如鲨鱼皮直接复制成形的减阻表面系统、微纳合成制造的靶向给药磁性微粒缓释表面系统、微纳制造的贴片式防暴晒表面系统等均可以形成自然相容的仿生系统整合所需的基本协同因素。③通过智能制造的表面系统是由质量监测、参数调控、性能评估等适应过程制造功能整合的，这类制造的表面系统在均布性、过渡性、关联性上可以形成过程适应的大面积协同系统，所以这类制造的表面具有过程适应的仿生系统整合所需的基本协同因素，如智能挤压的变曲率强化表面系统、智能扩散的变浓度梯度耐磨表面系统、智能喷涂的吸波表面系统等均可以形成过程适应的仿生系统整合所需的基本协同因素。关键问题是，产品表面按某一仿生系统整合途径得到所需的基本协同因素与生物原型系统的有效映射程度，对机械产品宽域制造表面系统仿生高效整合至关重要。

在加工制造界面仿生系统整合上，机械构件/微纳器件、相容材料/循环材料、适应过程等制造功能属性下，制造界面系统分别按相似性、相容性、适应性仿生系统整合途径，可以更方便、更容易、更稳定地符合自然普适性法则，理由分别是：①机械加工制造/电子微纳制造的界面系统是通过机制母机多工序链、微纳母机多流程链等机械构件/微纳器件制造功能进行界面系统整合的，这类制造在切削界面逐级作用、刻蚀界面逐层作用下均可以形成工艺链占空相似的协同系统，所以这类制造界面具有工艺链占空相似的仿生系统整合所需的基本协同因素，如构件波动式切削逐级工序精细化加工界面系统、器件黑硅法逐层工序精细化刻蚀界面系统等均可以形成工艺链占空相似的仿生系统整合所需的基本协同因素。②生医制造/绿色制造的界面系统是通过生物加工成形、医疗制造、绿色制造等相容材料/循环材料制造功能进行界面系统整合的，这类制造界面在降低排放性、损伤性、污染性上可以形成环境相容的协同系统，所以这类制造界面具有自然相容的仿生系统整合所需的基本协同因素，如生物去除加工界面电子传递链系统、防粘手术刀界面波动湿增润系统、波刃干式切割刀界面干增润系统等均可以形成环境相容的仿生系统整合所需的基本协同因素。③智能制造的界面系统是通过状态监测、能量补偿、质量调控等适应过程制造功能进行复杂界面系统整合的，这类制造界面在稳质性、提效性、调控性上可以形成过程适应的协同系统，所以这类制造界面具有过程适应的仿生系统整合所需的基本协同因素，如智能波切界面频转相位调控系统、智能骨刀界面力阻抗反馈调控电流系统、智能滚压界面稳静压力调控弹性系统等均可以形成过程适应的仿生系统整合所需的基本协同因素。关键问题是，加工制造界面按某一仿生系统整合途径得到所需的基本协同因素与生物原型界面系统的有效映射程度，对宽域加工制造界面系统仿生高效整合至关重要。

本节将机械产品与制造表/界面系统纳入生态系统进行整合，从生物视角认识其自然相容性，并以制造功能属性为先导，分析了生物表/界面能场效应向机械转移的宽域制造表/界面系统特征基本协同因素提取及其仿生系统整合途径分类。后续各章进一步展示典型机械产品或制造仿生表/界面的形态设计、结构创成及系统应用。

参考文献

江雷，冯琳. 2007. 仿生智能纳米界面材料[M]. 北京：化学工业出版社.
任露泉，梁云虹. 2016. 仿生学导论[M]. 北京：科学出版社.
张德远，蒋永刚，陈华伟，等. 2015. 微纳米制造技术及应用[M]. 北京：科学出版社.

第 8 章　仿生界面增阻结构增强力学感知

8.1　仿洞穴鱼侧线增阻结构的水下流速传感器

当水下无人航行器在杂乱、浑浊的复杂水下环境航行时，基于视觉的导航技术会失效。声呐方式具有探测分辨率低及隐蔽性差等缺点。所以，亟须一种新的传感策略来协助水下无人航行器在复杂的水动力环境中导航。

借助侧线系统，鱼类可以在大脑中生成水动力图像，使得它们在恶劣环境中移动时能够感知周围环境的详细信息。作为侧线的一个子系统，侧线体表神经丘位于皮肤表面，直接与外部流体相互作用，对流速敏感，起到流速传感器的作用。体表神经丘能够感知微米每秒级别的微小流速。受这种高灵敏度系统的启发，研究人员研制出各种人工体表神经丘(artificial superficial neuromast, ASN)流速传感器。

8.1.1　人工体表神经丘传感器设计

受鱼类体表侧线系统启发，本节提出一种人工体表神经丘流速传感器，如图 8.1 所示。该传感器由(BTO/P(VDF-TrFE))/PET 悬臂梁及位于尖端的水凝胶包裹的仿生纤毛组成(图 8.1(a))。由于流固耦合作用，人工体表神经丘附近产生的流动会对仿生水凝胶胶质顶施加阻力。因为仿生纤毛牢固键合在悬臂梁尖端，所以在

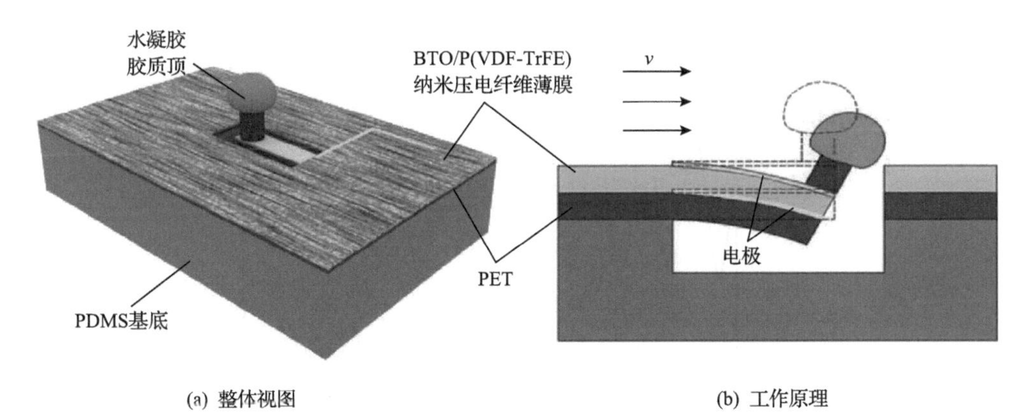

(a) 整体视图　　(b) 工作原理

图 8.1　人工体表神经丘的具有水凝胶胶质顶的流速传感器示意图

PDMS 指聚二甲基硅氧烷；BTO/P(VDF-TrFE)指钛酸钡/聚偏氟乙烯；PET 指聚乙烯

阻力作用下悬臂梁会弯曲变形(图 8.1(b))。BTO/P(VDF-TrFE)纳米压电纤维薄膜上的应力会使传感单元上下电极之间生成电荷。

1. 人工体表神经丘传感器的设计优化

借助 COMSOL Multiphysics 软件，采用三维多物理场耦合仿真来优化悬臂梁及仿生纤毛的尺寸。悬臂梁由作为传感单元的 BTO/P(VDF-TrFE)纳米压电纤维薄膜和作为悬臂梁基底的 PET 薄膜组成。方便起见，选择使用 50μm 厚的商用 PET 薄膜。当 BTO/P(VDF-TrFE)纳米压电纤维薄膜的厚度为 50μm 时，人工体表神经丘传感器具有最大的电压输出。人工体表神经丘传感器的电压输出随悬臂梁长度及宽度的增加而增大。悬臂梁的长度和宽度分别设为 3.5mm 和 1mm。仿真结果也表明，人工体表神经丘传感器的电压输出随仿生纤毛直径及高度的增加而增大。仿生纤毛的高度和直径均设为 1mm。

2. 仿生纤毛的形貌优化

模仿生物体表神经丘的类水凝胶胶质顶，在人工体表神经丘传感器中设计了水凝胶胶质顶包裹的仿生纤毛。此外，使用三维多物理场仿真来验证水凝胶胶质顶增强流速传感的机制。仿真结果表明，与具有裸露仿生纤毛的人工体表神经丘传感器(记为 N-ASN 传感器)相比，具有水凝胶胶质顶的人工体表神经丘传感器(记为 H-ASN 传感器)的电压输出增加了40%左右(图 8.2)。因此，在人工体表神经丘传感器中引入水凝胶胶质顶来增加局部的阻力，可以提高人工体表神经丘传感器的灵敏度。

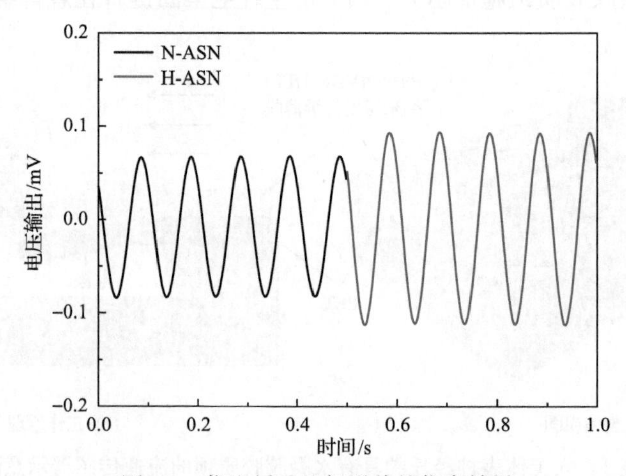

图 8.2　仿生纤毛几何形貌的仿真结果

8.1.2　水凝胶胶质顶制备

借助微机电系统技术，本节制备人工体表神经丘传感器，着重描述水凝胶胶质顶的制备过程。聚乙二醇(polyethylene glycol, PEG)具有分子结构简单、高度亲水性、柔性和无毒等特性。作为聚乙二醇的衍生物(poly(ethylene glycol) diacrylate, PEG-DA)的链中含有端基丙烯酸酯。由于合成简便，使用 PEG-DA 来制备水凝胶胶质顶(图 8.3(a))。将分子量为 2000 的 PEG-DA 溶解在去离子水中，质量分数为 10%。随后将光引发剂安息香二乙醚(2,2-dimethoxy-2-phenylacetophenone)溶于 *N*-乙烯基吡咯烷酮(1-vinyl-2-pyrrolidone)，配比为 1mL *N*-乙烯基吡咯烷酮，600mg 安息香二乙醚。将引发剂溶液加入聚合物溶液中，引发剂溶液所占体积分数为 1%。利用精准操控平台，在亚克力微柱上滴注 3～5 滴紫外光交联的 PEG-DA 溶液。使用紫外光对水凝胶胶质顶进行 1min 固化处理。最后，将传感器放入去离子水中进行 2h 的溶胀吸水处理。PEG-DA 水凝胶胶质顶具有多孔结构(图 8.3(b))。PEG-DA 水凝胶在亚克力微柱尖端形成仿生水凝胶胶质顶(图 8.4)。

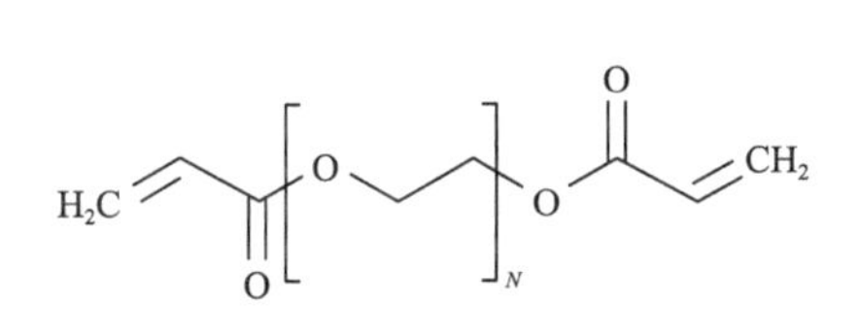

(a) PEG-DA 水凝胶分子式

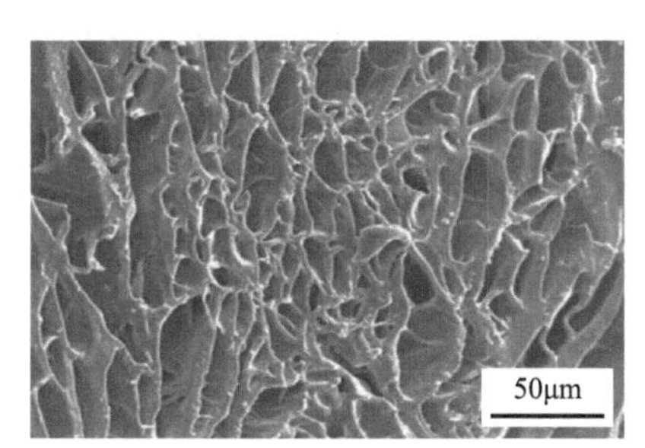

(b) 扫描电镜表征结构展现水凝胶的多孔结构

图 8.3　水凝胶制备

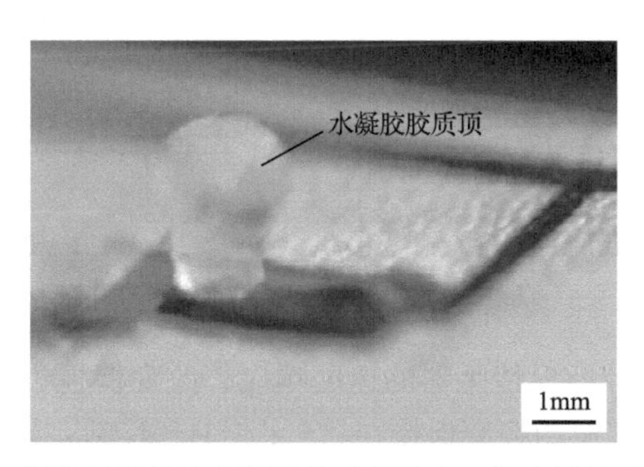

图 8.4　制备好的具有水凝胶胶质顶的人工体表神经丘传感器

8.1.3　水凝胶胶质顶增强流速感知

为了研究 PEG-DA 水凝胶增强流速感知在力学和材料方面的贡献，本节将人工体表神经丘传感器放在偶极流场中进行对比分析试验。水中振动小球产生的偶极子流场常被用来表征侧线系统。偶极子源的振动方向平行于人工体表神经丘传感器的长轴(悬臂长度方向)，在人工体表神经丘传感器附近产生局部最大流速。人工体表神经丘传感器检测到的水流速度可由式(8.1)计算：

$$v = \frac{16\pi A_{\mathrm{a}} f a^3 \sin(2\pi f t)}{l_{\mathrm{h}}^3} \tag{8.1}$$

式中，a 为振动小球的半径；f 为小球的振动频率；A_{a} 为小球的振动幅值；l_{h} 为振动小球和人工体表神经丘传感器之间的水平距离。

本节制备并测试了两种人工体表神经丘传感器，即 N-ASN 传感器和 H-ASN 传感器。两种人工体表神经丘传感器的频域输出均在(75 ± 3) Hz 附近出现了峰值(图 8.5(a))，与偶极子振动频率一致。在相同流速激励下，可以得出 H-ASN 传感器的幅值输出约为 N-ASN 传感器的 7.5 倍。H-ASN 对水流速度的感知性能的增强，可以归因于以下两个因素：①由于水凝胶的多孔结构，PEG-DA 水凝胶胶质顶显著增加了流体-固体的相互作用，从而增加了阻力；②与 N- ASN 传感器相比，H-ASN 传感器中 PEG-DA 水凝胶胶质顶会增加仿生纤毛的横截面积。

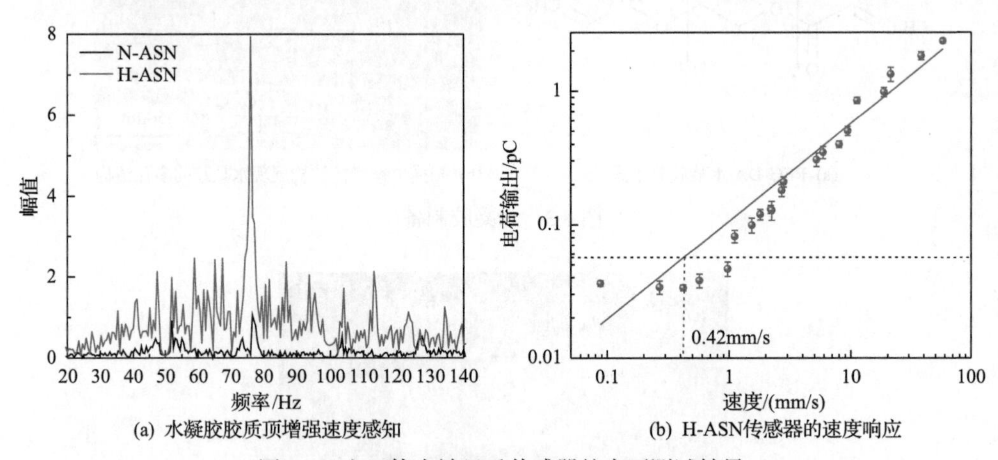

(a) 水凝胶胶质顶增强速度感知　　(b) H-ASN传感器的速度响应

图 8.5　人工体表神经丘传感器的水下测试结果

为研究人工体表神经丘传感器的速度响应，改变偶极子与人工体表神经丘之间的水平距离 l_{h}，而其振动频率保持在(75 ± 3) Hz 不变。人工体表神经丘传感器检测到的速度可由式(8.1)计算而得。H-ASN 传感器的速度响应结果如图8.5(b)所示。H-ASN 传感器的电荷输出随速度的增加而单调增长。传感器的探测极限由信号输出等于背景噪声来定义。流速标定结果表明，H-ASN 传感器的水动力速度探测极限约为 0.42mm/s。

8.2　仿洞穴鱼侧线增阻结构的水下压差传感器

作为侧线系统的另一个分支，管道神经丘位于皮下充满液体的侧线管道中，通过侧线孔与外部环境连通，因此对两个相邻侧线孔之间的压差敏感。管道神经丘可以检测毫帕级别的微弱压差。受此高灵敏度系统的启发，研究人员开发了各种人工压差传感器。但是，已报道的仿生压差传感器的最小压力探测极限为帕量级，和商用压差传感器的探测极限处于同一水平，难以实现微弱水流动的检测。因此，亟须开发高灵敏柔性压差传感器，辅助水下自主航行器在复杂的水动力环境中航行。

8.2.1　人工管道神经丘的设计及工作原理

受鱼类管道侧线系统的启发，作者开发了一款含有四个传感单元的人工管道侧线系统（图 8.6(a)）。传感单元，即仿生神经丘，由 P(VDF-TrFE)/PI 悬臂梁（PI 为聚酰亚胺）及位于其尖端的仿生纤毛组成（图 8.6(b)）。模仿管道侧线系统，将仿生神经丘封装在由 PDMS 制成的微流道内。在 3.1 节中提到，洞穴鱼的管道侧线系统进化出了可以增强灵敏度的变径结构，受此启发，在仿生神经丘附近的侧线管道中引入了变径结构，以增加局部流速，进而提升人工管道侧线系统的灵敏度。

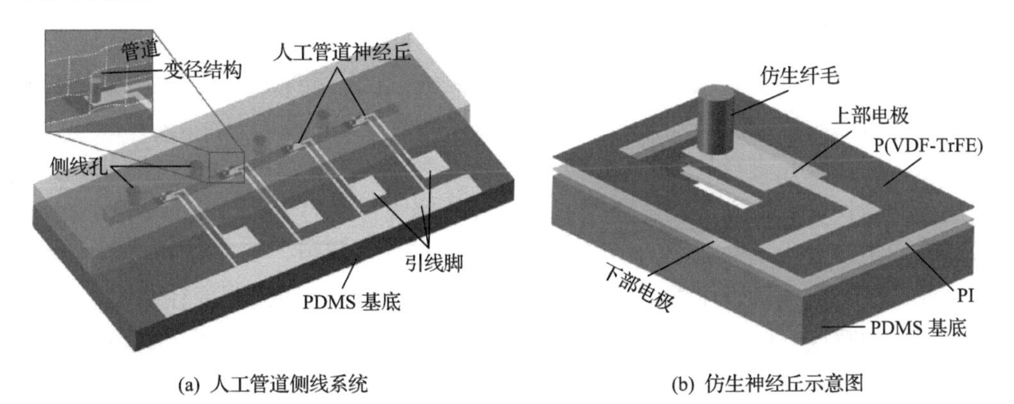

(a) 人工管道侧线系统　(b) 仿生神经丘示意图

图 8.6　人工鱼类管道侧线系统

人工管道侧线系统的工作原理与前面基于悬臂梁的人工体表侧线系统的工作原理类似。当外部流场流过人工管道侧线的侧线孔时，在侧线孔之间会产生压力差，如图 8.7 所示。侧线管道内的液体流动，对硬质仿生纤毛施加摩擦及黏滞阻力，并使其弯曲。因为仿生纤毛牢固地安放在柔性悬臂梁尖端，所以悬臂梁会产生位移。压电薄膜上的应力会使上下电极之间有电荷输出。

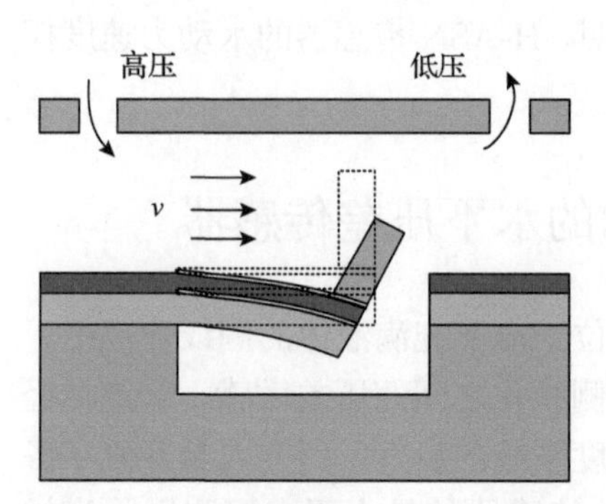

图 8.7 人工管道侧线系统的工作原理示意图

1. 人工管道神经丘的设计优化

借助 COMSOL Multiphysics 软件，采用三维多物理场耦合仿真来优化仿生纤毛及悬臂梁的尺寸。悬臂梁由作为传感单元的 P(VDF-TrFE) 压电薄膜和作为悬臂梁基底的 PI 薄膜组成。因具有良好的线性度、高灵敏度、低迟滞性、对大多数化学物质的耐受性和易于加工等优点，PI 被广泛应用于 MEMS 传感器中。方便起见，这里选择使用 8μm 厚的商用 PI 薄膜。当 P(VDF-TrFE) 压电薄膜厚度为 4μm 时，人工管道神经丘传感器具有最大的电压输出。当悬臂梁的长宽比为 1.8～2 时，人工管道神经丘传感器的电压输出达到最大。为便于悬臂梁通过物理掩模使用反应离子刻蚀(reactive ion etching, RIE)制造，悬臂梁宽度设置为 500μm，悬臂梁长度设置为 1000μm。仿真结果也表明，人工体表神经丘传感器的电压输出随仿生纤毛直径及高度的增加而增加。由于管道高度(1000μm)和悬臂梁宽度(500μm)的限制，仿生纤毛的高度和直径分别设置为 500μm 和 300μm。

2. 管道优化

侧线管道的关键参数主要有管道宽度、侧线孔直径和相邻侧线孔间距。已有研究结果表明，侧线管道的宽度越小，管道侧线过滤稳定来流和低频刺激的能力就越强。考虑制造的简易性，人工侧线管道设计为正方形截面(1mm × 1mm)的平直管道。当侧线孔直径从 0.2mm 增大至 1mm 时，人工管道神经丘传感器的电压输出单调增长。侧线孔直径设置为 1mm，等于侧线管道的宽度(1mm)。两个相邻侧线孔间距设置为 5mm，等于两个相邻仿生神经丘的间距。

模仿鱼类侧线管道中的变径结构，在人工侧线管道中引入了变径结构。考虑到悬臂梁的宽度(500μm)和制造的方便性，变径结构的宽度设置为 700μm。使用三维多物理场仿真确认变径结构能够增强人工管道神经丘的灵敏度。图 8.8(a)展现了具有变径结构的人工管道神经丘传感器中侧线管道内的速度场分布和 von Mises 应力分布，其中纵剖面显示了侧线管道内流体流速剖面。仿真结果表明，与具有直管道的人工管道神经丘传感器(记为 S-CAN 传感器)相比，具有变径管道的人工管道神经丘传感器(记为 C-ACN)的电压输出提高了约 59%(图 8.8(b))。因此，将变径结构引入侧线管道中，可以增加局部流速，进而提高人工管道神经丘传感器的灵敏度。

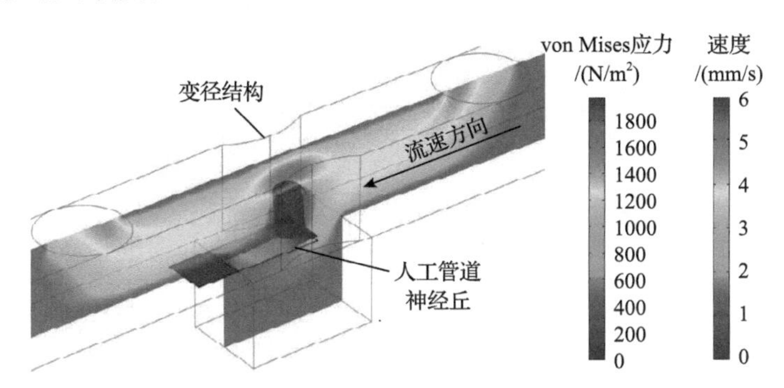

(a) 具有变径结构的人工管道神经丘传感器的三维仿真结果

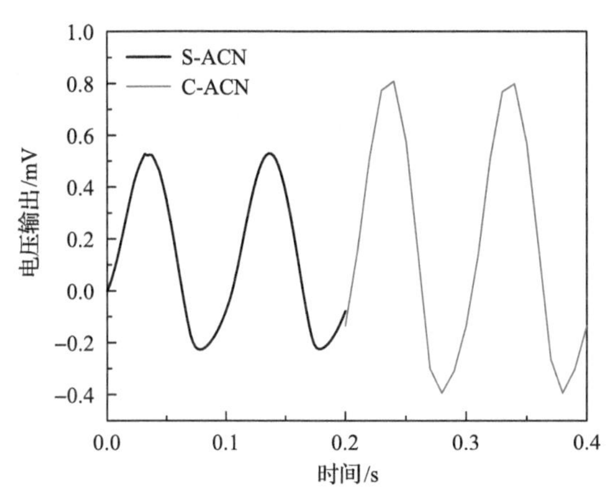

(b) 具有不同类型管道的人工管道神经丘传感器的电压输出

图 8.8　管道形貌的多物理场耦合仿真结果

8.2.2　仿生变径结构制备

人工管道神经丘传感器的制造主要分为仿生神经丘和侧线管道两大部分。本节使用 MEMS 加工工艺制造了仿生神经丘。侧线管道结构由 PDMS 翻模技术加工得到。使用快速成形技术得到设计尺寸的管道结构的阴模。质量比 10:1 的 PDMS 溶液，先机械搅拌 10min，再脱气处理 30min，最后倒入侧线管道结构的阴模中。在 70℃下固化 2h 后，将 PDMS 管道结构从模具中剥离出来。制备好的具有变径结构的侧线管道如图 8.9 所示。最后，使用非导电型环氧树脂，将 PDMS 管道结构和仿生神经丘键合在一起，形成人工管道神经丘压差传感器。具有变径结构的生物管侧线系统和人工管侧线系统的对比如图 8.10 所示。

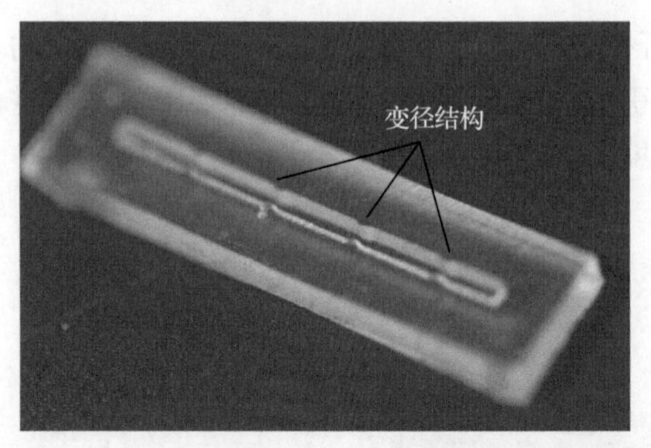

图 8.9　具有变径结构的人工侧线管道的光学图片

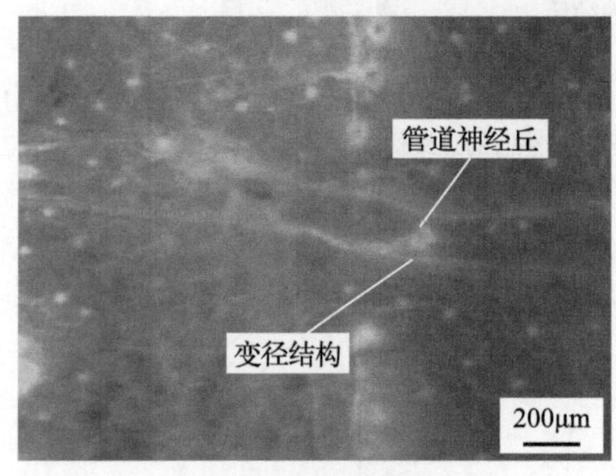

(a) 生物管侧线系统

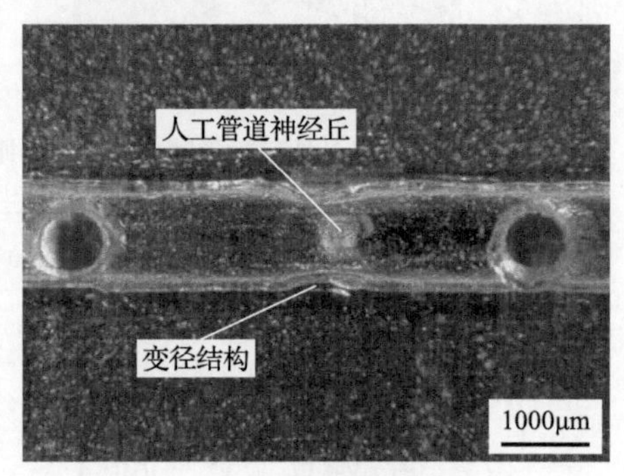

(b) 人工管侧线系统

图 8.10　具有变径结构的生物管侧线系统和人工管侧线系统

8.2.3　变径结构增强压差感知

为了研究变径管道对增强压差感知的力学贡献，使用前面所述的偶极子流场对人工管道神经丘传感器进行对比试验分析。将人工管道神经丘传感器水平放置在水中，保持侧线孔朝上。偶极子源的振动方向垂直于侧线管道。人工管道神经丘传感器检测的两个相邻侧线孔间的压力梯度可由式(8.2)计算：

$$\frac{\mathrm{d}p}{\mathrm{d}x}=\left\{\frac{1}{l_0^2}-\frac{l_0}{\left[l_0^2+(\Delta x)^2\right]^{3/2}}\right\}\frac{\rho r_{\mathrm{s}}^3}{2\Delta x}A_{\mathrm{s}}\sin(2\pi ft) \tag{8.2}$$

式中，f 为小球的振动频率；A_{s} 为小球的振动幅值；r_{s} 为小球的振动半径；Δx 为两个相邻侧线孔的间距；l_0 为小球球心和人工管道神经丘传感器上表面之间的垂直距离；ρ 为水的密度。

图 8.11 为具有不同类型管道的人工管道神经丘传感器的水动力试验对比结果。在相同的 20kPa/m 压力梯度激励下，C-ACN 传感器的电压输出高于 S-ACN

传感器的电压输出。为得到人工管道神经丘传感器的探测极限，振动小球振动频率保持在(80 ± 2) Hz 不变，而改变振动小球与人工管道神经丘传感器之间的垂直距离。如图 8.11 (b) 所示，随着侧线孔之间压力梯度的增大，人工管道神经丘传感器的电压输出增大。试验结果表明，S-CAN 传感器和 C-ACN 传感器的探测极限分别为 4.3Pa/m 和 0.64Pa/m。由此可以得出结论，变径结构能够增强人工管道神经丘传感器的压差感知能力，这可能与变径结构引起的局部速度提高有关。

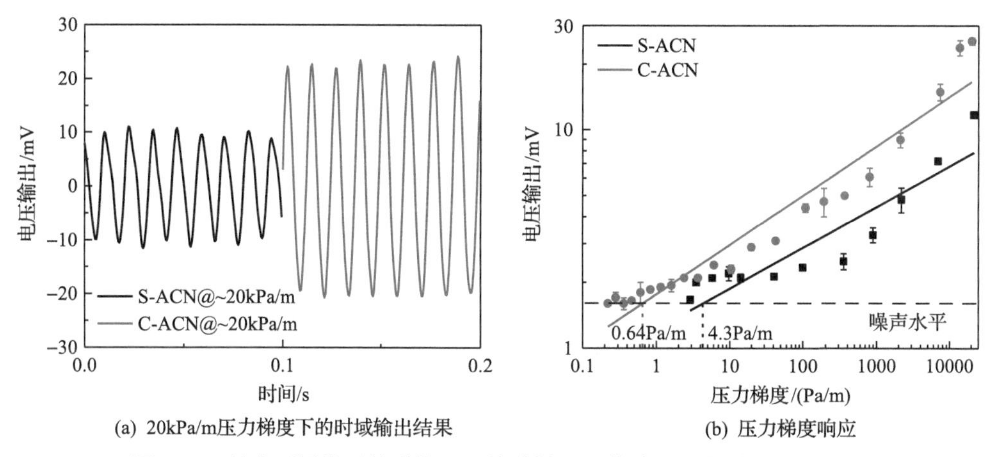

(a) 20kPa/m压力梯度下的时域输出结果　　(b) 压力梯度响应

图 8.11　具有不同类型管道的人工管道神经丘传感器的水动力试验对比

因为相邻两个侧线孔的间距为 5mm，所以 C-ACN 传感器可以检测的最小压力梯度为 3.2mPa/5mm。变径结构人工管道神经丘的超低检测极限与杜父鱼的生物管道侧线的检测极限处于同一水平。高度灵敏的柔性变径人工管道侧线神经丘压差传感器未来可能会有助于水下机器人的水动力感知。

8.3　仿树蛙脚掌/人类手指增阻结构的触觉传感器

与开放式手术相比，微创手术具有切口小、恢复时间短、患者痛苦小等明显优势。由于外科医生在通过有限的视力和削弱的触觉感知进行手术时会面临许多困难，所以迫切需要开发触觉传感器来检测夹持组织的状态。现有的触觉传感器主要用于接触力感知，但滑移检测也是外科医生在微创手术中成功操作组织的关键。为了降低微创手术的风险，迫切需要研制一种用于微创手术夹钳的触/滑觉传感器，实时获取夹持组织是否滑移的信息，以便外科医生调整夹紧力。

8.3.1　树蛙脚掌/人类手指的增阻结构

在自然界中，生物进化出了优异的触觉器官来感知环境。例如，在人类的指尖中，触觉感知是由手指扫描表面时产生的皮肤振动调节的(图 8.12(a)和(b))。指尖皮肤由用于静态触摸的慢适应机械感受器(Merkel 和 Ruffini 小体)和用于动态触摸的快速适应机械感受器(Meissner 和 Pacinian 小体)组成。当传感器表面具有仿指纹的平行脊图案时，随机纹理基底引起的振动频谱有一个频率占主导作用，该频率由扫描速度与平行脊间距离的比值决定。此外，具有复杂表面纹理的树蛙脚掌不仅可以增加湿界面间的抓持力，还可以利用表面纹理下的机械感受器检测滑移(图 8.12(c)和(d))。这些自然界中的界面结构增强传感机制可能有利于触觉和滑移传感器的开发。

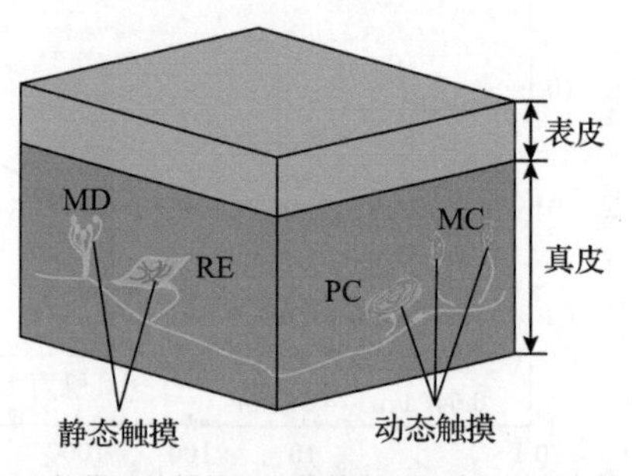

(a) 人体指尖的结构和功能特征(MD为Merkel小体，RE为Ruffini小体，MC为Meissner小体，PC为Pacinian小体)

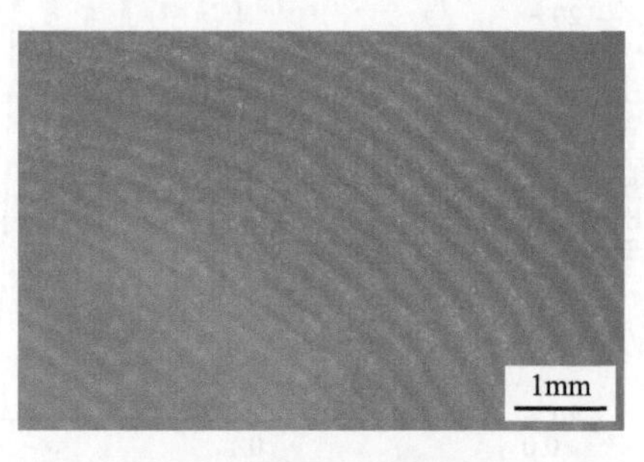

(b) 人体指尖的光学图片

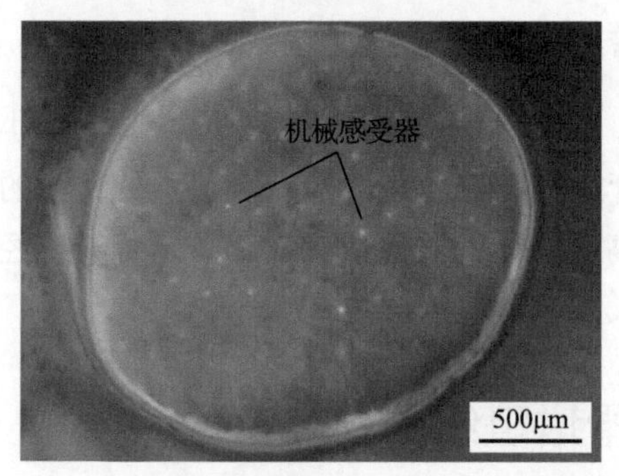

(c) 荧光染色揭示树蛙脚趾皮肤下面的机械感受器

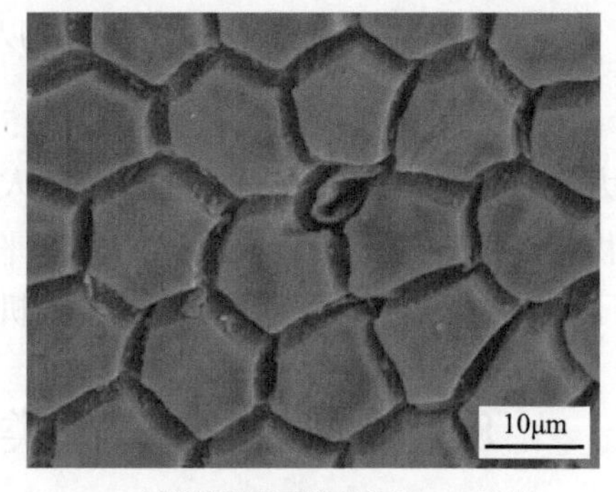

(d) 树蛙脚趾表面微结构的SEM图片

图 8.12 人类指尖和树蛙脚趾的机械感受器及表面微结构

8.3.2 触觉传感器的设计及工作原理

受人类指尖和树蛙脚趾精细纹理调控触觉感知机制的启发，一种新的触/滑觉传感器被提出，如图 8.13 所示。该传感器由具有微结构的弹性层、嵌在弹性层中的传感单元和柔性印刷电路板基底组成。带微结构的 PDMS 弹性层形成了触觉和滑移检测的界面。本节还制备了仿人类指尖的平行脊结构和仿树蛙脚趾的六边形结构。在 PDMS 弹性层的底部，夹有上下电极的 P(VDF-TrFE)纳米压电纤维薄膜组成传感单元。上部电极接地，单个下部电极用于记录输出信号。

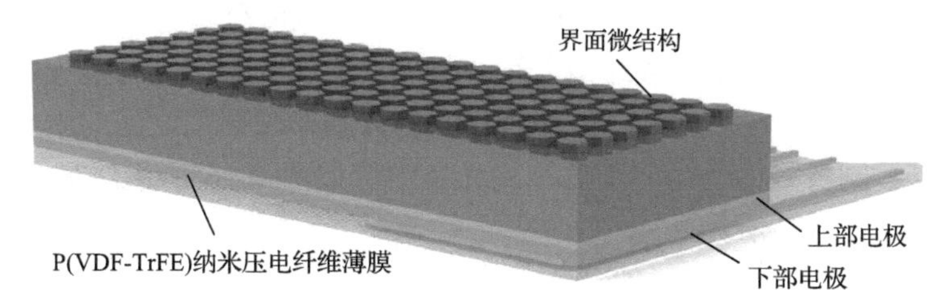

图 8.13　具有仿生界面微结构触/滑觉传感器的结构示意图

如图 8.14 所示，表面受到滑移运动的刺激，会引起单个微结构的微弱振动，这可以被传感单元检测。已知微结构的空间周期 D 和相对滑移速度 v，则传感单元将产生频率为 $f = v/D$ 的信号，如图 8.14(b)所示。在时域上，相邻传感单元的输出信号具有很小的延迟，可以用来判断滑移运动的方向(图 8.14(c))。此外，当施加周期性的接触力而不是滑移运动时，相邻传感元件的输出信号不会出现延迟。因此，该器件能够检测和识别触觉和滑移信息。

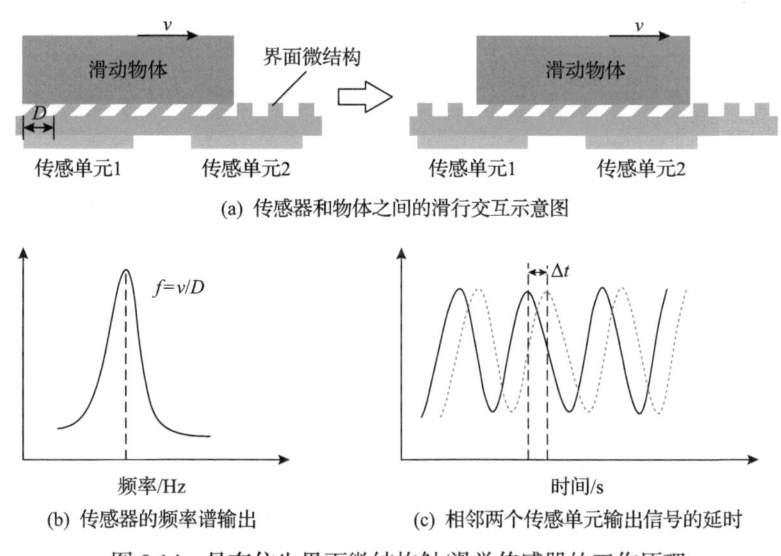

图 8.14　具有仿生界面微结构触/滑觉传感器的工作原理

8.3.3　仿生界面微结构的制备

仿生界面微结构的制备过程如图 8.15 所示。将负性光刻胶 SU-8 以 1000r/min 的速度在洁净的玻璃片上旋涂 45s，光刻胶厚度约为 150μm。通过光刻图案化 SU-8 形成仿生界面微结构的模具。将液体 PDMS 弹性体和固化剂按 10∶1 的重量比例混合。将脱气处理后的混合物倒入 SU-8 模具中，在 80℃下固化 2h，最后剥离出来形成 PDMS 模具。然后，将 PDMS 液体倒入 PDMS 模具中。固化后，PDMS 从模具上剥离，形成仿生界面微结构。同时制备了宽度分别为 200μm 和 400μm 的平行脊状微结构，两相邻微结构之间的间隔与宽度相等。也开发了边长分别为 160μm 和 320μm 的六边形微结构。两个相邻的六边形微结构之间的中心距离是其边长的 3 倍。制备好的仿生界面微结构光学图像如图 8.16 所示。最终封装的触/滑觉传感器如图 8.17 所示。

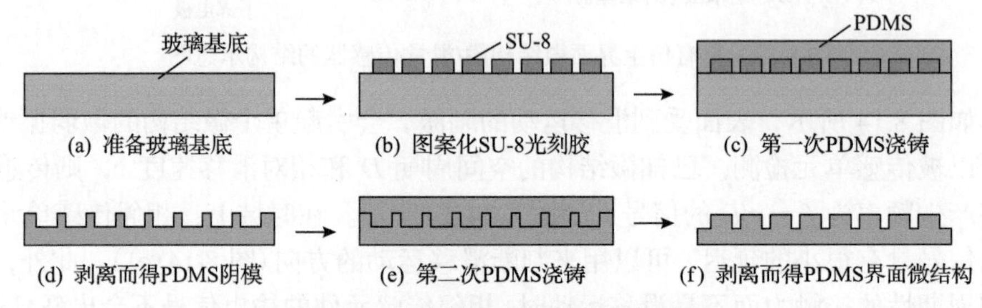

图 8.15　仿生界面微结构的制备过程

图 8.16　制备好的仿生界面微结构光学图像

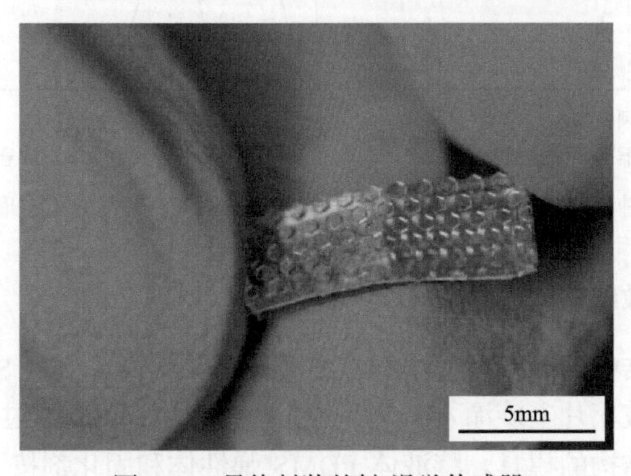

图 8.17　最终封装的触/滑觉传感器

8.3.4　界面微结构增强触觉感知

接触力是由安装有铝合金块的单个封装的压电驱动器产生的。铝合金块的截面尺寸为 10mm×5mm。压电驱动器由信号发生器和功率放大器驱动。作用在触/滑觉传感器上的接触力由一个测力传感器来测量。触/滑觉传感器中传感元件的输出信号被电荷放大器放大，最后由示波器进行记录。具有不同界面微结构的触觉传感器的试验结果如图 8.18 所示。无微结构、棱间距 400μm 平行脊微结构和边长 160μm 六边形微结构的触觉传感器的灵敏度(拟合曲线的斜率)分别为 0.42mV/m、0.55mV/mN 和 0.86mV/mN。具有界面微结构的触/滑觉传感器的灵敏度的提高可能是界面微结构引起的应力集中造成的。

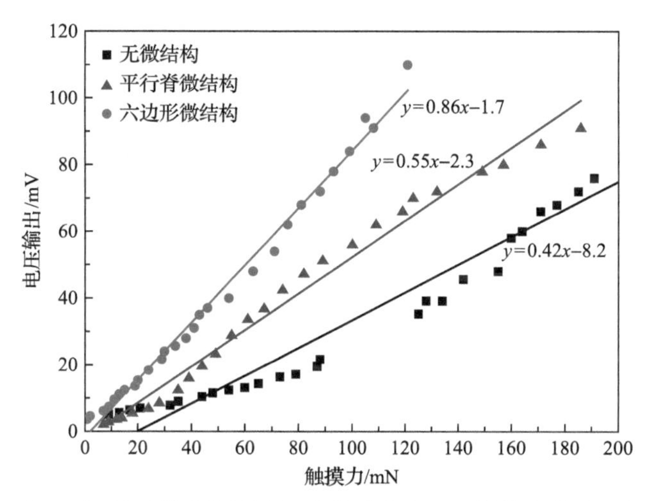

图 8.18　具有不同界面微结构的触/滑觉传感器在 5Hz 触摸力激励下的电压输出

为表征触觉传感器的滑移检测能力，采用直线电机实现滑移物体(截面尺寸为 10mm×5mm 的铝合金块)与触觉传感器表面之间的可控滑动。滑动速度设置为定值 2.5mm/s。具有六边形结构的触/滑觉传感器的试验结果如图 8.19 所示。六边形微结构的边长为 320μm。传感器对触摸力的输出信号在同一波形中没有相位差(图 8.19(a))。然而，相邻传感单元对滑动物体的输出信号在时域上差异较大(图 8.19(b))，傅里叶变换结果显示在 2.3Hz 和 3.1Hz 处出现频率峰值(图 8.19(c))。相邻传感单元输出信号的巨大变化可能是由六边形微结构引起的复杂微振动造成的。

为区别滑移运动与重复接触力，本节利用传感器输出建立了判断准则，即计算相邻传感器输出信号在 5 个独立周期内的延时标准偏差。例如，在具有六边形微结构的触觉传感器中，触觉力和滑移运动的时间延迟分别为 1.2ms 和 36.2ms。这种现象在具有平行脊微结构的触觉传感器中也存在。因此，延时的标准偏差可以作为判别滑移运动和接触力的依据。

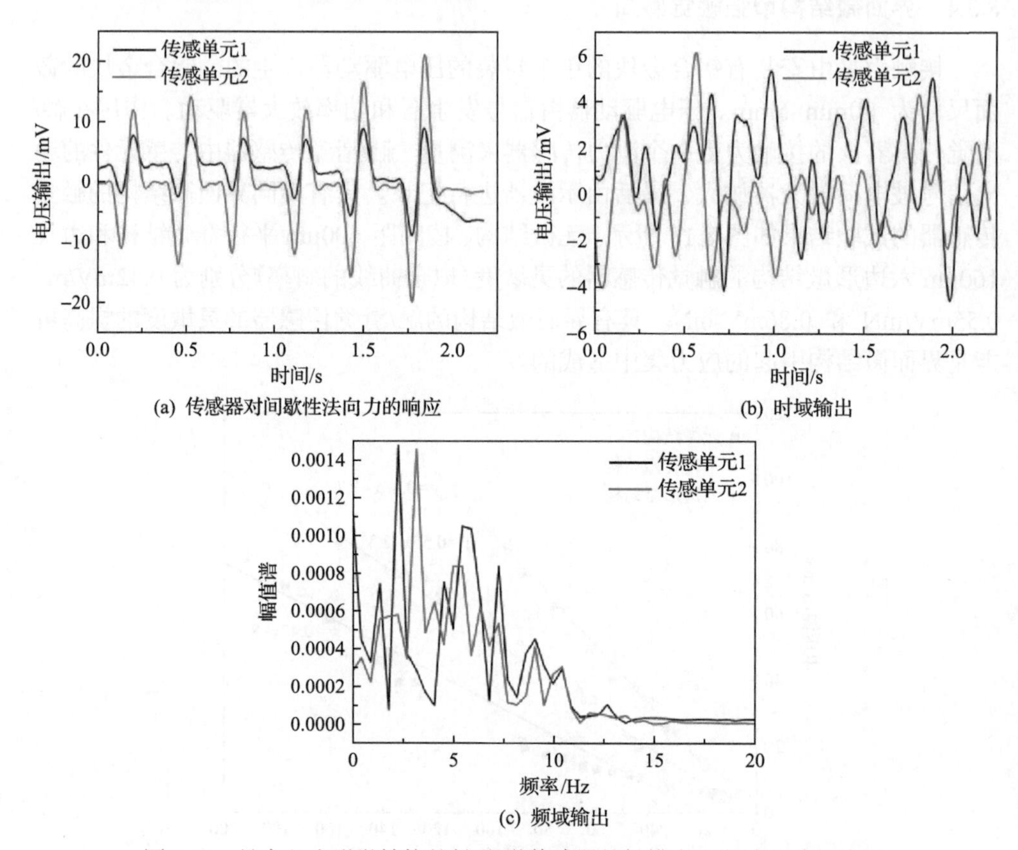

(a) 传感器对间歇性法向力的响应

(b) 时域输出

(c) 频域输出

图 8.19 具有六边形微结构的触/滑觉传感器的触摸力和滑移运动的检测

参考文献

Chagnaud B P, Coombs S. 2013. Information Encoding and Processing by the Peripheral Lateral Line System[M]//Coombs S, Bleckmann H, Fay R R, et al. Springer Handbook of Auditory Research. New York: Springer.

Chen H W, Zhang L W, Zhang D Y, et al. 2015. Bioinspired surface for surgical graspers based on the strong wet friction of tree frog toe pads[J]. ACS Applied Materials & Interfaces, 7(25): 13987-13995.

Han Z W, Liu L P, Wang K J, et al. 2018. Artificial hair-like sensors inspired from nature: A review[J]. Journal of Bionic Engineering, 15(3): 409-434.

Jiang Y G, Ma Z Q, Cao B N, et al. 2019a. Development of a tactile and slip sensor with a biomimetic structure-enhanced sensing mechanism[J]. Journal of Bionic Engineering, 16(1): 47-55.

Jiang Y G, Ma Z Q, Zhang D Y. 2019b. Flow field perception based on the fish lateral line system[J].

Bioinspiration & Biomimetics, 14(4): 041001.

Klein A, Münz H, Bleckmann H. 2013. The functional significance of lateral line canal morphology on the trunk of the marine teleost *Xiphister atropurpureus* (Stichaeidae) [J]. Journal of Comparative Physiology A, 199(9): 735-749.

Konstantinova J, Jiang A, Althoefer K, et al. 2014. Implementation of tactile sensing for palpation in robot-assisted minimally invasive surgery: A review[J]. IEEE Sensors Journal, 14(8): 2490-2501.

Ma Z Q, Jiang Y G, Wu P, et al. 2019. Constriction canal assisted artificial lateral line system for enhanced hydrodynamic pressure sensing[J]. Bioinspiration & Biomimetics, 14(6): 066004.

Ma Z Q, Xu Y H, Jiang Y G, et al. 2020. BTO/P(VDF-TrFE) nanofiber-based artificial lateral line sensor with drag enhancement structures[J]. Journal of Bionic Engineering, 17(1): 64-75.

McConney M E, Anderson K D, Brott L L, et al. 2009. Bioinspired material approaches to sensing[J]. Advanced Functional Materials, 19(16): 2527-2544.

Prakash Kottapalli A G, Asadnia M, Miao J M, et al. 2014. Touch at a distance sensing: Lateral-line inspired MEMS flow sensors[J]. Bioinspiration & Biomimetics, 9(4): 046011.

Scheibert J, Leurent S, Prevost A, et al. 2009. The role of fingerprints in the coding of tactile information probed with a biomimetic sensor[J]. Science, 323(5920): 1503-1506.

Windsor S P. 2014. Hydrodynamic Imaging by Blind Mexican Cavefish[M]//Bleckmann H, Mogdans J, Coombs S L. Flow Sensing in Air and Water. Berlin: Springer.

Zhang H B, Wang L, Song L, et al. 2011. Controllable properties and microstructure of hydrogels based on crosslinked poly(ethylene glycol) diacrylates with different molecular weights[J]. Journal of Applied Polymer Science, 121(1): 531-540.

第 9 章　表面仿生减阻蒙皮

9.1　仿生减阻表面制造方法

随着社会的发展和科技的进步，各种功能性表面在质量和数量上面临着巨大的工程需求。只要摆脱传统制造方式的束缚，正确认识自然生物结构的合理性，一定能够将生物作为一种制造工具不断地为机械制造领域服务。当前，生物加工已表现出巨大的应用潜力，利用生物形体制造仿生功能表面已经引起各国的高度重视。将生物成形加工的对象由微生物体扩展到动物形体，以新型仿生减阻表面制造为切入点，直接将自然界典型低阻动物表皮作为工具，借助生物复制成形技术制造出高逼真、高性能仿生减阻表面，并围绕生物复制成形的基础科学与关键技术问题开展理论与技术研究，以此带动新型仿生功能表面生物加工技术的研究，将为我国国防与民用功能表面制造技术的跨越式发展提供重要创新技术支撑。

基于此背景，各国科学家都在积极对某些动物进行详尽的研究。例如，生物学家早在 18 世纪便从鲨鱼鳞片化石中发现了一种条纹形状沿纵向分布的极其微小的沟槽结构。通过研究鲨鱼的表皮结构，科研人员发现鲨鱼表皮由肉眼难以分辨的盾鳞组成，盾鳞呈菱形排列，鳞片表面由几乎平行于鲨鱼轴线方向的等间距肋条组成，相邻鳞片的肋条相互紧密对应，形成顺流向的沟槽结构。同样，生物学家同样发现在鸟羽翅膀上存在大量的飞羽结构，基本呈并列排列，飞羽是提供鸟飞行时的动力的羽毛，其表面有着明显的人字形结构。

鲨鱼和鸟羽表面的特殊低阻结构为科学家提供了独特的减阻视角，能够以原生生物结构为基础，进行表面结构仿生制造，并将其成功应用在减阻领域。表面结构仿生制造是以某种生物功能表面的形貌结构作为模仿对象，通过几何抽象、简化、放大等手段将原生物形貌转化为常规方法可以加工的形貌，并作为产品制造出来使其具有原生物表面的特殊功能。目前，表面结构仿生制造已经成为国际上的一个研究热点，其研究内容已经涉及脱附、自洁、减阻等多个领域。

9.1.1　鲨鱼皮直接复制成形

在仿生制造过程中，灰鲭鲨试验样本用于鲨鱼皮直接复制成形。因为鲨鱼皮在复制之前样本含有大量的杂质和水分，所以要对它进行前处理。鲨鱼皮前处理的基本过程主要包括清洗、固定、漂洗、脱水、干燥五道工序，如图 9.1 所示。

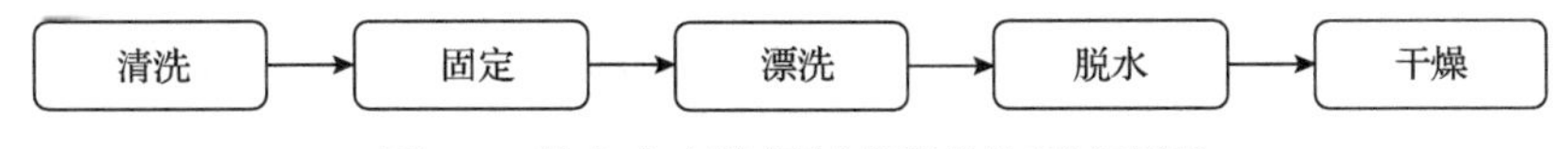

图 9.1　鲨鱼皮直接复制成形前处理流程图

(1) 清洗。将裁剪下来的鲨鱼皮先用清水冲洗 3～5 遍，再用去离子水冲洗 2～3 遍，以充分去除鲨鱼皮表面附着的黏液、泥沙、血污等杂质。注意，不能用含碱性的清洗剂洗涤或浸泡鲨鱼皮，以免对鲨鱼皮组织造成破坏。

(2) 固定。采用戊二醛固定方式，在通风柜中将清洗后的鲨鱼皮完全浸泡在 2.5%的戊二醛溶液中，然后在 4℃的恒温环境中放置 6h 以上，鲨鱼皮即可固定完成。需要注意的是，因为固定后鲨鱼皮会变硬，其皱褶将难以抚平，唯一的办法是在固定过程中即保持鲨鱼皮的平整。在制造过程中，用钉板将鲨鱼皮绷紧在木框上，这样既可以保证固定后鲨鱼皮依然保持平整，又可以避免传统重物压平法对其鳞片结构的破坏。

(3) 漂洗。鲨鱼皮固定完毕后需先用磷酸缓冲液漂洗 10min，再用清水和去离子冲洗 3～5 遍，目的是冲洗掉附着在上面的残留戊二醛溶液。

(4) 脱水。为了减少鲨鱼皮在烘干过程中因水分过快丢失而引起收缩和变形，因此需在烘干前先对固定好的鲨鱼皮进行脱水处理。常用的脱水剂是乙醇和丙酮。急骤的脱水同样也会引起细胞的收缩，因此脱水应梯度进行。此外，过度脱水不仅引起更多物质的抽提而会使样品发脆，因此脱水时还要注意适度。依次选取 50%乙醇 15min、75%乙醇 15min、95%乙醇 15min、100%乙醇 10min 对鲨鱼皮进行梯度脱水。

(5) 干燥。脱水后，为了最大限度地去除鲨鱼皮中的水分，使经过预处理的鲨鱼皮可以在室温下长期放置而不会变坏、变形等，还要将鲨鱼皮放在 60℃左右的烘箱中烘干 5～6h。烘干后应采取措施防止鲨鱼皮受潮变形。完成预处理之后的鲨鱼皮表面形貌如图 9.2 所示。

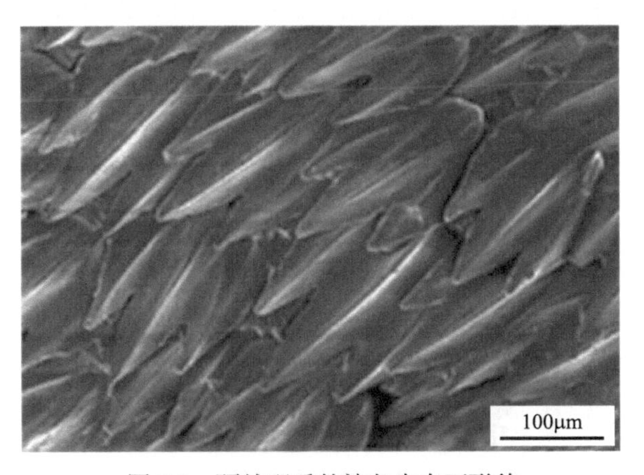

图 9.2　预处理后的鲨鱼皮表面形貌

在完成预处理得到原始生物模板之后，就可以利用硅橡胶等材料进行复模成形。弹性阴模板的制备过程如图 9.3 所示，其过程主要包括硅橡胶浇注→真空脱气→固化→脱模四大步骤。

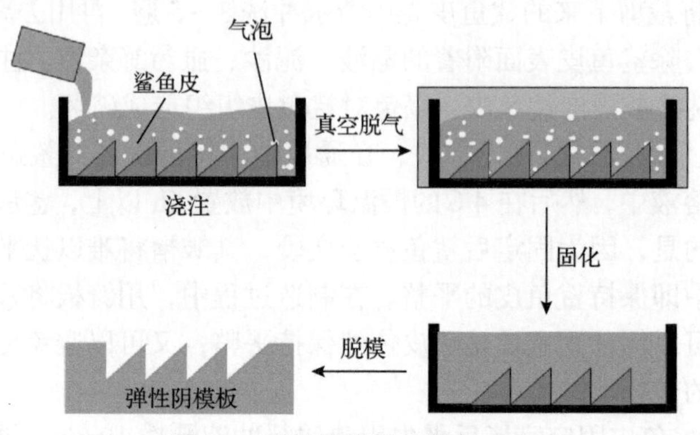

图 9.3　弹性阴模板的制备过程

所采用的复模材料为缩合型双组分室温硫化硅橡胶，其弹性阴模板的制作过程如下。

(1) 模板固定。将鲨鱼皮固定于硬质底板上，事实上鲨鱼皮在预处理时已经被固定于木板上，只需要用硬纸在木板四周形成挡圈，以限制硅橡胶外流。

(2) 材料填充。将硅橡胶基料和固化剂按 100:1.5 的比例均匀混合后，利用真空倾倒装置在真空状态下将硅橡胶浇注于鲨鱼皮模板表面，在室温下静置 12h 待硅橡胶固化。需要注意的是，按此比例混合的硅橡胶完全固化需要 6～12h，但在十几分钟内硅橡胶的流动性就会变差，因此需要尽可能缩短从固化剂混合到倾倒的时间，使硅橡胶保持较好的流动性，从而实现对鲨鱼皮形貌的精确复制。

(3) 弹性脱模。待硅橡胶固化后，将硅橡胶从鲨鱼皮模板上揭下，得到弹性阴模板。图 9.4(a) 是用于制备弹性阴模板的鲨鱼皮表面 SEM 图，图 9.4(b) 为弹性阴模板表面 SEM 图。

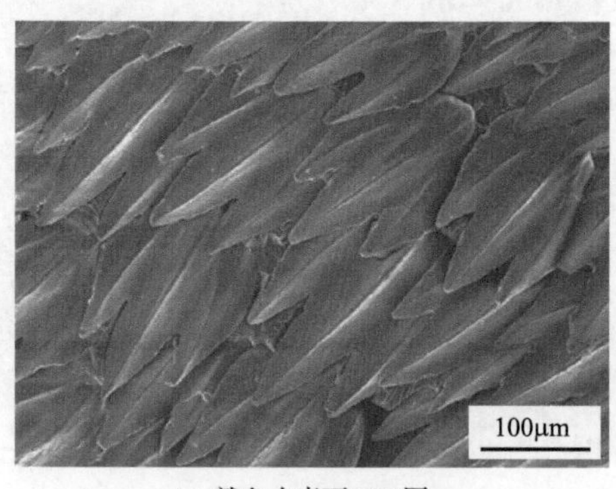

(a) 鲨鱼皮表面SEM图

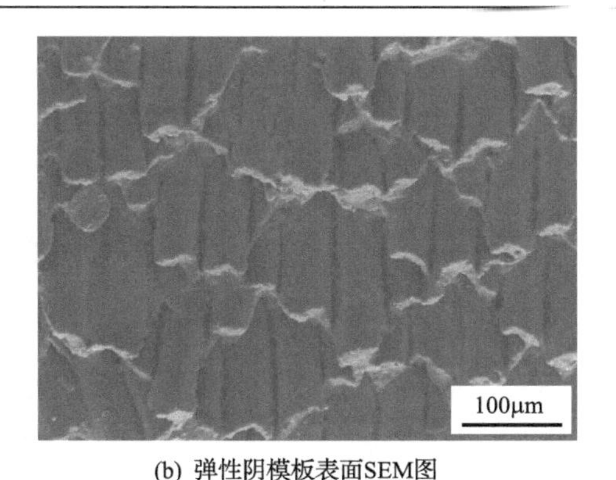

(b) 弹性阴模板表面SEM图

图 9.4　鲨鱼皮表面及弹性阴模板表面 SEM 图

9.1.2　鲨鱼皮等比例放大和缩放成形

因为现有的制造方法很难制造复杂的自然形态表面，如鲨鱼皮，所以在制造过程中通常会进行简化来构建仿生表面。然而，结构的简化无疑会导致减阻效果的降低。为了解决这一问题，直接利用自然表面进行复制的生物复制技术应运而生。

鲨鱼对复杂流体环境的适应是自然进化的驱动力，因此鲨鱼皮在减小流体摩擦过程中起到了至关重要的作用。仅当相对流体流量在 5m/s 左右时，仿生鲨鱼皮的最大减阻效果约为 12%。然而当流速改变时，原有的结构参数已经不能再起到良好的减阻作用。所以通过等比例缩放成形工艺可以保证仿鲨鱼皮能够适应复杂的流体环境，从而到达良好的减阻效果。

在复模工艺的基础上，如果使用的复制材料具有膨胀性，就可以实现大规模的等比例放大。优异的微观表面结构和大规模的膨胀是保证自然功能表面能够复制成功的两大重要因素。近几十年来，随着聚合物在世界范围内的研究和开发中取得了长足的进步，尤其是新型高分子材料的开发和应用，在这些新型高分子材料中，膨胀是特殊性能之一。例如，聚二甲基硅氧烷(PDMS)作为一种交联聚物，通常会在正己烷等有机溶剂的作用下大规模膨胀。

在本节的试验中，通过使用溶胀聚合物(PDMS)作为母模材料，实现了等比例放大生物复制成形，其工艺过程如图 9.5 所示。成形之后的等比例放大鲨鱼皮 SEM 图像如图 9.6 所示。

当然，在复制成形过程中也可以通过材料的特性进行等比例缩放。例如，紫外光固化材料在固化后可以进行等比例收缩，并且保持了良好的微观表面结构。紫外光固化材料的收缩特性已经成为国内外研究的热点，而在本节复制成形中，利用其收缩特性进行了鲨鱼皮结构的等比例缩放工艺研究，经过缩放成形之后的鲨鱼皮表面如图 9.7 所示。图 9.8 为缩放后鲨鱼皮的 SEM 图像。

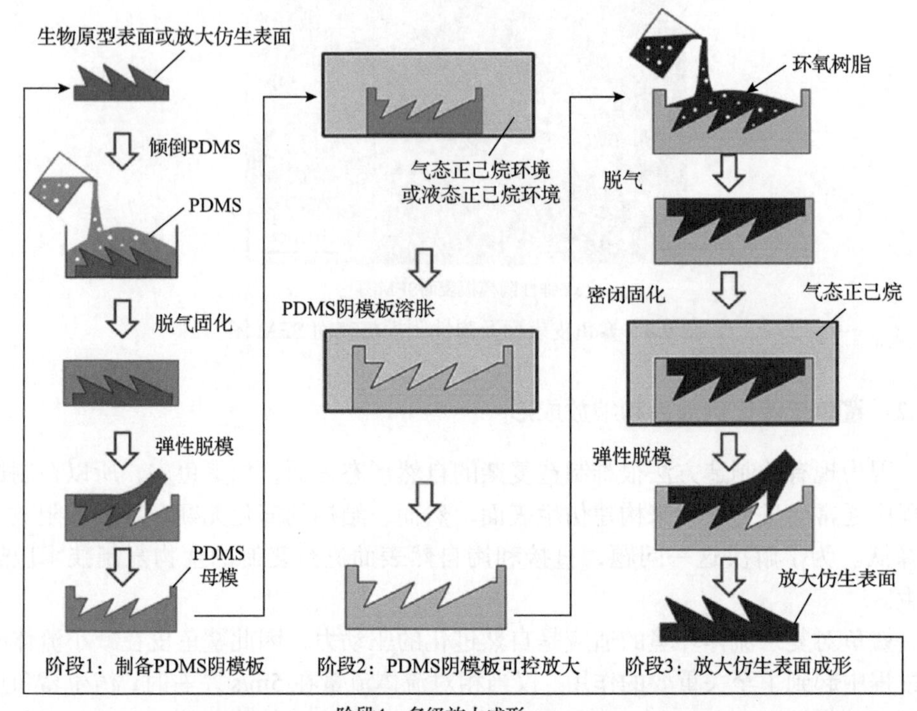

图 9.5 等比例放大鲨鱼皮工艺流程

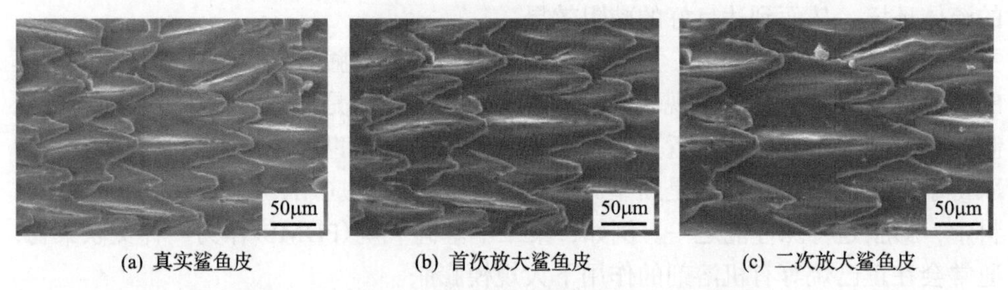

(a) 真实鲨鱼皮 (b) 首次放大鲨鱼皮 (c) 二次放大鲨鱼皮

图 9.6 成形之后的等比例放大鲨鱼皮 SEM 图像

3D 打印技术出现在 20 世纪 90 年代中期，实际上是利用光固化和纸层叠等技术的最新快速成形装置。随着 3D 打印技术的不断发展，打印精度不断提高。使用 3D 打印技术直接对鲨鱼皮结构进行打印制造已经成为一种比较流行的方法。北京航空航天大学文力利用 3D 打印技术直接构造了仿鲨鱼皮结构，如图 9.9 所示。

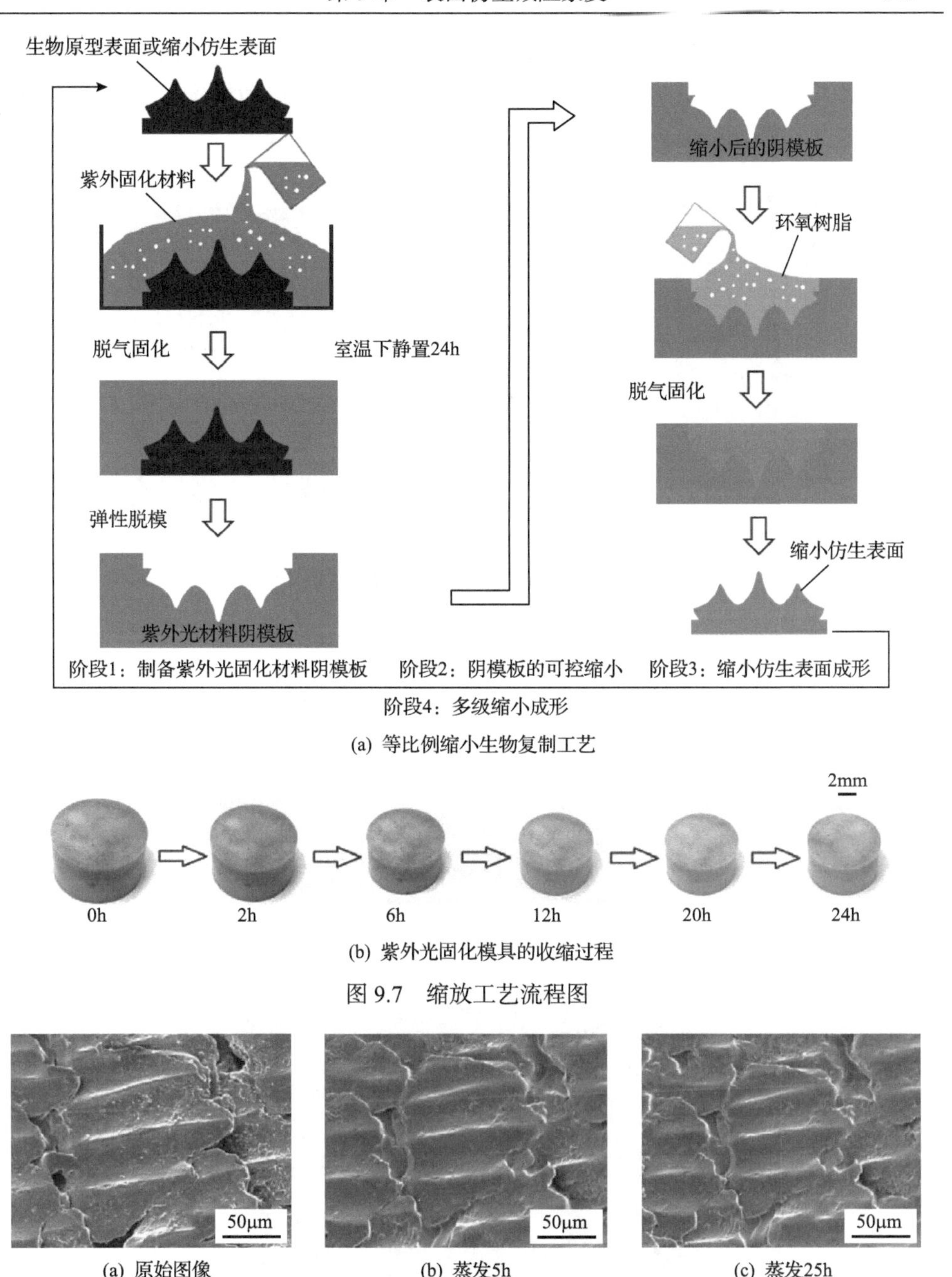

(a) 等比例缩小生物复制工艺

(b) 紫外光固化模具的收缩过程

图 9.7　缩放工艺流程图

(a) 原始图像　(b) 蒸发5h　(c) 蒸发25h

图 9.8　鲨鱼皮的原始 SEM 图和稀释剂蒸发 5h 和 25h 时相应的缩小复制 SEM 图

为了实现仿鲨鱼皮结构大面积仿生制造，本节设计了一套紫外光连续滚压装置用于仿生表面的连续大面积滚压设备。该装置以具有仿生形貌结构的带状柔性阴模板作为滚压模板，装配在结构滚轮外侧，在机构运行时其前方进行紫外光材料的连续涂敷，机构随后同时进行同步的滚压、固化和脱模，其原理如图 9.10(a)所示。该装置主要由紫外光源、装置机架、预紧机构、运动机构和涂敷机构等组成，如图 9.10(b)所示。

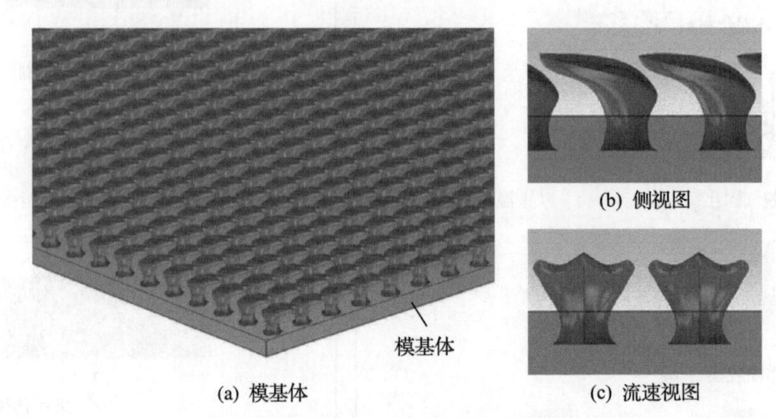

(a) 模基体　(b) 侧视图　(c) 流速视图

图 9.9　使用 3D 打印机制造出的仿鲨鱼皮结构

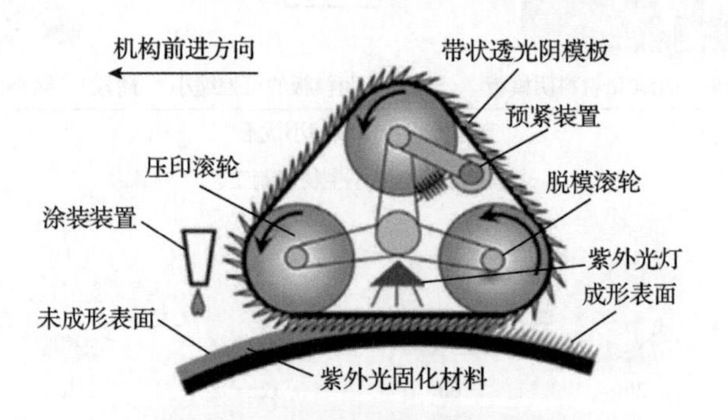

(a) 紫外光连续滚压成形装置原理图

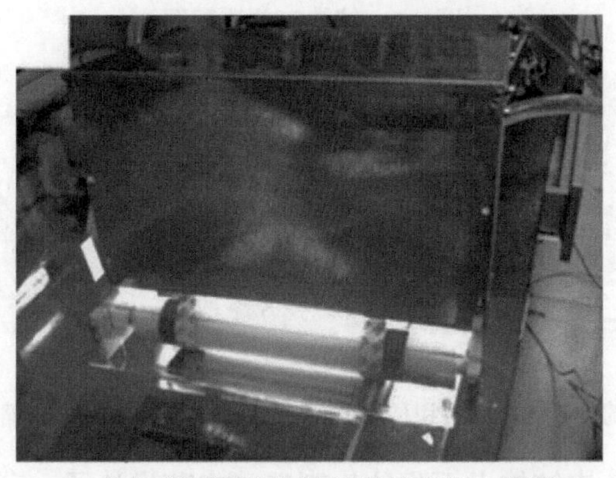

(b) 仿生减阻形貌连续大面积快速成形加工过程

图 9.10　连续大面积滚压设备

9.1.3　压印成形

微压印法的原理是在微压印装置中将聚合物基片加热到软化状态，通过在阳模板上施加适当压力，并保持一段时间，可在聚合物基片上压制出与阳模凹凸互补的微通道。然后在加压的条件下，将阳模和刻有通道的基片仪器冷却后脱模，就得到所需要的微结构。为了更加清楚地对微压印进行分类，本节将微压印分为瞬时微压印和滚动压印。

图 9.11 为采用微压印工艺复制鲨鱼皮外端形貌的工艺流程。采用微电铸、微塑铸等其他生物复制成形工艺同样遵循此工艺流程。

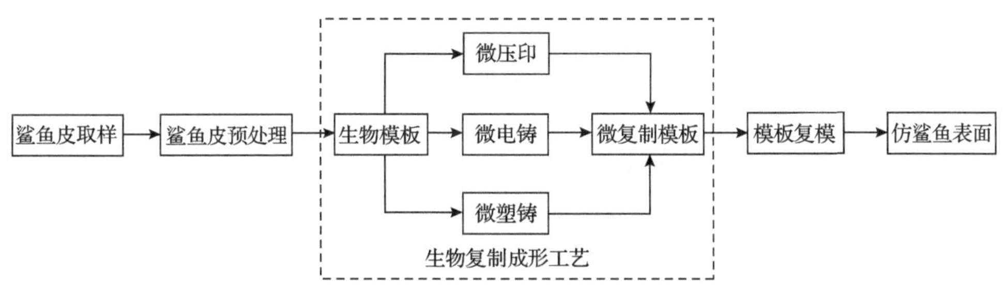

图 9.11　微压印工艺复制鲨鱼皮外端工艺流程图

下面以较为常见的直沟槽的表面为例进行瞬时微压印工艺的研究分析，其瞬时微压印成形示意图如图 9.12 所示。瞬时微压印工艺主要利用树脂涂层的塑性变形能力，将材料填充到模具的空腔内。因此，在满足涂层其他要求的同时，瞬时微压印工艺的主要参数包括加压时机、单位面积上的压力(压强)和材料填充时间。

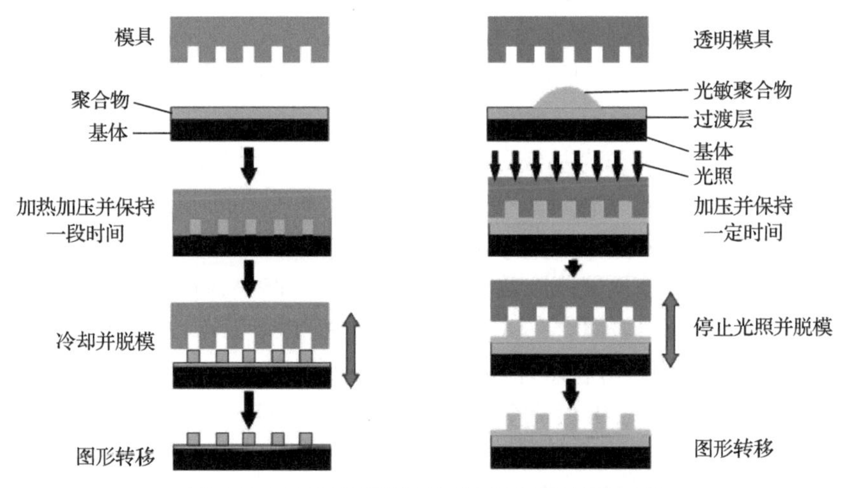

图 9.12　热压印图形和紫外压印图形转移过程

对于滚压微成形工艺，主要是利用环氧树脂涂层在固化过程中的塑性变形能力，在加工过程中一次加压，将其塑性保持到完全固化的状态。因此，涂层表面的滚压微成形工艺是对瞬时微压印工艺的扩展和延伸，如图 9.13 所示。

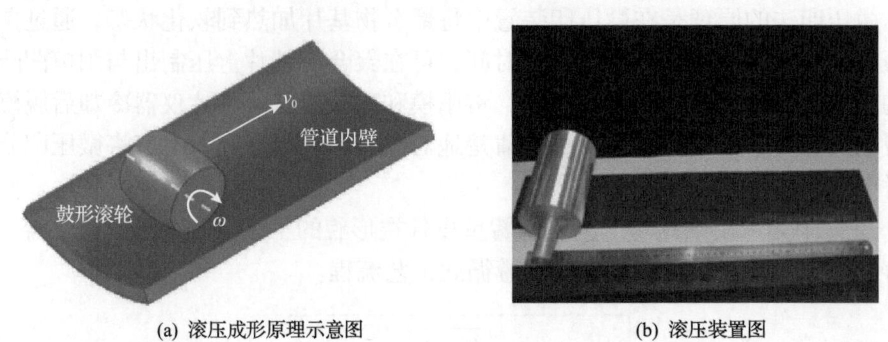

(a) 滚压成形原理示意图　　(b) 滚压装置图

图 9.13　滚压成形工艺

9.1.4　仿生复合减阻表面的制备

在自然界中，“鲨鱼皮减阻效应”是由鲨鱼表皮沟槽形貌结构与体表黏液共同作用产生的，鲨鱼表面的鳞片结构形貌与其分泌的高分子黏液共同对流体产生作用，两者相辅相成，相互影响。从减阻机理上看，仿鲨鱼形貌减阻的优势在于没有消耗品，可持续减阻时间长，缺点是只能在一定的雷诺数范围内发挥减阻作用，随着速度增加将出现增阻作用。仿鲨鱼黏液减阻的优势在于减阻效果显著，减阻率最高可超过 60%，并且可减阻的雷诺数范围广，缺点是需要消耗高聚物，有效减阻作用时间短。为了实现上述两种减阻方式的优势互补，甚至产生更好的减阻效果，一些学者模仿鲨鱼皮表面形貌与黏液并存的形式，提出了复合减阻的概念，并开展了相关试验研究。

将高聚物与水性环氧树脂的共聚体浇注到鲨鱼皮形貌阴模板上，待共聚体固化后形成了仿鲨鱼表皮形貌与黏液复合减阻表面，其制备工艺如图 9.14 所示。

本试验以玻璃平板作为基板(用于压差流阻测试时则直接以测试管内壁作为基板)，先用毛刷将普通水性环氧树脂涂料涂敷在基板上固化后作为底漆，再将水性环氧涂料与聚丙烯酰酸(polyacrylamide, PAM)按一定配比混合，使它们发生接枝共聚反应，然后将该预聚体涂敷在之前打好的水性环氧树脂底漆上，固化后便制得仿鲨鱼自润滑减阻表面。在试验过程中需注意以下三点：

(1)在打底漆方面。应将水性环氧树脂乳液与其固化剂按质量比 10∶2.5 充分混合，涂敷后常温静置 24h 后完全固化。

(2)在 PAM 水溶液的配制方面。尽管 PAM 非常容易溶于水，但配制出均匀的水溶液并非易事。关键是一开始就要使 PAM 颗粒很好地分散在去离子水中，否则先期溶解的溶剂化的颗粒会黏结成凝胶体。因此，应边搅拌边慢慢加入 PAM 粉

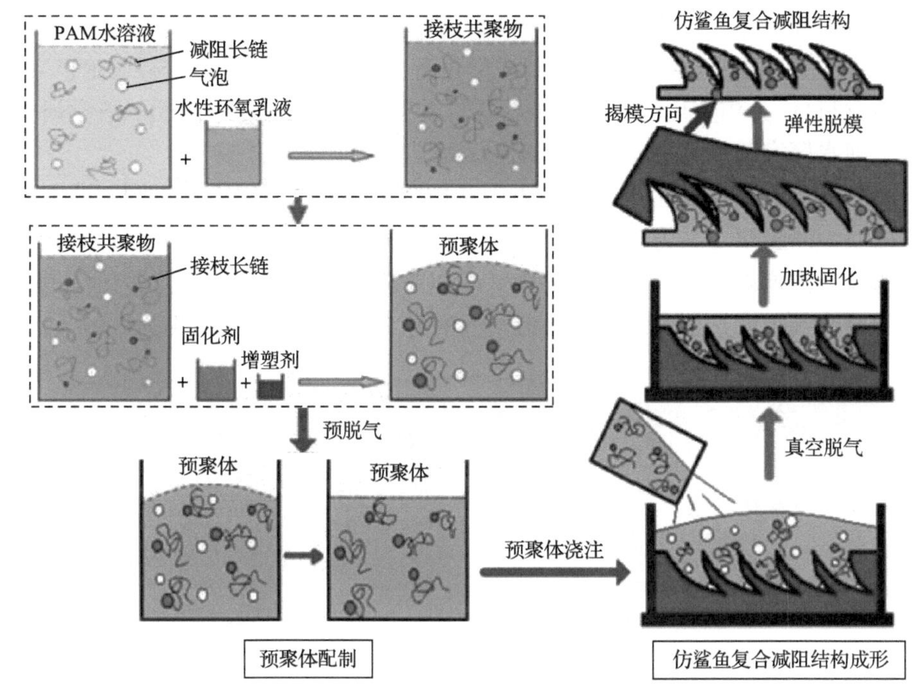

图 9.14　仿生复合减阻表面的制备工艺流程图

末，且调整搅拌速度使它们不会团聚在一块，开始时搅拌速度稍快，随着加入量的增加逐渐减慢搅拌速度。但速度也不能太快，以免破坏 PAM 的分子链。

(3) 在水性环氧涂料与水溶性高分子 PAM 的接枝共聚反应方面。二者要正常发生接枝共聚反应，必然存在一个最佳反应配比。张志红等通过大量的试验研究，得出水性环氧树脂乳液与固化剂、PAM 水溶液(质量分数为 2%)发生接枝共聚反应时的最佳质量比为 10∶2∶60，因此采用该配比进行接枝共聚反应。

在用去离子水将 PAM 溶解配成浓度为 2%的水溶液后，称取适量水性环氧树脂乳液，在磁力搅拌下加入一定量的 PAM 溶液，20～30min 后加入适量固化剂继续搅拌 20～30min，便制得所需水性环氧涂料。将水性环氧涂料涂覆于已做底漆的玻璃板上后放入 101-1AB 型电热恒温干燥箱(天津泰斯特)40℃下静置 24h 后完全固化。固化后的仿鲨鱼自润滑减阻表面摸上去无任何黏着感，遇水后摸上去则比较黏滑，有拉丝现象。

9.2　表面仿生减阻效果

9.2.1　形貌减阻效果

在鲨鱼皮复制成形过程中，由于 PDMS 价格过于昂贵，在大面积、批量化工程应用方面并不适合作为仿鲨鱼沟槽减阻蒙皮的基质材料。综合考虑仿鲨鱼沟槽减阻蒙皮的基质要求，在鲨鱼皮复制成形过程中选择高强度模具硅橡胶 RTV-2（添加黑色颜料）作为仿鲨鱼沟槽减阻平板样件的复型材料，并在中国船舶科学研究中心某空泡水筒实验室对仿鲨鱼沟槽减阻表面进行减阻测试。

图 9.15 给出了仿鲨鱼沟槽减阻表面和仿鲨鱼沟槽减阻表面在不同工况下的减阻率曲线。减阻率定义为 $\mathrm{DR}=(F_1-F_2)/F_1\times100\%$，其中 F_1 和 F_2 分别是光滑表面和仿鲨鱼沟槽减阻表面的实测阻力。可以看出，在试验工况下仿鲨鱼沟槽减阻表面的最大减阻率达到 8.25%，最小减阻率为 5.28%，平均减阻率为 6.91%。

(a) 仿鲨鱼表面减阻测试板安装图

(b) 仿鲨鱼表面减阻测试板安装图

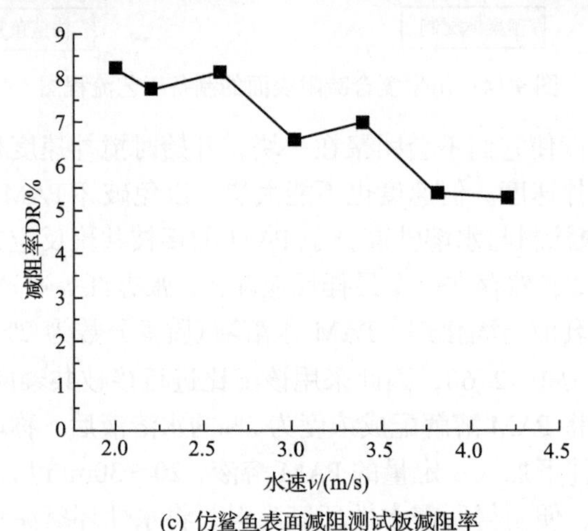

(c) 仿鲨鱼表面减阻测试板减阻率

图 9.15 仿鲨鱼沟槽减阻测试

9.2.2 天然气管道减阻效果

目前，减阻内涂层技术已经广泛应用于天然气输送领域，并取得了显著的经济效益，但随着天然气管道涂层内壁表面粗糙度的下降，涂层表面的微小凸起已经完全湮没于天然气的黏性底层之中，输气管道已经成为“水力光滑管”，天然气就像在完全光滑的管道内流动一样，因此即使再进一步降低管道内壁涂层表面的粗糙度也很难提高涂层管道的减阻增输能力。如何在内壁光滑涂层的基础上进一步提高管道的减阻增输效率是目前天然气工业中亟待解决的问题。通过滚压方式在管道内壁制备了一层减阻涂层并将其进行了成功应用，通过压差法测得了减阻率，如图 9.16 所示。

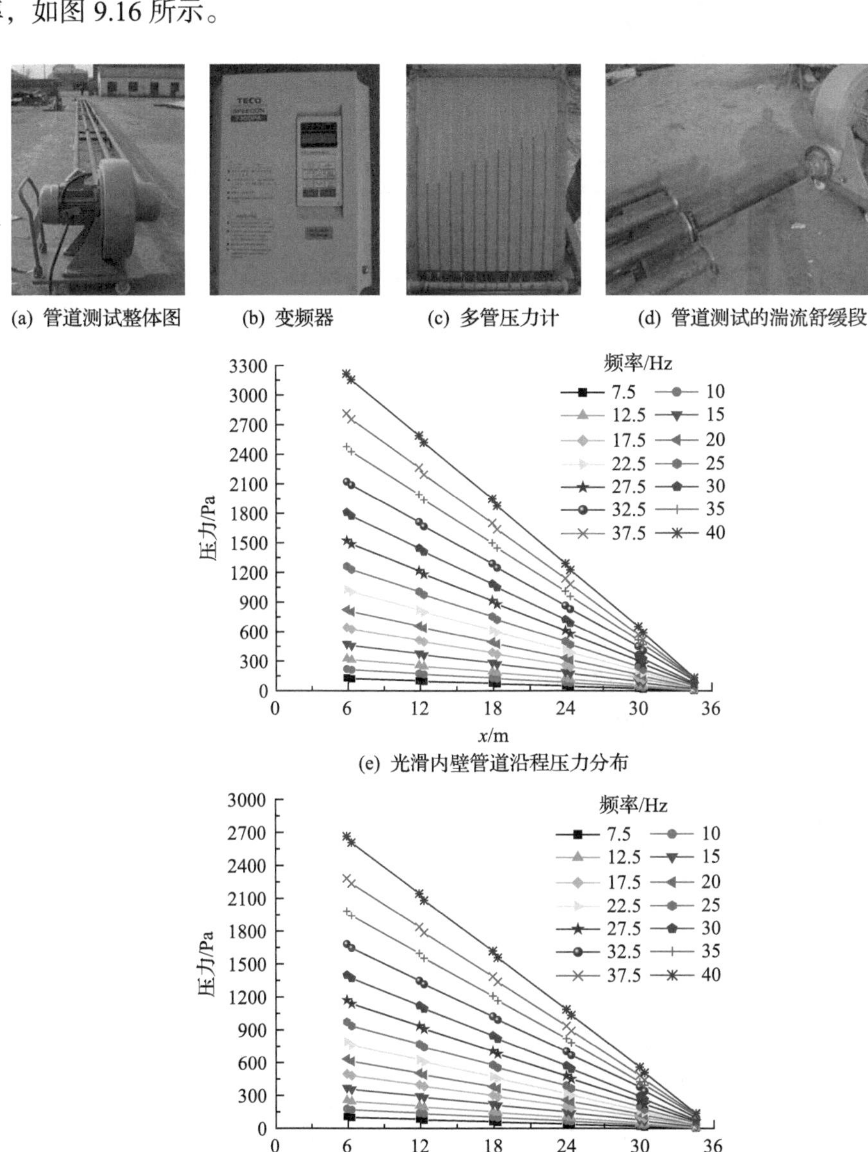

(a) 管道测试整体图　(b) 变频器　(c) 多管压力计　(d) 管道测试的湍流舒缓段

(e) 光滑内壁管道沿程压力分布

(f) 仿生减阻内壁管道沿程压力分布

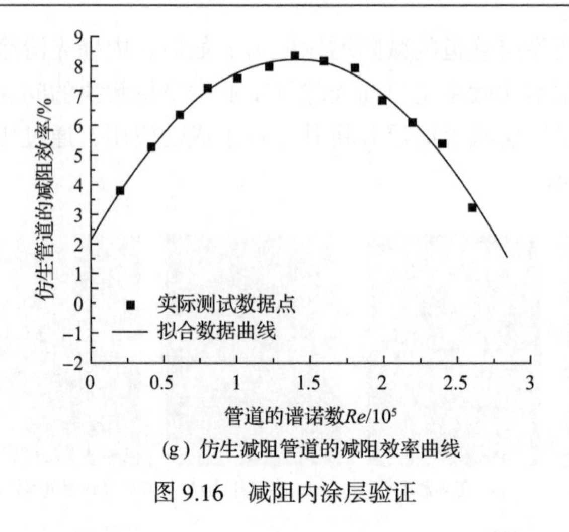

(g) 仿生减阻管道的减阻效率曲线

图 9.16　减阻内涂层验证

9.2.3　复合减阻效果

为了模拟鲨鱼皮在运动过程中皮肤的真实状态，以水性环氧树脂作为成模材料，将适量具有减阻效果的水溶性高分子 PAM 作为改性材料，用来制备仿鲨鱼自润滑减阻表面，并在自搭建的水洞中进行了减阻测试。图 9.17(a)和(b)为仿鲨鱼自润滑沟槽减阻表面及局部放大显微照片；图 9.17(c)为得出的仿鲨鱼自润滑沟槽减阻表面样件与仿鲨鱼沟槽减阻表面样件的压差变化曲线；图 9.17(d)为不同试验工况下仿鲨鱼自润滑沟槽减阻表面测试样件的减阻率曲线。可以看出，通过压差流阻测试系统测得的仿鲨鱼自润滑沟槽减阻测试样件在水流速度 v=1.5～4.5m/s 情况下取得了最大 46.31%、最小 8.76%的减阻率，平均减阻率达到 28.92%；随水流速度的增加，减阻率先快速上升达到峰值平台后再缓慢下降，在变化趋势上与现有自润滑涂层减阻规律基本相同。考虑到该压差流阻测试系统 2%的系统误差，则实际最大减阻率将可能达到 48.31%，平均减阻率将达到 30.15%。

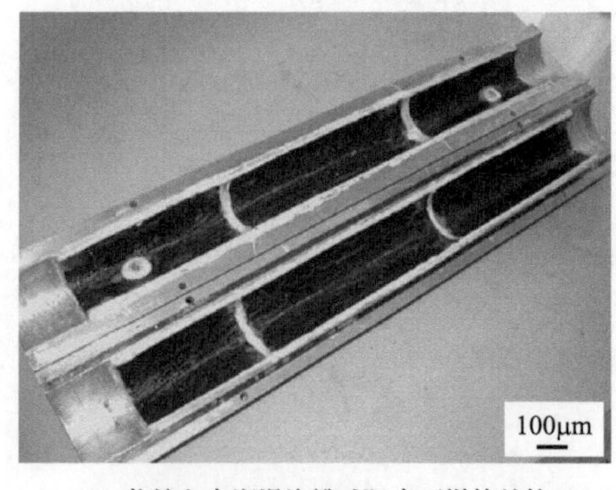

(a) 仿鲨鱼自润滑沟槽减阻表面样件整体

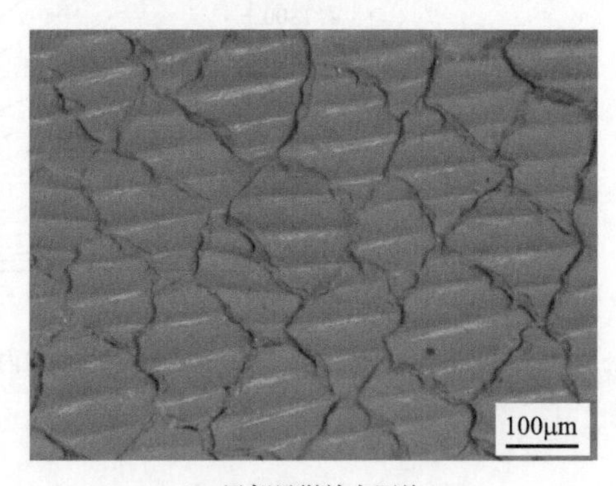

(b) 局部显微放大照片

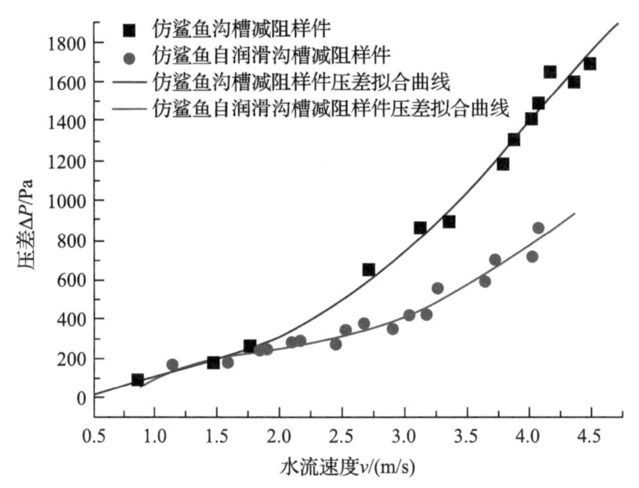

(c) 仿鲨鱼自润滑沟槽减阻表面样件与仿鲨鱼沟槽减阻表面样件的压差变化曲线

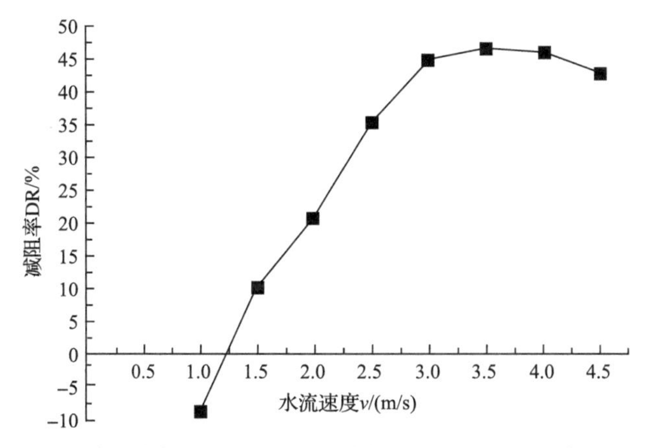

(d) 仿鲨鱼自润滑沟槽减阻表面样件在试验工况下的减阻率曲线

图 9.17　减阻测试

试验不仅制备了仿生自润滑沟槽减阻表面，而且模仿了鲨鱼皮真实结构，制备了仿鲨鱼黏液表释减阻结构表面。向仿鲨鱼黏液表释蒙皮中注入高聚物黏液的方式如图 9.18 所示。

通过步进电机推动注射器将高聚物黏液匀速送入测试段，再通过测试段上的连通孔进入表释微通道中，最后高聚物黏液从表释微孔释放并向近壁区的液体中扩散。通过改变步进电机的推动速度，可以调节高聚物黏液的释放速度。其仿鲨鱼黏液表释结构的减阻率与高聚物表释率关系曲线如图 9.19(a)所示。

为分析表释与形貌复合后产生的效果，对复合效应作如下定义：表释与形貌复合产生的减阻率超过二者单独作用之和的部分，计算出的复合效应如图 9.19(b)所示。

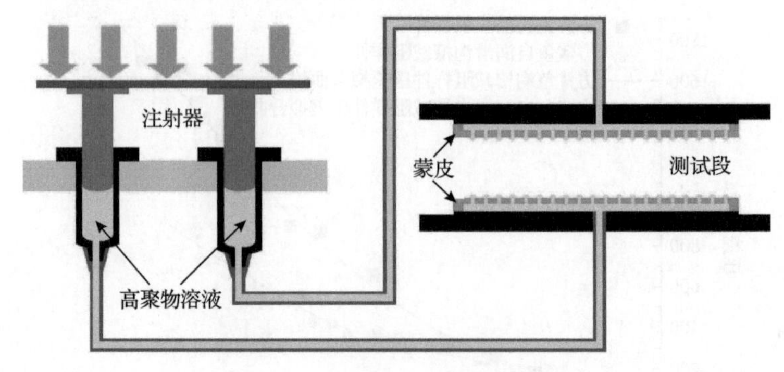

图 9.18　高聚物注入系统示意图

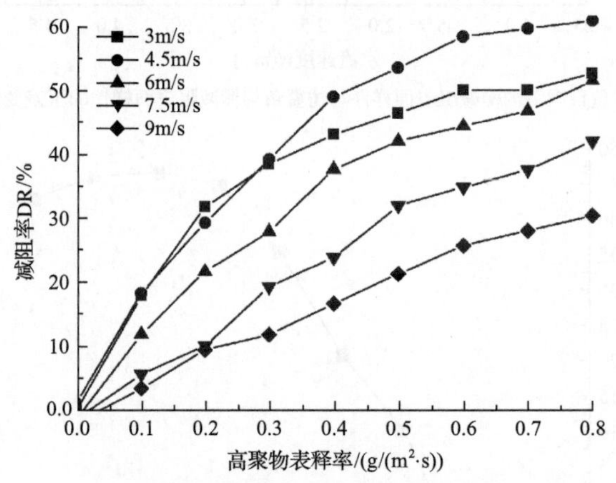

(a) 仿鲨鱼黏液表释结构的减阻率与高聚物表释率关系曲线

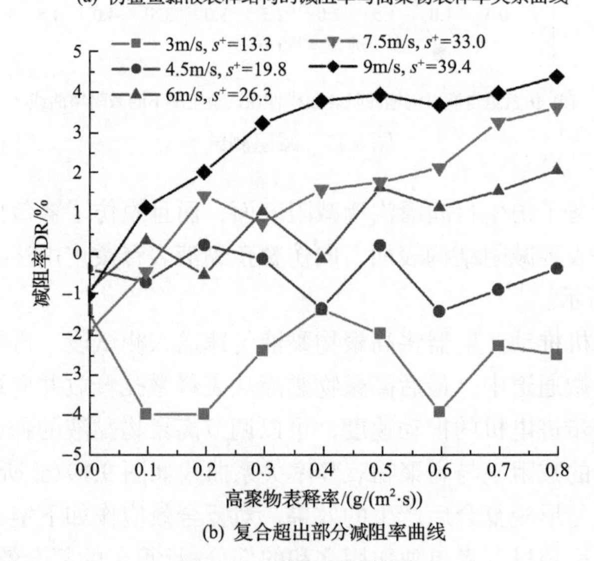

(b) 复合超出部分减阻率曲线

图 9.19　减阻测试结果

9.3　超疏水荷叶仿生防结冰表面

表面结冰会造成严重安全问题，影响飞行器、天线、风机叶片、输电线路等的正常运行，导致难以预料的生命财产损失。近几十年以来，研究人员着力研发防冰涂层以延缓表面冰核形成，减少表面积冰。迄今为止，以超疏水表面和液体注入超滑多孔表面为代表的仿生低黏附表面作为防冰涂层得到了广泛研究，研究证实了其可以降低结冰黏附力、延迟冰核形成或在结冰发生之前使亚稳态液滴脱离表面。得益于简单易行的优点，超疏水表面仍然被认为是最可行的方法之一，并被开始大量应用。

采用超疏水表面作为防结冰表面的创意，来源于超疏水表面上的滴水不粘现象。水滴在表面上的浸润状态可以分为基于理想平整表面的 Young's 方程、基于粗糙表面的 Wenzel 模型和 Cassie-Baxter 模型，如图 9.20 所示。水滴在超疏水表面上呈现 Cassie-Baxter 态，使得水滴与表面之间的黏附力很低，进而使超疏水表面有望应用为防冰表面。

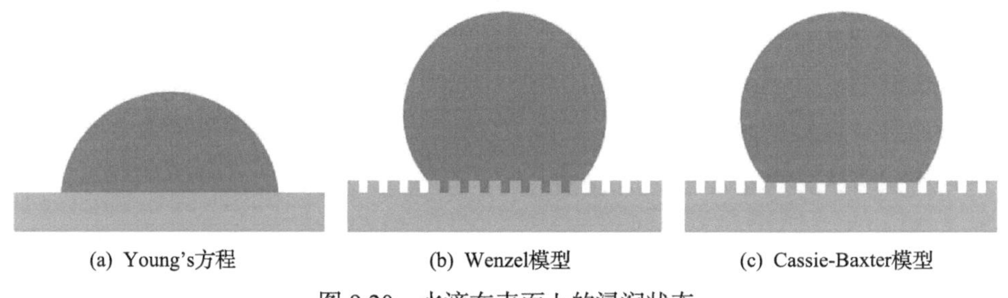

图 9.20　水滴在表面上的浸润状态

9.3.1　具有防除霜性能的 Cassie 冰超疏水表面

表面结霜除霜是一个复杂的过程，往往受到相对湿度、温度和表面结构等多因素的影响。研究超疏水表面霜形成和融化的动态过程对于理解结霜除霜的内在机理有重要意义。近年来，各类超疏水表面延迟结霜的研究层出不穷，然而，即便是在超疏水表面上，霜的扩展也是无法完全避免的。因此，迫切需要研发能够显著降低除霜能耗、减少除霜液滴残留的高效的除霜表面。为达到这一目的，需要深入研究表面的除霜过程，即表面霜的融化过程。鉴于此，本节制备一种纳米针超疏水表面并研究表面上霜融化的动态过程，以深入理解高效除霜技术，促进其工程应用。

1. Cassie 冰超疏水表面的多级结构设计及制备

Cassie 冰超疏水表面的制备可以考虑两个设计准则(图 9.21)：一为采用开式微结构以促进内部冷凝微液滴在生长过程中爬升出微结构，避免内部结冰造成机械互锁；二为密集排列的纳米结构以阻止蒸汽渗透入结构间隙凝结。

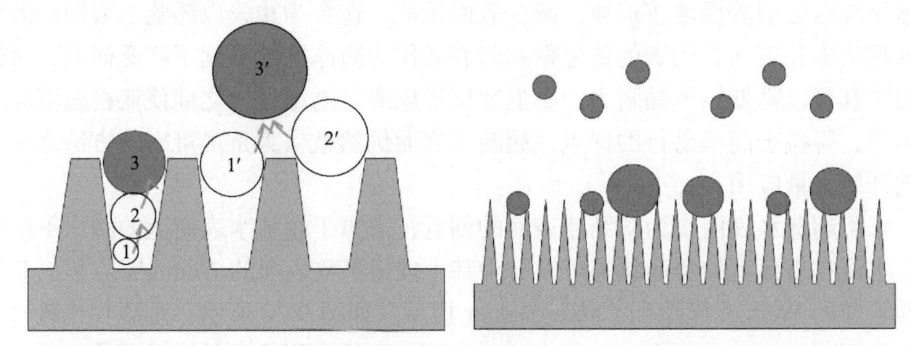

图 9.21　具备冷凝液滴的自发运动功能的超疏水表面微纳结构设计准则

基于上述设计准则，这里分别采用光刻辅助化学刻蚀法和电化学沉积法制备锥形微柱阵列和 $Cu(OH)_2$ 纳米针，复合得到纳米针超疏水表面(图 9.22(a)和(b))。制备完成的纳米针超疏水表面的 SEM 照片如图 9.22(c)所示。所制备的纳米针超疏水表面具有极好的超疏水性能：10μL 水滴在表面上的静态接触角为 170.6°，动态接触角小于 1°。

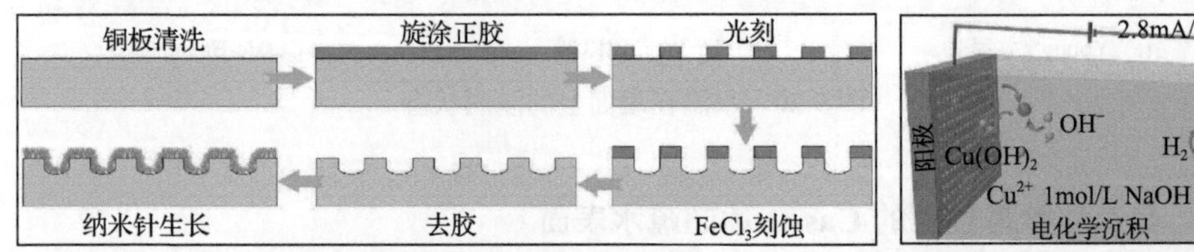

(a) 纳米针超疏水表面制备过程　　(b) 纳米针超疏水表面制备原理

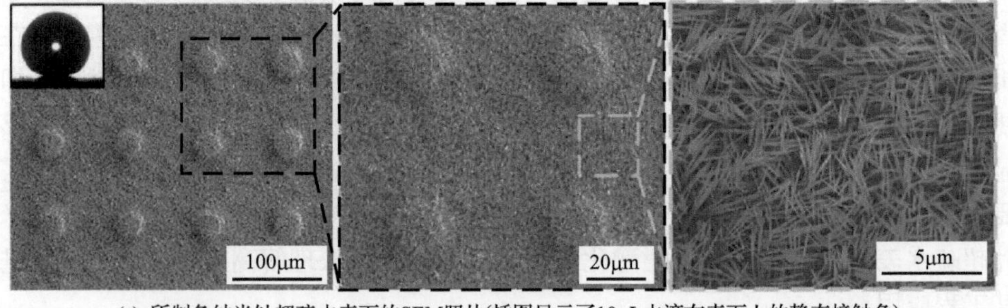

(c) 所制备纳米针超疏水表面的SEM照片(插图显示了10μL水滴在表面上的静态接触角)

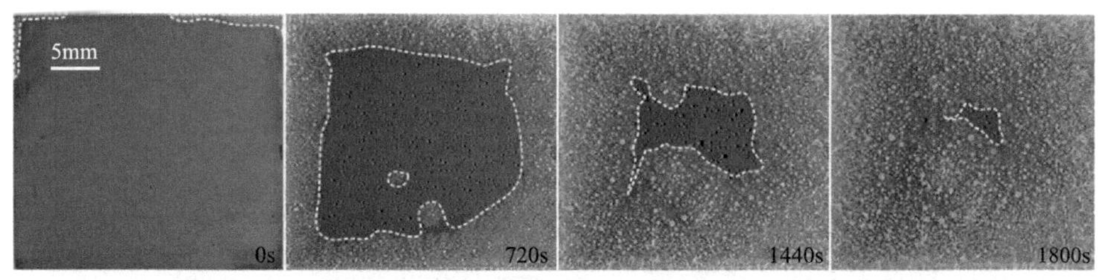

(d) 纳米针超疏水表面上的结霜扩展过程(样品表面完全覆霜耗时1980s，表现出较好的延迟结霜性能)

图 9.22　纳米针超疏水表面制备及表征

2. 静态结冰条件下 Cassie 冰超疏水表面延迟结冰性能

纳米针超疏水表面样品降温时，表面上出现液滴冷凝与合并行为。多文献报道了超疏水表面上冷凝液滴合并时的自发跳动现象。液滴状凝结和自发跳动现象降低了表面的冷凝液滴密度，进而延迟了表面冰桥的形成和扩展。

尽管超疏水表面表现出了优异的延迟结霜性能，但持续暴露在冷环境中，冷凝液滴仍然会在表面边缘或者表面缺陷处开始结冰。这是因为表面边缘或缺陷处的非均质成核能垒较低。之后表面结霜开始从冰滴开始通过滴间冰桥向整个表面扩展。在试验条件下，纳米针超疏水表面经过 1980s 后才完全覆霜(图 9.22(d))，表现出了优异的延迟结霜性能。

3. 超疏水表面快速除霜的界面行为机制

当纳米针超疏水表面生长一定量的霜后停止制冷，表面自然回温的过程中开始融霜。如图 9.23 所示，除霜过程可以分为三步：融霜收缩与分裂、瞬时自发形变与形变诱导跳动。以霜的形态存在于表面上时，霜的比表面积相当大；当表面升温时，观测区域中的霜开始融化和收缩，导致表面积显著(但缓慢)减小。该过程中释放出的表面能一部分转换为动能，引发了融霜，表现出相对柔和的运动，如旋转、滑动或滚动等；然而在融霜被分裂成小块之前，并没有发现明显的融霜跳动现象。融化收缩过程之后，融霜分裂为很多较小、形状不规则的小块，此后融霜的自发跳动现象出现。自发形变过程在仅 1ms 内完成，随后即发生融霜的自发跳动，大量试验证明了融霜的自发跳动现象总是伴随着表面的瞬时自发形变。与融化及收缩过程中的形变不同的是，瞬时的自发形变在很短的瞬间完成，造成了极大的比表面积瞬时变化，使得大量的表面能瞬间转换为动能。

从能量角度分析，由表面积变化释放的表面能$\Delta E_{\text{released}}$克服表面黏附力做功$\Delta E_{\text{adhesion}}$和内部黏性耗散$\Delta E_{\text{other}}$等能量损失后，剩余能量转换为动能形式$\Delta E_{\text{kinetic}}$：

$$\Delta E_{\text{released}} = \sigma \cdot \Delta S \tag{9.1}$$

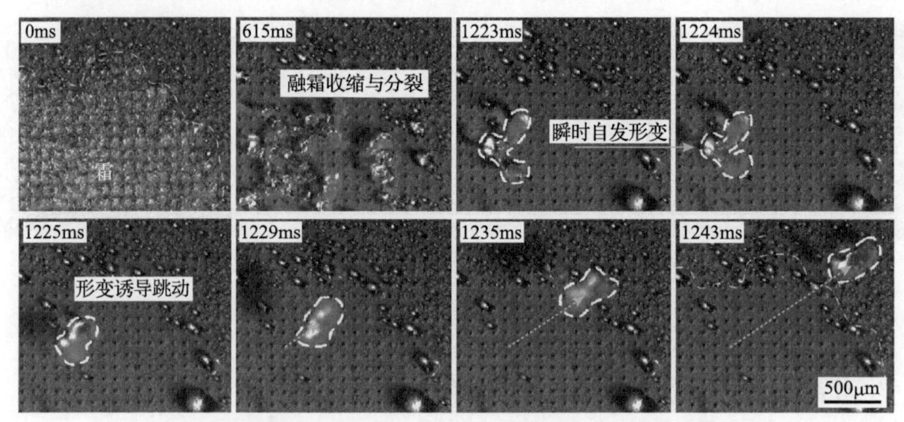

(a) 除霜的三步过程：融霜收缩与分裂、瞬时自发形变与形变诱导跳动

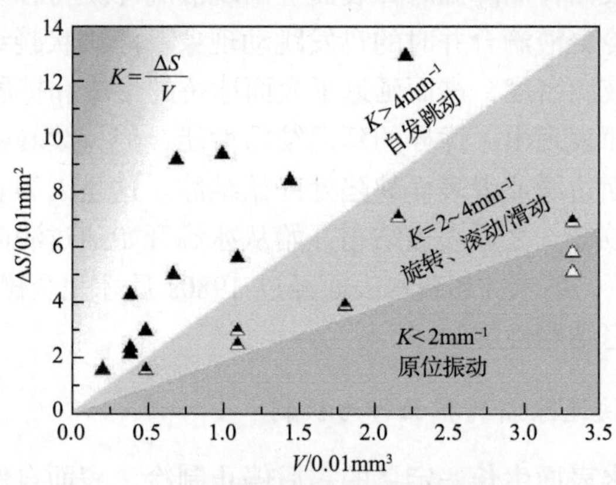

(b) 不同K值时融霜的运动状态

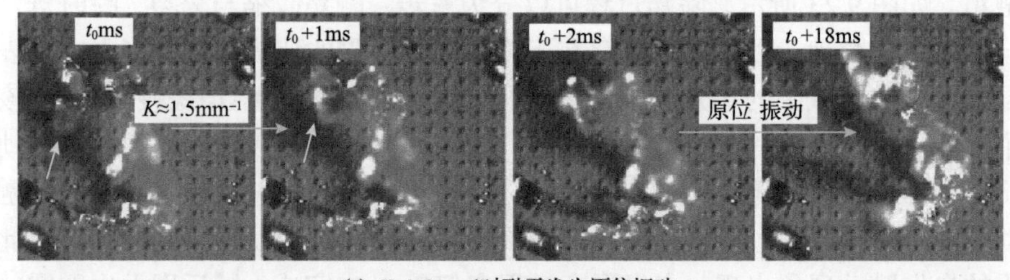

(c) $K \approx 1.5\text{mm}^{-1}$时融霜发生原位振动

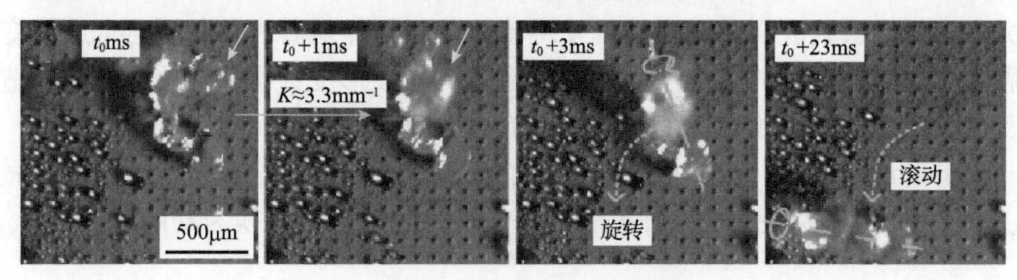

(d) $K \approx 3.3\text{mm}^{-1}$时融霜发生旋转和滚动

图 9.23　超疏水表面上融霜的自发跳动现象

式中，σ 为水的表面张力；ΔS 为表面积的变化量。

$$\Delta E_{\text{kinetic}} = \Delta E_{\text{released}} - \Delta E_{\text{adhesion}} - \Delta E_{\text{other}} = 0.5\rho V \Delta v^2 \tag{9.2}$$

式中，ρ、V、Δv 分别为融霜冰水混合物的密度、体积及速度。

由图 9.23(a)所示融霜表面积变化量可知，如果所释放的表面能完全转换为动能，则可通过

$$\sigma \cdot \Delta S = 0.5\rho V \Delta v^2 \tag{9.3}$$

计算得到理论速度Δv_{t}=1.18m/s。然而，实测速度Δv_{m}仅为 0.13m/s，可知动能转换效率$\Delta v_{\text{m}}/\Delta v_{\text{t}}$ 约为 11%。经过多级融霜统计数据发现，动能转换效率$\Delta v_{\text{m}}/\Delta v_{\text{t}}$ 均在 10.0%～14.0%。根据超疏水表面冷凝液滴合并引发自发跳动的相关研究，发现由两相邻液滴合并所释放的表面能引发的自发跳动，动能转换效率也不过 17%。事实上，像这种微观尺度的固-液混合物通常具有很小的奥内佐格数 *Oh*，即毛细-惯性力作用占主导作用，形变过程中，固-液混合物内部的剧烈振荡产生较大的能量耗散，从而造成了较低的动能转换效率。

由式(9.2)还可知，融霜的运动状态还受到其质量(体积)的影响。经过大量试验观察，发现纳米针超疏水表面融霜表现出多种运动状态：融霜自发跳动、贴附表面旋转/滚动、贴附表面滑动和原位振动。由于很难直接获得融霜的质量和转换的动能，采用体积与表面积的单位时间变化量的估算值 V、ΔS 来代替。

为了进一步讨论转换的动能与体积的关系，开展了大量试验，统计记录了每块融霜的估算体积及表面积的单位时间变化量。如图 9.23(b)所示，定义了一个参数 $K=\Delta S/V$(mm^{-1})来描述融霜的运动状态，发现：当 $K<2\text{mm}^{-1}$ 时，表面融霜表现出的运动状态为原位振动；当 $2\text{mm}^{-1} \leqslant K \leqslant 4\text{mm}^{-1}$ 时，表面融霜表现出旋转、滚动/滑动等运动状态(图 9.23(d)，$K\approx3.3\text{mm}^{-1}$)；当 $K>4\text{mm}^{-1}$ 时，融霜可以发生自发跳动。图 9.23(a)显示 $K\approx9.3\text{mm}^{-1}$ 时融霜发生了自发跳动。图 9.23(c)显示 $K\approx1.5\text{mm}^{-1}$ 时融霜发生了原位振动。图 9.23(d)显示 $K\approx3.3\text{mm}^{-1}$ 时融霜发生了旋转和滚动，K 值越大，融霜的运动越剧烈，也越容易离开表面。

对于某个特定的融霜，其自发形变瞬间的表面积变化所释放的表面能是其产生动能的根本原因。所释放的表面能的量决定了融霜的动能，进而决定了其运动状态。当转换的动能达到一定量后(满足 $K>4\text{mm}^{-1}$)，融霜便会表现出自发跳动行为。

显然转换的动能来源于瞬时的自发形变过程。融霜在收缩与分裂阶段形成了 L 形的固-液混合结构，其中两个以上的固体块(冰相)被已融化的液态水连接起来，在两块固体块之间形成了液桥，起到了铰链润滑的作用。这种固体块-液体铰链-固体块结构(SLS 结构)是一种不稳定状态，因液体表面张力趋向于将液体表面积

收缩至最小，结构极易发生自发形变。此时两固体块之间的液膜有超低的摩擦系数，充当了铰链的作用，使得 SLS 结构发生类似铰链的运动。在 1224ms 时 L 形双臂的连接处发生扭转，双长边合并成为一个相对规则的形状，并在 1ms 内发生了大量的表面积减小和速度的增大。因此，在融霜冰水混合体中，存在的不稳定 SLS 结构是融霜发生瞬时剧烈形变的重要促进条件。

值得关注的是，当自发跳霜发生后，原霜覆盖的区域变得非常干燥，几乎没有残留液滴(如图 9.23 中虚线圈出区域)。这也证明了该过程中融化液滴发生了 Wenzel-Cassie 状态转变。得益于融霜的自发跳动性能，该表面可以显著缩短除霜过程，减少甚至避免表面液滴残留。

9.3.2　玻璃纤维布增强的耐久超疏水节能防冰涂层

实际工程应用中，防冰涂层通常要遭遇大风、沙暴、冻雨等严峻环境；超疏水涂层必须要增强其机械耐久性，才有可能成为工程可行的防冰涂层。

本节介绍一种玻璃纤维布基耐磨超疏水涂层的制备。纤维织构-压敏胶复合增强方法的设计思路为采用压敏胶黏附疏水纳米二氧化硅颗粒以克服法向拉拔损耗，同时采用纤维织构利用结构间隙机械互锁固持纳米颗粒以克服切向磨损损耗，并设计对照试验来验证涂层优异的机械耐久性及在动态高速结冰状态下的防冰性能。研究结果有助于理解超疏水性与机械耐久性对动态防冰性能的作用，从而促进防冰涂层的工程应用。

1. 基于玻璃纤维布织构与压敏胶耐久性超疏水涂层的制备

分别制备了两种超疏水涂层：玻璃纤维布-压敏胶基超疏水涂层(简称 FC 涂层)和仅压敏胶基超疏水涂层(简称 AA 涂层)，制备过程分别如图 9.24(a)和(b)所示。疏水 SiO_2 分散于丙酮中，并超声分散 30min，得到 SiO_2-丙酮分散液；将压敏胶、SiO_2、丙酮按照质量比 0.03∶0.012∶1 的比例混合，超声分散 10min，得到压敏胶-纳米颗粒浸渍液；在基板上喷涂一层 100μm 厚的压敏胶后，将玻璃纤维布放入压敏胶-纳米颗粒浸渍液中浸泡 2min 后取出平铺于带胶基板上，使之黏附牢固；最终在表面喷涂一层薄薄的 SiO_2-丙酮分散液，然后采用 FAS-17 的真空蒸镀改性法，对可能裸露的基板、胶层或纤维进行疏水改性，从而得到表面完整的玻璃纤维布基超疏水涂层。

为了验证玻璃纤维布的织构对超疏水涂层耐久性增强的作用，设计了无玻璃纤维布的压敏胶基超疏水涂层作为对照组(图 9.24(b))。FC 涂层与 AA 涂层的区别仅为有无玻璃纤维布来提供规则的微米级织构。

超疏水性能依赖于足够的表面粗糙度和低表面能。除了疏水型 SiO_2 纳米颗粒提供的低表面能，控制涂层表面的形貌也同样重要。图 9.24(c)展示了玻璃纤维布

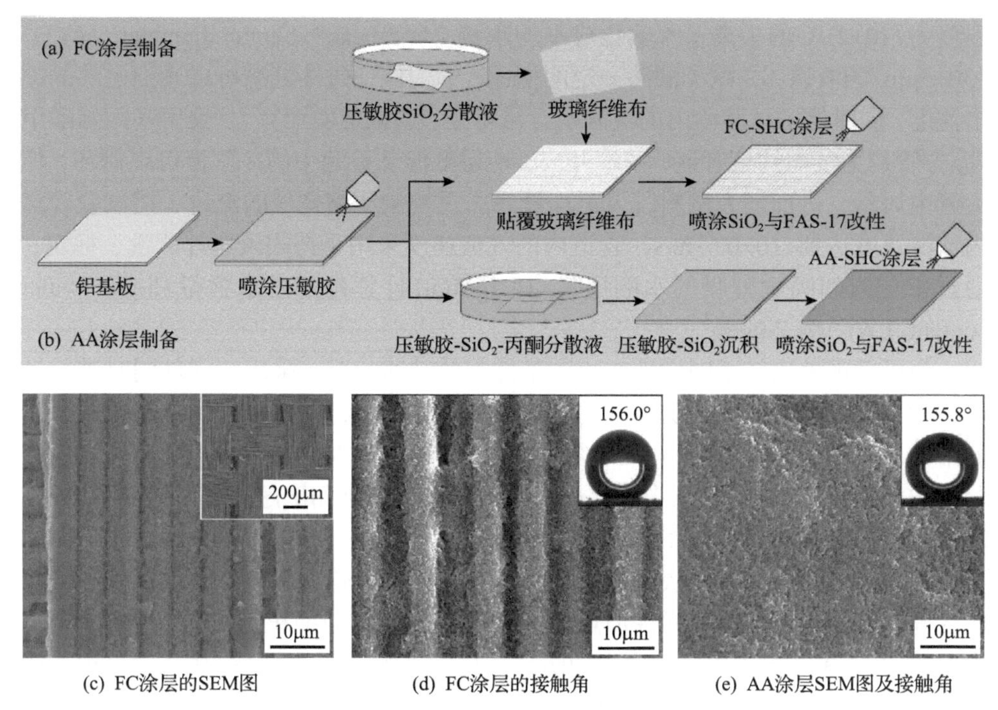

(c) FC涂层的SEM图　(d) FC涂层的接触角　(e) AA涂层SEM图及接触角

图 9.24　耐久性增强超疏水涂层制备方法

浸渍压敏胶-纳米颗粒分散液后的形貌，由图可见玻璃纤维单丝表面、丝间间隙中都沉积了一层极薄的胶-粒混合物，此时的涂层已经显示出较好的静态超疏水性能。为了进一步增强涂层的超疏水性能及机械性能，继续在表面上喷涂适量 SiO_2-丙酮分散液，得到如图 9.24(d)所示形貌。玻璃纤维单丝表面和丝间间隙中都沉积了一层致密的疏水型纳米 SiO_2。玻璃纤维布的规则织构在构建 FC 涂层的微观形貌上起决定性作用，而纳米 SiO_2 颗粒在喷涂过程中的自组装则形成了更细密的微纳复合结构，两者共同保证了 FC 涂层的微纳多级结构。

图 9.24(d)所示 SEM 图像为 AA 涂层的微观形貌。由于没有玻璃纤维布提供规则的微观织构，AA 涂层表面微米级形貌仅由喷涂压敏胶、浸入胶-粒浸渍液和喷涂 SiO_2-丙酮分散液等过程中压敏胶和纳米颗粒的自团聚形成，故整体相对平整；纳米级形貌则主要依靠纳米 SiO_2 颗粒自组装构建，两者共同保证了 AA 涂层的微纳多级结构。

2. 耐久性超疏水涂层在动态结冰条件下的延迟结冰性能

为表征耐磨超疏水防冰涂层在动态条件下的防冰性能，设计了动态防冰试验平台。低温试验箱可提供–50～–20℃可调的低温环境；选取二流体雾化喷嘴作为液滴发生装置，使用空气压缩机提供 0.8MPa 的常温压缩空气作为动力，将初始温度为(10±2)℃的去离子水雾化成平均水滴直径(mean volume diameter, MVD)(30±5μm)的液滴，并赋予液滴一定的初速度；为保证过冷液滴可以达到足够的撞击速度，同时保证试验段内的液滴水含量可控，选取透明亚克力(聚甲基丙烯酸甲酯)方管作为气流约束管道，两端开口，使得低温试验箱中的冷气流可以循环，增大管内风量，进而增大试验段风速；最终通过控制压缩空气的流量，使试验管道内气流速度达到(10±0.5) m/s，管道内的气流速度采用手持式风速计测量、标定；通过单位时间喷嘴虹吸的水的质量(14.5g/min)计算出液态水含量(liquid water content, LWC)为 $2.0g/m^3$。

为更直观地比较不同样件在相同条件下的结冰状况，采用双样件同时进行试验；为了测试超疏水涂层防冰时的电热能耗，在两个样件背面采用导热硅脂紧密贴附两片相同的陶瓷电加热片(电阻均为 6.1Ω)以有效加热样件，然后连同样件一起以 30°倾角固定在样件架上。样件 1 为玻璃纤维布基耐磨超疏水涂层 FC，样件 2 为压敏胶基耐磨超疏水涂层 AA 或裸铝板。

每一组试验中保证两块陶瓷加热片施加相同的加热功率；不同组试验中，仅改变施加直流电压以调整样件加热的功率密度(P_d，单位面积上的加热功率，单位为 W/cm^2)，并以加热功率密度作为防冰能耗的判断标准。整个结冰试验过程持续 150s，全程采用数码相机录像以供后续分析。

FC 涂层与裸铝板样件在无电热辅助条件下的结冰状况如图 9.25(a)所示。由图可见，裸铝板样板表面整体同步迅速积冰，在 30s 之内整个样件表面被白色霜冰完全覆盖，此后积冰逐渐增多增厚；而 FC 涂层样件上积冰自左下角开始，逐渐向整个表面蔓延，蔓延速度明显慢于裸铝板，且表面积冰呈现局部断续脱落的现象，在试验进行 30s 时，冰面积占比仅 24%；直到试验结束即 150s 时，FC 涂层冰面积占比达峰值且仅为 72%。结果表明，玻璃纤维布-压敏胶基超疏水涂层在动态结冰、无热辅助条件下，可以显著延迟表面积冰。

3. 耐磨超疏水涂层复合电加热的动态防冰节能性能

试验对比了耐久性超疏水涂层 FC 与裸铝板在电热辅助条件下的防冰性能，单组试验过程中不改变施加电压，即不调整加热功能密度；不同组试验仅调整所施加直流电压，试验进行 150s 后拍摄两样件表面积冰情况，最终选取几组典型试验结果，如图 9.25(b)所示。当施加直流电压为 5V 时，加热功率密度 P_d 为 $0.239W/cm^2$，此时裸铝板样件表面被霜冰完全覆盖，而 FC 涂层表面仅有近半面积被霜冰覆盖；增大施加直流电压至 7V 时，加热功率密度 P_d 为 $0.473W/cm^2$，此时裸铝板样件有近半面积被混合冰覆盖，该混合冰由霜冰和明冰组成，甚至可能有少量液态水，且混合冰在裸铝板样件前缘延伸出 24mm 长的矛状积冰；而形成强烈对比的是，FC 涂层表面仅在前缘积累很少量冰，且可见积冰在表面上发生部分剥离翘起；增大施加直流电压至 7.4V 时，加热功率密度 P_d 为 $0.525W/cm^2$，此时可见 FC 涂层表面已完全无积冰残留，而裸铝板表面仍然有大量矛状混合冰，对比非常鲜明。其后，不断增大所施加的直流电压，直到电压增大至 10.8V 时，加热功率密度 P_d 为 $1.080W/cm^2$，裸铝板表面才恰好实现完全无积冰残留。上述 4 组试验均分别重复 3 次以上，保证试验结果区别不大，以消除偶然因素的影响。

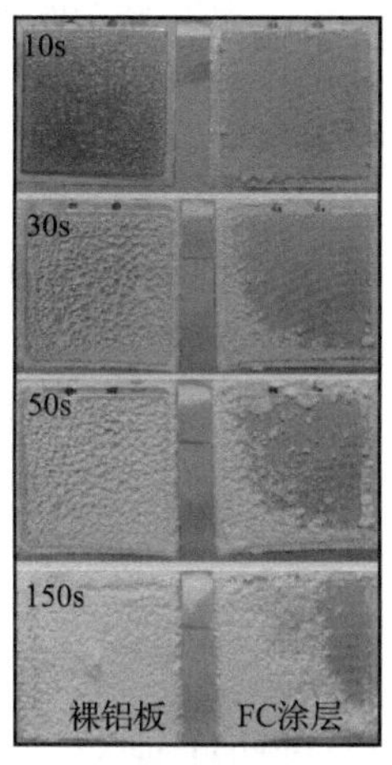

(a) 无热辅助条件下FC涂层与裸铝板结冰状况

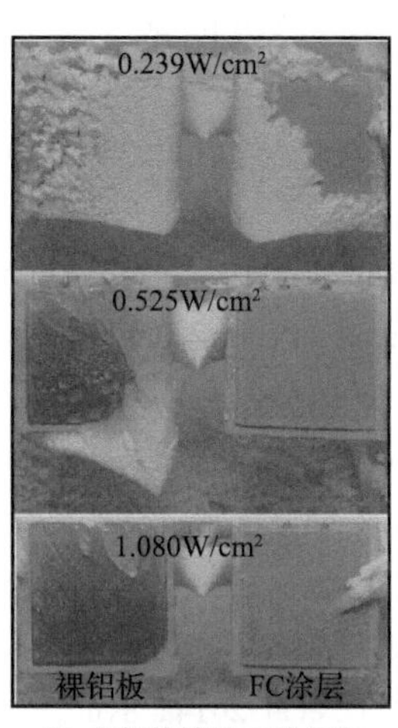

(b) 电加热辅助FC涂层与裸铝板防冰节能性能表征

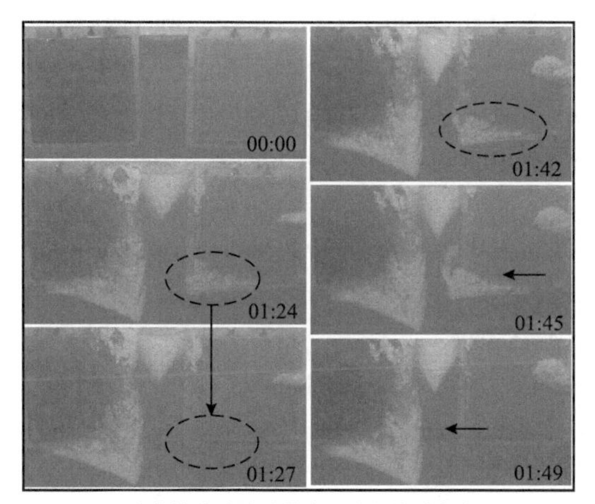

(c) 动态结冰试验过程表面冰断续脱离表面

图 9.25　玻璃纤维布-压敏胶基超疏水涂层在动态结冰条件下的防冰性能

在电加热辅助下，FC 涂层表现出了出色的防冰性能：FC 涂层与冰的黏附力远低于裸铝板，表面积冰很容易在气流作用下被吹落。与无涂层裸铝板相比，耐久性超疏水涂层 FC 具备出色的低热防冰性能，可以实现防冰节能 51%以上。

参 考 文 献

Amirsadeghi A, Lee J J, Park S. 2011. Polymerization shrinkage stress measurement for a UV-curable resist in nanoimprint lithography[J]. Journal of Micromechanics and Microengineering, 21 (11): 115013.

Boreyko J B, Chen C H. 2009. Self-propelled dropwise condensate on superhydrophobic surfaces[J]. Physical Review Letters, 103 (18): 184501.

Cassie A B D, Baxter S. 1944. Wettability of porous surfaces[J]. Transactions of the Faraday Society, 40: 546-551.

Chen H W, Rao F G, Shang X P, et al. 2013a. Biomimetic drag reduction study on herringbone riblets of bird feather[J]. Journal of Bionic Engineering, 10 (3): 341-349.

Chen H W, Rao F G, Zhang D Y, et al. 2013b. Drag reduction study about bird feather herringbone riblets[J]. Applied Mechanics and Materials, 461: 201-205.

Chen H W, Zhang X, Zhang D Y, et al. 2013c. Large-scale equal-proportional amplification bio-replication of shark skin based on solvent-swelling PDMS[J]. Journal of Applied Polymer Science, 130 (4): 2383-2389.

Chen H W, Zhang X, Che D, et al. 2014a. Synthetic effect of vivid shark skin and polymer additive on drag reduction reinforcement[J]. Advances in Mechanical Engineering, 6: 425701.

Chen H W, Zhang X, Ma L X, et al. 2014b. Investigation on large-area fabrication of vivid shark skin with superior surface functions[J]. Applied Surface Science, 316: 124-131.

Chen H W, Che D, Zhang X, et al. 2015. Large-proportional shrunken bio-replication of shark skin based on UV-curing shrinkage[J]. Journal of Micromechanics and Microengineering, 25 (1): 017002.

Dean B, Bhushan B. 2010. Shark-skin surfaces for fluid-drag reduction in turbulent flow: A review[J]. Philosophical Transactions of the Royal Society A: Mathematical, Physical and Engineering Sciences, 368 (1929): 4775-4806.

Fu G, Tor S B, Loh N H, et al. 2008. The demolding of powder injection molded micro-structures: Analysis, simulation and experiment[J]. Journal of Micromechanics and Microengineering, 18 (7): 075024.

Geiser V, Leterrier Y, Månson J A E. 2009. Conversion and shrinkage analysis of acrylated hyperbranched polymer nanocomposites[J]. Journal of Applied Polymer Science, 114 (3): 1954-1963.

Han X, Zhang D Y, Li X, et al. 2008. Bio-replicated forming of the biomimetic drag-reducing surfaces in large area based on shark skin[J]. Science Bulletin, 53 (10): 1587-1592.

Hao Q Y, Pang Y C, Zhao Y, et al. 2014. Mechanism of delayed frost growth on superhydrophobic surfaces with jumping condensates: More than interdrop freezing[J]. Langmuir, 30(51): 15416-15422.

He M, Wang J X, Li H L, et al. 2010. Super-hydrophobic film retards frost formation[J]. Soft Matter, 6(11): 2396-2399.

He M, Wang J J, Li H L, et al. 2011. Super-hydrophobic surfaces to condensed micro-droplets at temperatures below the freezing point retard ice/frost formation[J]. Soft Matter, 7(8): 3993-4000.

Jing T Y, Kim Y, Lee S M, et al. 2013. Frosting and defrosting on rigid superhydrohobic surface[J]. Applied Surface Science, 276: 37-42.

Kim M K, Cha H, Birbarah P, et al. 2015. Enhanced jumping-droplet departure[J]. Langmuir, 31(49): 13452-13466.

Liu F J, Ghigliotti G, Feng J J, et al. 2014. Numerical simulations of self-propelled jumping upon drop coalescence on non-wetting surfaces[J]. Journal of Fluid Mechanics, 752: 39-65.

Liu J, Guo H Y, Zhang B, et al. 2016. Guided self-propelled leaping of droplets on a micro-anisotropic superhydrophobic surface[J]. Angewandte Chemie International Edition, 55(13): 4265-4269.

Liu X L, Chen H W, Kou W P, et al. 2017a. Robust anti-icing coatings via enhanced superhydrophobicity on fiberglass cloth[J]. Cold Regions Science and Technology, 138: 18-23.

Liu X L, Chen H W, Zhao Z H, et al. 2017b. Self-jumping mechanism of melting frost on superhydrophobic surfaces[J]. Scientific Reports, 7: 14722.

Liu Y, Bai Y, Jin J F, et al. 2015. Facile fabrication of biomimetic superhydrophobic surface with anti-frosting on stainless steel substrate[J]. Applied Surface Science, 355: 1238-1244.

Lu B, Xiao P, Sun M Z, et al. 2007. Reducing volume shrinkage by low-temperature photopolymerization[J]. Journal of Applied Polymer Science, 104(2): 1126-1130.

Luo Y T, Li J, Zhu J, et al. 2015. Fabrication of condensate microdrop self-propelling porous films of cerium oxide nanoparticles on copper surfaces[J]. Angewandte Chemie International Edition, 54(16): 4876-4879.

Mizunuma H, Ueda K, Yokouchi Y. 1999. Synergistic effects in turbulent drag reduction by riblets and polymer additives[J]. Journal of Fluids Engineering, 121(3): 533-540.

Sangermano M, Acosta Ortiz R, Urbina B A P, et al. 2008. Synthesis of an epoxy functionalized spiroorthocarbonate used as low shrinkage additive in cationic UV curing of an epoxy resin[J]. European Polymer Journal, 44(4): 1046-1052.

Silikas N, Eliades G, Watts D C. 2000. Light intensity effects on resin-composite degree of conversion and shrinkage strain[J]. Dental Materials, 16(4): 292-296.

Sohn Y, Kim D, Lee S, et al. 2014. Anti-frost coatings containing carbon nanotube composite with reliable thermal cyclic property[J]. Journal of Materials Chemistry A, 2(29): 11465-11471.

Spinell T, Schedle A, Watts D C. 2009. Polymerization shrinkage kinetics of dimethacrylate resin-cements[J]. Dental Materials, 25 (8): 1058-1066.

Toms B. 1948. Some observations on the flow of linear polymer solutions through straight tubes at large Reynolds numbers[C]. Proceedings of the 1st International Congress on Rheology: 135-141.

Uyama S, Irokawa A, Iwasa M, et al. 2007. Influence of irradiation time on volumetric shrinkage and flexural properties of flowable resins[J]. Dental Materials Journal, 26 (6): 892-897.

Vilaplana F, Osorio-Galindo M, Iborra-Clar A, et al. 2004. Swelling behavior of PDMS-PMHS pervaporation membranes in ethyl acetate-water mixtures[J]. Journal of Applied Polymer Science, 93 (3): 1384-1393.

Wen L, Weaver J C, Lauder G V. 2014. Biomimetic shark skin: Design, fabrication and hydrodynamic function[J]. Journal of Experimental Biology, 217 (10): 1656-1666.

Wenzel R N. 1936. Resistance of solid surfaces to wetting by water[J]. Industrial & Engineering Chemistry, 28 (8): 988-994.

Xu Q, Li J, Tian J, et al. 2014. Energy-effective frost-free coatings based on superhydrophobic aligned nanocones[J]. ACS Applied Materials & Interfaces, 6 (12): 8976-8980.

Young T. 1805. An essay on the cohesion of fluids[J]. Philosophical Transactions of the Royal Society of London, 95: 65-87.

Zhang D Y, Luo Y H, Chen H W, et al. 2011. Exploring drag-reducing grooved internal coating for gas pipelines[J]. Pipeline Gas Journal, 238 (3): 58-60.

Zhang Q L, He M, Chen J, et al. 2013a. Anti-icing surfaces based on enhanced self-propelled jumping of condensed water microdroplets[J]. Chemical Communications, 49 (40): 4516-4518.

Zhang X, Zhang D Y, Pan J F, et al. 2013b. Controllable adjustment of bio-replicated shark skin drag reduction riblets[J]. Applied Mechanics and Materials, 461: 677-680.

Zhang Y, Klittich M R, Gao M, et al. 2017. Delaying frost formation by controlling surface chemistry of carbon nanotube-coated steel surfaces[J]. ACS Applied Materials & Interfaces, 9 (7): 6512-6519.

第 10 章　表面仿生增润/增摩手术工具

10.1　表面仿生湿增润电刀

电外科手术因易操作、低损伤和伤痛小等特点逐渐成为临床微创外科手术的主要方式。电外科手术主要基于电热能对软组织实施切割和凝血等操作，在手术过程中会产生大量的热，这一方面是手术实施必不可少的，另一方面也会产生很多负面效应。例如，高温的电外科手术工具会烧焦软组织，烧焦的软组织易黏附在手术工具上，这会导致手术过程中手术工具对周围组织的撕裂，进而易导致凝血的失效。同时，烧焦的软组织在电外科手术工具上的集聚会影响手术的实施效果，且易产生大量烧焦烟雾。这些软组织黏附引起的负面效应不仅不利于电外科手术的操作效率，也会极大地影响电外科手术工具的使用寿命。电外科手术中的软组织与手术工具间的黏着是一种高温引起的物理黏着。优化软组织与手术工具间的接触界面是减弱这种黏着作用的主要方式，常见的方法包括作用界面间添加防粘剂和手术工具上加工涂层或薄膜等。这些方法虽然实现了一定程度的减黏效果，但是它们本质上仍未改变软组织与手术工具直接接触的作用方式，因而防粘作用不明显、易失效。猪笼草口缘提供了一种仿生超湿滑表面防粘新策略，其为解决电外科手术工具软组织防粘的设计提供了一种新方案。本节将具体介绍仿生超湿滑微创电刀软组织防粘界面的设计、制造和应用。

10.1.1　仿生增润防粘表面的设计

仿生超湿滑增润表面主要通过构筑表面结构来实现表面液膜的固持，形成固-液复合的湿表面，从而实现增润防粘的功能。为了阻碍接触对象对湿表面的浸润，被固持的液体相较于接触对象必须具有对固持结构更好的表面亲附性。一般来说，表面结构需要进行表面功能化，形成具有优先被固持液体润湿的表面分子层或涂层。常见的微创电外科手术工具包括单极电刀、双极电刀和超声刀等，它们的刀具部分通常是基于不锈钢等金属制造的。在电外科手术时，热能短时间内在手术刀具头聚集，形成可达 300℃的高温。考虑到外科手术工具的应用环境，选取的固持液体必须具有优良的生物相容性。硅油经常被用于医疗手术，且具有优异的生物相容性和耐高温性，因而是固持液体的理想选择。由此提出了微创手术工具超湿滑表面的设计：①不锈钢作为基底，并在其上制造表面固持结构；②固持结构的表面功能化；③固持液体硅油的添加，如图 10.1 所示。

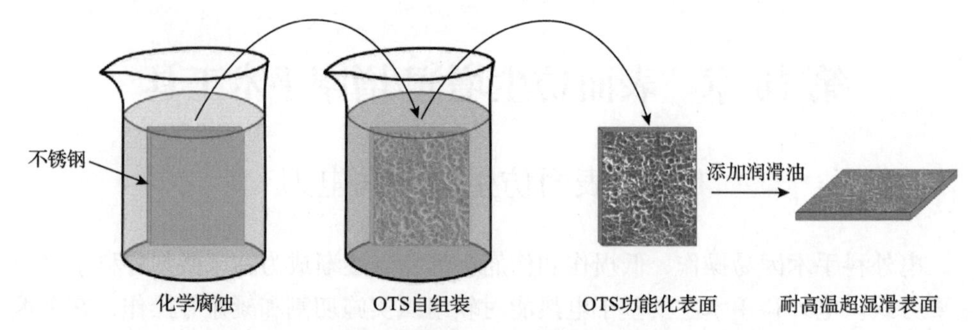

图 10.1　不锈钢基底耐高温超湿滑表面制备工艺流程

为了证明上述工艺流程的可行性，首先采用化学刻蚀对不锈钢表面进行粗糙化处理。图 10.2(a)为不锈钢在化学腐蚀液中处理 10min 之后的 SEM 图像，其表面具有明显的粗糙特征，从其局部放大图像(图 10.2(b))可以看到，这些粗糙结构的尺寸大致分布在亚微米级到微米级(最大约 5μm)，这种尺度的结构作为超湿滑表面的基底是非常合适的。为了匹配硅油的化学特性，选取具有良好化学、机械及热稳定性的十八烷基三氯硅烷(octadecyltrichlorosilane, OTS)对粗糙不锈钢表面进行硅烷化处理。采用 OTS 接枝处理之后，化学腐蚀不锈钢表面的粗糙程度进一步加强，如图 10.2(d)和(e)所示。这种粗糙加剧表现的原因为：OTS 接枝在亲水不锈钢表面时会与表面的羟基发生水解过程，产生氯化氢，进一步腐蚀不锈钢表面。采用原子力显微镜(AFM)对 OTS 接枝前(图 10.2(c))和接枝后(图 10.2(f))表面的粗糙程度进行了测量，结果显示：接枝前表面的粗糙度为 228nm，接枝后的粗糙度为 314nm，证明了 OTS 接枝进一步使表面粗糙化，这有利于存储更多的润滑油，对于超湿滑表面的构筑是有利的。采用显微红外光谱(ATR-FTIR)进一步表征了接枝前后的光谱变化，如图 10.2(g)所示。OTS 接枝处理后，化学腐蚀不锈钢表面上出现了明显的亚甲基对称伸缩峰(2849cm^{-1})和非对称伸缩峰(2918cm^{-1})，证明了 OTS 被成功接枝到腐蚀不锈钢表面上。

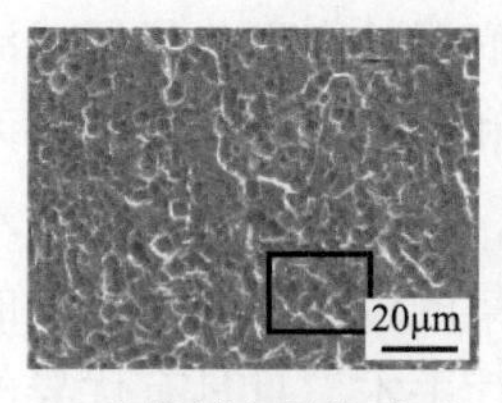

(a) 化学刻蚀不锈钢表面 OTS接枝前的SEM图像

(b) (a)的局部放大

(c) 化学刻蚀不锈钢表面OTS 接枝前的AFM图像

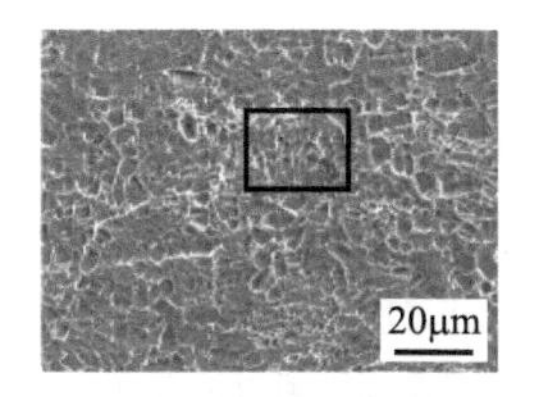

(d) 化学刻蚀不锈钢表面OTS接枝后的SEM图像

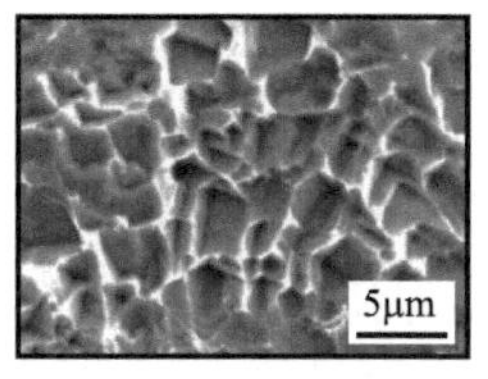

(e) (d)的局部放大

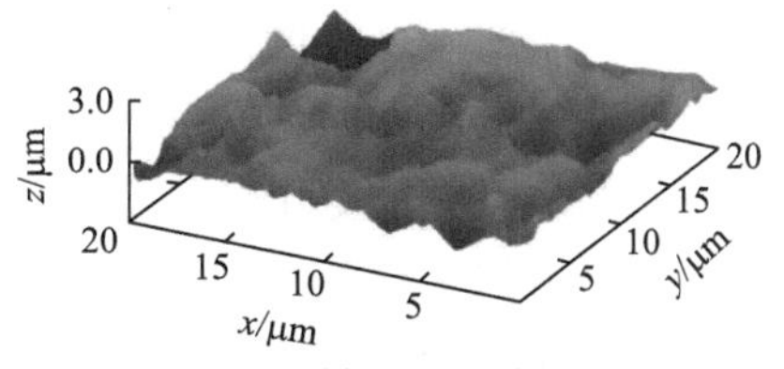

(f) 化学刻蚀不锈钢表面OTS接枝后的AFM图像

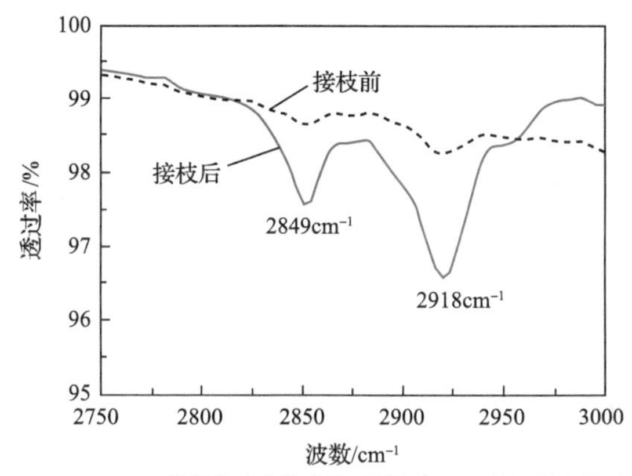

(g) OTS接枝前后化学腐蚀不锈钢表面显微红外光谱图

图 10.2　功能化粗糙不锈钢表面表征

OTS 层使得不锈钢表面具有疏水亲油的特性，功能化的粗糙微结构能够有效固持硅油。硅油相较于水更易润湿 OTS 表面，添加硅油后表面的浸润性被显著改变。如图 10.3(a)所示，在干的 OTS 接枝腐蚀不锈钢表面上水接触角达到 120.4°，而且该表面表现出很强的黏附性，水滴在垂直放置的表面上也不会滑动或滚动(图 10.3(b))。加上润滑油之后，油膜层使得水滴在该表面的接触角减小到 87.8°(图 10.3(c))，而且使其表现出超湿滑特性，如图 10.3(d)所示，液滴在该表面上极易滑动，临界滑动角约为 2°。

除了超湿滑防粘之外，耐高温同样是应用于电外科手术工具的超湿滑表面必须具备的特征。超湿滑表面的构筑包含了结构功能层和润滑油，硅油能够承受足够的温度，结构功能层对于超湿滑表面的耐温性影响最大。特别是，结构表面化学处理的 OTS 功能层对于整个超湿滑表面的构筑起着决定性作用。为了评价 OTS 层的耐温性，将 OTS 接枝腐蚀不锈钢片在不同的温度下热处理 30min，然后取出测定它们的静态接触角和添加硅油之后的临界滑动角，结果如图 10.3(e)所示。随着热处理温度的升高，处理后表面的接触角逐渐减小。加热到 200℃时，接触角从初始的约 120°逐渐减小到 103°；当升高到 250℃时，接触角急剧降低到 81℃；随着温度升高到 500℃，再到 600℃，接触角缓慢降低稳定到 41℃，与水滴在不锈钢表面上的接触角接近。这种接触角随着温度升高而减小的现象表明 OTS 层在逐渐分解。事实上，表面的疏水性主要由 OTS 层的 C—H 键的数量决定，C—H 键在升高到一定温度之后(200～250℃)会逐渐降解，在 600℃以上时基本会完全降解。然而，原来表面分子层中 Si—O —Si 键具有很好的耐温性，即使加热到 600℃也能保持不分解。这就使得功能表面层保持与硅油具有匹配的化学特性，能够被硅油完全润湿。各个温度热处理后的表面仍然表现出了极低的临界滑动角，如图 10.3(f)所示。因此，基于 OTS 层制备的超湿滑表面具有极其优异的耐高温性能。

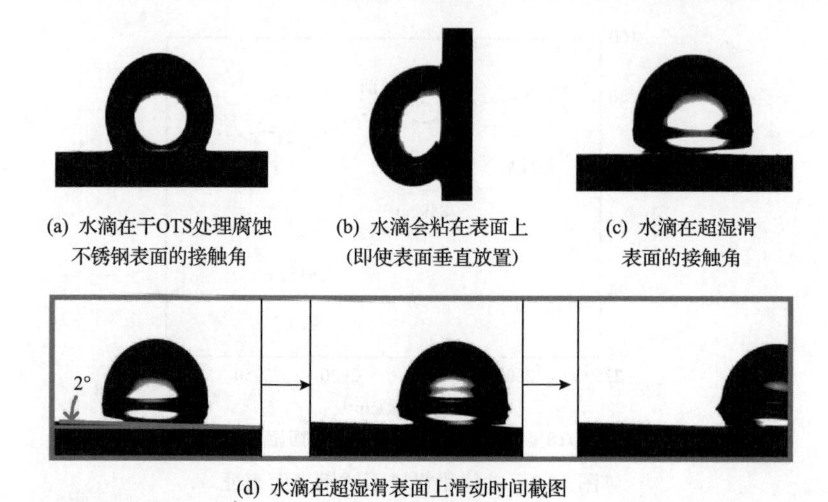

(a) 水滴在干OTS处理腐蚀不锈钢表面的接触角　(b) 水滴会粘在表面上(即使表面垂直放置)　(c) 水滴在超湿滑表面的接触角

(d) 水滴在超湿滑表面上滑动时间截图

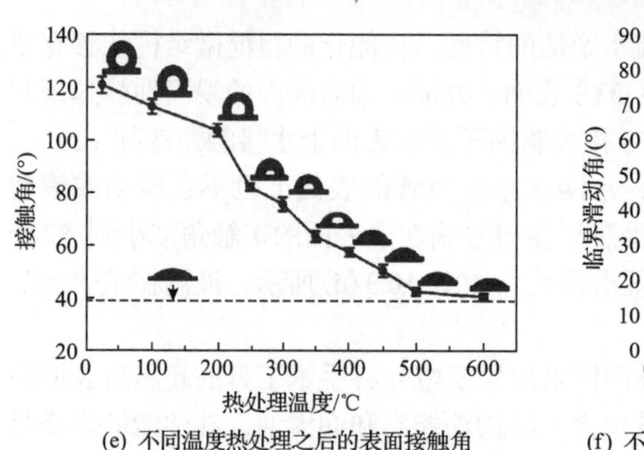

(e) 不同温度热处理之后的表面接触角

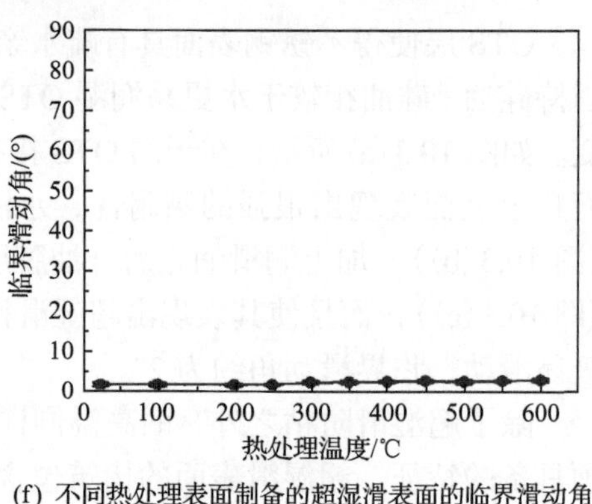

(f) 不同热处理表面制备的超湿滑表面的临界滑动角

图 10.3　不锈钢超湿滑表面的湿滑及耐高温特性评价

虽然硅油能够在高温下保持一定时间，但是通过腐蚀作用制备的超湿滑表面的润滑油存储比较少。这对于水滴的防粘是足够的，但是在进行软组织防粘时，表面载荷大，润滑油容易被挤出，且软组织在往复的接触中会带走部分硅油，使得硅油的消耗更大。为了能够使表面具有更多的润滑油，保持油膜层，可以在不锈钢表面化学刻蚀微织构，然后以此制备超湿滑表面，实现更多的硅油存储。采用光刻辅助化学刻蚀的方法对不锈钢表面织构化。具体而言，首先对不锈钢表面进行织构化处理，基于此进行表面结构功能化和硅油添加，最后形成基于表面织构的超湿滑表面，如图 10.4 所示。

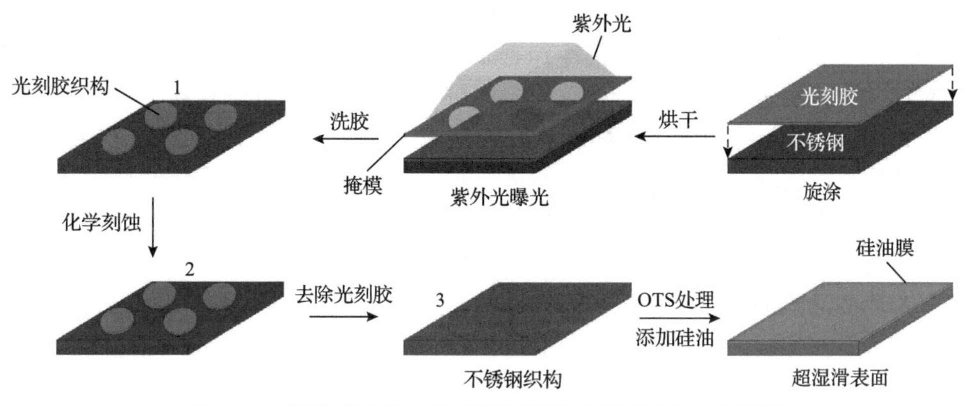

图 10.4　化学刻蚀复制的不锈钢超湿滑表面制备工艺流程

为了测量软组织在不同表面上的黏附性，采用力传感器测量了加载过程中软组织与表面间的黏着力。试验条件为：载荷 4N、表面温度 250℃。结果表明，超湿滑表面相较于不处理光滑不锈钢表面对软组织的黏着力降低超过 80%，如图 10.5(a)所示。干光滑表面一直保持较高的黏着力，织构表面上黏着力随着循环次数的增加急剧增大。对于潮湿光滑表面，由于硅油不能很好地保持在表面上，黏着力随着循环次数的增加也迅速增大。然而，对于织构超湿滑表面，这种较低的表面黏着力却能一直保持，证明了基于织构的超湿滑表面具有很好的稳定性。通过黏着质量的分析(图 10.5(b))也可以看到，织构超湿滑表面的黏着质量并未大幅度增大，而其余三种黏着质量均出现了大幅度的增大。特别是，对于干光滑表面，软组织的黏着质量急剧增大了约 4 倍。相较于干光滑表面，织构超湿滑表面

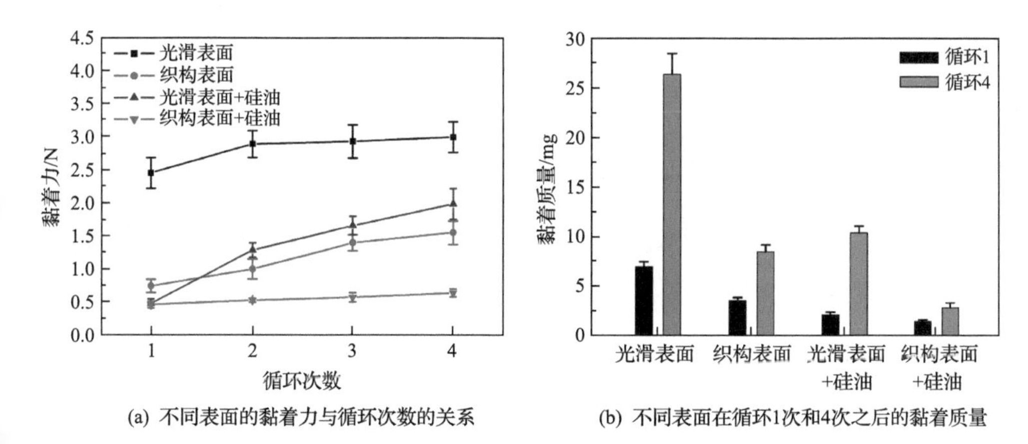

(a) 不同表面的黏着力与循环次数的关系　(b) 不同表面在循环1次和4次之后的黏着质量

图 10.5　不同表面的软组织黏着表现

在循环 4 次试验之后软组织黏着质量减小了约 89%。结果证明织构超湿滑表面具有显著的减小软组织黏着质量的能力以及良好的防粘稳定性。

当软组织被加载到高温光滑表面上时，软组织会与光滑表面直接接触(图 10.6(a)和(b))，这些软组织被烧焦并粘连到表面上。在卸载软组织时，会发生软组织的撕裂，并在光滑表面上残余大量软组织。对于织构表面，可以看到，软组织的黏着量在减小，这与前面的质量称量结果对应(图 10.6(d)和(e))。在加载软组织时，织构结构可以实现软组织与表面实际接触面积的减小(图 10.6(f))，但是在接触部位仍然会产生明显的软组织的粘连，因而卸载时也存在软组织的撕裂，并产生大量残留的软组织。对于超湿滑表面，软组织几乎不会残留(图 10.6(g)和(h))。超湿滑表面的润滑油会在软组织和固体表面间形成液膜隔离层(图 10.6(i))，该层液膜隔断了直接接触。软组织与高温润滑油层接触时，软组织与润滑油之间并不会产生明显的粘连，软组织只产生了高温变形，并只残存少量的油性颗粒。上述试验证明基于不锈钢的耐高温超湿滑表面显示出了优异的软组织防粘性能，具备了应用于微创手术工具的潜力。

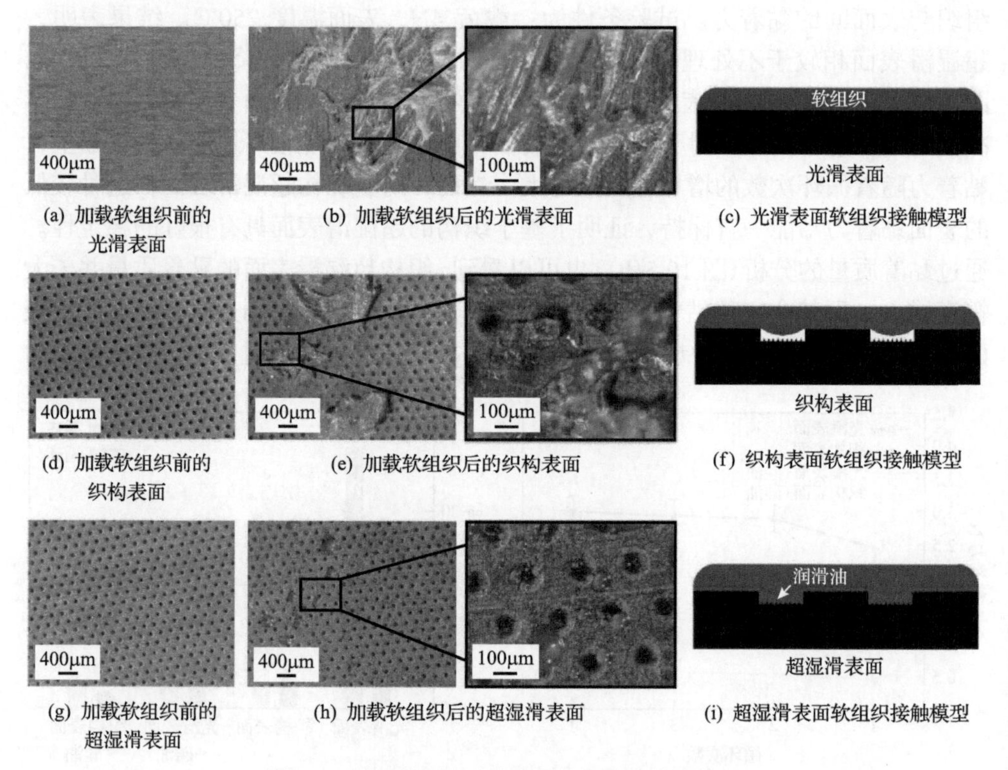

(a) 加载软组织前的光滑表面　(b) 加载软组织后的光滑表面　(c) 光滑表面软组织接触模型

(d) 加载软组织前的织构表面　(e) 加载软组织后的织构表面　(f) 织构表面软组织接触模型

(g) 加载软组织前的超湿滑表面　(h) 加载软组织后的超湿滑表面　(i) 超湿滑表面软组织接触模型

图 10.6　软组织在不同表面上的黏着及其模型

10.1.2　仿生湿增润电刀的制造

如前所述，电外科手术实施过程中会产生大量的热，这种热会使得软组织黏着在手术刀具上。单极电刀是比较常用的一种微创手术工具，其刀具头在软组织切割时的温度可达 300℃，因而其是一种评价仿生耐高温超湿滑表面软组织防粘的优异手术工具选择。本节以单极电刀为基底制备了仿生防粘电刀，制备工艺流程如图 10.7 所示。

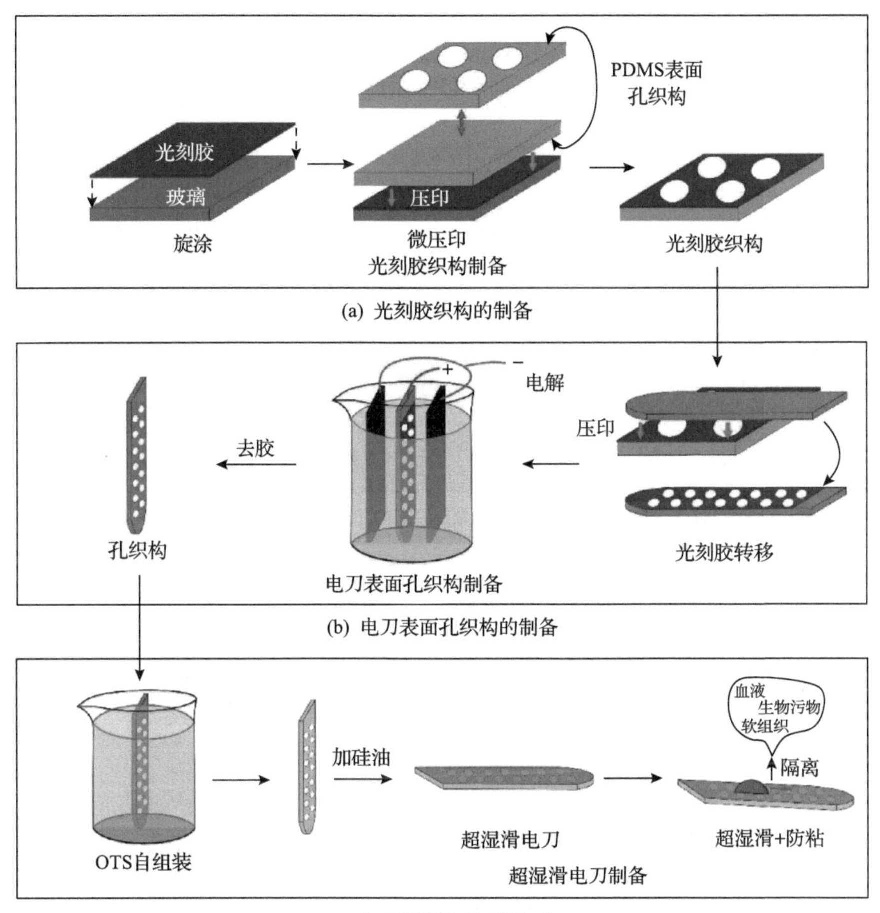

(a) 光刻胶织构的制备

(b) 电刀表面孔织构的制备

(c) 电刀超湿滑表面的制备

图 10.7　超湿滑增润防粘电刀的制备流程

制备超湿滑表面的第一步为构筑表面结构，为了能够尽可能地固持润滑油，选择在电刀表面构筑表面织构。由于电刀具有不规则的形状，且电刀头存在一定的弧度，常规光刻方法无法在其表面加工光刻胶掩模。本节提出一种光刻胶织构压印转移的方法(图 10.7(a)和(b))，在电刀表面制备了规整的光刻胶结构，以此为掩模通过电化学刻蚀制备孔织构。首先，在 CF_4 等离子体处理过的玻璃表面旋涂一层光刻胶。然后，使用 O_2 等离子体将带有孔织构的 PDMS 表面亲水化处理，将 PDMS 有孔织构面轻轻压印到玻璃基板的光刻胶上，然后脱离移走，光刻胶会转移到 PDMS，且只覆盖在孔间隙的平面上，形成光刻胶织构(图 10.8(a))。清洗出洁净单极电刀头，使用 O_2 等离子体气体作亲水化处理，然后将电刀头侧面依次压印到 PDMS 上的光刻胶织构上，光刻胶会转移到电刀头侧面上(图 10.8(b)和(c))。在电刀侧面上的光刻胶织构可以作为电化学刻蚀的掩模。以具有光刻胶织构的电刀头在电解液中作电解阳极进行电化学刻蚀，如图 10.8(d)和(e)所示，掩模覆盖的部分被很好地保护，而光刻胶织构部位形成了规则的孔结构。

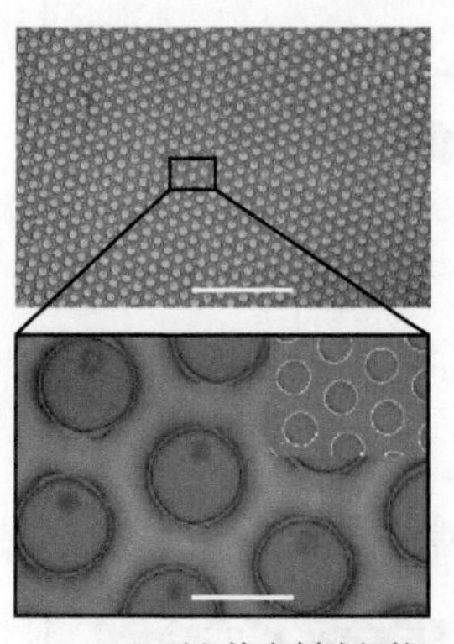

(a) PDMS面上的光刻胶织构

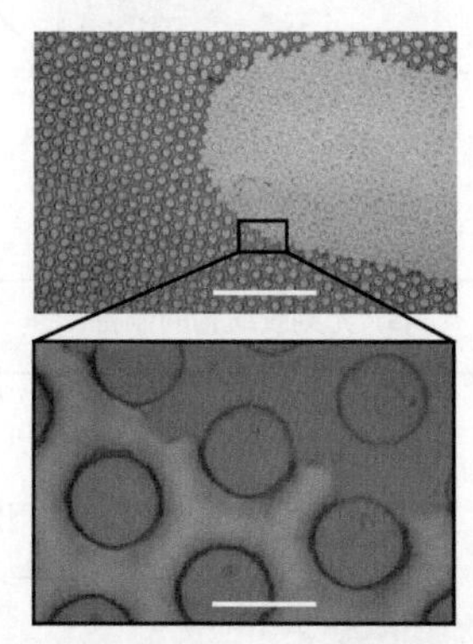

(b) 电刀压印后光刻胶上的光刻胶织构

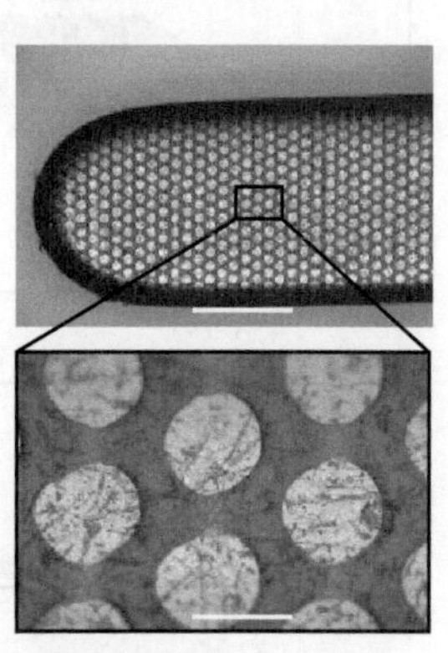

(c) 电刀上的光刻胶织构

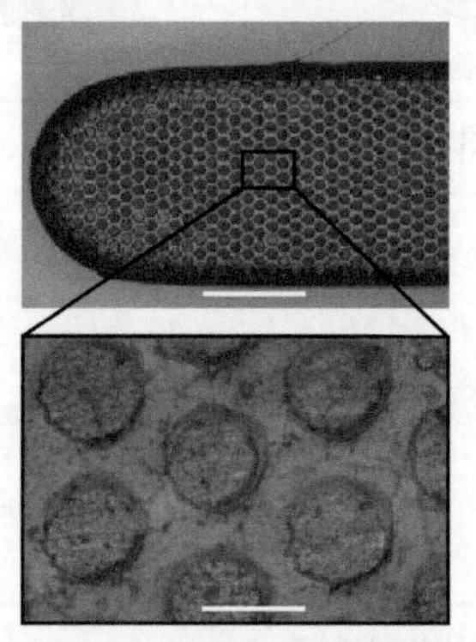

(d) 电刀光刻胶织构电解之后的形貌

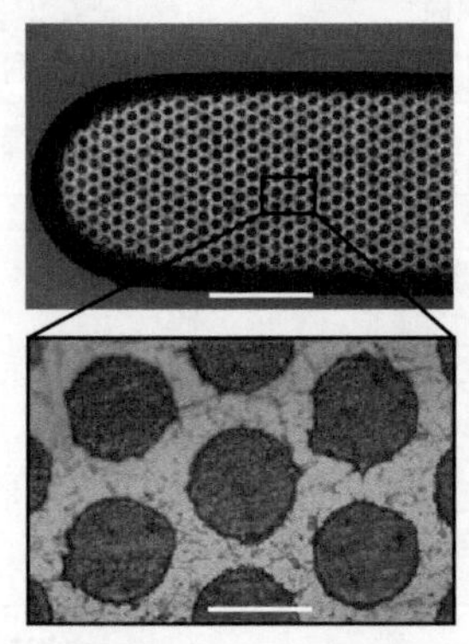

(e) 洗胶后电刀上的孔织构

图 10.8　制备工艺不同阶段的表面形貌(上排标尺 1cm，下排标尺 100μm)

为了对比不同超湿滑表面在软组织切割时的黏着表现，使用化学刻蚀的方法制备了粗糙超湿滑电刀头。对比三种表面分别为不处理光滑不锈钢表面(记为 S)、粗糙不锈钢表面(记为 R)和织构不锈钢表面(记为 T)，其三维形貌如图 10.9(a)

所示。对 R 和 T 分别进行 OTS 改性处理，得到了粗糙接枝 OTS 表面（记为 R-OTS）和织构接枝 OTS 表面（记为 T-OTS）。采用显微红外光谱表征了 S、R-OTS、T-OTS 三种表面的成分（图 10.9(b)），结果显示：在 R-OTS 和 T-OTS 表面上的光谱具有明显的羟基峰（2849cm^{-1} 和 2918cm^{-1}），证明了化学接枝的成功。

在接枝后的两种改性刀头上添加硅油，制备出了两种超湿滑电刀。硅油的添加同样显著改变了表面的浸润性。图 10.9(c)～(e)分别为水滴在 S、R-OTS 和

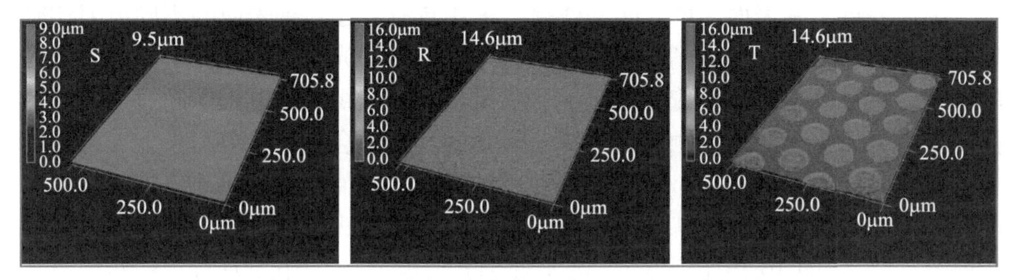

(a) 光滑不锈钢表面、粗糙不锈钢表面和织构不锈钢表面的三维形貌

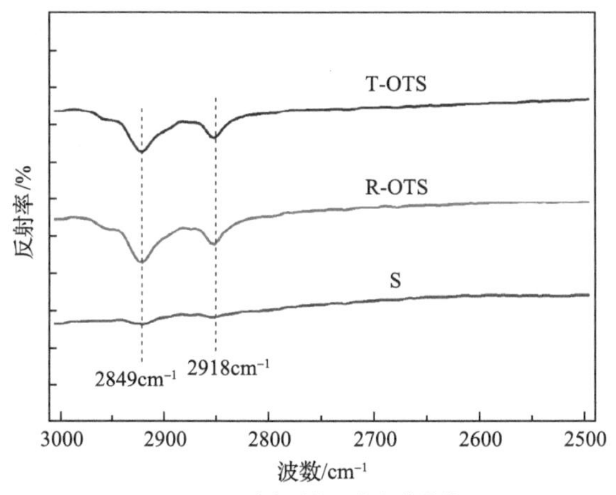

(b) 三种表面的红外光谱曲线

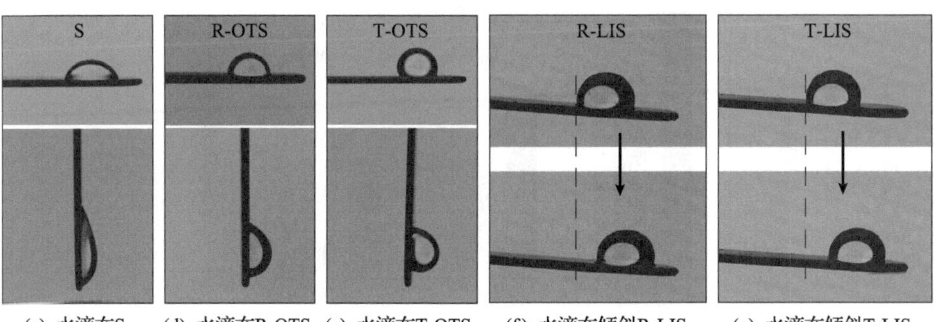

(c) 水滴在S表面的浸润表现 (d) 水滴在R-OTS表面的浸润表现 (e) 水滴在T-OTS表面的浸润表现 (f) 水滴在倾斜R-LIS表面易滑动表现 (g) 水滴在倾斜T-LIS表面易滑动表现

图 10.9 不同表面的表面结构及浸润性表征

T-OTS 干表面水平放置和垂直放置时的浸润状态，可以看到，水滴即使在垂直状态下也能黏着在表面上。而在与 R-OTS 和 T-OTS 对应的两种超湿滑表面，即倾斜粗糙超湿滑表面(记为 R-LIS)和倾斜织构超湿滑表面(记为 T-LIS)上，即使表面稍微倾斜 2°，水滴也能在其表面滑动，证明了超湿滑表面制备的成功。

10.1.3 仿生湿增润电刀的组织切割性能评价

为了评价防粘表面的增润防粘效果，采用具有上述三种表面的不同电刀切割软组织，图 10.10(a)显示了切割前后三种不同电刀的光学照片。对于光滑不处理的电刀，大量的软组织黏着在刀具上，这是因为软组织切割过程中超过 300℃的高温使得电刀头易烧焦接触的软组织。烧焦的软组织会集聚在电刀头上，最终形成了大量的软组织残留。对于具有硅油层的电刀，硅油能够有效地隔断软组织和电刀表面的直接接触，这就大大降低了软组织在电刀头上的黏着。软组织黏着面积的统计分析(图 10.10(b))显示，与不处理光滑电刀(S)相比，具有粗糙超湿滑表

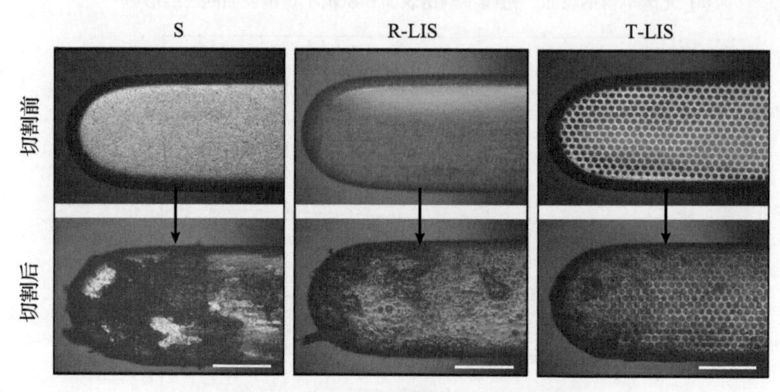

(a) 不同表面电刀切割软组织前后表面状况(标尺1mm)

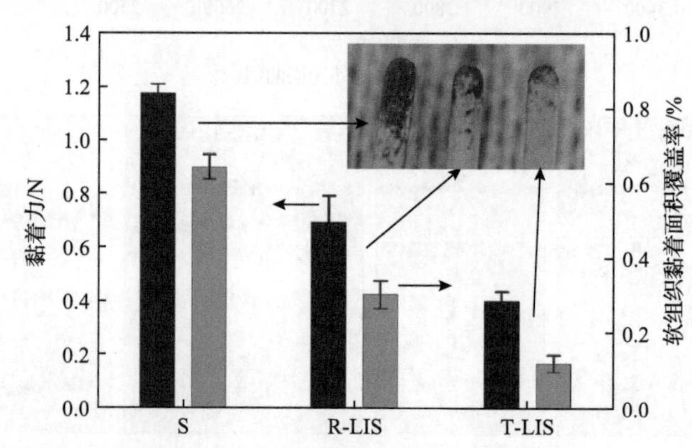

(b) 不同表面电刀切割软组织时的黏着力(黑)和软组织黏着面积覆盖率(灰)(插图为对应切割后的电刀头)

图 10.10 不同表面的软组织切割表现

面(R-LIS)和织构超湿滑表面(T-LIS)的电刀上的软组织黏着面积分别减小了 53%和 82%。相似地，黏着力测量结果显示，两种湿表面相较于不处理干表面的黏着力分别降低了约 42%和 66%。这些结果证明了基于织构的仿生超湿滑电刀具有最佳的软组织防粘效果。

通过对切割伤口的损伤分析进一步评价了三种表面的热损伤表现。图 10.11(a)～(c)为三种电刀切割软组织后产生的代表性切割伤口。与不处理光滑电刀(S)相比，具有 R-LIS 和 T-LIS 的电刀明显减小了损伤伤口。具体来说，具有 R-LIS 和 T-LIS 的电刀对于伤口厚度分别减小了约 58%和 72%，对于伤口宽度分别减小了约 37%和 44%(图 10.11(d))。这也就使得由 R-LIS 和 T-LIS 导致的伤口面积分别只有不处理电刀产生伤口的 29%和 17%。因为 R-LIS 和 T-LIS 有相似的外观弧形，所以其具有相似的伤口宽度，然而 T-LIS 明显具有更小的伤口厚度。除了减小伤口面积，具有 R-LIS 和 T-LIS 的电刀在切割软组织时同样明显减小了热损伤范围。

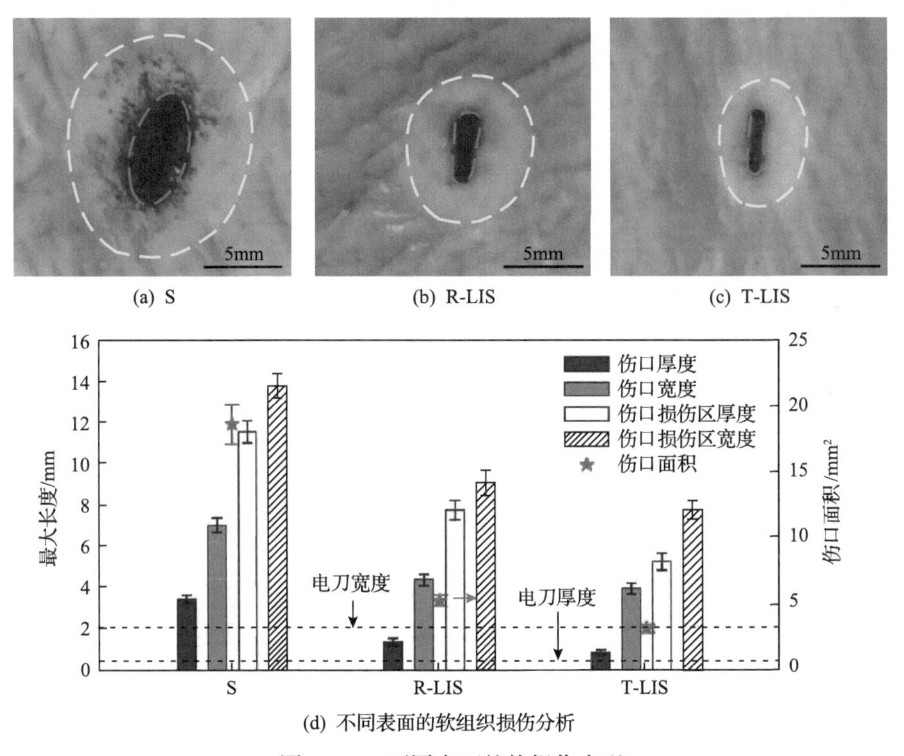

(d) 不同表面的软组织损伤分析

图 10.11　不同表面的热损伤表现

仿生超湿滑表面的防粘机理可以从其接触模型加以分析。对于无润滑油的干表面，软组织与电刀侧面直接接触，软组织会被烧焦黏附到电刀表面。软组织切割时，软组织的撕裂是主要的黏着表现，如图 10.12(a)所示。因此，黏着力取决

于软组织内部的撕裂拉伸强度(σ_t)，单元面积软组织的分离力可以表示为

$$\Delta F_{st} \sim \sigma_t \Delta S \tag{10.1}$$

然而，对于有液体润滑的超湿滑表面，润滑油可以阻隔软组织与电刀表面的接触，软组织切割时刀具表面的分离界面主要发生在润滑油内(图 10.12(b))。鉴于接触界面远大于润滑油膜的厚度,单元面积润滑油(等效周长 ΔL)的分离力可以表示为

$$\Delta F_{slt} \sim \gamma_1 \Delta L \sim \gamma_1 \Delta S / \Delta L_e \tag{10.2}$$

式中，γ_1为润滑油的表面张力；ΔL_e为单元面积 ΔS 的等效边长。实际工况下，σ_t大致在 $10^4 N/m^2$ 尺度，而 $\gamma_1/\Delta L_e$ 大致尺度为 $10N/m^2$。可以看到，软组织分离所需的力远大于润滑油分离所需的力，因而软组织烧焦后引起的黏着要远大于润滑油湿界面增润下的黏着。同时注意到，基于织构的超湿滑表面的防粘能力要大于基于粗糙结构的超湿滑表面，这主要归因于织构表面固持了更多的润滑油，这些润滑油能够实现持续有效的增润防粘。

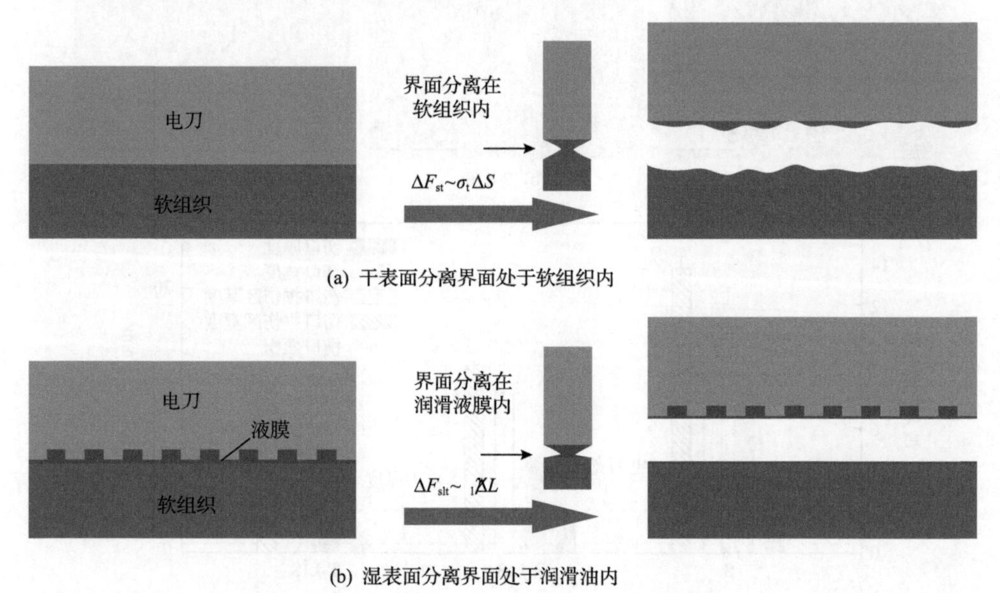

(a) 干表面分离界面处于软组织内

(b) 湿表面分离界面处于润滑油内

图 10.12　软组织切割时的分离界面示意图

综上，猪笼草口缘仿生超湿滑表面为防粘表面的设计提供了新思路。同传统防粘表面不同，超湿滑表面以润滑液膜隔断接触对象与工具的直接接触，以湿接触界面取代干的直接接触界面，大大降低了界面间的黏着效应。以此仿生原理制备的仿生防粘电刀，大幅度降低了电外科微创手术工具软组织切割时的组织黏

着与残留，减小了损伤伤口，可实现更加精准的切割。这种全新的仿生设计策略将有力促进微创医疗手术工具的防粘设计，有助于更好地服务于人们的生命健康。

10.2　表面仿生干增润超声电刀

10.2.1　仿生波动增润效应

猪笼草为了在贫瘠的栖息地中生存，进化出了从叶尖生长的捕虫笼，用来捕捉和消化昆虫为自身提供营养。用于捕获昆虫的猪笼草捕虫笼如图 10.13(a)所示。捕虫笼分为口缘区、蜡质区(又称内壁区)和消化区三个主要部分，其中内壁区在捕捉昆虫时起着最重要的作用。完整的内壁表面和单个月牙结构的 SEM 图像分别如图 10.13(b)和(c)所示。内壁区表面存在各向异性的月牙状结构，几乎全部朝向捕虫笼底部，凸起的月牙状下方为凹腔结构。月牙状结构的尺寸为(63.30±2.62) μm 长和(15.56±2.86) μm 宽。

昆虫一旦落入捕虫笼，就很难爬出捕虫笼。经调查，大约 6%的蚂蚁能够在完整的内壁区中从下往上逃生。通过观察蚂蚁在猪笼草内壁区的爬行过程，发现了波动增润减摩的新原理。昆虫爬行过程如图 10.13(d)所示。在内壁区爬行的过程中，爪尖沿月牙结构滑动，滑动过程中虫爪与内壁区表/界面间出现接触和分离。

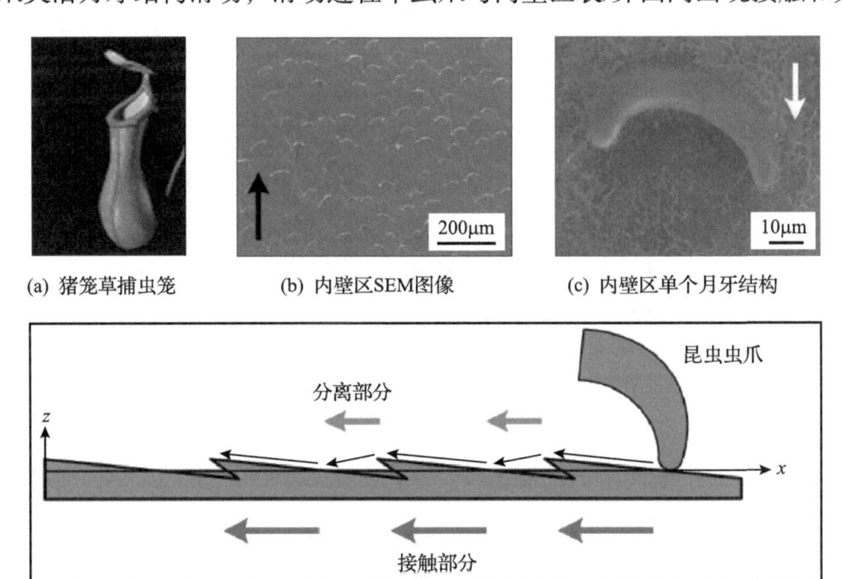

(a) 猪笼草捕虫笼　(b) 内壁区SEM图像　(c) 内壁区单个月牙结构

(d) 虫爪在内壁区运动过程示意图

图 10.13　猪笼草捕虫笼内壁食虫过程的波动干增润示意图

首先，爪尖随月牙结构滑动，蜡质在界面处不断堆积。当滑到月牙结构的末端时，堆积的蜡层不足以提供足够的支撑，虫爪脱离月牙结构，界面间发生分离。当滑动到下一个结构时，再次重复该过程。在这个过程中，单个月牙结构间的长度即波长起着决定性的作用。如果月牙结构的波长太长，昆虫可能会从内壁区逃逸。

为了进一步表征猪笼草内壁区波动增润减摩效应，测量了昆虫(蚂蚁)的爪尖在内壁区滑动的摩擦力。虫爪在法向力作用下与内壁区紧密接触，向下滑动时产生摩擦力(图 10.14(a))。虫爪滑动速度为 50μm/s。4s 后，虫爪滑过三个月牙结构。由图 10.14(b)可以看出，在滑动时，爪尖与月牙结构之间的蜡不断堆积，摩擦力增大，直到爪尖进入分离部位，摩擦力减小。界面的摩擦状态可以通过摩擦系数来判断。图 10.14(c)表明摩擦系数在滑动周期内缓慢增加然后迅速减小。在滑动接触部分，虫爪与月牙结构之间的蜡堆积使摩擦系数缓慢增加，然后当虫爪与月牙结构分离时摩擦系数迅速下降。摩擦力测量结果揭示了内壁区捕虫时，昆虫爬行过程中虫爪接触状态的变化，波动结构表面实现了波动增润减摩的效应。

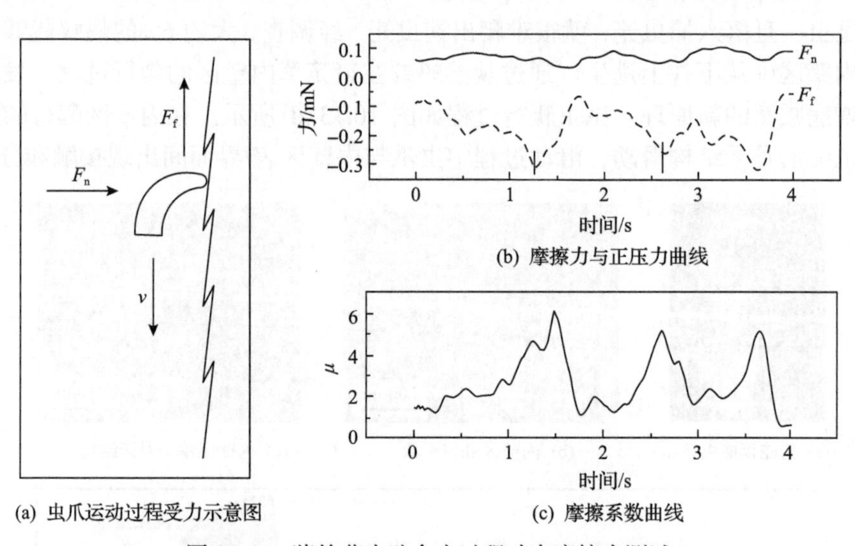

(a) 虫爪运动过程受力示意图　(b) 摩擦力与正压力曲线　(c) 摩擦系数曲线

图 10.14　猪笼草内壁食虫过程动态摩擦力测试

10.2.2　仿生波动干增润电刀的制备

受到猪笼草波动减摩效应的启发，本节提出一种仿生波动干增润电刀，波动干增润的原理如图 10.15 所示，展示了理想的仿生波动干增润电刀的切割过程。刀具在直线路径上被施加一个谐波，将其叠加在工件的进给运动上。对于一个给定的振动频率 f，存在一个临界切入速度，低于该速度电刀将周期性断开与未切割组织的接触。

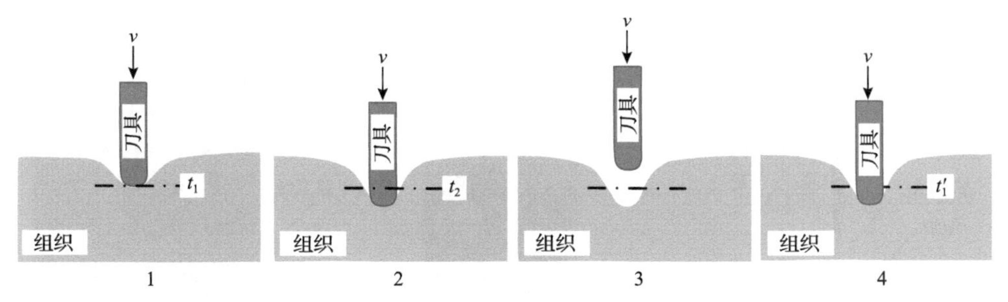

图 10.15　仿生波动干增润电刀的切割过程

图 10.15 中，将与未切组织的初始接触时间表示为 t_1，刀具在切削运动结束时与工件材料断开接触的时间表示为 t_2。刀具切削循环时间段是 $t_2 - t_1$，有

$$A\sin(2\pi f t_1) = A\sin\left(\arccos\left(\frac{-v}{2\pi f A}\right)\right) - v\left(t_1 - \frac{\arccos(-v/(2\pi f A))}{2\pi f}\right) \tag{10.3}$$

$$t_2 = \frac{\arccos(-v/(2\pi f A))}{2\pi f} \tag{10.4}$$

占空比 DC 定义为电刀在每个振动周期中切割工件组织的时间：

$$\mathrm{DC} = \frac{t_2 - t_1}{T} = f(t_2 - t_1) \tag{10.5}$$

式中，T 为振动周期(等于 $1/f$)，f 为振动频率。如表 10.1 所示，占空比越大，每个周期中电刀切割的比例越小。

表 10.1　试验条件对占空比的影响

速度比	振幅 e/μm	频率/kHz	占空比
0.1	50	40	0.21
0.1	50	30	0.27
0.05	50	40	0.22

如图 10.16 所示，仿生波动干增润电刀是一种纵向激发的超声振动辅助(UV-A)电切割单元，由超声系统和电切割系统组成。当仿生电刀切割组织时，首先开启超声波振动，切割时接通高频电流。电刀尖端产生的高频电流在超声振动的辅助下使组织分离、凝固，从而实现切割和止血。

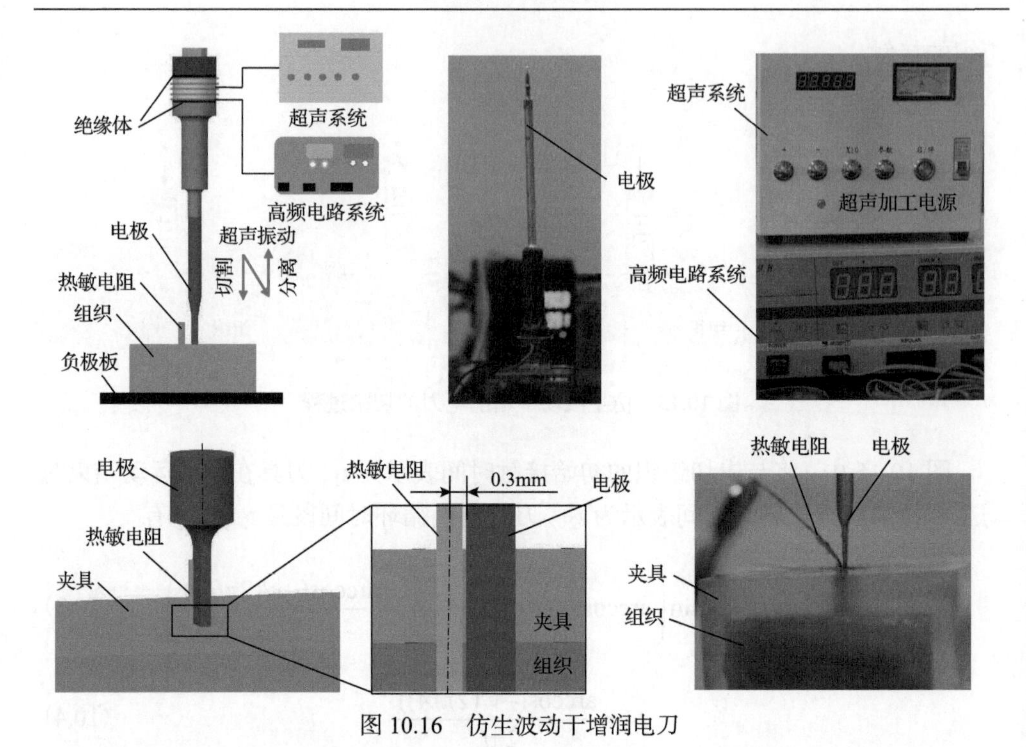

图 10.16　仿生波动干增润电刀

10.2.3　仿生波动干增润电刀的防粘连和热损伤评价

二维力传感器用于测量黏附力和切削力。图 10.17(a)展示了典型的黏附力随时间变化曲线，其中黏附力对应力曲线的峰值，可以看出，在测量过程中，黏附力为上提负力。图 10.17(b)显示了在使用和不使用超声时黏附力随载荷变化曲线，可以看出，不使用超声时，黏附力随载荷的增加显著上升；使用超声时，黏附力几乎保持稳定不变。这表明使用超声的抗粘连效果比改善电极表面的更显著，改善电极表面后黏附力仍随着载荷的增加而增加。此外，在 40mN 的负载下，使用超声时对软组织的黏附力比不使用超声时下降了 60%，表现出优异的抗黏附性能。

电刀的抗粘连稳定性是临床使用的重要指标。如图 10.18(a)所示，抗粘连稳定性通过五次测量组织黏附到电刀表面的质量来评估。可以看到，使用超声的情况下，抗粘连稳定性在五次切割中几乎保持不变，并且在切削过程中保持减少的趋势。在使用超声的情况下，第一次切割的组织黏附质量减少了 57%。切割次数达到五次后，相较于未使用超声的情况，使用超声的情况所黏附的组织降低了 70% 以上，表现出优异的抗粘连稳定性。另外，由图 10.18(b)可以看到，使用超声的情况下，黏附的组织块只是一层薄薄的非常均匀且微小的凝固组织，焦痂组织较少。

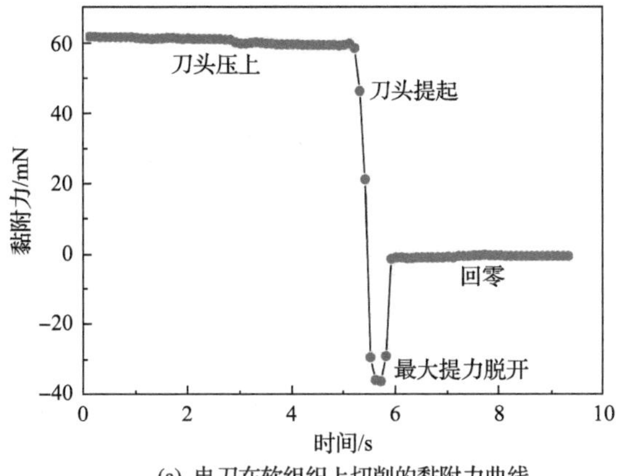

(a) 电刀在软组织上切削的黏附力曲线

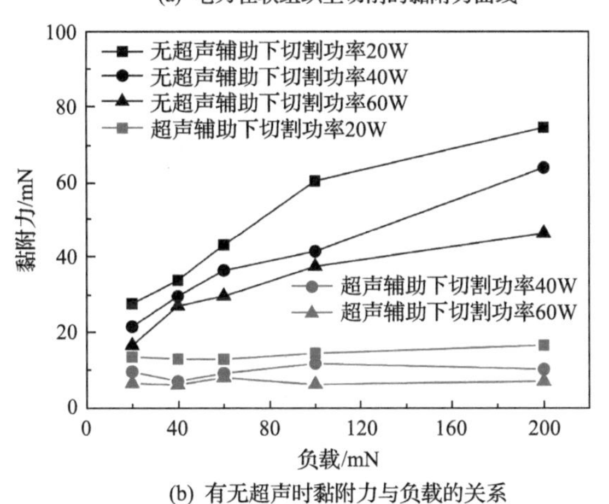

(b) 有无超声时黏附力与负载的关系

图 10.17　仿生电刀的防粘效果

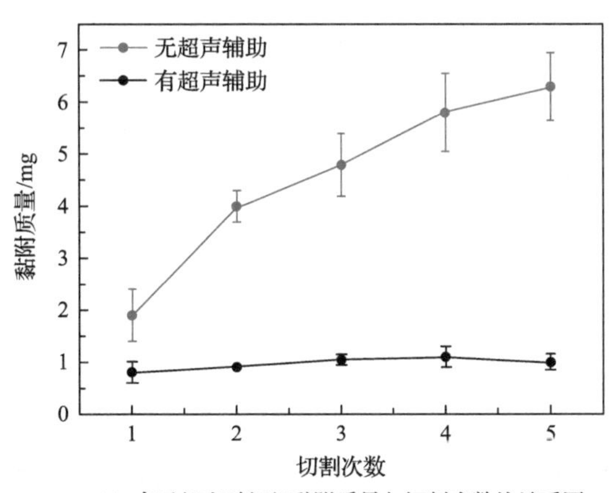

(a) 有无超声时组织黏附质量与切割次数的关系图

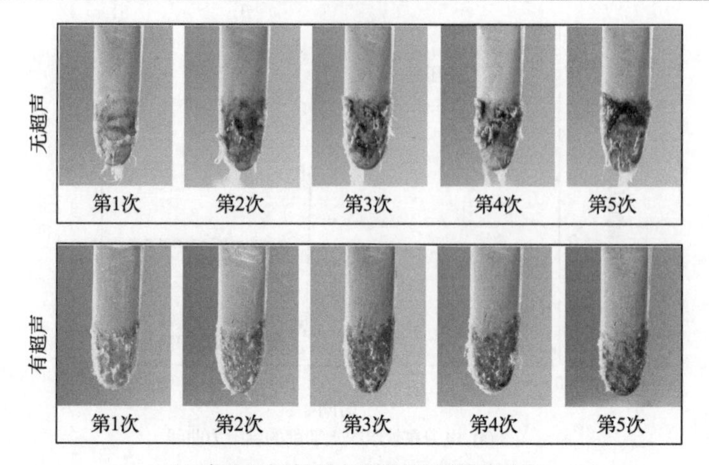

(b) 有无超声时五次切割后组织黏附的照片

图 10.18　仿生电刀的抗粘连稳定性

用一个定制的聚碳酸酯夹具将标准微型热敏电阻放置在相对于电刀一定距离的地方，来测量切削温度。图 10.19(a)为单次切削过程中温度-时间曲线，其中温度先升高后降低。图 10.19(b)为最高切削温度与功率曲线。可以看到，无超声组的最高切削温度随着功率的增加而显著增加，而有超声组的最高切削温度基本保持稳定，仅在功率达到 Cog 80W 时有轻微增加。图 10.19(c)为最高切削温度随切削速度变化曲线。有超声组的最高切削温度下降得更快。当切削速度增加到 1mm/s 时，有超声组的最高切削温度比无超声组的最高切削温度低几乎 40%(*$p<0.05$)，说明有超声组具有出色的切削稳定性。

研究电刀的损伤面积对提高手术质量、促进创面愈合具有重要意义。图 10.20(a)为在不同切削速度下损伤深度的剖面图。有超声组的损伤径向深度更小。有超声组的损伤深度随着切削速度的增加而显著降低，这与损伤深度-切削速度曲线的趋势相吻合(图 10.20(b))。当切削速度增加到 1mm/s 时，有超声组的损伤深度比无超声组的小 40%以上。结果表明，超声振动能够减少电刀切割过程中的热损伤。

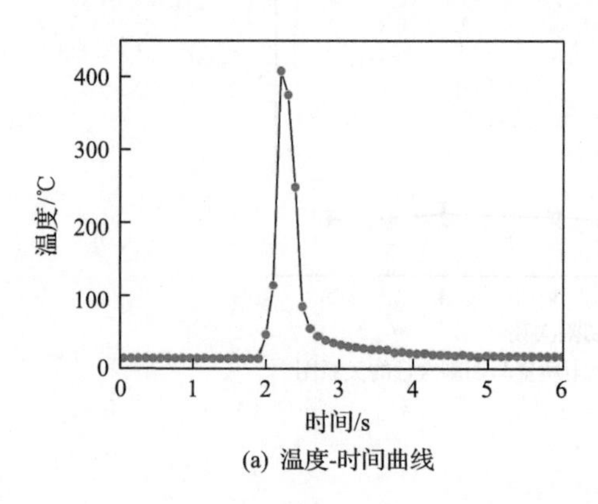

(a) 温度-时间曲线

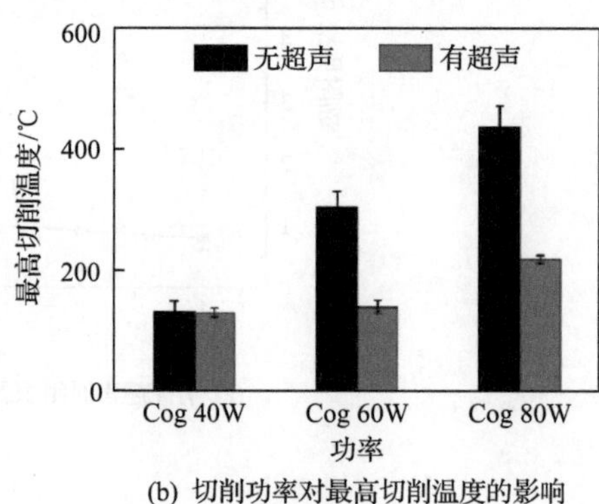

(b) 切削功率对最高切削温度的影响

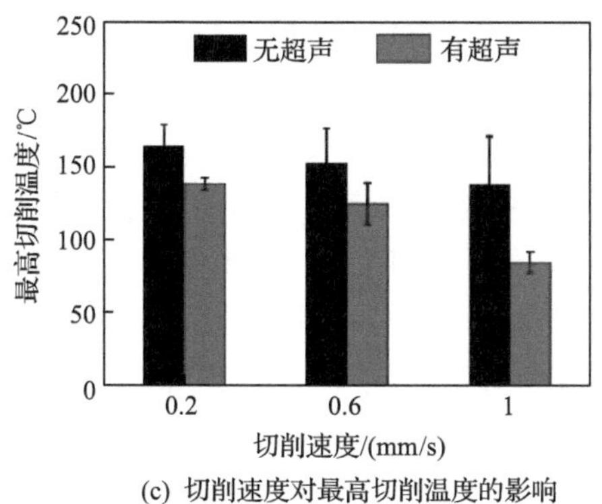

(c) 切削速度对最高切削温度的影响

图 10.19 仿生电刀的冷却效果

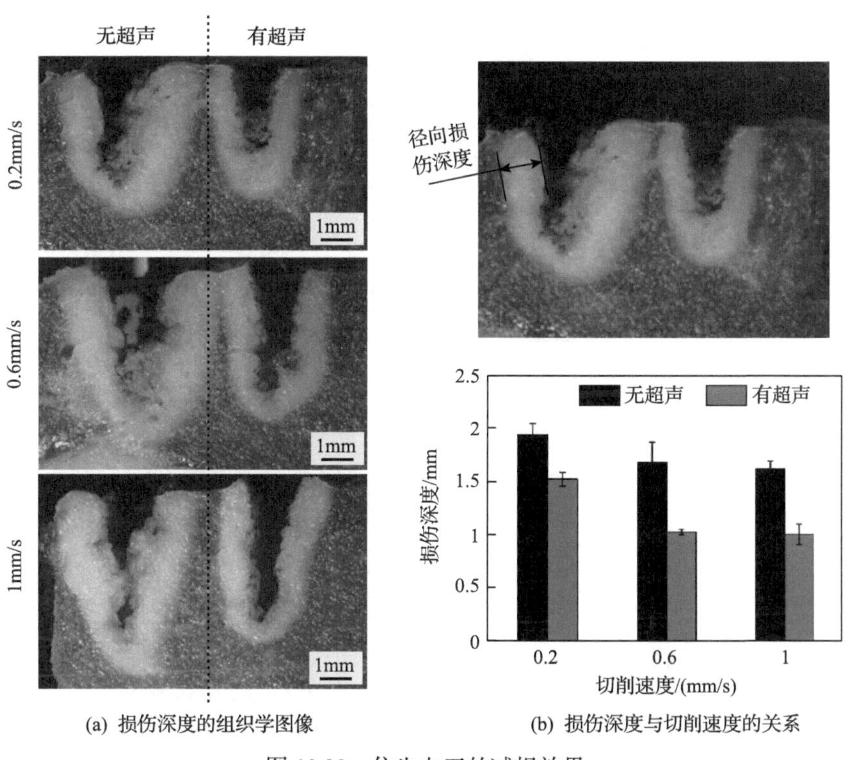

(a) 损伤深度的组织学图像 (b) 损伤深度与切削速度的关系

图 10.20 仿生电刀的减损效果

10.3 仿生液膜润湿夹持工具的防滑效应

10.3.1 仿树蛙脚掌强湿摩擦表面制备

根据得到的树蛙脚掌结构特征，仿生二级棱柱表面光刻制备工艺如图 10.21

所示，用密排不同大小六边形的两块掩模板对负性光刻胶进行两次曝光制备得到。第一次利用掩模板 1 光刻出二级棱柱状凹坑的阴模结构，在阴模表面再次匀胶，利用掩模板 2 光刻出一级棱柱状凹坑的阴模结构，最终显影得到两级复合阴模。使用聚二甲基硅氧烷(PDMS)复制即可得到仿生二级棱柱表面。为了降低接触面间吸附力使脱模更加完整，将模具用 CF_4 等离子气体处理，以降低其表面能。仿生单级棱柱表面通过一次光刻一级棱柱得到的阴模复制成形，如图 10.21 所示。表面亲疏水改性通过 CF_4 和 O_2 等离子体处理实现，每次测量后，都重复一次表面改性过程。

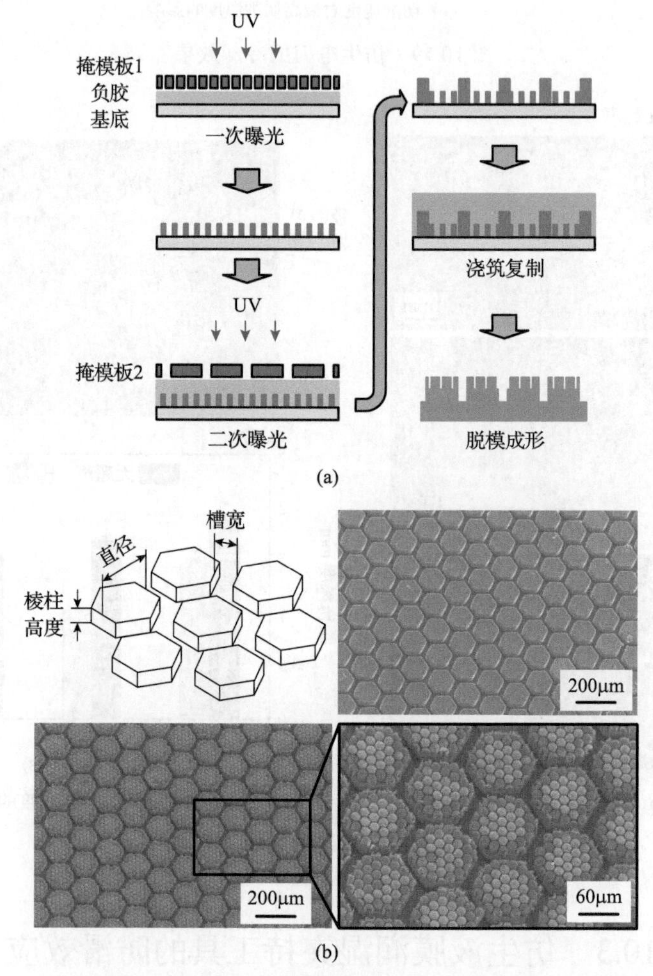

图 10.21　仿生二级棱柱表面光刻制备工艺

光刻工艺难以实现密排纳米棱柱结构的制作，因此还需要考虑使用其他方法进一步完成对树蛙脚掌结构的逼真仿生制备。现有的纳米结构制作常常通过复制纳米模板来实现，常见的纳米模板包括阳极氧化铝(AAO)模板和聚苯乙烯(PS)小球自组装模板等(图 10.22)。用 AAO 模板制作纳米结构常见的有两种工艺可以选择，第一种通过纳米转印法，在玻璃基底上匀涂少量 PDMS，用制备出的微米棱柱表面接触该玻璃基底，使其表面粘上少量 PDMS，然后将表面挤压至 AAO 表面，使粘上的 PDMS 渗入 AAO 纳米孔洞中，然后通过腐蚀或者脱模去除 AAO，最终得到含有纳米棱柱的二级结构表面。利用 PS 小球自组装成形技术，在密排微米棱柱表面上自组装出密排的 PS 小球，将它作为纳米二级结构，再将所得到

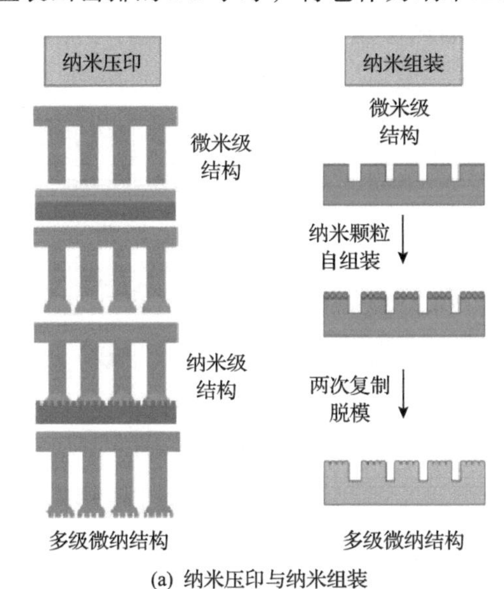

(a) 纳米压印与纳米组装

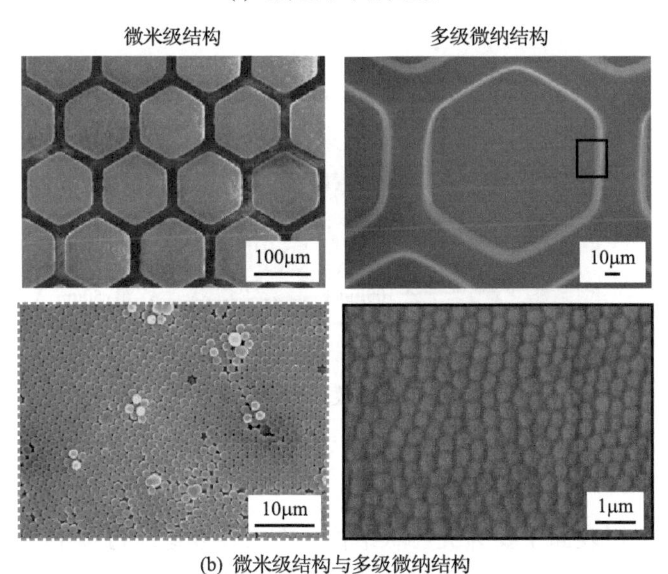

(b) 微米级结构与多级微纳结构

图 10.22　微纳多级复合结构制备工艺

的模板翻模复制两次，即可得到带有二级凸包的微纳表面。与 PS 自组装方式相比，AAO 表面更为规则，其孔径和孔深度可通过控制电解电流实现，因而更适合微纳二级表面的制备。

为了制备出树蛙脚掌棱柱顶端的凹坑结构，可以使用半浸润复制填充模式，其具体流程如图 10.23 所示。当利用 PDMS 和模具复制时，PDMS 在模具微结构中的运动同样遵循毛细运动基本规律，其中的凹坑结构如同毛细管，能够快速拉升 PDMS 进入，由于毛细力来自于凹坑侧壁，其填充过程中 PDMS 会保持中间下凹状态。此时如果高温加热快速固化表面，脱模后则能得到顶部凹陷的密排棱柱表面。

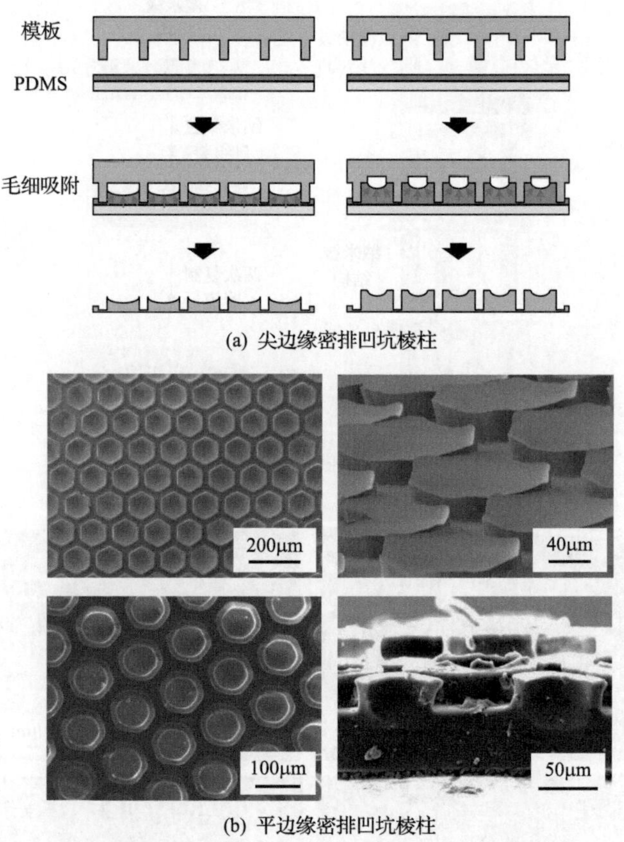

(a) 尖边缘密排凹坑棱柱

(b) 平边缘密排凹坑棱柱

图 10.23　密排凹坑棱柱表面制作工艺流程

10.3.2　仿生强湿摩擦手术夹钳

传统手术夹钳表面主要为尖齿状结构，在夹持软组织过程中，由于齿尖的应力集中，常常在软组织上留下明显的压痕，如图 10.24(a)所示。选取两种常见结构参数的手术夹钳作为比较对象，其齿间距分别为 1mm 和 0.5mm，顶角为 60°。根据树蛙脚掌的多种棱柱结构，以及沟槽、棱柱的方向性形变两个特点，分别表征研究其对湿摩擦力的影响。

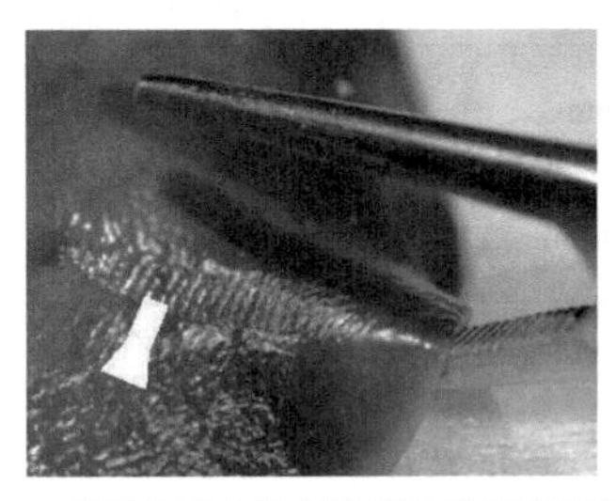

(a) 传统尖齿夹钳夹持后留下明显痕迹

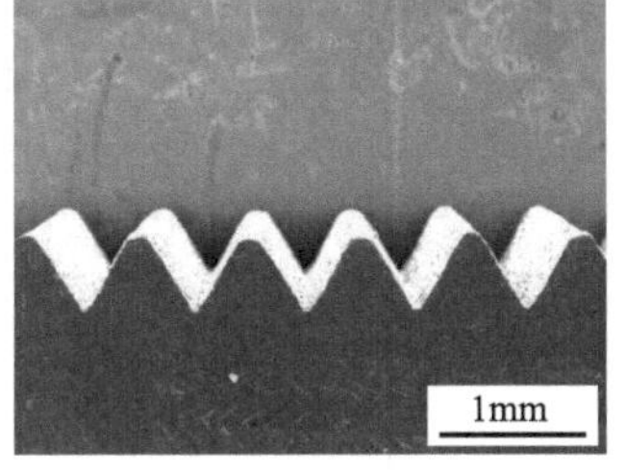

(b) 1mm尖齿表面

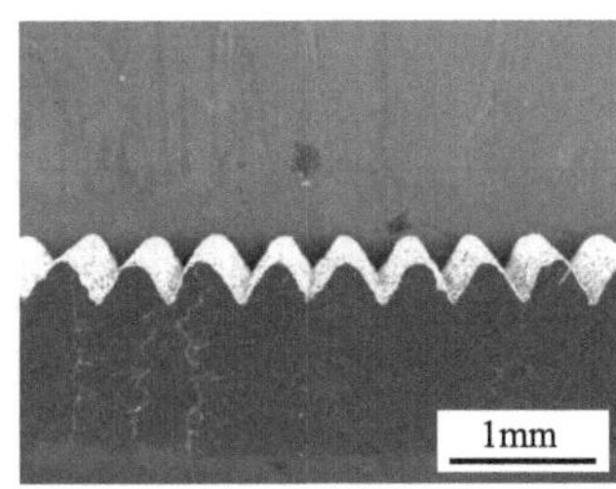

(c) 0.5mm尖齿表面

图 10.24　传统尖齿状结构的手术夹钳

生物组织表面的摩擦力测量通过图 10.25 所示的装置来实现。该装置通过将软组织(新鲜猪肝)固定于二维测力平台上，然后将 5000mN 重量的载荷放置在被测试表面上，形成约 50kPa 的法向压力，该压力小于猪肝的损坏强度 160～280kPa。最后利用电动平移台以 500μm/s 的水平速度推动测试表面，便可得到测试表面的摩擦力。在试验中，分别对测试表面沿着横向和纵向两个方向滑动的摩擦力进行了测量。

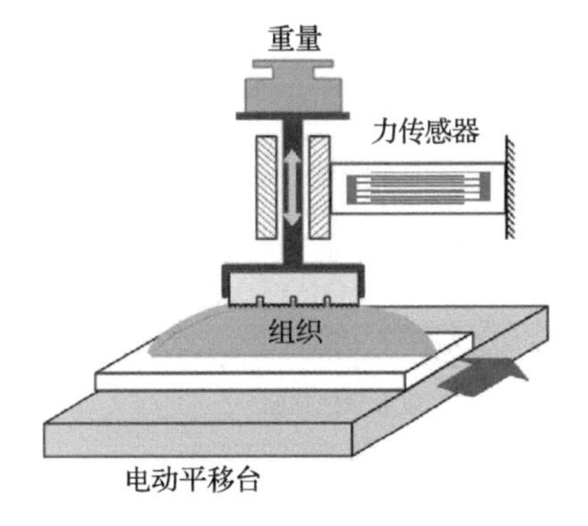

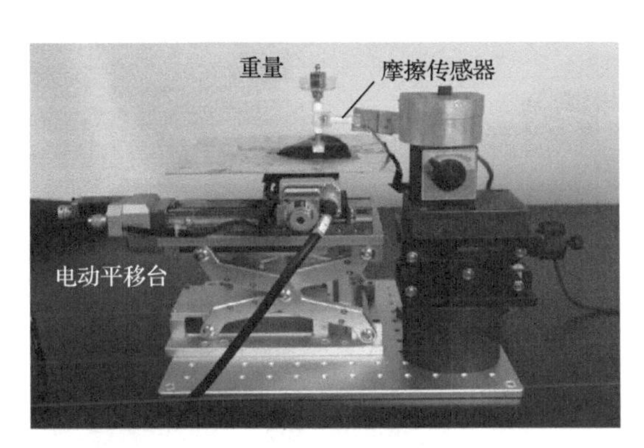

图 10.25　仿生表面和 1mm 尖齿表面在生猪肝上的摩擦测试

1. 不同形状棱柱表面的摩擦系数研究

结合树蛙脚掌的结构表征结果，仿生手术夹钳表面设计成密排棱柱结构，其中包括六棱柱、菱形棱柱、三棱柱、方形棱柱和光滑表面五种。结合文献中手术夹钳表面测试得到的钻石形齿结构，其最优直径为 0.15mm，故仿生六棱柱表面设计为外接圆直径为 140μm，其沟槽深度、宽度分别为 30μm 和 20μm。为保证实际接触面积相同，其余四种棱柱边长如表 10.2 所示。如图 10.26 所示，制备得到了面积 1cm×1cm 的多种棱柱表面。

表 10.2　不同设计表面的结构参数表

<table>
<tr><th>编号</th><th>表面图案</th><th>尺寸参数</th><th>横向滑动</th><th>竖向滑动</th><th colspan="2">齿间距</th><th colspan="2">齿顶角</th></tr>
<tr><td>A</td><td></td><td>1mm 齿</td><td rowspan="8">→</td><td rowspan="8">↓</td><td colspan="2">1mm</td><td colspan="2">60°</td></tr>
<tr><td>B</td><td></td><td>0.5mm 齿</td><td colspan="2">0.5mm</td><td colspan="2">60°</td></tr>
<tr><td></td><td></td><td></td><td>边长</td><td>沟槽宽</td><td>沟槽深</td><td>面积比例</td></tr>
<tr><td>C1</td><td></td><td>六棱柱</td><td>69μm</td><td rowspan="4">20μm</td><td rowspan="4">30μm</td><td rowspan="4">73%</td></tr>
<tr><td>D</td><td></td><td>菱形棱柱</td><td>157μm</td></tr>
<tr><td>E</td><td></td><td>三棱柱</td><td>233μm</td></tr>
<tr><td>F</td><td></td><td>方形棱柱</td><td>135μm</td></tr>
<tr><td>R</td><td></td><td>光滑表面</td><td colspan="4">$R_a = 0.06\mu m$</td></tr>
</table>

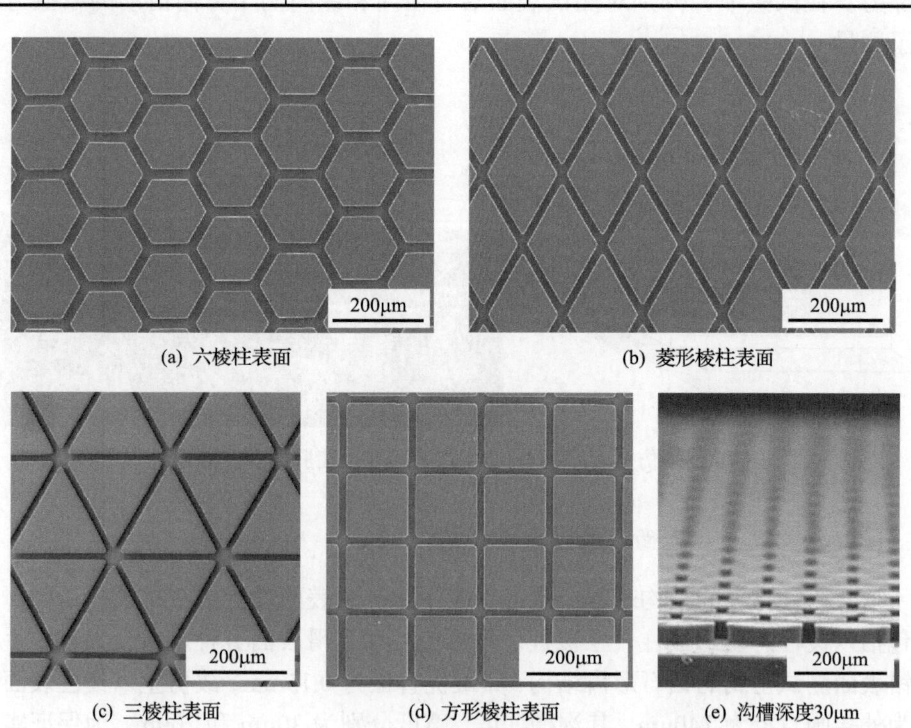

(a) 六棱柱表面　(b) 菱形棱柱表面

(c) 三棱柱表面　(d) 方形棱柱表面　(e) 沟槽深度30μm

图 10.26　四种不同棱柱表面的 SEM 照片

不同表面的摩擦系数测试结果如图 10.27(a)所示，图中展示了 7 种不同表面纹理图案(见表 10.2)在横向和纵向上的摩擦系数(四棱柱和光滑图案在两个方向上的摩擦系数相同)。所有表面都表现出了不同的摩擦系数，并且大部分表面都表现出了各向异性的摩擦系数。0.5mm 尖齿表面比 1mm 尖齿表面的横向滑动摩擦系数更大，但在纵向滑动中两者大小相反。对于不同的棱柱表面，六棱柱和菱形棱柱表面在横、纵两个方向的摩擦系数都(分别)超过了 0.5mm 和 1mm 尖齿表面。三棱柱表面摩擦系数与尖齿表面相当，且都高于方形棱柱表面。可以看出，通过将接触界面间黏液挤入沟槽中，棱柱表面都产生了相当大的摩擦系数，这说明微棱柱带来的微摩擦模式相比于传统尖齿表面的机械互锁模式，能更有效地提高摩擦系数，从而提高夹持稳定性。

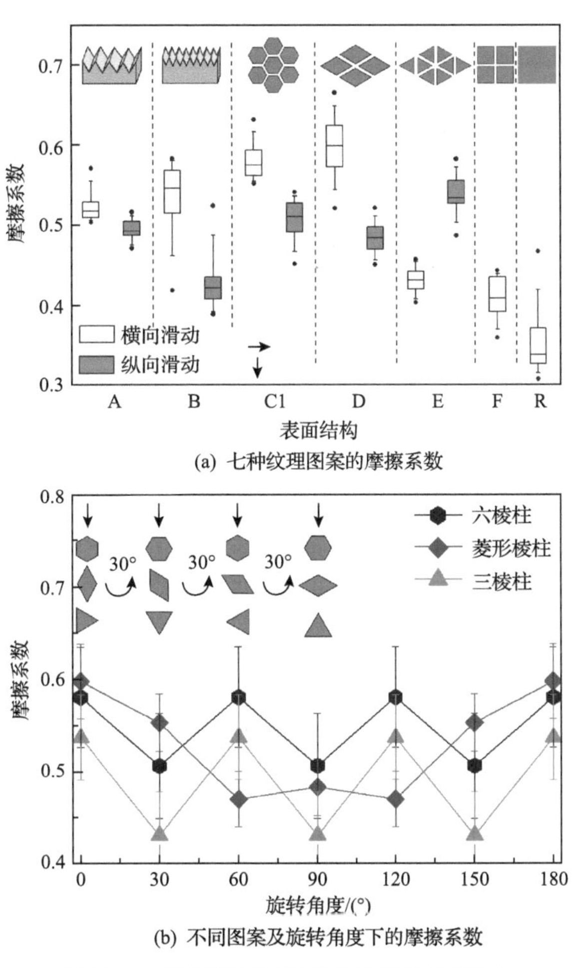

(a) 七种纹理图案的摩擦系数

(b) 不同图案及旋转角度下的摩擦系数

图 10.27　不同阵列棱柱结构表面的摩擦特性

为了进一步研究滑动方向对摩擦系数的影响，将六棱柱、菱形棱柱和三棱柱表面旋转不同角度来测试其摩擦系数。图 10.27(b)展示了当表面图案逆时针旋转30°、60°、90°、120°、150°和 180°时，六棱柱、菱形棱柱和三棱柱表面图案的摩擦系数。六边形、菱形和三角形的结构旋转周期分别为 60°、60°和 180°，由图可见这些结构表面沿不同方向的摩擦系数表现出了一定的周期性。六棱柱表面不同方向摩擦系数变化不明显，其各个方向摩擦系数平均效果均强于菱形表面和三角形表面。正因为如此，55%六棱柱覆盖的树蛙脚掌能够形成稳定的摩擦系数用于爬行。

2. 不同长宽比棱柱表面的摩擦系数研究

为了研究棱柱长宽比对仿生表面在组织上摩擦的影响，这里设计了四种不同顶角的六边形棱柱表面，顶角分别为 90°(C2)、60°(C3)和 30°(C4)的六棱柱表面，以及作为对比的规则六棱柱表面 C1(表 10.3)。如上所述，由于棱柱沟槽可能对摩擦系数带来影响，四种表面均设计成相同棱柱边长、沟槽宽度和沟槽深度。试验所用表面通过光刻后 PDMS 复制获得，如图 10.28 所示。

表 10.3 具有不同顶角的四种六边形表面的结构参数

编号	表面图案	顶角度数	边长	沟槽宽度	沟槽深度	面积比例	沿顶角方向的长宽比
C1		120°				73%	1.15
C2		90°	69μm	20μm	30μm	69%	1.71
C3		60°				56%	2.73
C4		30°				37%	5.68

四种棱柱表面沿着角方向和边方向的摩擦系数均不相同，且都表现出了各向异性的摩擦系数，如图 10.28(c)所示。它们沿角方向的摩擦系数都高于沿边方向，即使是规则六棱柱的 C1 表面，其角方向摩擦系数也超过边方向约 20%。随着六棱柱顶角的减小，棱柱变得细长，其摩擦系数各向异性的特点也更加明显。对于30°顶角的 C4 表面，其角方向摩擦系数超过边方向约 78%，差异大于规则六棱柱表面 C1。此外，顶角变化对角方向摩擦系数的影响远大于边方向。从 C1 表面到C4 表面，角方向摩擦系数升高了约 34%，而边方向摩擦系数仅仅降低了 10%。在Varenberg 的工作中，与 C3 表面有相同接触面积比例的密排棱柱表面同样沿角方向表现出了高摩擦系数。

棱柱顶角越小，沟槽分布也会越趋向于角方向，因此也能获得越高的摩擦系

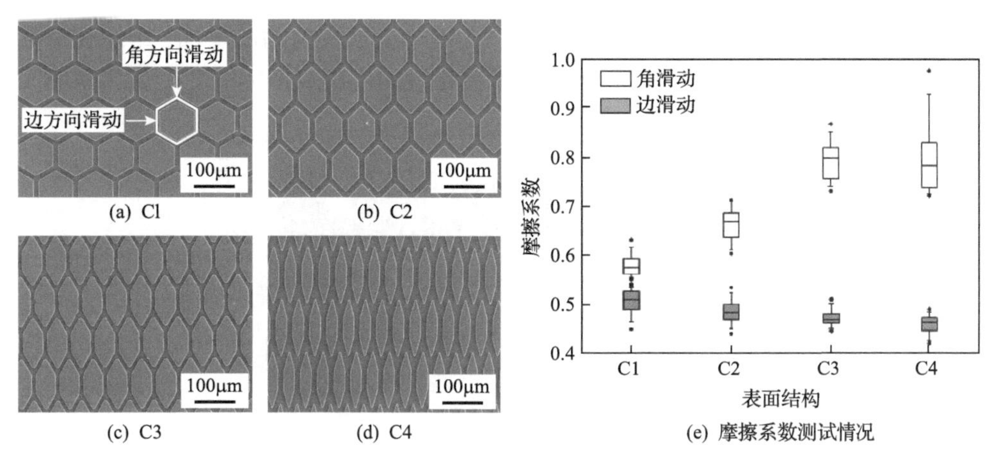

图 10.28　四种不同类型的六棱柱的 SEM 图像和摩擦系数图

数。统计树蛙脚掌表面棱柱细胞得到的长宽比约为 1.47，相当于顶角约 79°的六棱柱。当顶角变小时，沿角方向滑动的摩擦系数变大，但同时其沿着边方向摩擦系数会降低。此外，由于材料偏软，长宽比过高的棱柱在滑动过程中可能会出现弯曲、变形等情况，因此树蛙仅仅进化出了长宽比介于 0.5 到 2.5 之间的棱柱，没有更细更长。在摩擦力测试试验中，仿生表面材料弹性模量远高于生物软组织，因此摩擦系数的各向异性受材料变形影响较小，这与 Iturri 的工作中棱柱变形带来各向异性摩擦不同。

将制备得到的不锈钢仿生夹钳表面粘接到微创医疗手术夹钳表面，得到了仿生微创手术夹钳，如图 10.29 所示。传统手术夹钳由于其较大的尖齿结构以及其较弱的摩擦力，夹持过程中必然会加大夹持力，形成较大的软体组织变形及应力集中，留下较深的夹持痕迹。而仿生手术夹钳表面由于其沟槽窄而浅，所产生的组织变形也会降低很多。

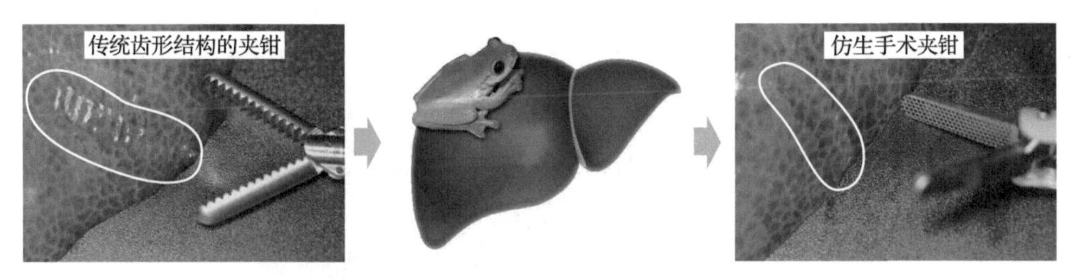

图 10.29　传统手术夹钳表面与仿生手术夹钳表面夹持对比

为了测量组织变形量，将生物组织用 1mm、0.5mm 尖齿表面和仿生手术夹钳表面夹持，夹持力分别设为 1N、5N 和 10N，在此状态下冰冻组织，以固定组织变形量便于观察测量，最后利用激光共聚焦显微镜（Model OLS4100, Olympus Co.）扫描冰冻状态下的组织表面。可以看出，传统齿形结构的夹钳表面夹持产生的组织变形量远远高于仿生手术夹钳表面(图 10.30)。随着夹持力的增加，组织变形量逐渐升高。当加持力达到 10N 时，仿生手术夹钳表面上组织产生的变形量为 30μm，

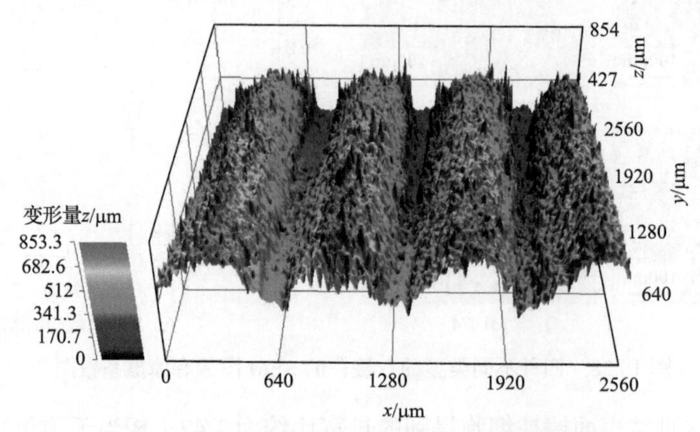

(a) 1mm尖齿表面夹钳在10N法向力下，新鲜猪肝变形量

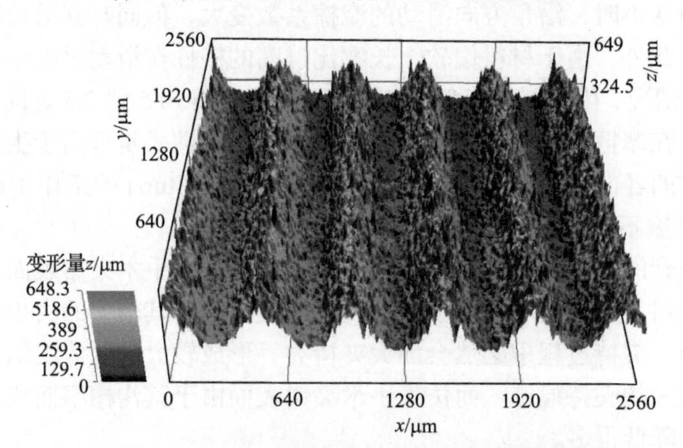

(b) 0.5mm尖齿表面夹钳在10N法向力下，新鲜猪肝变形量

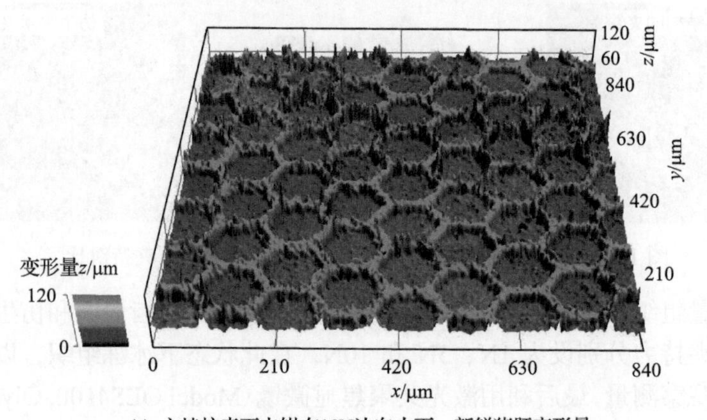

(c) 六棱柱表面夹钳在10N法向力下，新鲜猪肝变形量

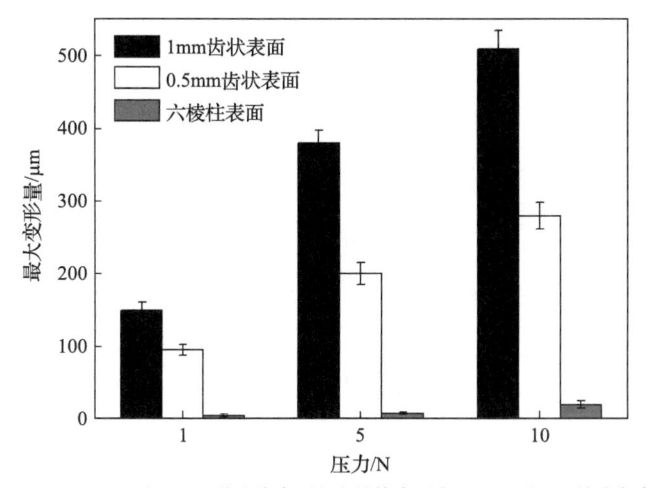

(d) 1mm和0.5mm的尖齿表面和六棱柱表面在1N、5N和10N的法向力下引起的组织变形量比较

图 10.30　仿生手术夹钳与常规手术夹钳的组织变形损伤对比

几乎完全填充沟槽，其变形量仅为传统齿形夹钳的约 1/10。因此，在保证优异的摩擦性能下，仿生手术夹钳表面对组织带来的夹持损伤要远小于传统齿形表面，达到了手术夹钳降损的要求。

10.3.3　仿生强湿摩擦表面在生物电极上的应用

现有的可穿戴传感器表面常常采用黏性材料吸附于皮肤表面，而皮肤表面时刻分泌挥发的汗液会逐渐削减传感器的贴附效果，降低传感器采集精度，影响医生对疾病的预防和判断。常用的解决方案，是更换黏性胶和仿壁虎脚掌结构都难以解决湿滑问题，将仿生强湿摩擦机制应用于可穿戴传感器表面不失为一种解决方案。

选用常用的脉搏传感器作为仿生可穿戴传感器应用测试对象。传感器来自于 TE 公司的 PVDF 压电传感器，分别将其固定于面积大小为 3cm×3cm 的 PDMS 仿生棱柱表面、PDMS 光滑表面和商业皮肤电极吸附贴片表面上，并将 PDMS 表面使用氧气等离子体处理成为亲水表面，如图 10.31 所示。测量脉搏时，将传感器贴于脉搏所处的皮肤表面，其输出信号使用屏蔽线与电荷放大器(Nexus，Bruel&Kjaer)相连。脉搏振动产生的电信号由电荷放大器和低通滤波器处理，然后由示波器显示(在测试过程中，通过吸管向皮肤添加不同体积的水，以模拟不同的汗液状态)。

为了模拟皮肤分泌汗液对测量精度带来的影响，测试中在皮肤上滴加了不同量的液体，对比试验结果如图 10.32 所示。初始时由于仿生棱柱表面与光滑表面

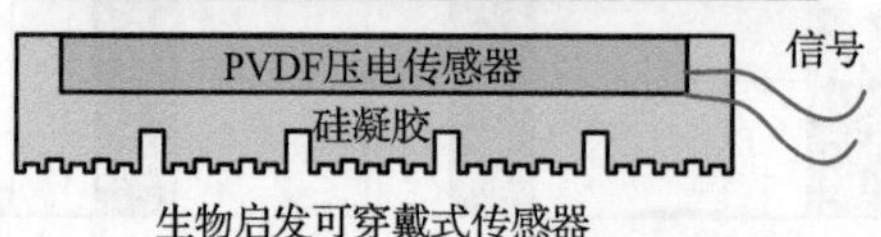

(a) 具有仿生强湿摩擦表面的可穿戴传感器

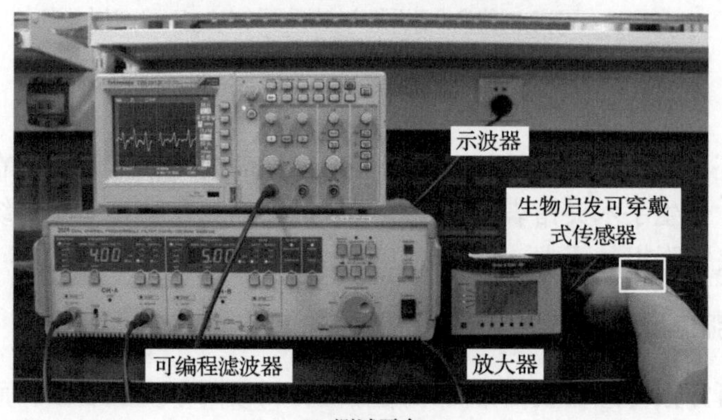

(b) 测试平台

图 10.31　仿生黏附可穿戴传感器装置和测试平台

上没有液体，难以形成紧密吸附，传感器输出几乎为零；商业吸附表面则能形成较好的接触，可测量到脉搏信号。当在界面上滴加 5μL 去离子水后，仿生棱柱表面与光滑表面开始表现出一定的吸附能力，能够测量出脉搏信号；而此时商业吸附表面由于液体完全阻隔了界面接触，使得信号完全被屏蔽。当皮肤变得更为潮湿时(滴加 10μL 去离子水)，可以看到仿生棱柱表面信号进一步增强，而光滑表面信号消失。继续增加液量，直到滴加 30μL 去离子水时，仿生棱柱表面信号才基本无法分辨。由于仿生棱柱表面沟槽有储存液体的能力，其混合摩擦对液量的适应范围比光滑表面更宽。当皮肤表面出现较多液体时，能够在利用沟槽吸收储存液体的同时形成部分薄液膜，产生较强的边界摩擦，因而试验中仿生表面表现出了对不同湿度皮肤表面更强的适应性。而光滑表面和商业吸附表面在界面间液量较多时无法靠自身吸附力紧密贴附于皮肤表面，导致脉搏振动完全被液体润滑隔离，失去了测量脉搏信号的能力。

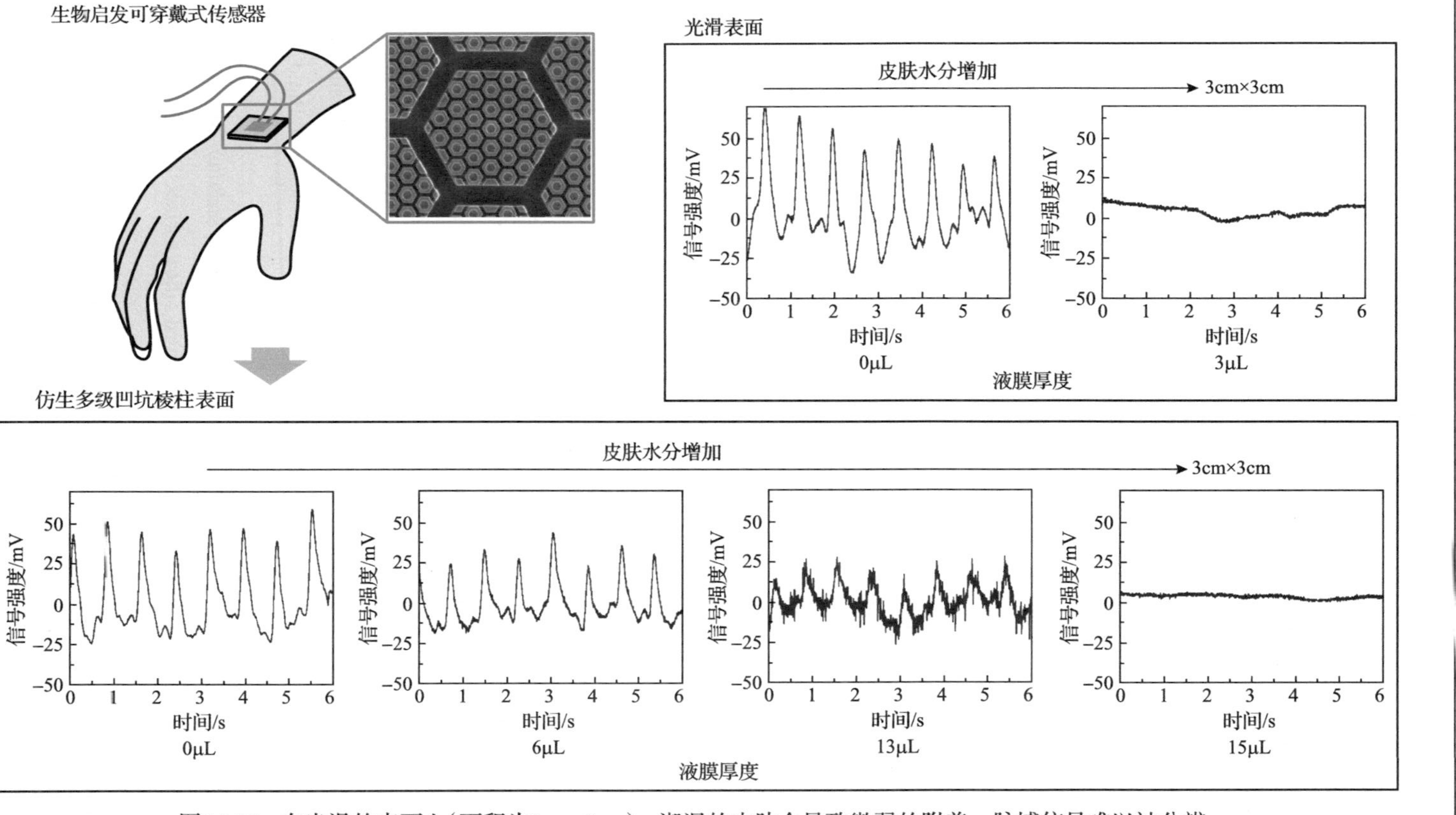

图 10.32　在光滑的表面上(面积为3cm×3cm)，潮湿的皮肤会导致微弱的附着，脉博信号难以被分辨，在仿生棱柱表面上，即使皮肤上有约13μL的液体薄膜，脉博信号仍然可以分辨出来

可以看出，仿生棱柱表面相对于光滑表面和商业吸附表面有着更强的皮肤湿环境适应能力，在皮肤大范围的湿度下，能够保持较好的接触状态，检测到人体的生理特征。仿生棱柱表面利用液膜边界状态实现的吸附为自发吸附，随着使用次数的增多并不会削弱其吸附效果，相比于传统商业吸附表面的胶黏附，该表面可以重复使用，能够降低患者治疗成本。

参 考 文 献

Çeviker N, Keskil S, Baykaner K. 1998. A new coated bipolar coagulator: Technical note[J]. Acta Neurochirurgica, 140 (6) : 619-620.

Chen H W, Zhang L W, Zhang D Y, et al. 2015. Bioinspired surface for surgical graspers based on the strong wet friction of tree frog toe pads[J]. ACS Applied Materials & Interfaces, 7 (25) : 13987-13995.

Chen H W, Zhang P F, Zhang L W, et al. 2016. Continuous directional water transport on the peristome surface of *Nepenthes alata*[J]. Nature, 532 (7597) : 85-89.

Diamond M P, Decherney A H. 1987. Pathogenesis of adhesion formation/reformation: Application to reproductive pelvic surgery[J]. Microsurgery, 8 (2) : 103-107.

Elliott-Lewis E W, Mason A M, Barrow D L. 2009. Evaluation of a new bipolar coagulation forceps in a thermal damage assessment[J]. Neurosurgery, 65 (6) : 1182-1187.

Jiang J F, Varghese T, Chen Q, et al. 2007. Finite element analysis of tissue deformation with a radiofrequency ablation electrode for strain imaging[J]. IEEE Transactions on Ultrasonics, Ferroelectrics and Frequency Control, 54 (2) : 281-289.

Kang S K, Kim P Y, Koo I G, et al. 2012. Non-stick polymer coatings for energy-based surgical devices employed in vessel sealing[J]. Plasma Processes and Polymers, 9 (4) : 446-452.

Kim P, Kreder M J, Alvarenga J, et al. 2013. Hierarchical or not? Effect of the length scale and hierarchy of the surface roughness on omniphobicity of lubricant-infused substrates[J]. Nano Letters, 13 (4) : 1793-1799.

Koch C, Friedrich T, Metternich F, et al. 2003. Determination of temperature elevation in tissue during the application of the harmonic scalpel[J]. Ultrasound in Medicine & Biology, 29 (2) : 301-309.

Kulkarni S A, Mirji S A, Mandale A B, et al. 2006. Thermal stability of self-assembled octadecyltrichlorosilane monolayers on planar and curved silica surfaces[J]. Thin Solid Films, 496 (2) : 420-425.

Li W, Jia Z G, Wang J, et al. 2015. Friction behavior at minimally invasive grasper/liver tissue interface[J]. Tribology International, 81: 190-198.

Malis L I. 1996. Electrosurgery[J]. Journal of Neurosurgery, 85 (5) : 970-975.

Massarweh N N, Cosgriff N, Slakey D P. 2006. Electrosurgery: History, principles, and current and future uses[J]. Journal of the American College of Surgeons, 202(3): 520-530.

Rondinone J, Brassell J, Miller S A, et al. 1998. New electrosurgical ball electrode with nonstick properties[C]. Procedings of the Surgical Applications of Energy: 142-146.

Sakatani K, Ohtaki M, Morimoto S, et al. 1995. Isotonic mannitol and the prevention of local heat generation and tissue adherence to bipolar diathermy forceps tips during electrical coagulation[J]. Journal of Neurosurgery, 82(4): 669-671.

Sinha U K, Gallagher L A. 2003. Effects of steel scalpel, ultrasonic scalpel, CO_2 laser, and monopolar and bipolar electrosurgery on wound healing in guinea pig oral mucosa[J]. The Laryngoscope, 113(2): 228-236.

Su B, Wang S T, Ma J, et al. 2012. Elaborate positioning of nanowire arrays contributed by highly adhesive superhydrophobic pillar-structured substrates[J]. Advanced Materials, 24(4): 559-564.

Yao G, Zhang D Y, Geng D X, et al. 2018. Improving anti-adhesion performance of electrosurgical electrode assisted with ultrasonic vibration[J]. Ultrasonics, 84: 126-133.

Yao G, Zhang D Y, Geng D X, et al. 2021. Novel ultrasonic vibration-assisted electrosurgical cutting system for minimizing tissue adhesion and thermal injury[J]. Materials & Design, 201: 109528.

Zhang L W, Chen H W, Guo Y R, et al, 2020. Micro-nano hierarchical structure enhanced strong wet friction surface inspired by tree frogs[J]. Advanced Science, 7(20): 2001125.

Zhang P F, Chen H W, Zhang L W, et al. 2016a. Anti-adhesion effects of liquid-infused textured surfaces on high-temperature stainless steel for soft tissue[J]. Applied Surface Science, 385: 249-256.

Zhang P F, Chen H W, Zhang L W, et al. 2016b. Stable slippery liquid-infused anti-wetting surface at high temperatures[J]. Journal of Materials Chemistry A, 4(31): 12212-12220.

Zhang P F, Liu G, Zhang D Y, et al. 2018. Liquid-infused surfaces on electrosurgical instruments with exceptional antiadhesion and low-damage performances[J]. ACS Applied Materials & Interfaces, 10(39): 33713-33720.

Zhu Z W, Xu G H, An Y, et al. 2014. Construction of octadecyltrichlorosilane self-assembled monolayer on stainless steel 316L surface[J]. Colloids and Surfaces A: Physicochemical and Engineering Aspects, 457: 408-413.

第11章　界面仿生增润波动式加工技术

在第4章和第10章中，发现在自然界中，无论是在湿润(液膜)还是干燥(蜡质)条件下，猪笼草口缘以及捕虫笼内壁的各向异性结构都会导致波动润滑增强。通过对接触界面间的这些介质进行润滑，可以降低摩擦力和界面附着力，并且提高运动效率。对于生物，它可以节约能源，实现能源的最大化利用。这是由生物学的进化过程所决定的，人类可以在制造过程中学习生物的这种特性。

切削是人类历史上应用最广泛的制造工艺，拥有“制造”这项技能是人类与其他生物最大的区别之一。在切削过程中材料会被剪切、变形和去除。去除的材料称为切屑，作为废料处理，而剩下的则是最终制造所得的工件，这些工件将具有特定的形状和给定的精度用来实现特定的功能。因此，工件的质量是评价切削工艺最重要的指标。

力和热是通过影响刀具与工件的切削界面来影响工件质量的两个关键因素。因此，有效的冷却和润滑是实现高质量切削的有效前提。受猪笼草波动润滑强化效应的启发，本章提出一种波动式加工技术，即高速超声振动切削(high-speed ultrasonic vibration cutting, HUVC)技术，在这项技术中刀具沿波动路径运动，以实现用液体(乳液、油等)和空气进行有效冷却和润滑的周期性界面分离。这种创新的加工技术可应用于航空航天领域中钛合金、高温合金、复合材料等难加工材料的切削。

11.1　仿生界面润滑强化波动式切削技术

本节重点关注波动式切削技术的原理以及在切削典型难切削材料钛合金时的可行性。对于这种材料，切削热的积累和热磨损是主要的失效模式。因此，本节进行有关湿润润滑增强的讨论。

11.1.1　仿生波动式切削法

与生物学不同的是，在工件或刀具上加工出特定的各向异性结构是困难的。因此，为了实现波动润滑，本节在刀具上增加了超声频率和微幅振动以形成一个波动式切削路径。如图11.1所示，在切削过程中，刀具沿进给方向振动，冷却液由高压喷嘴施加。图11.1为在工件上设置的笛卡儿坐标系。刀具切削刃上点P相对于时间t的瞬时位置可用式(11.1)表示：

$$
\begin{cases}
x(t)=R\cos\left(\dfrac{n_s\pi}{30}t\right) \\
y(t)=R\sin\left(\dfrac{n_s\pi}{30}t\right) \\
z=A\sin(2\pi F_z t)+v_f t
\end{cases}
\tag{11.1}
$$

式中，R 为工件半径；n_s 为主轴转速；A 为振幅；F_z 为振动频率；v_f 为进给速度。

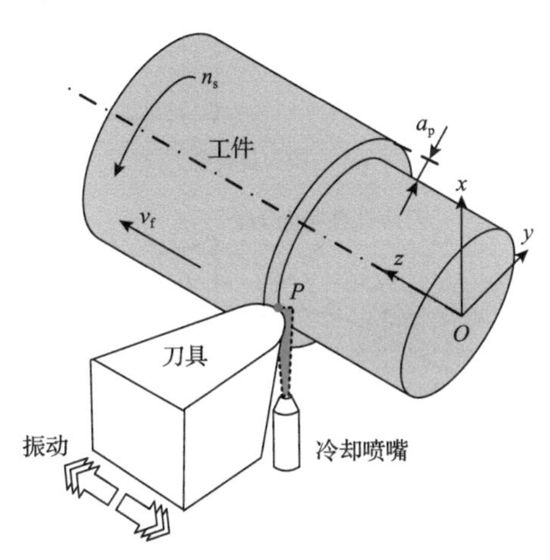

图 11.1　高压冷却波动式切削示意图

基于以下条件，用 MATLAB 对 P 点 10 转切削轨迹进行了仿真：$R=0.96\text{mm}$，$n_s=66187\text{r/min}$，$v_f=330.935\text{mm/min}$，$F_z=22.338\text{kHz}$ 和 $A=8\mu\text{m}$（选择较小的 R 值可以清晰地说明切削路径，否则很难区分相邻路径）。如图 11.2(a)所示，波动式切削中的刀具轨迹是正弦曲线，而不是标准圆弧。图 11.2(a)中的详细图示表明，一转中的刀具路径周期性地与前一转中形成的具有一定相位差的运动路径重叠。因此，无论临界切削速度如何，波动式切削中刀具都能周期性地离开工件。图 11.2(b)说明了波动式切削的切削运动，在每个振动周期中，切削刃在切削过程中进行切削，在非切削过程中离开工件。波动式切削中刀具-工件的完全分离为高速切削中冷却液进入切削区提供了一条可能的通道，因此与普通切削相比，波动式切削可以实现更好的切削区冷却和润滑。

由于刀具与工件的周期性分离效应，工件表面将与普通切削产生的表面不同。利用 SolidWorks 软件对相位差为 π/3 的波动式切削加工表面形貌进行了模拟。图 11.2(c)给出了波动式切削产生的表面形貌模型，其中几个重叠的曲线路径共同决定了加工表面的形状。如图 11.2(c)所示，波动式切削的已加工表面是由重叠的曲线刀具轨迹形成的，这将在加工表面上引入波峰及波谷。波动式切削形成的表面形貌在切削方向和进给方向上都呈现重复的周期性。

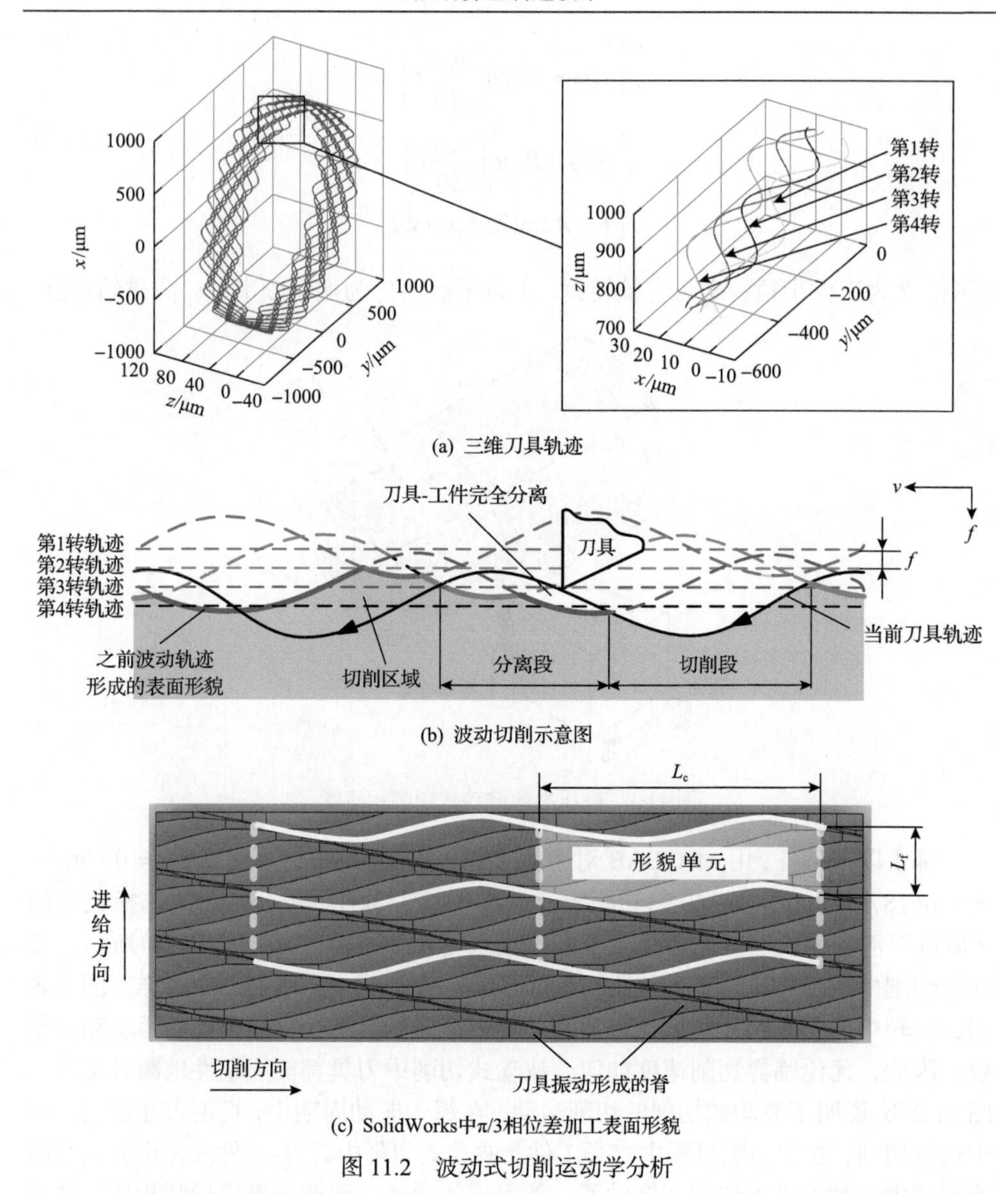

(a) 三维刀具轨迹

(b) 波动切削示意图

(c) SolidWorks中π/3相位差加工表面形貌

图 11.2　波动式切削运动学分析

为了定量解释刀具与工件之间的分离效应，必须对切削过程进行运动学分析。在进给方向上，切削路径可由以下方程表示：

$$z = A\sin\left(\frac{60F_z}{n_s}\theta\right)+\frac{f}{2\pi}\theta \tag{11.2}$$

式中，f 和 θ 分别为进给量和角位移。式(11.2)中应注明振动频率 F_z 与主轴转速 n_s 之比，其可定义为切削频率比 w_F。切削频率比可分为整数部分 K 和分数部分 δ，

可表示为

$$w_F = \frac{60F_z}{n_s} = \frac{F}{F_n} = K + \delta \tag{11.3}$$

整数 K 决定了每转中完整振动循环的次数；分数部分 δ 是振动循环的剩余部分，它表征了振动切削相邻两转的相位差和点 P 相对于工件的位移。如果 δ 等于零，即 w_F 为整数，则相邻两转的切削轨迹是平行的，意味着两条切削轨迹的初始相位相同，且没有相位差。否则 δ 大于零，相邻两转的轨迹相交，意味着两条轨道的初始相位不同，且产生了相位差。相位差可通过以下公式计算：

$$\varphi = 2\pi\delta \tag{11.4}$$

取 $\theta \in [0, 2\pi]$，任意 N 转的切削轨迹运动方程可表示为

$$z_N = A\sin[w_F\theta + (N-1)\varphi] + \frac{f}{2\pi}\theta + (N-1)f \tag{11.5}$$

任意相邻两转 N 和 N–1 的切削轨迹之间的关系表达式为

$$z_N - z_{N-1} = A\{\sin[w_F\theta + (N-1)\varphi] - \sin[w_F\theta + (N-2)\varphi]\} + f, \quad N \geqslant 2 \tag{11.6}$$

如果刀具在进给方向上与工件分离，则相邻两转的轨迹应该相交，这意味着方程(11.6)必须有解，即

$$\min\{z_N - z_{N-1}\} = -2A + f \leqslant 0 \tag{11.7}$$

因此，当 $f \leqslant 2A$ 时，相邻两转的切削轨迹可以相交，刀具和工件可以在进给方向上分离，如图 11.3(a)所示。

由式(11.6)可知，超声振动振幅 A、进给量 f 和相位差是决定刀具-工件分离条件的重要参数。如图 11.3(b)所示，虽然 $f < 2A$，但相位差必须在一定范围内才能保证分离。分离的临界状态是相邻两转的切削轨迹相切。切点 m 和 n 也如图 11.3(b)所示，相邻两转 N 和 N–1 的切削轨迹之间的关系可以表示为

$$\begin{cases} z_{N+1} = z_N \\ \dfrac{\partial z_{N+1}}{\partial \theta} = \dfrac{\partial z_N}{\partial \theta} \end{cases}, \quad f \leqslant 2A \tag{11.8}$$

将式(11.5)代入式(11.8)，式(11.8)的解可以写为

$$\begin{cases} \varphi = 2\arcsin(f/(2A)) \\ \varphi'' = 2\pi - 2\arcsin(f/(2A)) \end{cases}, \quad f \leqslant 2A \tag{11.9}$$

如上所述，波动式切削的分离标准如下：

$$\begin{cases} f \leqslant 2A \\ \dfrac{\arcsin(f/(2A))}{\pi} \leqslant \delta \leqslant 1 - \dfrac{\arcsin(f/(2A))}{\pi} \end{cases} \tag{11.10}$$

显然，这里有三个参数，即进给量 f、超声振动振幅 A 和切削频率比的分数部分 δ 来决定刀尖是否能与工件分离。

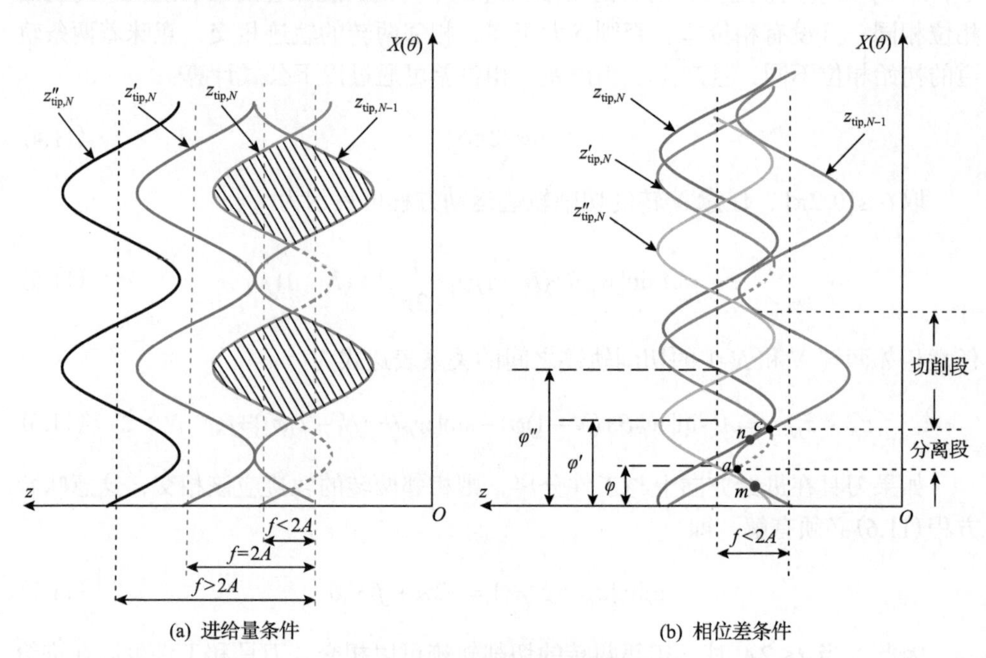

图 11.3　波动式切削分离条件

为了评价分离效果，引入了电子工程中广泛应用的占空比概念。在图 11.4 所示的切削过程中的一个波长内，刀具从 a 点开始与工件接触，然后随着进给量的增加而切入工件。在 b 点，切削量最大，刀具开始从工件切出。形成一个切屑单元 $abce$，刀具在 c 点与工件分离，并在下一个循环中于 d 点再次接触。ac 是切削段，cd 是分离段。因此，波动式切削的占空比可通过以下公式得出：

$$D_{\mathrm{c}} = \frac{(\theta_2 - \theta_1)w_F}{2\pi} = \frac{t_2 - t_1}{T} \tag{11.11}$$

式中，T 为超声振动周期；t_1 为角位移为 θ_1 时的时间，也是刀具到达 a 点的时间；t_2 为角位移为 θ_2 时的时间，也是刀具到达 c 点的时间。另外，t_1+T 为角位移为 $\theta_1+2\pi/w_F$ 的时间，这也是刀具到达 d 点的时间；t_2-t_1 是超声振动循环中的切削时间，$t_2\in(0, T)$，$t_1\in(0, t_2)$。点 a 和点 c 也是当前切削轨迹与前几条切削轨迹加工形成的复杂表面形貌的交点。因此，t_1 和 t_2 可以通过以下公式计算：

$$\begin{cases} t_1 = \left\{ t \mid z_N(t) = s_N(t), \dfrac{\partial(z_N)}{\partial t} \geqslant 0 \right\} \\ t_2 = \left\{ t \mid z_N(t) = s_N(t), \dfrac{\partial(z_N)}{\partial t} \leqslant 0 \right\} \end{cases}, \quad 0 \leqslant t \leqslant T \tag{11.12}$$

式中，$z_N(t)$ 为当前切削曲线的运动学方程；$s_N(t)$ 为加工表面形貌的方程，可以通过以下公式计算：

$$s_N(t) = \max_{m=1}^{m_0} \left\{ z_{N-m}(t), 0 \leqslant t \leqslant T \right\} \tag{11.13}$$

式中，m_0 表示可能影响机加工表面形貌的切削曲线的数量，可以表示为

$$m_0 = \begin{cases} \dfrac{2A}{f}, & \mathrm{INT}\left(\dfrac{2A}{f}\right) = \dfrac{2A}{f} \\ \mathrm{INT}\left(\dfrac{2A}{f}\right) + 1, & \mathrm{INT}\left(\dfrac{2A}{f}\right) \neq \dfrac{2A}{f} \end{cases} \tag{11.14}$$

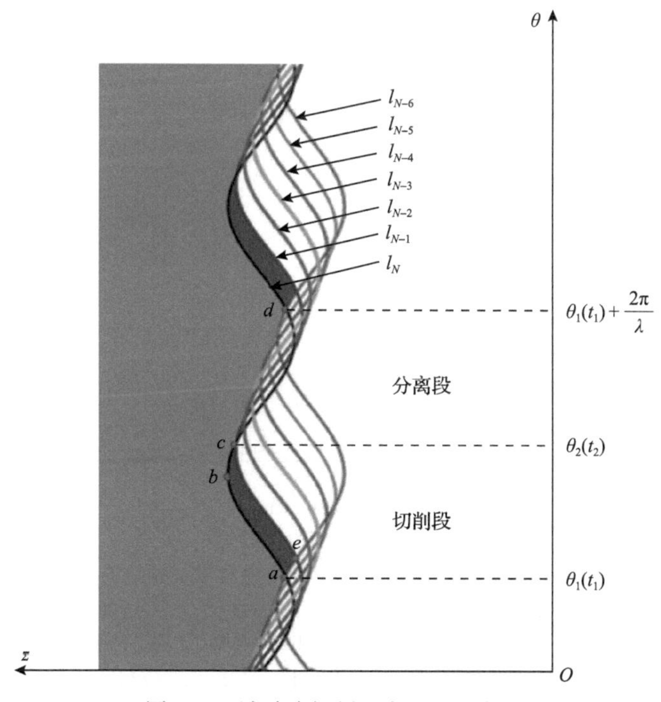

图 11.4　波动式切削的占空比示意图

显然，波动切削的占空比不能解析计算，但可以根据具体的振动和切削参数用数值方法计算，特别是可以通过调整主轴转速来改变相位差。相位差与进给量和振幅的分离标准分别如图 11.5(a)和(b)所示，计算的占空比如图 11.6 所示。

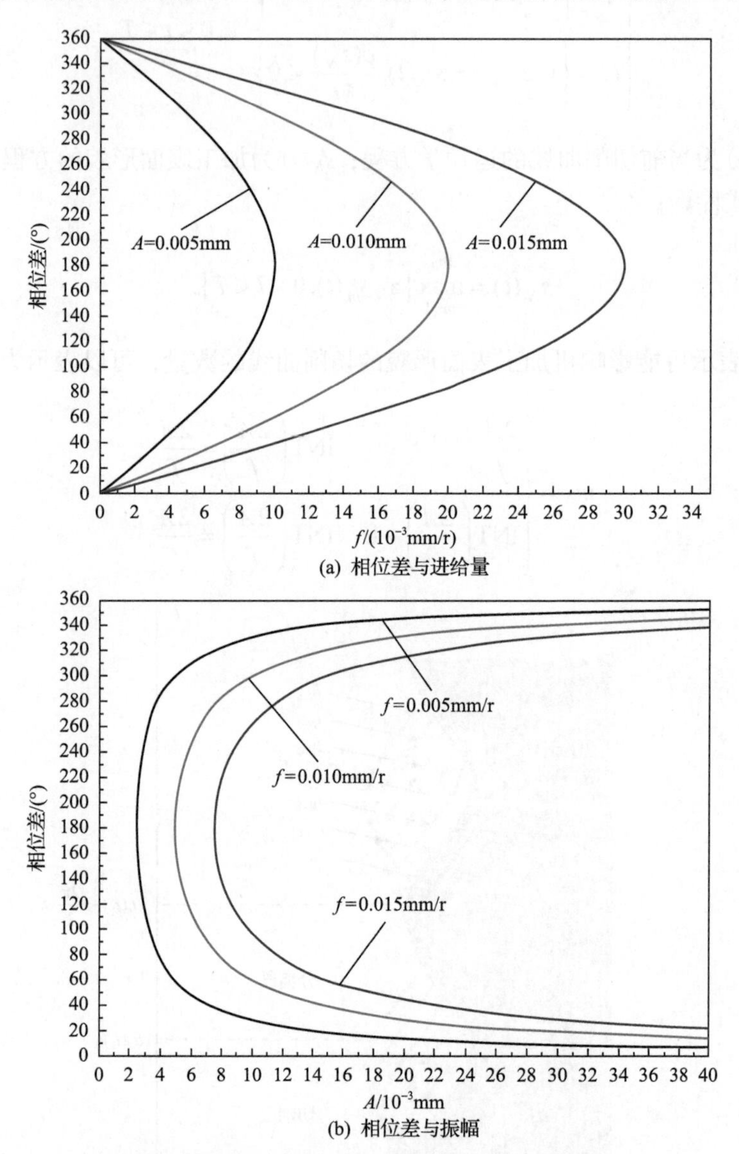

(a) 相位差与进给量

(b) 相位差与振幅

图 11.5 满足分离条件时相位差与进给量、振幅的关系

由图 11.6 可以看出，当振幅给定时，在进给量为 0.005mm/r 下，占空比沿曲线从 M_1、M_2、M_3 到 M_4，当相位差为 150°时，随着进给量的不断增大，占空比沿直线从 M_4、M_6 到 M_7。

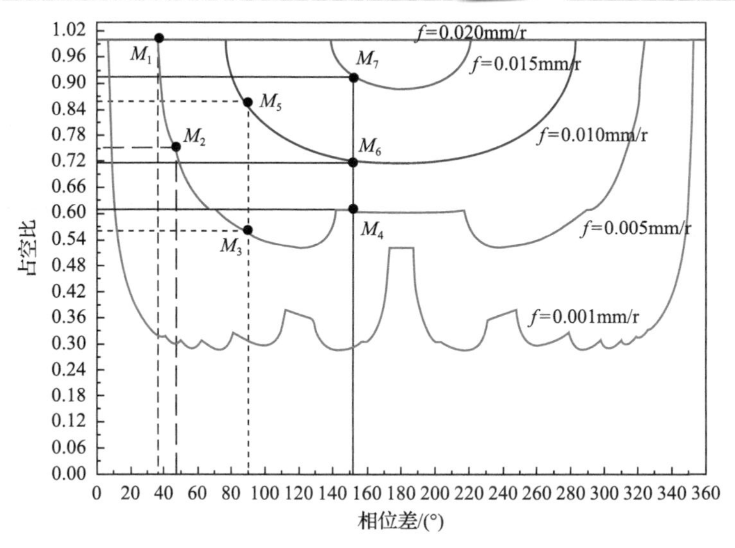

图 11.6　不同相位差和进给量下计算的占空比

迄今为止，通过对刀具和工件的运动学分析，发现分离效应、占空比是影响加工过程的关键因素。这与猪笼草口缘的超润滑现象相似，波动界面间液膜的作用也应考虑。

波动式切削和普通切削的比较示意图如图 11.7 所示。切削热是由剪切工件材料以及切屑/工件与刀具之间的摩擦而在刀具切削刃周围产生的。切削液用于切削过程时，刀具的散热主要是通过刀具与切削液间的热对流(Q_{conv})来实现的。如图 11.7(a)所示，在普通冷却切削过程中，切削区的封闭性使切削液很难进入切削刃附近的切削区，切削刃周围的绝大部分切削热首先通过热传导(Q_{cond})传递到刀具的其他部位，刀具与切削液之间的对流换热(Q_{conv})发生在远离切削刃的地方。因此，普通切削在切削液作用下的散热效率较低。对比波动式切削，刀具在分离段与工件分离，切削液可以进入切削刃周围的内部切削区。这样，刀具与切削液在切削刃附近发生热交换(Q_{conv})，散热效率比在常规冷却条件下的普通切削要高。

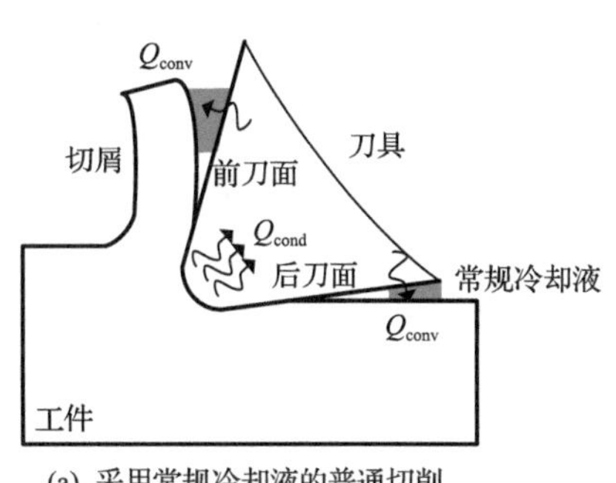

(a) 采用常规冷却液的普通切削

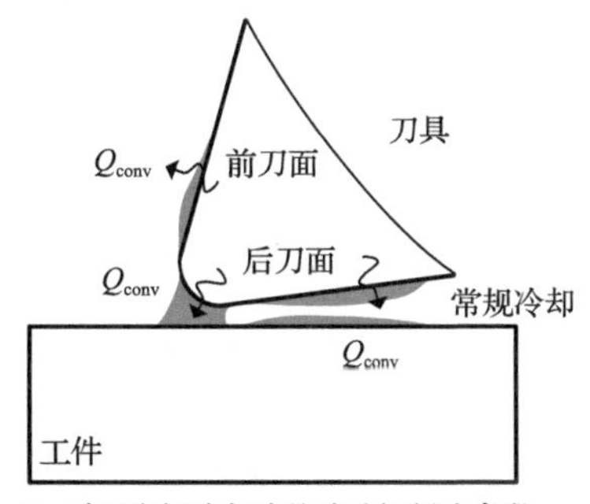

(b) 采用常规冷却液的波动切削分离段

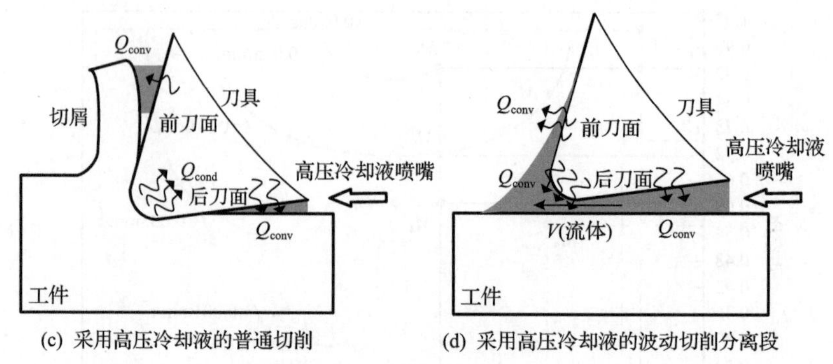

图 11.7 仿生界面间润滑强化示意图

但问题是，波动式切削的分离段持续时间很短，在常规冷却条件下，进入高速超声振动切削切削区的液体量有限。

采用高压冷却液进行普通切削或波动式切削时，可提高刀具与流体之间的对流换热系数 h。对流传热系数 h 定义为

$$h = \frac{\overline{Nu} \cdot \kappa_c}{L} \tag{11.15}$$

式中，$\overline{Nu}$、κ_c 和 L 分别为平均努塞特数、冷却介质导热系数和特征长度。雷诺数由式(11.16)给出：

$$Re = \frac{VL}{u} \tag{11.16}$$

式中，V 和 u 分别为冷却介质的速度和黏度。当使用高压冷却液时，升高的流体压力将导致冷却介质速度的大幅增加，因此雷诺数 Re 将得到提高。Patel 和 Roy 提出升高的雷诺数将使平均努塞特数 $\overline{Nu}$ 增大，从而提高对流换热系数 h。

与常规冷却的普通切削相比，高压冷却的普通切削不仅能使冷却液接近刀具与工件的接触区，如图 11.7(c)所示，还能增加刀具与冷却液之间的对流换热系数 h，因此高压冷却的普通切削散热能力优于常规冷却的普通切削。即使如此，由于刀具与工件的不断接触，冷却液也很难到达切削刃附近的滞留区域，因此冷却效果也很有限。如图 11.7(d)所示，在波动式切削中使用高压冷却液时，大量冷却液高速流过切削区，刀具与冷却液之间发生高效对流换热。因此，与其他三种情况相比，使用高压冷却液的波动式切削具有最高的刀具散热能力。随着高压冷却液压力的增大，流体的速度 V 增大，导致对流换热系数 h 增大。因此，可以提高高压冷却的压力，来获得较好的切削降热效果。

综上所述，为了改善切削条件，提高加工效率和加工质量，这种创新的仿生

方法的核心是采用波动的刀具-工件分离技术，并结合高压冷却形成液膜。该方法能有效地模拟昆虫在捕虫笼中的打滑过程，形成润滑强化界面。在 11.1.2 节和 11.1.3 节中，将分别讨论该方法在切削过程中减少磨损和提高表面质量的具体效果。

11.1.2　波动界面之间的增润和减磨效果

刀具寿命是衡量切削过程中磨损效果的第一个重要参数。当加工如钛合金这种难加工材料时，刀具磨损以后刀面磨损为主。此外，通过波动式切削进行精密加工是本节的研究重点，表面粗糙度也是考量刀具寿命的一个标准，将在 11.1.3 节进行讨论。因此，参考标准 ISO 3685(1993)，本节刀具废弃/失效准则如下：

(1) 平均后刀面磨损量 VB=0.2mm；

(2) 最大后刀面磨损量 VB_{max}=0.3mm；

(3) 严重碎屑/剥落或破坏性切削刃断裂；

(4) 机加工表面粗糙度 Ra=0.4μm。

一旦满足上述任何一个标准，切削过程就会终止。

图 11.8 给出了切削速度为 400m/min、进给量为 0.005mm/r 时刀具最大后刀面磨损量与切削距离之间的关系，由图可以看出，在常规冷却条件下，波动式切削(HUVC)的刀具磨损量已小于普通切削(CC)，波动式切削与普通切削的刀具寿命比为 1.5。采用不同压力进行高压冷却时，两种方法的后刀面磨损变化过程有很大差异。对于普通切削，在冷却液压力增加到 200bar(1bar=0.1MPa)之前，其刀具寿命仅比常规冷却条件下的刀具寿命延长一倍。但对于波动式切削，当施加 100bar 的高压冷却液时，刀具磨损过程明显减慢，其刀具寿命已延长到常规冷却条件下

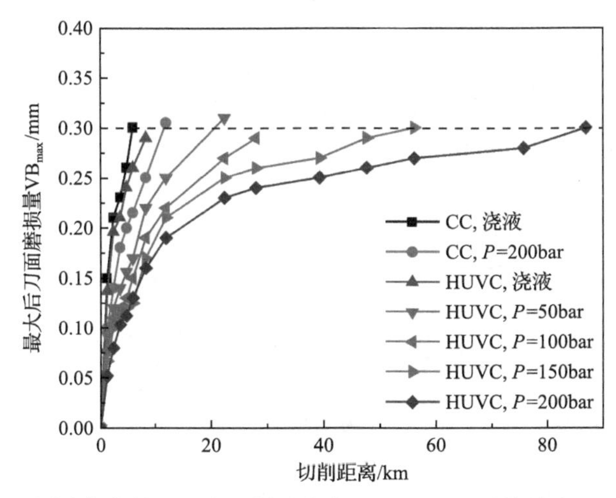

图 11.8　不同冷却条件下，在切削速度为 400m/min、进给量为 0.005mm/r 时刀具最大后刀面磨损量随切削距离的变化

的 3.5 倍。同时，随着冷却液压力的进一步增大，波动式切削的刀具寿命不断提高。与高压冷却的普通切削相比，当冷却液压力为 200bar 时，高压冷却的波动式切削的刀具寿命可提高 6.3 倍。

图 11.9 显示了三种切削条件下后刀面的显微照片：200bar 高压冷却的波动式切削、100bar 高压冷却的波动式切削和 200bar 高压冷却的普通切削。在三种切削条件下的同一时间点，在冷却液压力为 200bar 的情况下，波动式切削的刀具后刀面磨损比普通切削要小得多。当切削时间为 28min 时，普通切削的刀具已达到失效标准（VB_{max} 达到 0.3mm），而波动式切削的刀具仍处于稳定磨损阶段。另外，在波动式切削中，200bar 的冷却液比 100bar 的冷却液具有更低的刀具磨损率。

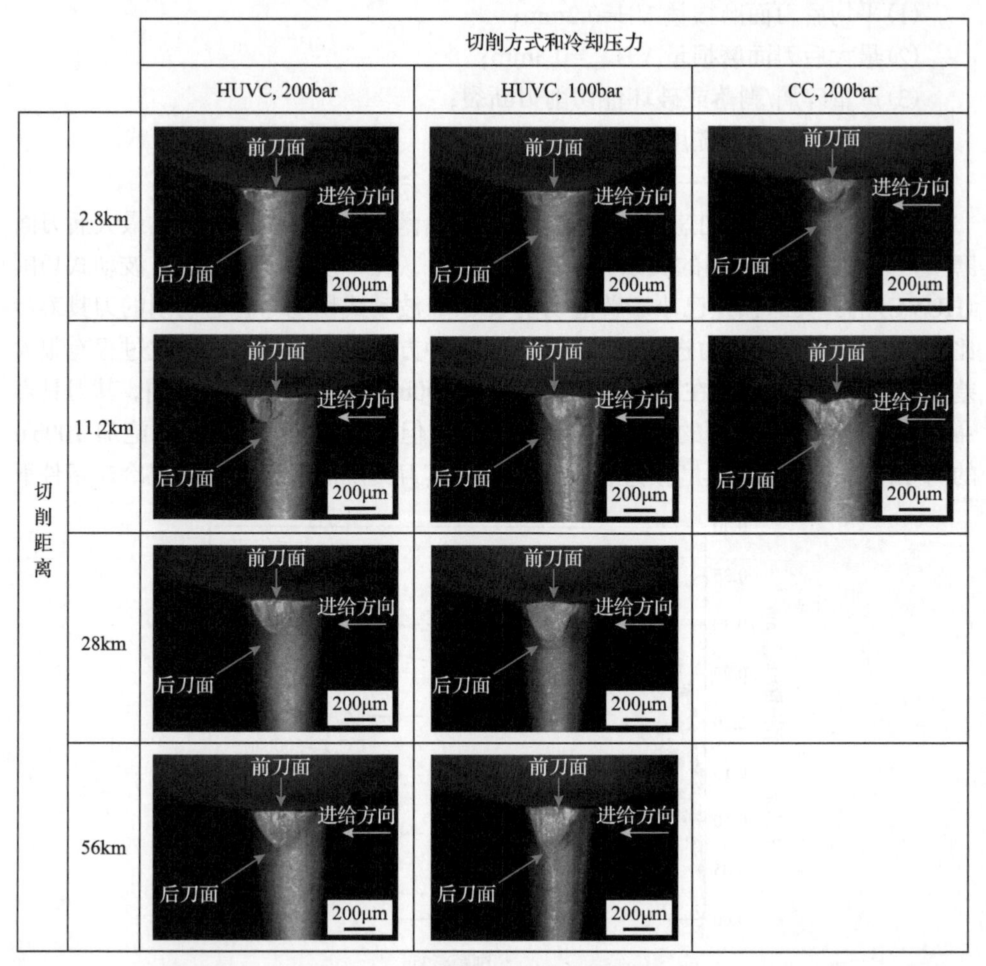

图 11.9　在切削速度为 400m/min、进给量为 0.005mm/r 的条件下，采用高压冷却进行波动式切削和普通切削时刀具的对比显微照片

为了解释为何高压冷却可以获得更好的刀具性能，需要研究刀具磨损机理。分别拍摄了不同切削条件下刀具后刀面的显微照片，并进行了 EDS 分析。如图 11.10(a)所示，在 200bar 高压冷却的普通切削中，刀具后刀面上有一层较厚的黏结层，几乎覆盖了整个磨损区域。表 11.1 中的 EDS1 数据表明 Ti 的浓度非常高，Ti 是工件的主要化学成分。工件材料中的元素在整个磨损面上的存在表明主要磨损是黏结磨损。此外，在 EDS1 数据中发现了相当浓度的 O 元素，表明在这种情况下存在氧化磨损。图 11.10(b)显示了采用常规冷却波动式切削时刀具后刀面的 SEM 照片。在刀具的大部分磨损区域发现了一薄层黏结层，表 11.1 中的 EDS2 给出了其化学成分。高浓度的 Ti 表明该黏结层来自工件。因此，在这种情况下，主要磨损机制是黏结磨损。同样，因为含有 O 元素，氧化磨损仍然存在。

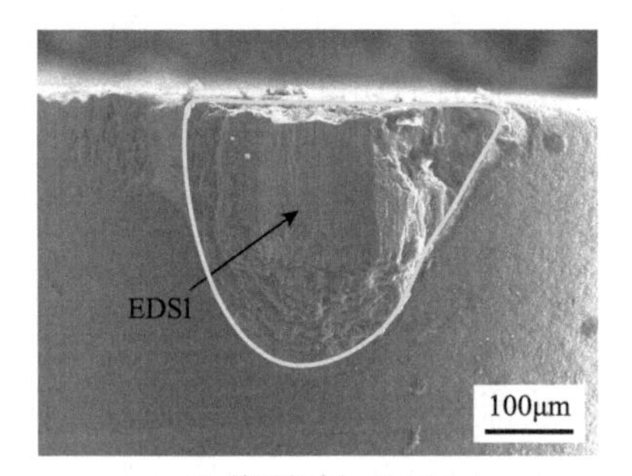

(a) 普通切削，200bar

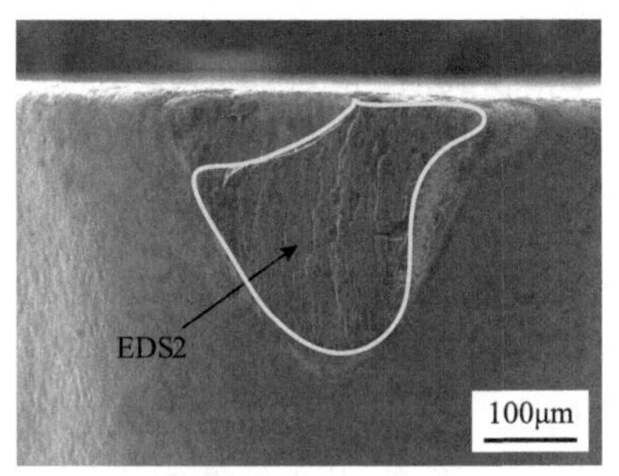

(b) 波动式切削，浇注冷却液

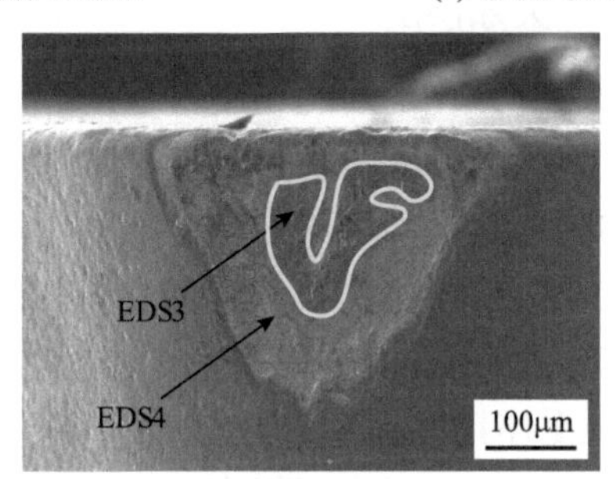

(c) 波动式切削，200bar

图 11.10　切削速度为 400m/min 和进给量为 0.005mm/r，三种条件下的后刀面形貌

表 11.1　图 11.10 中各点的 EDS 结果

数据	元素质量分数/%										
	Ti	O	Al	V	C	Si	W	Sr	Co	P	S
EDS1	70.3	17.2	4.9	4.3	3.3	0.1	—	—	—	—	—
EDS2	67.6	13.9	4.5	8.5	3.2	—	—	—	—	—	0.1
EDS3	60.4	6.2	3.8	5.2	3.0	—	5.5	—	15.9	—	—
EDS4	0.8	2.7	—	14.9	—	—	70.2	5.7	4.9	0.6	0.2

图 11.10(c)为使用 200bar 高压冷却时刀具进行波动式切削的后刀面，与图 11.10(a)和(b)中所示刀具后刀面相比，图 11.10(c)所示刀具磨损面是光滑和干净的，只有一小部分磨损区域被黏结材料覆盖。如表 11.1 所示，EDS3 和 EDS4 分别显示了黏结区和洁净区材料的化学成分。结果表明，该黏结材料中含有高浓度的 Ti，说明存在黏结磨损。洁净区 W 含量高，说明磨损主要是磨粒磨损。与其他两种切削条件相比，O 的浓度要小得多，说明高压冷却波动式切削引起的氧化磨损减少。

1995 年，Bhaumik 等利用 wBN-cBN 复合刀具加工钛合金，发现由于刀具与工件之间的高化学亲和性，钛合金加工中经常发生黏结磨损。2013 年，Liu 等利用硬质合金刀具在不同润滑条件下对钛合金进行了高速切削，发现由于润滑不良引起的切削区高温会大大加剧黏结磨损过程，甚至导致氧化磨损。在高速高压冷却的普通切削和高速常规冷却的波动式切削加工中，切削热积累较快但冷却效率较低，导致切削区温度较高。在这种情况下，由于黏结磨损和氧化磨损，刀具磨损较快。然而，当高压冷却液用于波动式切削时，高压冷却液与刀具-工件分离相结合可以显著提高冷却效率。因此，可以有效降低切削温度，从而对黏结磨损和氧化磨损有明显的抑制作用。结果表明，与高压冷却的普通切削和常规冷却的波动式切削相比，高压冷却的波动式切削能有效抑制和减少黏结磨损和氧化磨损。这就可以解释与其他切削条件相比，v_c 在 200～400m/min 时使用高压冷却的波动式切削可以显著延长刀具寿命的原因。

由于刀具磨损机理的改变，在不同的切削参数下，刀具的寿命也会发生相应的变化。在图 11.11(a)中，显示了不同切削速度、不同条件下的刀具寿命。随着切削速度的提高，两种切削方式在两种冷却条件下的刀具寿命相应降低。在常规冷却条件下，当 v_c 为 200～300m/min 时，与普通切削相比，波动式切削的刀具寿命有一定程度的延长；当 v_c 达到 400m/min 时，波动式切削的优势变得不明显。然而，与普通切削相比，在使用高压冷却液的情况下，波动式切削的刀具寿命不仅在 v_c 为 200m/min 和 300m/min 时有所提高，在 v_c=400m/min 时也有显著提高。在 200～400m/min 的切削范围内，随着冷却液压力的增加，波动式切削的刀具寿命相应提高。在 200bar 的高压冷却条件下，当切削速度分别为 200m/min、300m/min 和 400m/min 时，波动式切削的刀具寿命分别是普通切削的 5.7 倍、5.9 倍和 6.3 倍。当 v_c 为 500m/min 时，即使使用 200bar 高压冷却，波动式切削与普通切削相比也没有优势。波动式切削失去其优势的原因将在本节后面讨论。

在高压冷却的波动式切削中，不同切削速度下刀具寿命的提高与冷却液压力的提高规律不同。当 v_c 为 200m/min 和 300m/min 时，刀具寿命在冷却液压力为 50～100bar 时增长得最快；当 v_c 为 400m/min 时，刀具寿命在冷却液压力为 100～200bar 时增长得最快。由此可得结论，在波动式切削中，提高切削速度需要较高

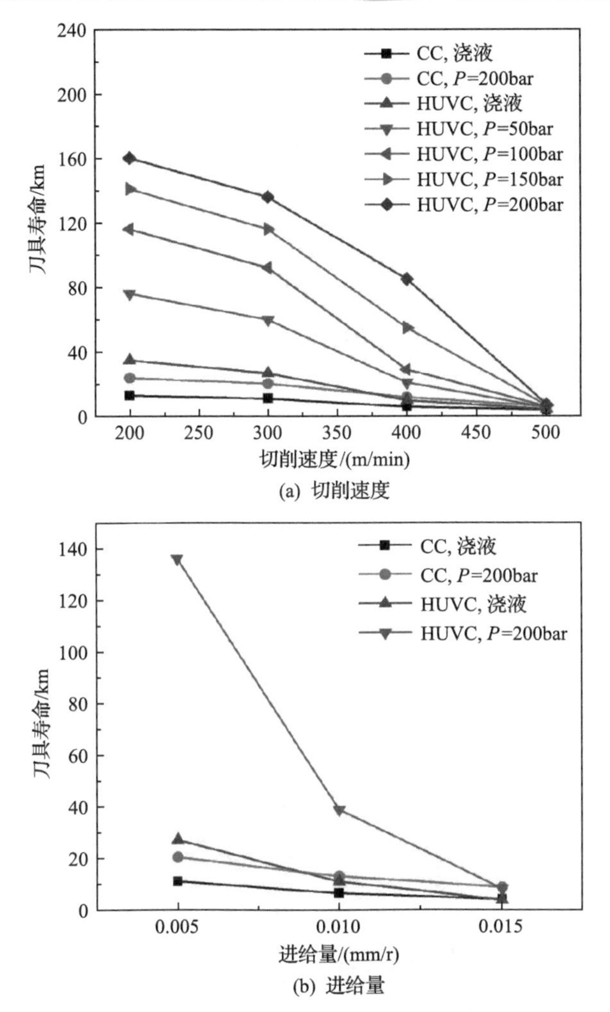

(a) 切削速度

(b) 进给量

图 11.11　不同冷却条件下波动式切削和普通切削中刀具寿命随切削速度和进给量的变化

的冷却液压力，进而充分利用波动式切削延长刀具寿命的特点。

高速切削时需要高压冷却液的原因与猪笼草捕虫笼上的虫子打滑现象相似。在第 3 章中讨论过，若刮痕尺寸超过了最大临界距离，则液膜润滑保持条件破坏。接触界面之间会出现很强的黏附力，从而增加昆虫逃逸的可能性。对于生物体，合理的周期波动结构尺寸是保证其能有效捕捉昆虫并获得食物即能源的必要条件。在其尺寸范围内，取食昆虫的滑移距离不超过润滑过程中液膜的最大支撑能力。

在切削过程中，对于较大的切削速度，一个切削周期的切削长度将与切削速度成比例增加，所以即使占空比仍然存在，它也将增加接触长度。因此，为了更好地冷却和润滑，还需要增加冷却液的用量，并在分离过程中喷射到刀具与工件的界面上。

但是，当切削速度 v_c 增加到 500m/min 时，机械磨损和热磨损同时存在，切削力和温度影响着刀具磨损：一方面，高压冷却液渗入切削界面，使切削速度 v_c 在 500m/min 时的波动式切削的切削温度比普通切削时得到有效降低；另一方面，由于切削长度的增加，在切削速度 v_c 为 500m/min 时波动式切削的平均切削力与普通切削时几乎相同。但由于刀具的波动，波动式切削的瞬态切削力在切削段会产生冲击，在分离段中降至零。波动式切削时，瞬态切削力的峰值明显大于平均切削力。因此，可以推测，在切削速度 v_c 为 500m/min 且没有润滑条件的波动式切削中，大的瞬时冲击力所引起的机械磨损是导致刀具失效的主要原因，因此会发生界面黏结和微剥落。

高压冷却(200bar)且切削速度 v_c 为 500m/min 条件下的波动式切削与普通切削的显微对比照片如图 11.12 所示。由图可以看出，尽管在初始切削时间内，波动式切削的刀具磨损率稍慢，但与普通切削相比并没有明显延长刀具寿命，说明波动式切削和普通切削的刀具失效都发生在很短的时间内(14min)。图 11.12 中，当切削速度 v_c 为 500m/min 时，刀具失效类型是微剥落。微剥落表明，在切削速度 v_c 为 500m/min 的波动式切削中，由大瞬态冲击力所导致的润滑失效应由最快的刀具破损表征。

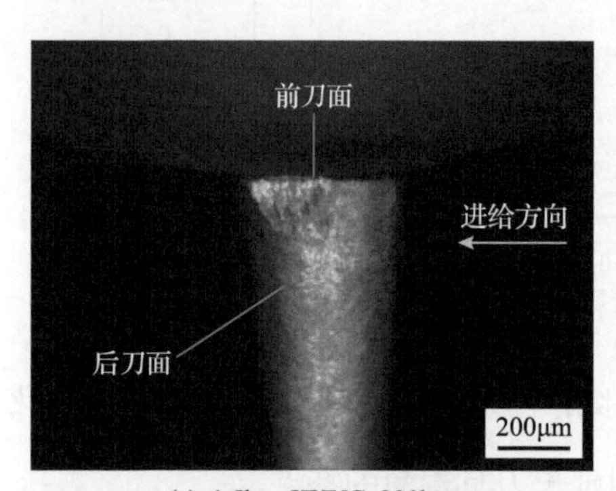

(a) 1.5km, HUVC, 200bar

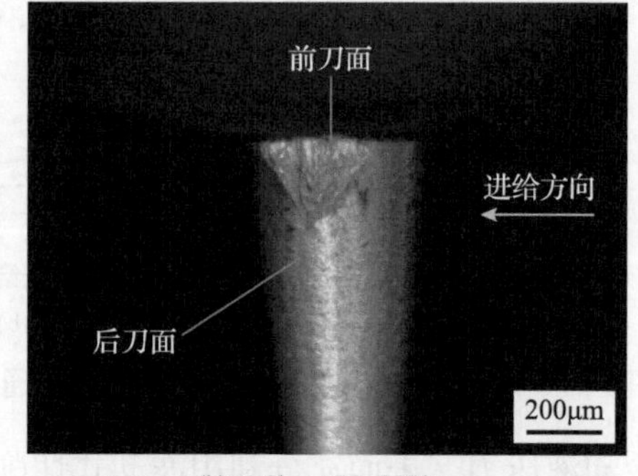

(b) 1.5km, CC, 200bar

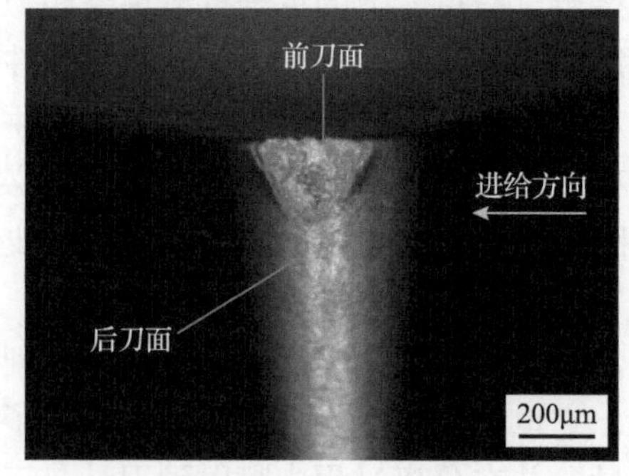

(c) 3.5km, HUVC, 200bar

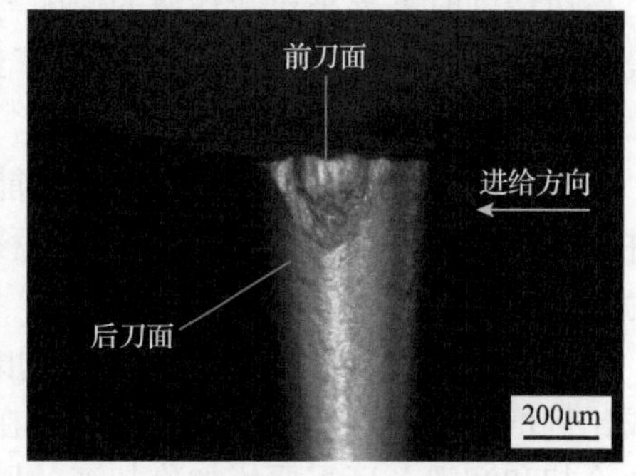

(d) 3.5km, CC, 200bar

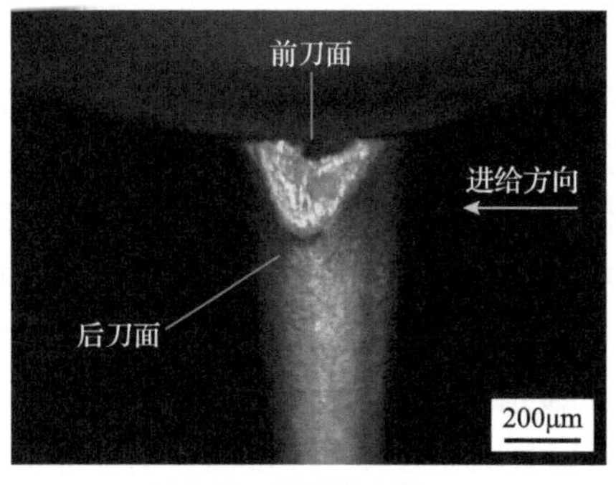

(e) 7km, HUVC, 200bar

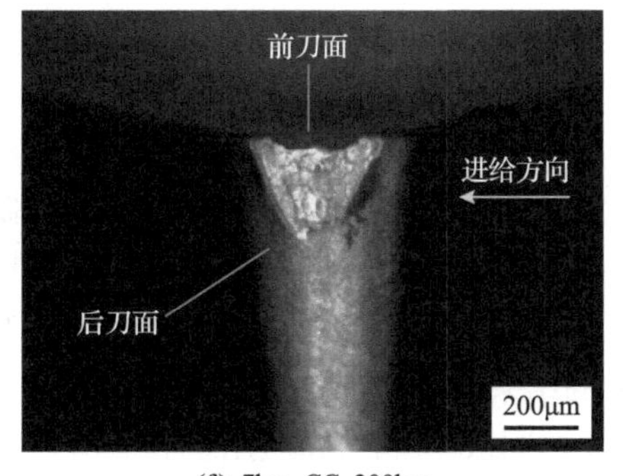

(f) 7km, CC, 200bar

图 11.12　在 v_c =500m/min、f=0.005mm/r、高压冷却(200bar)条件下波动式切削与普通切削的显微对比照片

尽管切削速度对一个切削周期的切削长度有影响，但同时也应考虑进给的影响。图 11.11(b)显示了在切削速度 v_c 为 300m/min，分别在常规冷却和高压冷却条件下刀具寿命随进给量的变化情况。随着进给量的增加，普通切削和波动式切削在两种冷却方式下的刀具寿命都明显降低。然而，无论是在常规冷却还是高压冷却条件下，与普通切削相比，波动式切削对进给更为敏感。当 f=0.005mm/r 时，在刀具寿命方面，高压冷却波动式切削比高压冷却普通切削有更大的优势。当进给量增加到 0.010mm/r 时，两种切削方法之间的差距变小。最后，当进给量增加到 0.015mm/r 时，与普通切削相比，波动式切削不再具有任何优势，其原因是进给量对波动式切削的占空比有明显的影响。如图 11.6 所示，当进给量为 0.015mm/r 时，占空比接近 0.9，这意味着刀具和工件之间没有明显的分离。因此，波动式切削能延长刀具寿命的优势已不复存在。

综上所述，对于刀具的磨损过程和磨损机理，一个切削周期内的占空比和切削长度是决定刀具润滑增强效果的关键参数。昆虫打滑过程与波动式切削的比较见表 11.2。

表 11.2　昆虫打滑过程与波动式切削相似参数比较

参数	昆虫滑落	波动式切削	解释
冷却期	各向异性结构长度 L_n	占空比 D_c	评估介质渗透的界面分离时间
润滑期	一个结构单元的平面长度 L_s	切削长度 $L_c=v_cT{\cdot}D_c$	需要润滑以减少摩擦和磨损的时间
有效润滑范围	$L_s< L_0$	$L_c< L_0$	L_0是润滑介质可以保持的最大长度
最佳润滑条件	$L_s= L_0$	$L_c= L_0$	

增润包括介质渗透和润滑两个过程。由表 11.2 可以看出，占空比是提高润滑性能的关键参数，但其存在两面性。如果只考虑有效润滑，那么占空比越小，润

滑效果越好，同时获得了充足的缝隙填充和极短的界面接触摩擦时间，这对于小负荷时的增润非常有利。但是，无论是切削过程还是昆虫在捕虫笼中打滑，小占空比没有优势。对于切削过程，如果占空比很小，虽然切削速度可以显著提高，但材料去除率低，这将导致切削效率的降低。实际材料去除长度由切削速度和占空比的乘积决定。猪笼草捕虫笼的蜡质区用来容纳液体和蜡等润滑介质，如果蜡质区的尺寸很小，则润滑介质不足，不利于提高润滑效果。因此，在优化这两个相反的结果时应该保持两者的平衡。表 11.2 显示了最佳润滑条件。当这些条件满足时，切削效率/润滑介质用量和润滑效果可以最大限度地得到满足。对于生物体，通过数百万年的自然选择形成了各向异性结构与取食昆虫尺寸的最佳匹配。在切削过程中，L_0 由切削速度、润滑介质成分、工件材料和切削条件决定，这个数值应该通过大量的试验来确定。

11.1.3　波动式切削表面质量改进

如 11.1.2 节所述，表面质量也是评估波动式切削过程的因素之一。图 11.13 为使用新刀具进行普通切削和波动式切削的加工表面形貌图片。两种切削方法的

(a) 普通切削

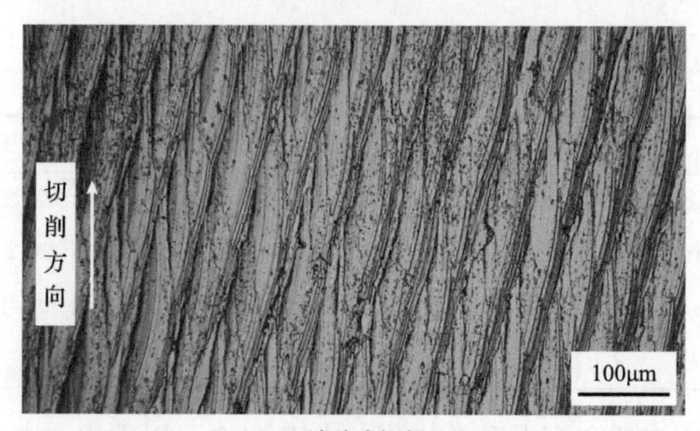

(b) 波动式切削

图 11.13　切削速度为 400m/min 和进给量为 0.005mm/r 时的表面形貌

表面形貌有很大的不同。如图 11.13(a)所示，普通切削加工表面上是笔直的刀具轨迹。相比之下，图 11.13(b)中，波动式切削的加工表面含有大量的沟槽和脊。这可以用波动式切削中刀具的不同运动学理论来解释。

对采用了新刀具进行普通切削和波动式切削加工 Ti-6Al-4V 的表面粗糙度进行了对比试验，结果表明，随着进给量的增加，普通切削和波动式切削的表面粗糙度都有所提高，两种工艺的表面粗糙度无明显差异。在实际的制造过程中刀具一直进行连续切削直到它满足其中一个失效准则，因此将一把刀具进行连续切削形成的表面粗糙度值作为切削距离的函数而被记录下来，直到刀具在不同冷却条件下的普通切削和波动式切削中满足磨损标准。最终结果如图 11.14 所示。

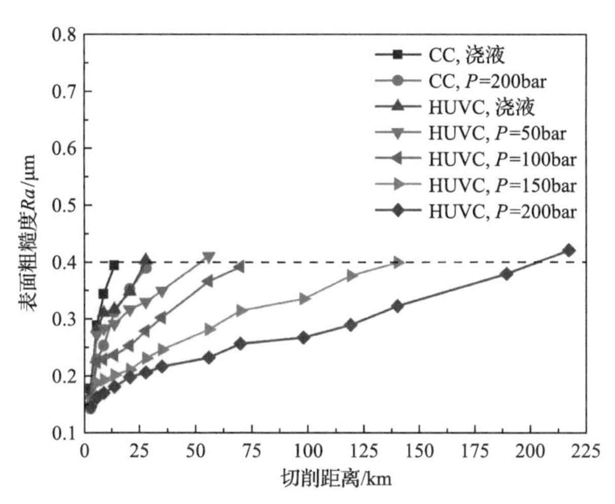

图 11.14　在切削速度为 400m/min、进给量为 0.005mm/r、不同冷却条件下，波动式切削和普通切削的表面粗糙度 Ra 随切削距离的变化

如图 11.14 所示，无论是在所有冷却条件下的普通切削还是波动式切削，加工后的表面粗糙度在初始切削阶段均无明显差异。随着切削过程的进行，尽管两种切削方法在各种冷却条件下的加工表面粗糙度都有所增加，但与普通切削方法相比，波动式切削的表面粗糙度值在常规和高压冷却条件下的变化趋势表现出不同的特性。与普通切削相比，采用常规冷却波动式切削时表面粗糙度的增长率较低，但两者之间的差距较小。当采用高压冷却时，波动式切削的表面粗糙度增长率远低于普通切削，并且在一定范围内，随着冷却液压力的增大，两种方法之间的差距越来越大。

加工表面粗糙度既受几何因素的影响，也受物理因素的影响。在初始切削段，几何因素起主导作用。由于波动式切削加工表面含有由曲线刀具轨迹产生的沟槽和脊，它与传统切削加工相比没有明显的优势和劣势。因此，在所有冷却条件下，普通切削和波动式切削的表面粗糙度没有明显差异。当切削进行一段时间后，物理因素占主导地位。此时，波动式切削具有较好的刀具条件，使得波动式切削加工表面的粗糙度值较普通切削低。如图 11.8 所示，与常规冷却的波动式切削相比，高压冷却可让刀具磨损减慢。因此，在波动式切削过程中，采用高压冷却可以获得更小的表面粗糙度，在一定范围内提高冷却液压力可以获得更好的表面光洁度。

通过以上讨论可以发现，刀具磨损的减小和表面质量的提高都是由于刀具-工件分离界面与渗透冷却液的耦合作用。因此，在本节的最后将重点讨论切削温度和切削力在界面上的变化规律，测量不同冷却条件下普通切削和波动式切削的平均切削温度。在不同的切削参数和冷却条件下，使用新的刀具进行切削，进而测量每次的切削温度。

图 11.15(a)给出了在不同切削速度下，采用常规冷却或高压冷却的普通切削和波动式切削的切削温度。两种切削方法在不同冷却条件下，切削温度均随切削速度的增加而升高。在常规冷却条件下，与普通切削相比，波动式切削的切削温度降低为 10%～20%，当切削速度达到 400m/min 时，温度降低效果逐渐减弱。然而在高压冷却条件下，波动式切削的降温效果却显著提高。与普通切削相比，在切削速度为 300m/min 时，波动式切削的降温率最高可达 55%。

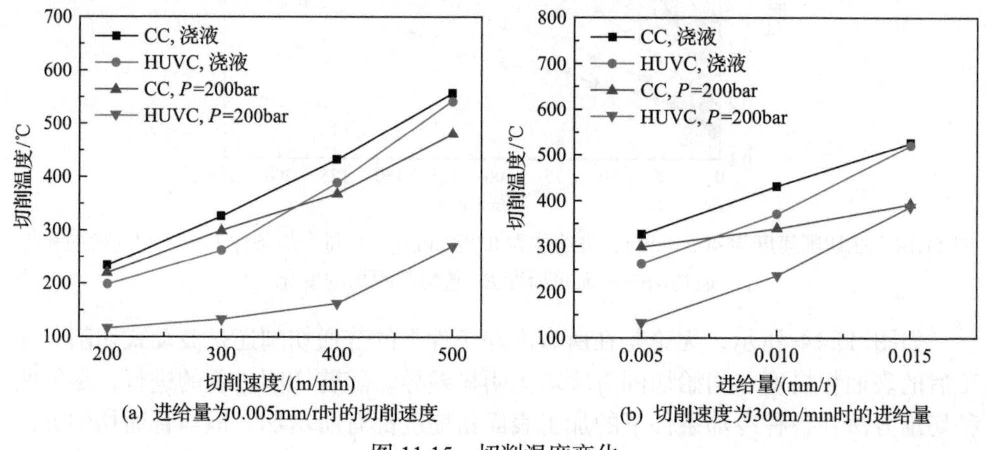

(a) 进给量为0.005mm/r时的切削速度　(b) 切削速度为300m/min时的进给量

图 11.15　切削温度变化

图 11.15(b)显示了在不同冷却参数下，普通切削和波动式切削的切削温度随进给量的变化。随着进给量的增加，在两种冷却方式下的普通切削和波动式切削的切削温度都相应升高。然而，无论是在常规冷却还是高压冷却条件下，与普通切削相比，波动式切削对进给量更为敏感。当 $f \leqslant 0.010$mm/r 时，在两种冷却条件下，波动式切削的切削温度比普通切削有明显降低。但是，当 $f = 0.015$mm/r 时，波动式切削与普通切削相比不存在优势。这是因为在 $f = 0.015$mm/r 的条件下，数值为 0.9 的大占空比使 HUVC 的分离效果几乎消失。

如图 11.7 所示，界面中的液膜起主要的降温作用。为探讨不同切削速度下波动式切削的切削降温能力与冷却液压力的关系，分别在 v_c=200m/min 和 400m/min 下进行具体试验，结果如图 11.16 所示。

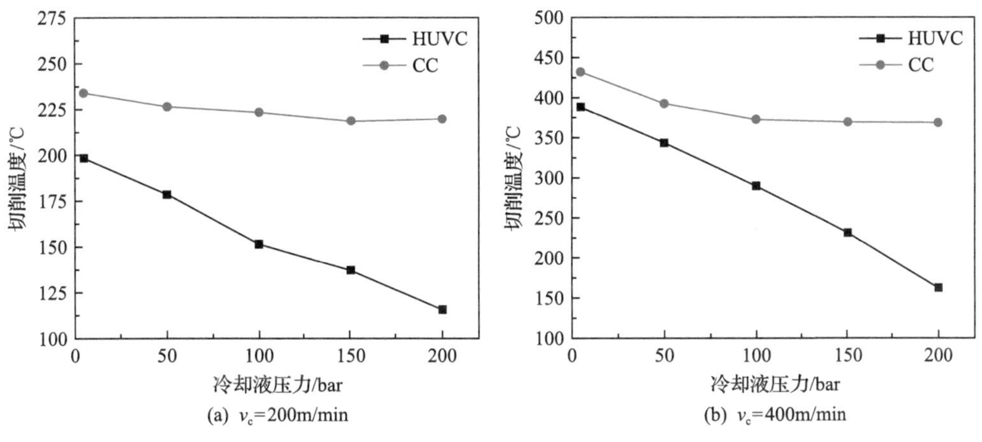

(a) v_c=200m/min　(b) v_c=400m/min

图 11.16　在 f = 0.005mm/r 时切削温度随冷却液压力的变化

图 11.16 显示在两种切削速度下，切削降温能力随着冷却液压力的增大而增强。但它们对于相同冷却液压力的降温结果存在差异。与普通切削相比，当 v_c=200m/min 时，波动式切削已经表现出显著的降温能力，随着冷却液压力的进一步升高，其降温能力开始缓慢增加。不同的是，当 v_c=400m/min 时，随着冷却液压力增加到 200bar，波动式切削的降温能力增加较快。可以预测到，当冷却液压力超过 200bar 时，波动式切削的降温能力在 200m/min 时迅速达到最大值，而在 400m/min 时继续提高。

为研究波动式切削在常规冷却和高压冷却条件下的切削力，分别测量了普通切削和波动式切削在高压冷却和常规冷却条件下的平均切削力，而非瞬时切削力。如图 11.17 所示，在两种冷却方式下，普通切削和波动式切削的主切削力和进给抗力均随切削速度的增大而增大。与普通切削相比，当切削速度为 200～400m/min 时，波动式切削可使主切削力和进给抗力降低 15%～45%。但当切削速度为 v_c = 500m/min 时，波动式切削的降力优势几乎消失。

图 11.18 分别显示了两种冷却条件下普通切削和波动式切削的切削力变化。随着进给量的增加，各切削条件下的主切削力和进给抗力均增大。当 $f \leqslant$ 0.010mm/r 时，在两种冷却条件下，波动式切削的切削力明显低于普通切削。但是，当 f = 0.015mm/r 时，与普通切削相比，波动式切削的主切削力仅有较小的下降。对于进给抗力，波动式切削没有使它明显减小。当进给量增加到 0.015mm/r 时，0.9 的大占空比削弱了刀具与工件之间的分离，从而降低了波动式切削的降力效果。

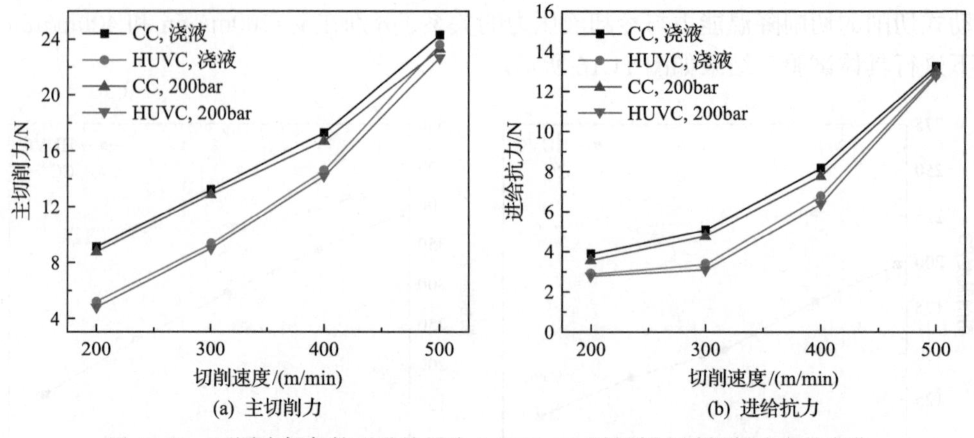

(a) 主切削力　(b) 进给抗力

图 11.17　不同冷却条件下进给量为 0.005mm/r 时切削力随切削速度的变化

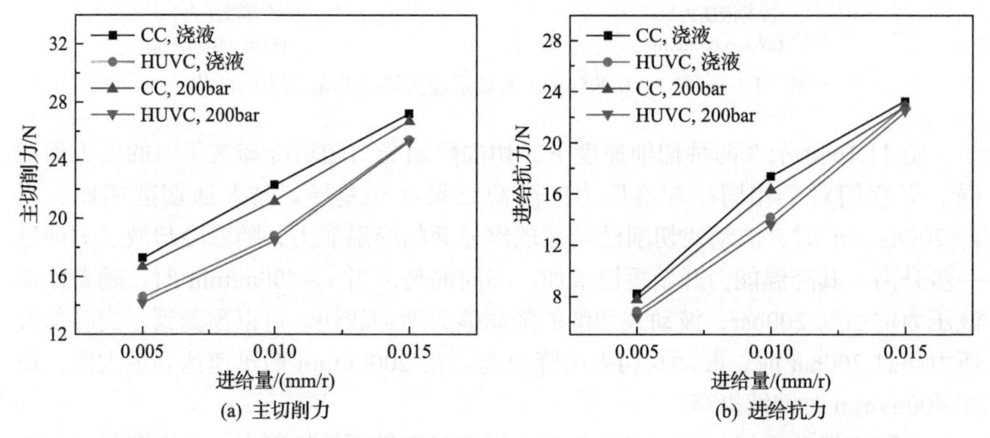

(a) 主切削力　(b) 进给抗力

图 11.18　不同冷却条件下切削速度为 300m/min 时切削力与进给量的关系

如图 11.17 和图 11.18 所示，在此工艺参数下，冷却条件的变化对切削力影响不大。当冷却方式由常规冷却改为高压冷却时，无论是普通切削还是波动式切削，切削力都略有减小。

至此，本节简要介绍了波动式切削对钛合金减磨和提高质量的影响。受猪笼草内壁区昆虫滑落界面的动态波动和增润过程的启发，通过在刀具上加上固定的超声波换能器，实现了切削界面的周期性波动分离。这种波动分离可以有效降低切削界面的切削力和切削温度，延缓刀具和工件材料在界面上的相对磨损，提高刀具寿命和表面质量。

11.2　仿生界面干增润波动制孔技术

碳纤维增强复合材料(CFRP)和 CFRP/钛合金(CFRP/Ti)叠层材料是航空航天

工业中典型的难加工材料，而孔加工是 CFRP 和 CFRP/Ti 叠层材料中最常见的加工方式。通常在飞机装配中，为了避免切削液与树脂基体发生物理化学反应，以及花费额外的清洁费用，在 CFRP 材料加工时不允许使用切削液。本节首先阐述猪笼草仿生波动干增润机理，进而讨论受猪笼草干增润效应启发的波动式磨削(rotary ultrasonic elliptical machining, RUEM)和波动式钻削(ultrasonic assisted drilling, VAD)两种典型的干增润波动制孔技术，具体包括波动式磨削和波动式钻削方法基本原理、刀具减磨和表面质量提高等方面的内容。

11.2.1　受猪笼草启发的仿生界面干增润技术

图 11.19(a)是用扫描电子显微镜得到的猪笼草内壁区的形态和几何特征。当昆虫(如蚂蚁)在猪笼草捕虫笼的内壁区上爬行时，由于波动干增润作用，昆虫很容易掉入笼底，昆虫爬行过程如图 11.19(b)所示。在内壁区爬行的过程中，爪尖沿月牙结构滑动，滑动过程中虫爪与内壁区表/界面间出现周期性接触和分离。首先，内壁表面蜡质层的存在，导致爪尖在内壁表面发生连续滑动。当爪尖滑到月牙结构的末端时，虫爪脱离月牙结构，虫爪与内壁界面发生分离。当滑动到下一个月牙结构时，再次重复该分离过程。周期性分离导致周期性的固气接触可以使昆虫爪和内壁的界面之间周期性地产生气膜，减少界面的摩擦和黏附。

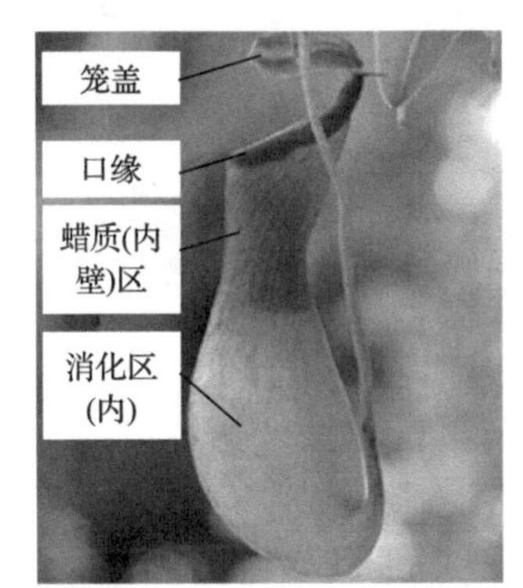

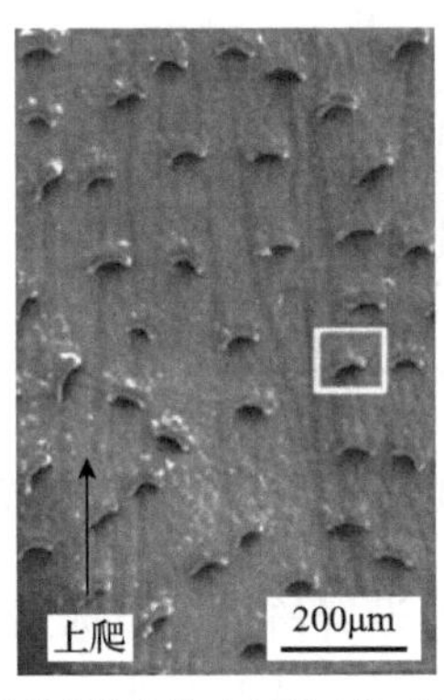

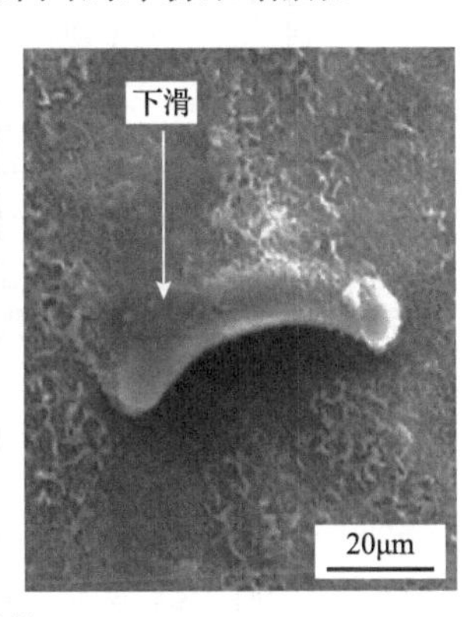

(a) 猪笼草捕虫笼及内壁区表面结构

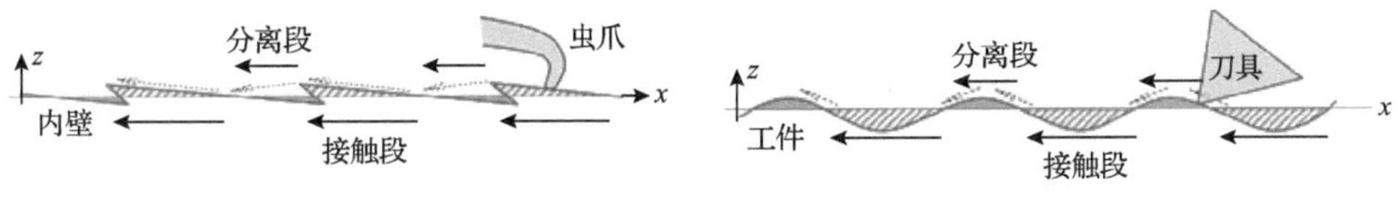

(b) 猪笼草内壁区与虫爪之间周期性的固-气接触示意图　　(c) 波动切削过程示意图

图 11.19　生物波动滑动与仿生波动式切削的运动分离相似性比较

受猪笼草内壁区波动干增润的启发，以波动干增润为灵感的波动式磨削和波动式钻削等干增润波动制孔技术将在本节中进行讨论。波动式切削如图 11.19(c)

所示，波动式切削过程由接触区（即切削期）和分离区（即非切削期）组成。在接触区，切削刃与工件接触界面之间周期性的气膜润滑，减少了刀具/工件界面的摩擦系数和材料黏附，可以显著提高刀具的切削性能。

11.2.2　干增润波动式磨削技术

1. *波动式磨削*

作为普通磨钻加工（grinding drilling, GD）的一种替代方法，波动式磨削（rotary ultrasonic elliptical machining, RUEM）因具有更好的排屑能力和表面质量改善能力，在干式条件磨钻 CFRP 方面得到了应用。波动式磨削结合了椭圆振动辅助切削（elliptical vibration-assisted cutting, EVC）和普通磨钻加工（GD）的材料去除方式。如图 11.20 所示，在波动式磨削过程中，金刚石钻头端部在垂直于刀具轴的平面（*xy* 平面）内以微小椭圆轨迹振动，而椭圆振动是由两组正交压电陶瓷片激发的两个弯曲振动叠加而成的。

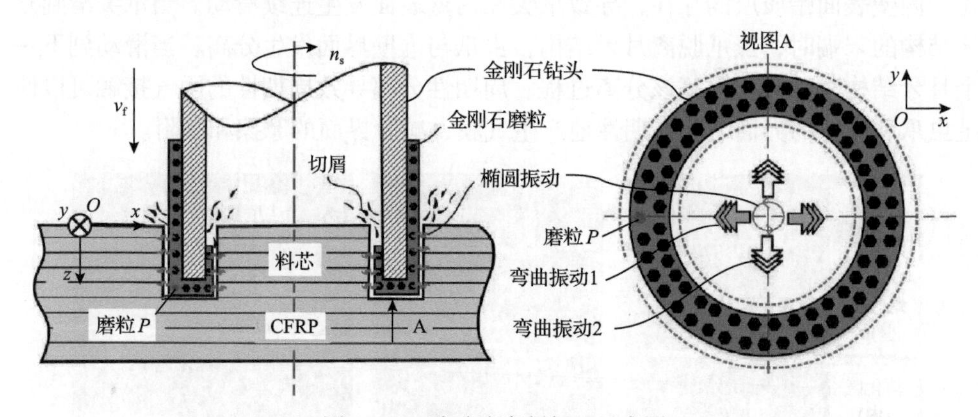

图 11.20　波动式磨削加工示意图

如图 11.20 所示，在工件上设置笛卡儿坐标系（即 *Oxyz*），假设 *P* 点和 *O* 点在 t=0 时刻重合，则磨粒 *P* 在 *t* 时刻相对于工件的瞬时位置可以用式（11.17）表示：

$$\begin{cases} x(t) = R + R\sin(2\pi F_{\mathrm{n}} t - \pi/2) - A\sin(2\pi F_{\mathrm{z}} t + \pi/2) \\ y(t) = R\cos(2\pi F_{\mathrm{n}} t - \pi/2) + A\sin(2\pi F_{\mathrm{z}} t) \\ z(t) = v_{\mathrm{f}} t \end{cases} \tag{11.17}$$

式中，R 为钻头半径；F_{n} 为主轴转速频率$\left(F_{\mathrm{n}} = n_{\mathrm{s}}/60\right)$；$F_{\mathrm{z}}$ 为超声振动频率；A 为超声振动振幅；v_{f} 为进给速度。

图 11.21（a）和（b）是在 R=5mm、n_{s}=3000r/min、v_{f}=50mm/min、F_{z}=20.088kHz 和 A=4μm 的条件下，利用 MATLAB 软件获得的主轴旋转 4 周磨粒 *P* 的运动轨迹。

从图 11.21(a)中可以看出，波动式磨削运动轨迹是周期性变化的波动曲线，而不是普通磨钻加工时的标准圆弧。图 11.21(b)显示了磨粒 P 在 xy 平面中的运动轨迹，磨粒当前运动轨迹以一定的相位差与前侧磨粒形成的运动轨迹重叠。如图 11.21(b)所示，波动式磨削形成的孔由所有重叠运动轨迹叠加形成，而普通磨钻加工形成的孔边由磨粒 P 的圆弧轨迹形成。这表明波动式磨削形成的孔径会略微大于普通磨削形成的孔径，且理论半径差等于振幅 A。图 11.21(c)显示了波动式磨削在一个振动循环中磨粒的运动轨迹，磨粒在非切削期与工件分离并在切削期内参与磨

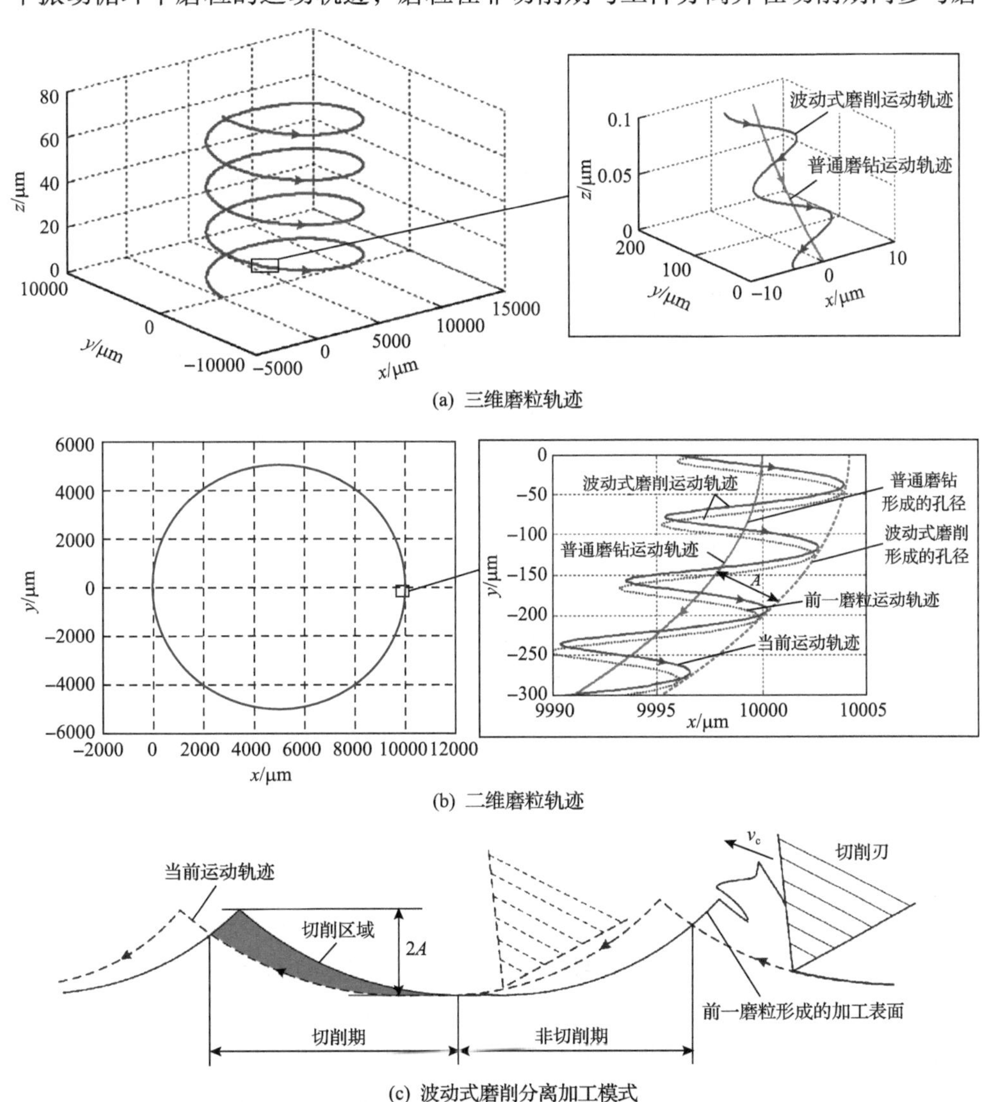

(a) 三维磨粒轨迹

(b) 二维磨粒轨迹

(c) 波动式磨削分离加工模式

图 11.21　波动式磨削和普通磨钻加工中的三维磨粒轨迹、二维磨粒轨迹和波动式磨削分离加工模式

削加工。在切削期内，xy 平面上产生的理想磨削区域由重叠的运动轨迹形成，这表明在波动式磨削过程中磨粒运动是周期性接触、分离的加工模式。

2. 波动式磨削 CFRP 时的防粘效果

如图 11.22 所示，刀具上的切屑黏结现象通常发生在普通磨钻加工中，而波动式磨削即使在较高的切削温度下也不会发生切屑黏结。切屑黏结是切削温度升高与降低时树脂发生软化和再固化的结果。在普通磨钻加工中，磨头堵塞(图 11.22(a))通常与切屑黏结伴随产生，一旦发生切屑黏结，磨粒表面就会涂覆由基体树脂和碳纤维组成的固化切屑，导致磨粒锋利度急剧下降。

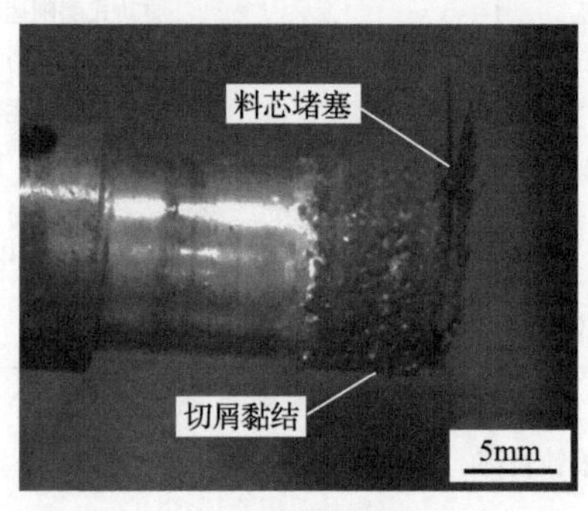

(a) 普通磨钻加工

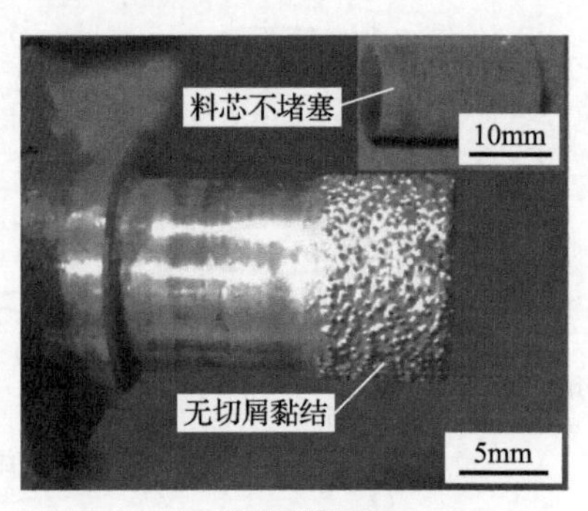

(b) 波动式磨削加工

图 11.22 刀具状态(n_s =1000r/min, f =150μm/r)

切屑黏结在金刚石磨粒表面时会对刀具的切削性能产生影响，可以通过实时记录切削力来进一步分析切屑黏结的形成过程。图 11.23 显示了在相同切削条件下(n_s =1000r/min, v_f =50mm/min)普通磨钻加工和波动式磨削加工时的轴向切削力(F_n)，从图中可以看出，在普通磨钻加工时发生了切屑黏结。普通磨钻加工时切削力分为三个阶段：正常切削阶段(I)、切屑堵塞阶段(II)、树脂软化和再固化阶段(III)。在第一阶段开始时，由于钻头磨粒切入工件材料，轴向切削力迅速增加。然后，由于纤维不同的周期性排布导致纤维切削角度发生周期性变化，切削力曲线出现周期性微小波动，但是宏观上来看，切削力基本稳定。切削深度达到 1/3 孔深后，切屑逐渐堵塞在切削区导致切削力略微增加(II)。随着切削深度的继续增加，切屑无法及时排出切削区，并逐渐在孔内堆积，在此阶段，由于刀具表面和堵塞切屑之间的摩擦，切削温度逐渐升高。在阶段 III 开始时，一旦切削区的温度超过树脂玻璃化转变温度(T_g =180℃)，基体树脂就会发生软化，软化切屑与刀具表面之间的滑动摩擦力进一步增加，切屑排出率下降，导致加工后的切屑堆积在孔内，切削力迅速增加至峰值。之后，由于 CFRP 板剩余材料发生弹性变形，切削力下降，并最终导致孔出口处出现分层现象。当钻头逐渐钻出时，由于热扩散条件变好，切削区温度降低，软化树脂快速固化并黏合到磨粒表面，导致刀具切屑黏附。相反，在波动式磨削加工时切削力曲线几乎保持不变，这表明在钻孔过程中没有发生切屑堵塞及切屑黏附。此外，与普通磨钻加工相比，波动式磨削由于分离切削模式，平均切削力也明显降低。

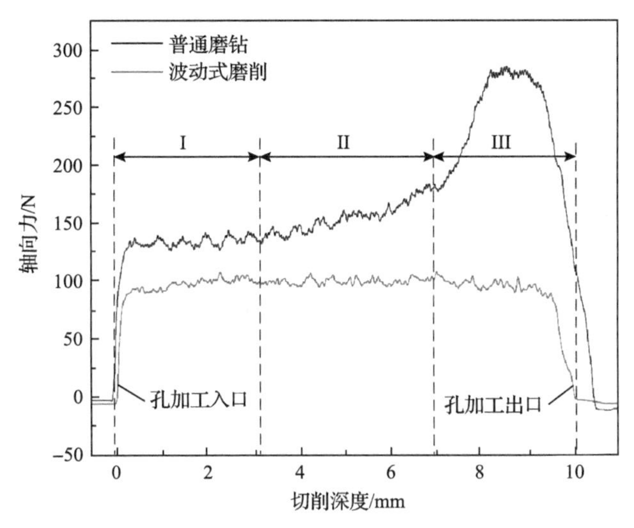

图 11.23　切削力随切削深度的变化

波动式磨削防止切屑黏附的主要原因之一是降低了切削温度。图 11.24(a)和(b)显示了在主轴转速 n_s =1000r/min、进给量分别为 f=75μm/r 和 150μm/r 条件下切削温度随时间的变化曲线。利用红外热像仪测量了钻孔过程中孔侧壁表面的温度，详细的测量操作可在已发表的论文中找到。与普通磨钻加工相比，波动式磨削加工在 75μm/r 和 150μm/r 的进给量下，最高温度分别下降了 18.8%和 13.1%。

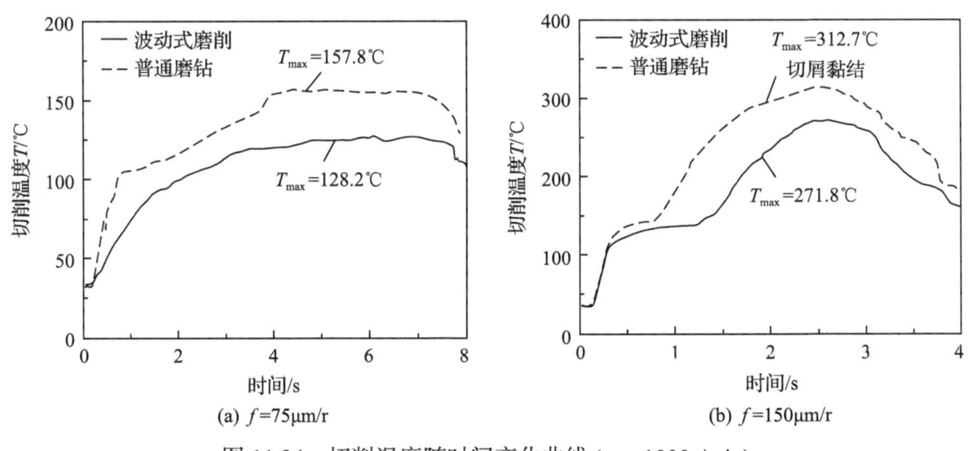

(a) f=75μm/r　(b) f=150μm/r

图 11.24　切削温度随时间变化曲线 (n_s =1000r/min)

在波动式磨削的一个振动循环中，切削热主要在切削期内产生，而在非切削期内很少产生热量，因此波动式磨削加工产生的热量比普通磨钻加工要少。此外，波动式磨削加工可以实现更好的热传导，如图 11.25(a)所示，在波动式磨削的非切削期内，空气和切削刃之间存在三个可能的热传导方向(即 A、B 和 C)，其中当切削刃离开工件后，切削刃和工件之间会形成空气膜，通过在切削刃和工件之间周期性形成空气膜进行润滑，可以在切削初期降低切削力和切削温度。如图 11.25(b)所示，在普通磨钻加工时，由于刀具前刀面上的切屑去除和刀具后刀面上的材料回弹，A 和 B 方向上的热传导是很少的，在普通磨钻加工中的热传导只能通过 C 方向实现。因此，通过波动式磨削切削刃的分离切削作用，可以实现更少的热量产生和更多的热量扩散。

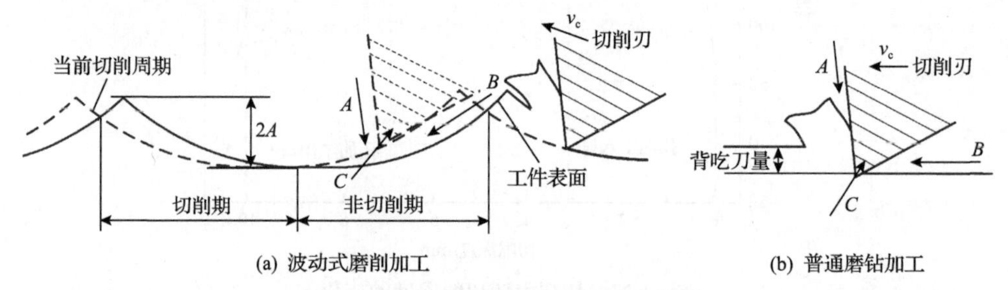

图 11.25　切削刃运动轨迹和冷却条件

波动式磨削加工防粘的另一个原因是椭圆振动显著改善了磨粒的相对加速度，磨粒 P 在 t 时刻的相对加速度可用式(11.18)表示：

$$\begin{cases} a_x = 4\pi^2 F_n^2 R\cos(2\pi F_n t) + 4\pi^2 F_z^2 A\cos(2\pi F_z t) \\ a_y = -4\pi^2 F_n^2 R\sin(2\pi F_n t) - 4\pi^2 F_z^2 A\sin(2\pi F_z t) \\ a_z = 0 \end{cases} \tag{11.18}$$

图 11.26 是波动式磨削加工和普通磨钻加工时磨粒的相对加速度曲线（$a = \sqrt{a_x^2 + a_y^2 + a_z^2}$，$R$=5mm，$n_s$ =5000r/min，v_f =60mm/min，F_z =20kHz 和 A=4μm)，从图中可以看出，相对加速度在波动式磨削加工时呈周期性变化，而在普通磨钻加工中相对加速度保持不变。值得注意的是，波动式磨削加工中的最大加速度几乎是普通磨钻加工的 47 倍(64536m²/s vs. 1370m²/s)。波动式磨削的加速效应不仅在提高材料去除率方面有效，而且在防粘方面也有贡献。

假设具有质量 m_c 的软化切屑与磨粒表面相结合，取软化切屑为对象，如图 11.27(a)所示，根据达朗贝尔原理，普通磨钻加工中软化切屑上的力平衡方程可表示为

$$\sum F_i = F_s + F_p + F_f = 0 \tag{11.19}$$

式中，F_s 为最大惯性力，$F_s = -m_c a_{GD}$，a_{GD} 为加速度；F_p 为外压力；F_f 为滑动摩擦力，$F_f = \mu F_p$，μ 为软化切屑与磨粒表面间滑动摩擦系数。因此，可获得以下方程：

$$a_{GD} = (1+\mu)F_p / m_c \tag{11.20}$$

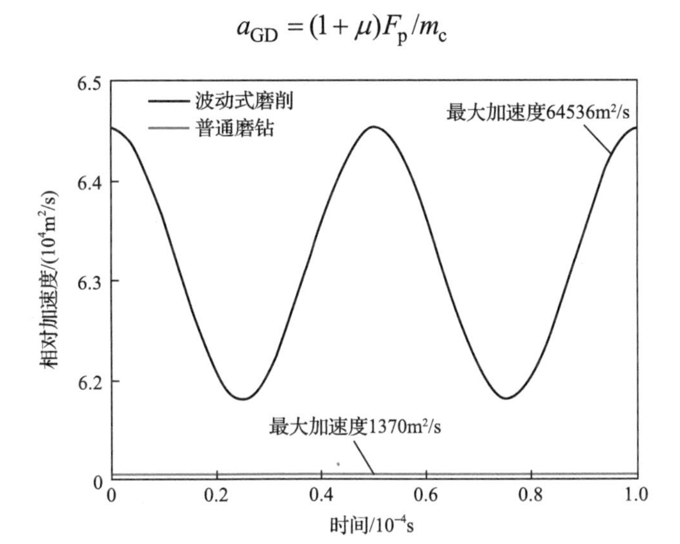

图 11.26　波动式磨削和普通磨钻加工的相对加速度

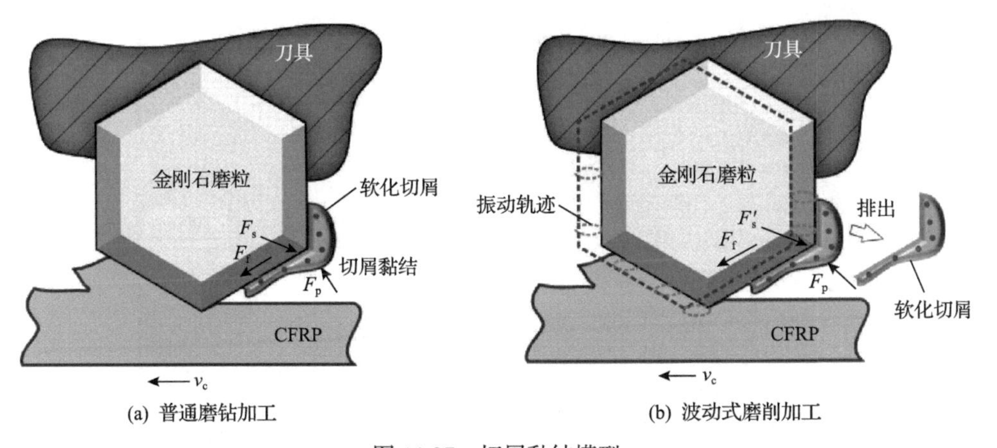

图 11.27　切屑黏结模型

波动式磨削加工的加速度远大于普通磨钻加工，即 $a_{RUEM} \gg a_{GD}$，假设 F_s' 是波动式磨削中的最大惯性力，那么 $F_s' = -m_c a_{RUEM}$，因此可以在波动式磨削加工中建立以下不等式：

$$-F_s' \gg F_p + F_f \tag{11.21}$$

式(11.21)表明，波动式磨削中的最大惯性力远大于外压力和滑动摩擦力的合力，这表明软化切屑不可能在磨粒表面达到力平衡状态。因此，由于较大的加速度效应，软化后的切屑很容易从磨粒表面弹出，从而使软化后的切屑难以黏合到磨粒表面上，如图 11.27(b)所示。

3. CFRP 波动式磨削提质效果

较高的切削温度会对加工表面质量产生一定的负面影响，为了研究孔表面加工质量，对孔表面进行了扫描电镜观察。图 11.28～图 11.30 显示了波动式磨削和普通磨钻加工时孔入口、中间和出口区域的表面形貌(进给量分别为 75μm/r 和 150μm/r)。在 f=75μm/r 时测量的最高温度低于玻璃化转变温度 T_g，而在 f=150μm/r 时测量的最高温度要高于玻璃化转变温度 T_g。图 11.28(a)～(d)分别显示了波动式磨削和普通磨钻加工中，改变进给量对应的孔入口表面形貌。从图中可以看出，在波动式磨削中，随着进给量的增加，除了一些轻微的树脂涂敷，没有明显的差异。这是因为当温度超过玻璃化转变温度时，孔表面树脂的软化再固化导致孔表树脂涂敷。图 11.28(c)和(d)表明，在普通磨钻加工中，在低进给量下发现残余碎屑，而随着进给量的增加，观察到树脂涂敷和未切削纤维。树脂涂敷和未切削纤维将成为应力集中点，在交变载荷下孔表面上的应力集中点极易引起裂纹萌生和扩展。

图 11.28　孔入口区域 SEM 图像($n_s = 1000$r/min)

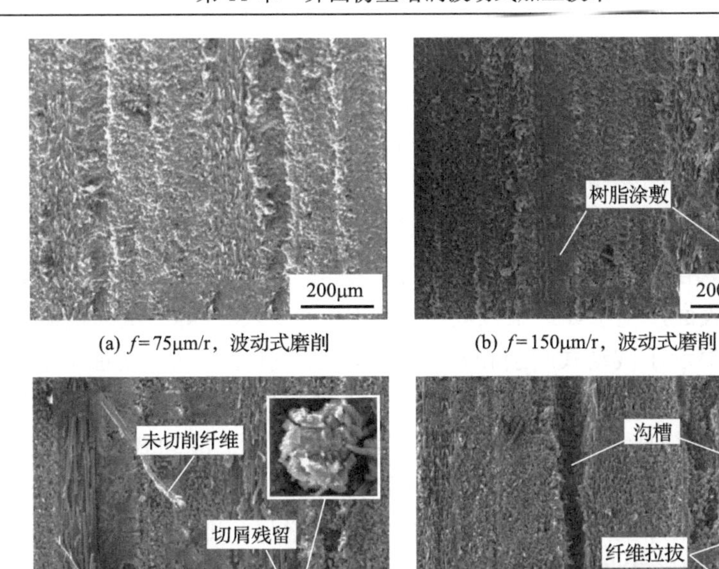

(a) f=75μm/r，波动式磨削　(b) f=150μm/r，波动式磨削

(c) f=75μm/r，普通磨钻　(d) f=150μm/r，普通磨钻

图 11.29　孔中间区域 SEM 图像（n_s =1000r/min）

(a) f=75μm/r，波动式磨削　(b) f=150μm/r，波动式磨削

(c) f=75μm/r，普通磨钻　(d) f=150μm/r，普通磨钻

图 11.30　孔出口区域 SEM 图像（n_s =1000r/min）

如图 11.29(a)和(b)所示，在孔中间区域观察到与波动式磨削孔入口处相类似的表面形貌特征。但是由于在较高温度下基体涂抹更严重，在较大进给量下的表面轮廓比小进给量下的表面轮廓更加平滑。相反，如图 11.29(c)和(d)所示，在普通磨钻加工中孔中间区域发现了更多的加工损伤。由于普通磨钻加工中的切屑排出条件较差，小进给量产生了轻微的未切削纤维和球形残余切屑(图 11.29(c))。由于 135°纤维切削角的碳纤维极易在低于刀尖的亚表面位置发生断裂，在较大的进给量下加工表面产生了如纤维拉拔和沟槽(图 11.29(d))等严重的机械损伤。

图 11.30 显示了波动式磨削和普通磨钻加工时孔出口区域的加工损伤。波动式磨削在小进给量(f=75μm/r)时在孔出口处未观察到明显的损伤(图 11.30(a))。由于高温下基体树脂降解和大进给量下切削力较大，波动式磨削在大进给量(f=150μm/r)孔出口表面附近产生明显的树脂涂敷和表面裂纹(图 11.30(b))。相比之下，在普通磨钻加工中，由于切屑排出路程的增加，即使在较小的进给量下也可以在孔出口处观察到条状纤维拉拔和残余切屑(图 11.30(c))。普通磨钻加工在大进给量下会发生切屑黏结导致分层和未切削纤维堆积(图 11.30(d))，主要是由于黏结切屑的金刚石切削刃钝化严重，无法有效切断孔出口表面附近的纤维。此外，切削力增加和层压板间黏结强度降低容易引起分层。因此，普通磨钻加工中孔出口处的未切削纤维和分层是热效应和机械效应综合作用的结果。

通过比较波动式磨削和普通磨钻加工中孔的整体表面光洁度可以发现，当选择较小进给量时，波动式磨削中未观察到明显的加工损伤，而普通磨钻加工中出现包括残余切屑、未切削纤维以及纤维拉拔等损伤。此外，当进给量较大，切削区最高加工温度超过树脂的玻璃化转变温度时，波动式磨削中的损伤以基体涂抹为主，而在普通磨钻加工普遍存在包括基体涂抹、表面凹槽、纤维拉拔、分层和未切削纤维在内的微观结构损伤。因此，对加工表面的 SEM 观察表明，波动式磨削由于较低的切削温度和较好的排屑能力，可以获得更好的孔表面加工质量。

11.2.3　干增润波动式钻削技术

1. 波动式钻削方法

波动式钻削(UAD)方法已应用于 CFRP/Ti 叠层材料干式钻削加工中，是加工飞机组件中 CFRP/Ti 叠层零件的一种很有前景的钻削工艺。波动式钻削是一种典型的干增润波动钻孔技术。与普通钻削(CD)相比，波动式钻削中刀具磨损(包括磨料磨损、崩刃和黏结磨损)可得到有效抑制。波动式钻削比普通钻削有更好的断续切削能力，因此波动式钻削可以有效地降低切削力和减少刀具磨损。

如图 11.31(a)所示，在波动式钻削中，钻头端部受到高频轴向振动的同时旋转进入工件。设置笛卡儿坐标系(即 $Oxyz$)，选择切削刃 A 上的一点 P 与切削刃 B

上的对应点 P'，P 点在时间 t 的瞬时位置可用式(11.22)表示：

$$\begin{cases} x(t) = R\cos(\omega t) \\ y(t) = R\sin(\omega t) \\ z(t) = v_{\mathrm{f}} t + A\sin(2\pi F t) \end{cases} \tag{11.22}$$

式中，R 为 P 点的切削半径；$\omega = 2\pi n/60$，其中 ω 为主轴旋转角速度，n 为主轴转速；v_{f} 为进给速度；A 为超声振动振幅；F 为超声振动频率。

如图 11.31(b)所示，利用 MATLAB 软件分别得到波动式钻削和普通钻削中(R=3.75mm，n=1000r/min，v_{f} =20mm/min，A=10μm、F=20050Hz)P 点的运动轨迹。从图中可以看出，与普通钻削中的标准圆弧曲线相比，波动式钻削中切削刃运动轨迹是周期性波动变化曲线。如图 11.31(c)所示，当波动式钻削中钻头上两条切削刃的运动轨迹相交时，刀具和工件之间发生周期性接触和分离(即波动式钻削的分离切削模式)。根据 Zhang 等(2018)的研究，波动式钻削几何分离条件如下：

$$f \leqslant 4A\left|\sin((W_{\mathrm{f}}/2)\pi)\right| \tag{11.23}$$

式中，f 为进给量；W_{f} 为振动频率与刀具转速之比。如图 11.31(d)所示，波动式钻削分为切削期和非切削期。在非切削期切削刃与工件分离，这对 CFRP/Ti 叠层的钻孔加工有以下好处：首先，钛切屑可以被切割成若干段，与普通钻削中获得的典型锯齿状长带状钛切屑相比，波动式钻削中产生的分段切屑可以被轻松去除，有效解决了切屑缠结问题，也避免了对 CFRP 钻孔表面的二次机械损伤。其次，波动式钻削的分离切削模式可以有效降低切削温度，这可以归因于波动式切削区域可以周期性打开，不仅减少了热量的产生，而且促进了空气渗入刀具-工件界面，在接触界面之间生成空气膜，加速了热量扩散，对切削区域形成了干增润效应。

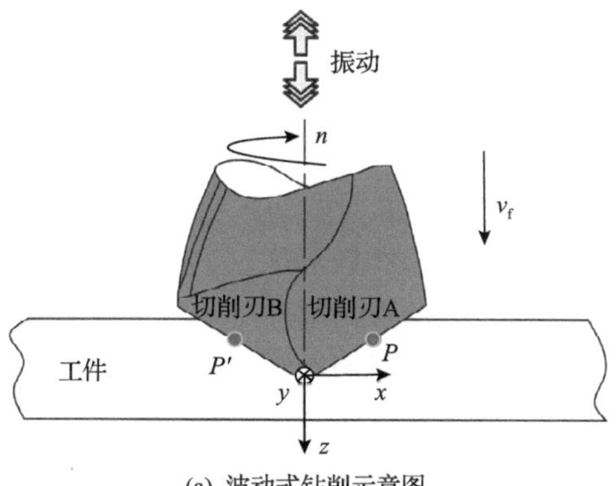

(a) 波动式钻削示意图

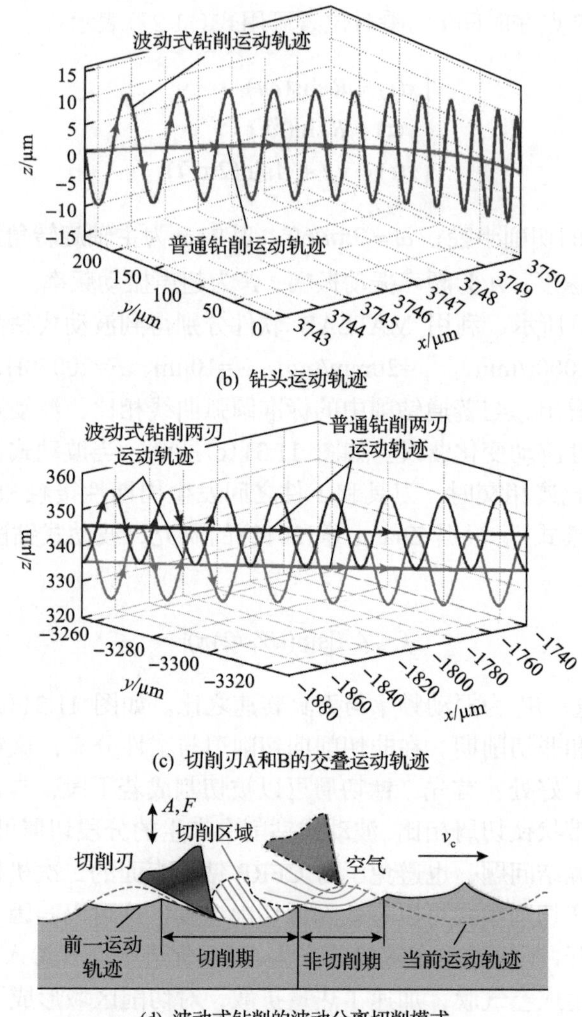

图 11.31　振动钻削的波动分离分析

2. 波动式钻削 CFRP/Ti 叠层材料的降力降温效应

图 11.32 显示了不同主轴转速下，波动式钻削和普通钻削加工 CFRP/Ti 叠层材料时的切削力和扭矩(进给量为 0.01mm/r、直径为 7.5mm 的无涂层硬质合金麻花钻)。在不同的主轴转速下，波动式钻削加工 CFRP/Ti 叠层材料产生的切削力和扭矩明显低于普通钻削。与普通钻削相比，波动式钻削 CFRP 时的切削力和扭矩分别降低了 41.21%～46.84%和 36.23%～48.94%，而波动式钻削加工 Ti 时的切削力和扭矩分别降低了 15.25%～26.19%和 21.42%～29.01%。刀具与工件断续分离是波动式钻削加工时平均切削力和扭矩降低的主要原因。根据波动式钻削时切削

刃的运动轨迹可以看出，波动式钻削时切削深度的周期性变化会使钻头与工件周期性分离和接触。接触界面之间周期性变化产生的空气膜能有效润滑切削界面，减少切削初期阶段的摩擦力。此外，由于 CFRP 和 Ti 的不同切屑去除机制(即 CFRP 的脆性断裂和 Ti 的弹塑性变形)，波动式钻削 CFRP 比钻削 Ti 时的切削力和扭矩降低程度要更显著一些。

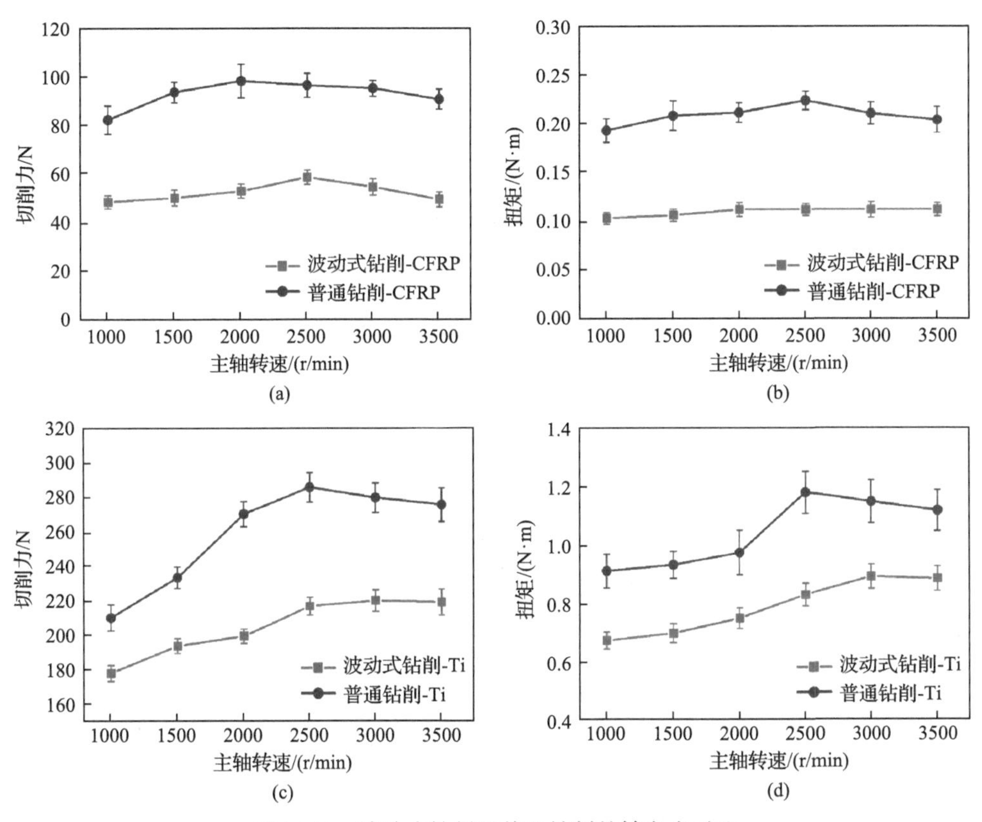

图 11.32　波动式钻削和普通钻削的轴向力对比

图 11.33 显示了在相同切削参数下(n=1000r/min，f=0.005mm/r)波动式钻削 CFRP/Ti 叠层材料时，用红外热像仪获取的切削温度随切削时间的变化曲线。红外热像仪测量的是钻孔过程中孔侧表面的温度，详细的测量操作与作者发表的论文中的操作相同。从图中可以看出，波动式钻削和普通钻削 CFRP 时温度变化趋势和幅度近似。切削温度随着钻孔深度增加而逐渐升高，最大值达到了 183.25℃，超过了玻璃化转变温度($T_g \approx 180$℃)。在钻削 CFRP/Ti 界面过程中，普通钻削获得的切削温度缓慢上升，而波动式钻削获得的切削温度从 183.25℃迅速下降到 147.49℃。波动式钻削过程中温度突然下降可归因于在 CFRP/Ti 界面切削阶段，切削刃经历了金属/复合材料耦合钻削过程。由于 Ti 的导热系数高于 CFRP，部分

切削热传递到 Ti 上，大量切削热可以被 Ti 屑和 Ti 工件带走。因此，普通钻削中的切削温度只是缓慢上升，这表明产生的热量略高于其耗散，而波动式钻削的分离切削模式使得切削温度明显下降。

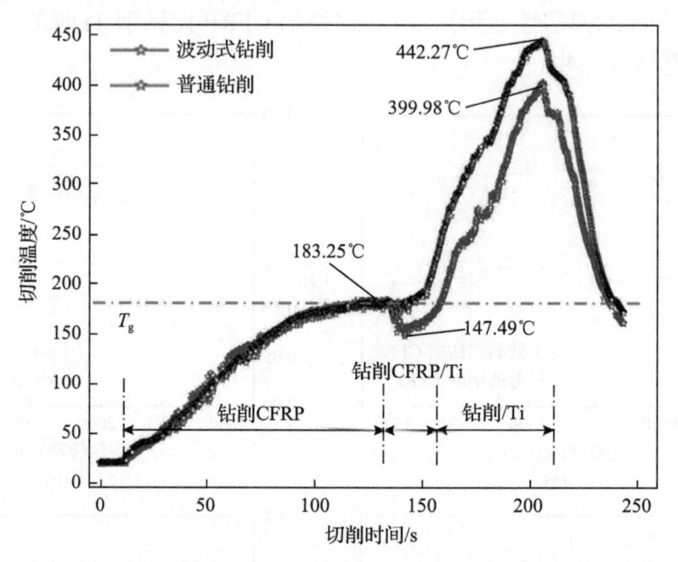

图 11.33　波动式钻削和普通钻削 CFRP/Ti 时切削温度随切削时间的变化曲线（n=1000r/min，f=0.005mm/r）

采用波动式钻削和普通钻削加工 20 个孔后，通过光学显微镜观察钻头的磨损情况，如图 11.34 所示，可以看出，波动式钻削和普通钻削都出现了崩刃和后刀面磨损现象，且波动式钻削中的刀具磨损程度远低于普通钻削中的刀具磨损程度。如图 11.34 所示，在 CFRP/Ti 叠层钻削中，麻花钻的磨损机制包括：钻削 CFRP 时硬质碳纤维导致的磨粒磨损和钻削 Ti 时刀具黏结磨损导致的刃口剥落和断裂。

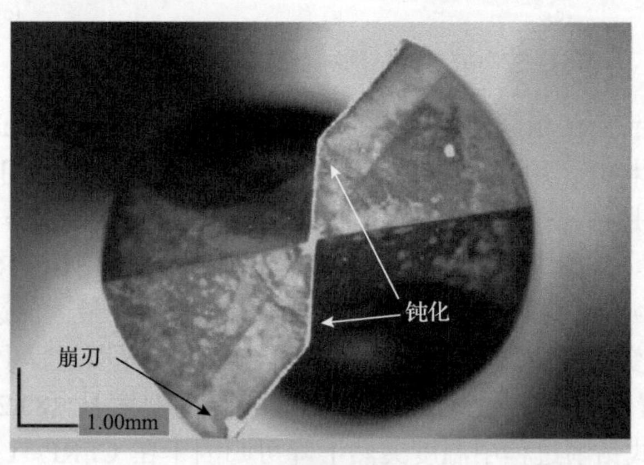

(a) 波动式钻削

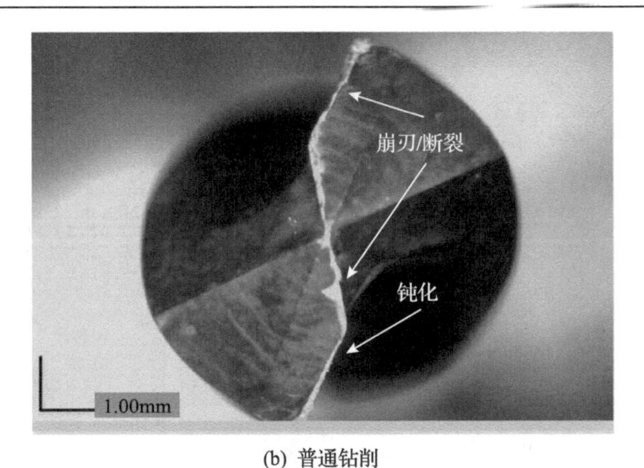

(b) 普通钻削

图 11.34　钻头磨损微观形貌

根据以上分析，波动式钻削中的低刀具磨损主要是由于分离切削特性产生的低切削力和低切削温度，以及波动式钻削实现的良好排屑条件。

3. CFRP/Ti 波动式钻削提质效果

图 11.35 显示了波动式钻削和普通钻削时 n=1000～3000r/min 和 f=5～15μm/r 条件下孔出口区域钻孔剖面的典型表面形貌。CFRP/Ti 钻孔过程中在 CFRP 孔出口处有钛合金的支撑，因此可以有效抑制由轴向切削力引起的孔出口分层缺陷。如图 11.35(a)所示，CFRP 孔出口的分层缺陷主要是由高的界面温度引起的，具体表现为纤维/基体脱粘导致的微观开裂和纤维拔出，以及孔表面树脂涂敷。

图 11.35(a)和(c)是波动式钻削在 1000r/min 时观察到树脂涂敷和轻微的纤维/基体脱粘现象。从图 11.35(b)和(d)中可以看出，除了树脂涂敷和纤维/基体脱粘，在 1000r/min 低主轴转速下，普通钻削还观察到明显的宏观裂纹(即热诱导分层)。

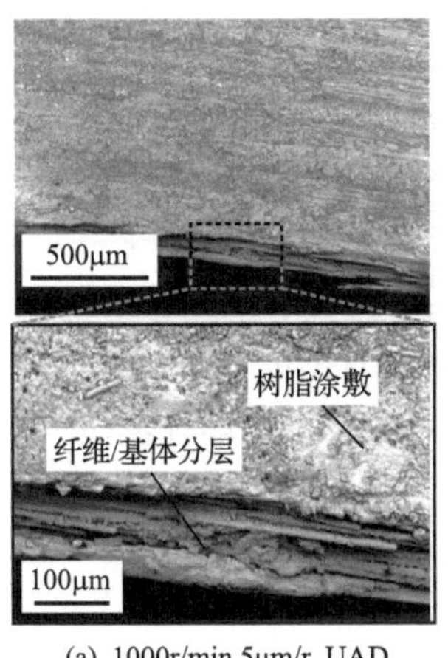

(a) 1000r/min,5μm/r, UAD

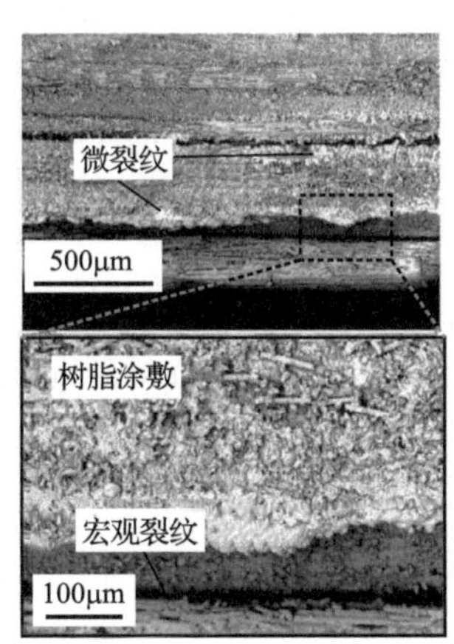

(b) 1000r/min,5μm/r, CD

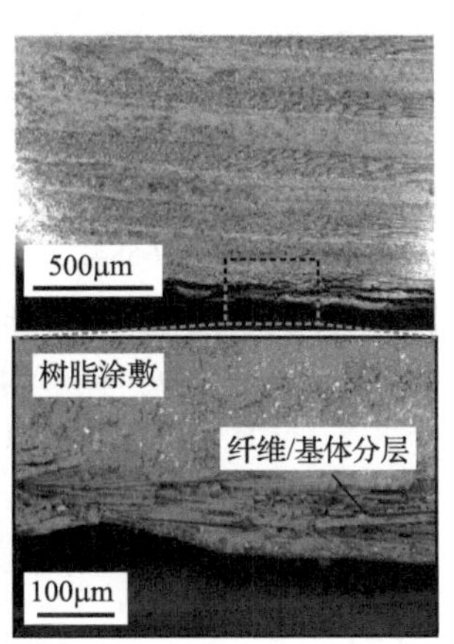

(c) 1000r/min,15μm/r, UAD

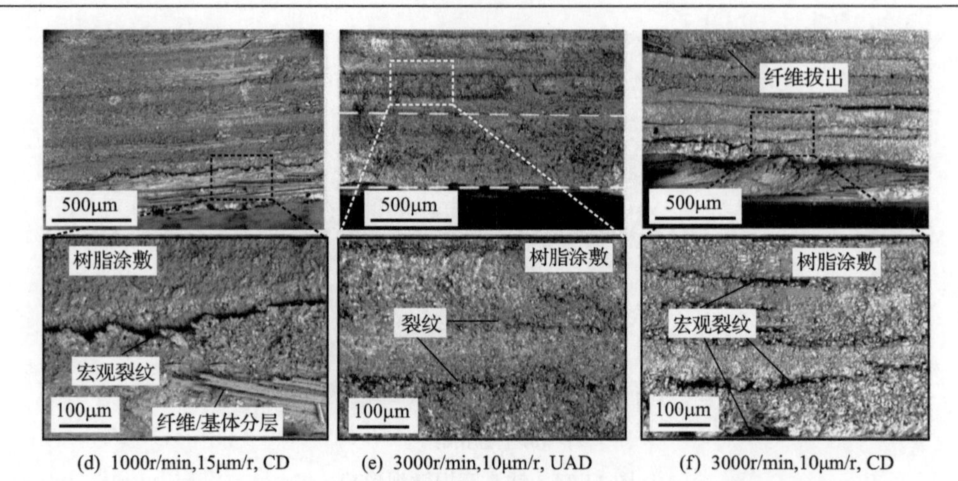

(d) 1000r/min,15μm/r, CD　(e) 3000r/min,10μm/r, UAD　(f) 3000r/min,10μm/r, CD

图 11.35　波动式钻削和普通钻削孔出口区域轮廓 SEM 图像

此外，与 f=15μm/r 相比，普通钻削在 f=5μm/r 时由于产生更高的界面温度，在深层中也发现了更多的裂纹。通过波动式钻削和普通钻削的对比，可以看出由于波动式钻削时界面温度显著降低，前者可以获得更好的孔表面质量。值得注意的是，当主轴转速达到 3000r/min 时，在波动式钻削和普通钻削中都观察到更多的裂纹(图 11.35(e)和(f))，这表明，为了降低 CFRP 孔的热损伤，在一步钻削 CFRP/Ti 过程中应选择高进给量而不是高切削速度。

参考文献

Bhaumik S K, Divakar C, Singh A K. 1995. Machining Ti-6Al-4V alloy with a wBN-cBN composite tool[J]. Materials & Design, 16(4): 221-226.

Liu Z Q, An Q L, Xu J Y, et al. 2013. Wear performance of (nc-AlTiN)/(a-Si_3N_4) coating and (nc-AlCrN)/(a-Si_3N_4) coating in high-speed machining of titanium alloys under dry and minimum quantity lubrication (MQL) conditions[J]. Wear, 305(1-2): 249-259.

Lu Z H, Zhang D Y, Zhang X Y, et al. 2020. Effects of high-pressure coolant on cutting performance of high-speed ultrasonic vibration cutting titanium alloy[J]. Journal of Materials Processing Technology, 279: 116584.

Sui H, Zhang X Y, Zhang D Y, et al. 2017. Feasibility study of high-speed ultrasonic vibration cutting titanium alloy[J]. Journal of Materials Processing Technology, 247: 111-120.

Zhang X Y, Sui H, Zhang D Y, et al. 2018. Study on the separation effect of high-speed ultrasonic vibration cutting[J]. Ultrasonics, 87: 166-181.

第 12 章　细胞表面生物约束成形微纳米功能微粒

12.1　细胞表面生物约束成形电磁功能颗粒

12.1.1　微生物细胞表面沉积微纳米功能颗粒的制造

自然界中广泛存在的大量形状结构各异的微生物，可以直接作为成形模板，与薄膜沉积技术结合，制备微纳米功能颗粒。第 4 章介绍了基于微生物模板，特别是基于螺旋藻的细胞界面内沉积微纳米功能颗粒的制造及应用。本节将介绍基于微生物细胞表面沉积的微纳米功能颗粒的制造。可以实现微生物细胞表面沉积的方法有很多，如化学镀、溅射和溶胶-凝胶法等。与细胞内沉积不同，细胞外沉积作用于生物模板表面。以化学镀为例，为实现基于微生物模板的细胞表面沉积，应逐步进行钯活化，以及特定金属或金属氧化物的化学镀。与细胞界面内沉积相比，其主要区别在于，细胞表面沉积的合成反应在生物模板表面进行，因此不需要透性化处理。目前，许多不同外形结构的微生物已被用作细胞表面沉积的成形模板，如球形球菌、杆状芽孢杆菌、片状硅藻壳和螺旋形螺旋藻等。通过细胞表面沉积不同材质，许多具有不同结构的功能微粒被制造出来并进行进一步应用。

图 12.1 为微生物细胞表面沉积微纳米功能颗粒。如图 12.1(a)所示，选择一种球形细菌(嗜热乳链球菌)作为成形模板，合成了一种尺寸均匀的 Ag 空心微球，可以用作具有高灵敏度的表面增强拉曼散射检测底物。如图 12.1(b)所示，具有椭球结构的酵母细胞也被用作成形模板，并且通过化学镀技术成功地在其外表面沉积了均匀的 Ni 层。同样，如图 12.1(c)和(d)所示，以芽孢杆菌作为成形模板，在细胞外表面沉积各种金属，合成了棒状微纳米功能颗粒。

(a) 基于球菌的金属微球，细胞表面沉积Ag

(b) 基于球菌的金属微球，细胞表面沉积Ni

(c) 基于芽孢杆菌的金属微棒，细胞表面沉积Co_3O_4

(d) 基于芽孢杆菌的金属微棒，细胞表面沉积Co-Ni-P

图 12.1　微生物细胞表面沉积微纳米功能颗粒

微藻是自然界中广泛分布的具有独特三维形状和微纳米结构的微生物，它们可以作为成形模板，通过薄膜沉积技术在细胞表面包覆金属层，合成功能微粒。硅藻土是典型的生物硅质化石，包含具有标准外形结构的硅藻壳。图 12.2(a)中，在圆筛藻(*Coscinodiscus*)表面进行磁控溅射，实现模板表面沉积 Ag。硅藻土表面包覆的 Ag 层成像质量高，表面粗糙度较低(RMS(4.513±0.2) nm)，对其进行红外发射率测量，证明性能良好。同样，片状硅藻土表面也可以外沉积 Ni-Fe，使其具

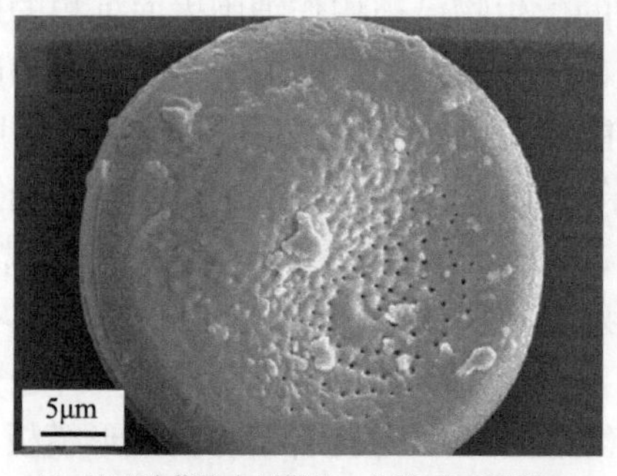

(a) 基于硅藻的金属微片，细胞表面沉积Ag

(b) 基于硅藻的金属微片，细胞表面沉积Ni-Fe

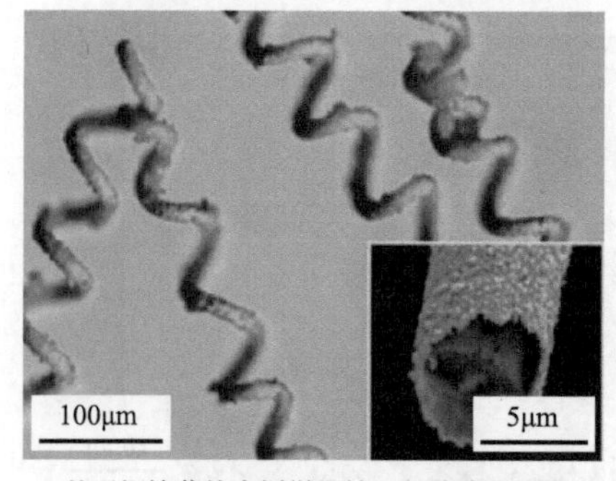

(c) 基于螺旋藻的金属微螺旋，细胞表面沉积Ag

(d) 基于螺旋藻的金属微螺旋，细胞表面沉积Cu

图 12.2　金属化生物微粒

有良好的电磁性能(图 12.2(b))。此外，具有天然微螺旋结构的螺旋藻细胞同样是表面沉积功能微粒的理想生物模板，可以实现传统的自上而下方法难以合成的功能颗粒的批量制造。通过控制螺旋藻细胞的培养条件，可以在一定范围内调节微螺旋的螺旋宽度、螺距、匝数等结构参数。如图 12.2(c)、(d)所示，通过化学镀技术分别合成了包覆有 Ag、Cu 的核-壳微螺旋。均匀致密的金属层成功包覆在细胞外表面，且螺旋藻原始螺旋结构保持完好。

12.1.2　细胞表面沉积微纳米功能微粒的应用

生物模板细胞表面沉积微纳米功能微粒在电磁等领域具有巨大的应用潜力。例如，在螺旋藻细胞表面进行化学镀，可以合成镀 Ag 微螺旋。它们在保留原始三维螺旋形态的同时，形成核-壳结构。在弹性基底中添加 25%(体积比)的镀 Ag 微螺旋，制备得到具有良好导电性能的复合材料(图 12.3(a))。同样，Ni-Fe 合金可以沉积在片状硅藻土微粒表面，在模板表面形成均匀连续镀层，制备得到具备良好的微波吸收性能的复合材料(图 12.3(b))。

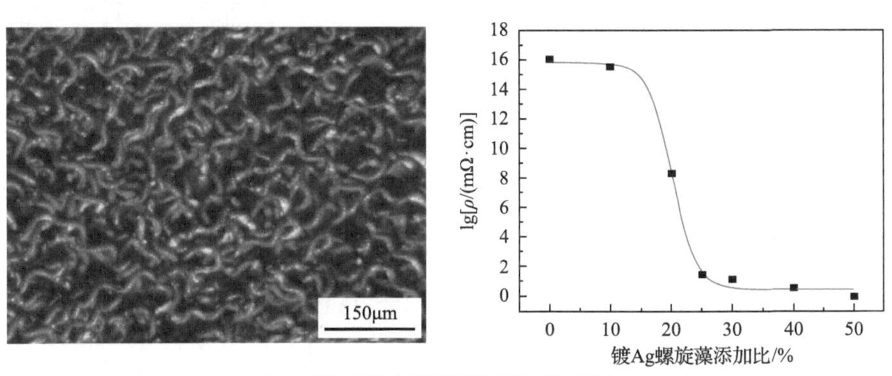

(a) 镀Ag螺旋藻的光学显微镜图像及其电阻率

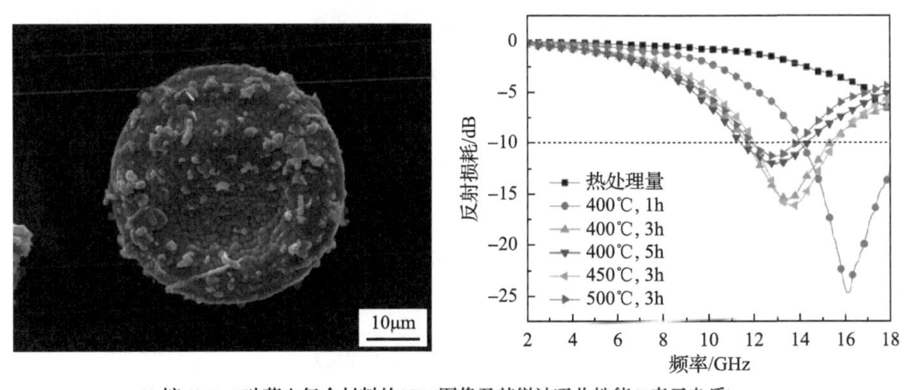

(b) 镀Ni-Fe-P硅藻土复合材料的SEM图像及其微波吸收性能(P表示杂质)

图 12.3　镀 Ag 螺旋藻及用其制造的微波吸收复合材料

通过组装和排布，生物模板表面沉积功能微粒可以进一步形成有序微结构，并表现出增强的电磁性能，在很大程度上扩展其功能应用范围。例如，如图 12.4(a)所示，基于电场诱导排布方法可以将镀 Ag 螺旋藻排列成连续长链，并且相邻微粒可以在排列方向上形成首尾相接的物理接触，从而制备得到具有各向异性导电性能的导电复合材料。此外，基于空间限位诱导排布方法，镀 Ag 螺旋藻也可用于制备可拉伸导电材料。导电微螺旋通过微沟槽富集顺排，并经过高温重结晶形成有序焊接，从而构造导电连续网络。制备得到的复合材料可以在拉伸和弯曲时保持稳定的导电性能，可被用作具有宽调谐频率和高辐射效率的可调谐、可变形射频天线(图 12.4(b))。另外，生物模板细胞表面沉积磁性微粒还可通过旋转磁场进行排列，用于合成具有增强电磁性能的有序复合材料。镀 Ni 螺旋藻经过排布可以制造大面积螺旋超材料。大量的三维微螺旋单元可以实现垂直、水平或二者混合的可编程方向排布。具有垂直螺旋的复合材料表现出很强的手性，而具有水平螺旋的复合材料可在太赫兹(THz)区域实现极化转换(图 12.4(c))。

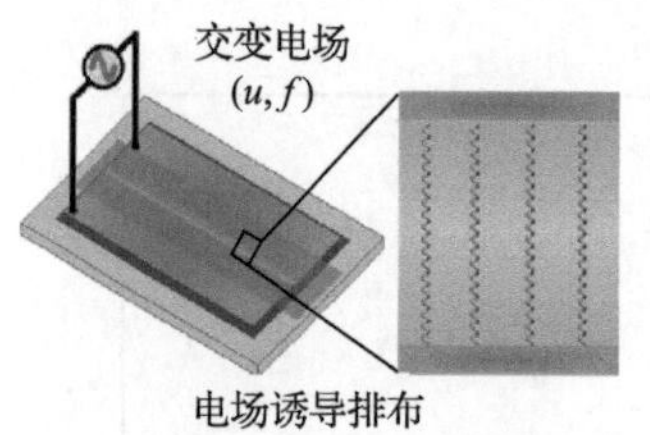

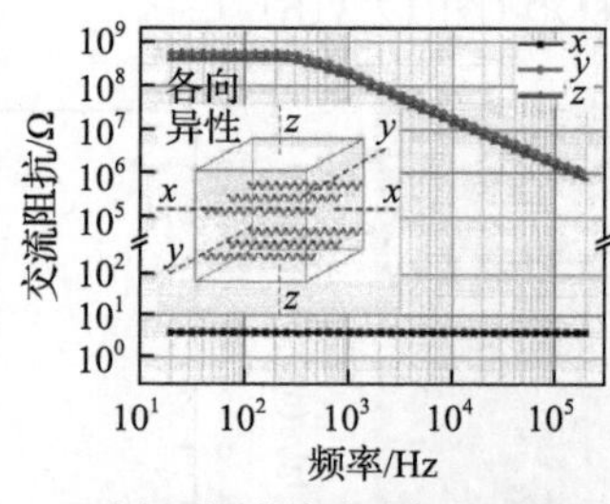

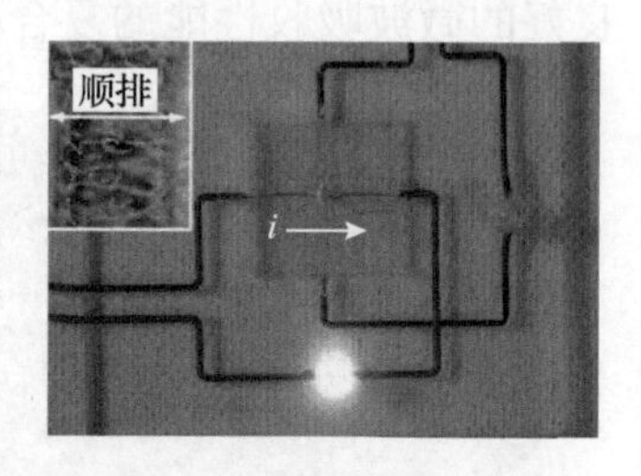

(a) 电场诱导排布合成各向异性导电材料

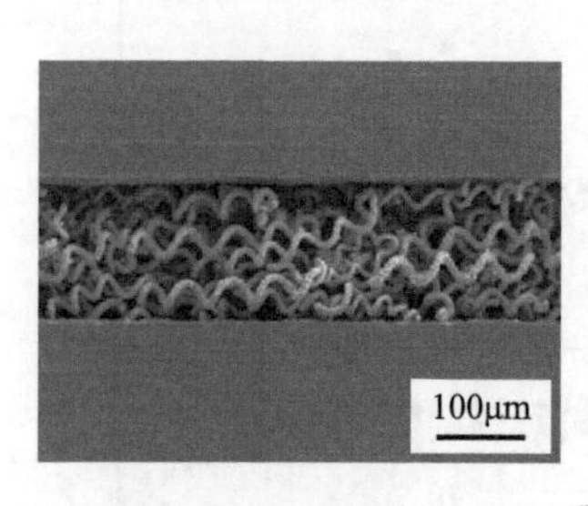

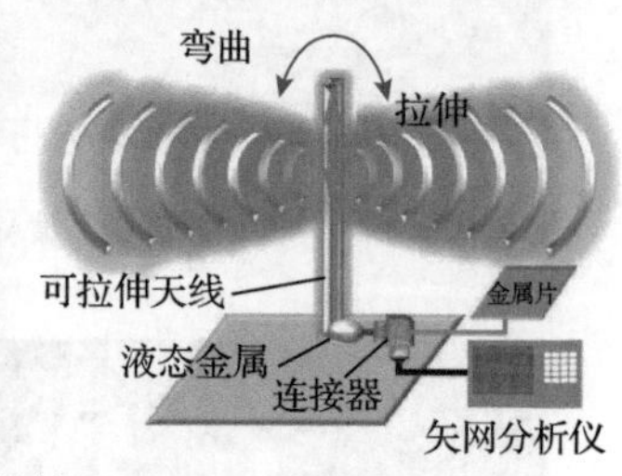

(b) 空间限位诱导排布构造可拉伸导电材料

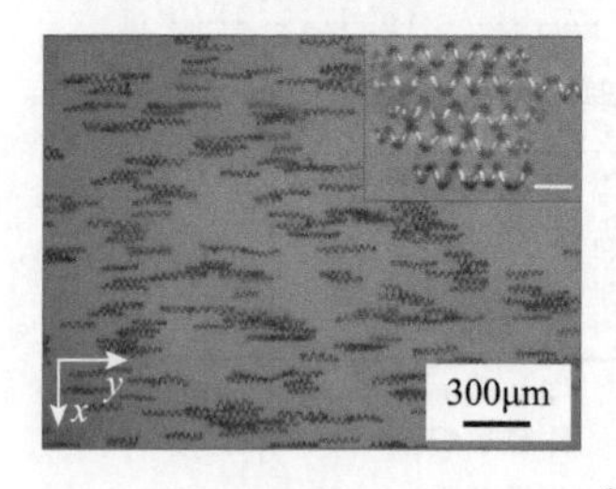

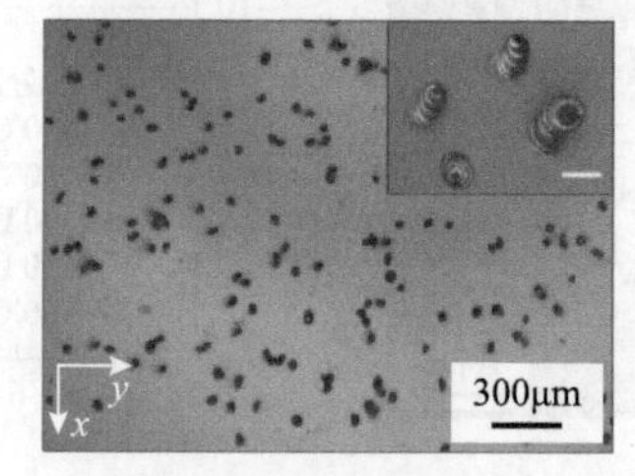

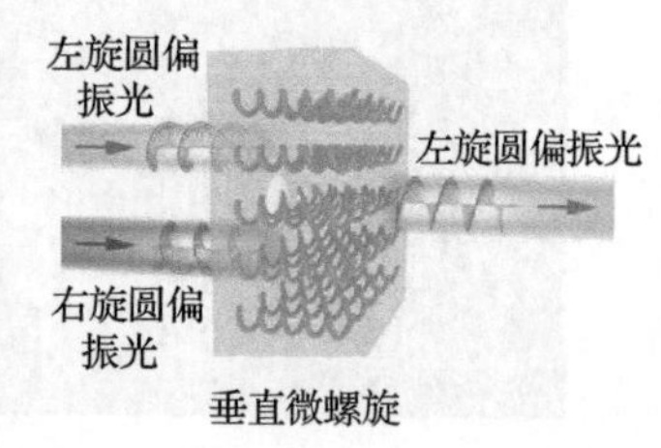

(c) 磁场诱导排布合成太赫兹手性超材料

图 12.4　有序排布微螺旋及其功能应用

利用化学镀技术，片状硅藻土表面可以包覆均匀致密的镍层。镀镍片状硅藻土可以在微纳米工程领域用作轮形微机器人，其在垂直旋转磁场操控下，可以翻滚和滚动两种模式实现推进运动，并达到很高的运动速度，可用于微米尺度的靶向货物搬运等(图 12.5(a))。受自然界中细菌鞭毛螺旋推进的启发，以螺旋藻作为成形模板进行细胞表面沉积 Ni，可以实现镀镍磁性螺旋形微机器人的批量制造。在旋转磁场驱动下，它们可以实现有效的螺旋推进，并在低雷诺数流体环境下达到较高的推进速度，表现出优异的运动性能(图 12.5(b))。同样，通过溶胶-凝胶法进行细胞表面沉积，能够制备出包覆 Fe_3O_4 的螺旋藻，具有超顺磁特性和良好的生物相容性，可作为磁性螺旋形微机器人应用于生物医学领域。该微机器人可以同时内沉积具有优良光热特性的 Pd@Au 纳米颗粒，并在细胞表面装载抗癌药物分子，从而实现具有协同化疗-热疗效能的靶向给药抗癌(图 12.5(c))。

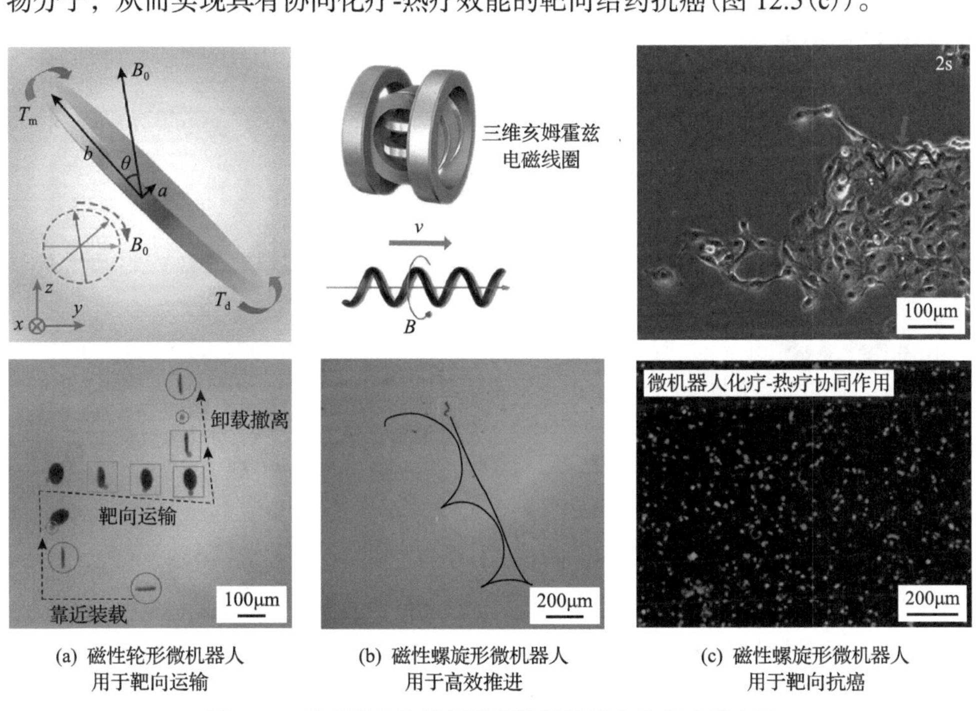

(a) 磁性轮形微机器人用于靶向运输　(b) 磁性螺旋形微机器人用于高效推进　(c) 磁性螺旋形微机器人用于靶向抗癌

图 12.5　基于微生物模板的磁性微机器人及其功能应用

12.2　基于细胞吞噬功能的磁性细胞机器人的制备

利用免疫细胞进行药物递送是生物医学工程中一个新兴的研究热点。其中，基于细胞吞噬功能进行的工程化细胞制备是其一个重要分支(Wang et al., 2015)。本节介绍基于吞噬原理的磁性细胞机器人的制造及其在靶向肿瘤治疗中的应用。

干细胞、巨噬细胞等细胞由于对肿瘤组织的固有趋向性，已被作为药物载体应用于肿瘤靶向治疗。细胞治疗成功高度依赖于将注射的工程化细胞靶向输运到患处的能力。利用外部磁场控制细胞的靶向输运而不影响细胞本身的活性是目前最具应用潜力的方法。因为基于细胞吞噬功能制备的磁性细胞机器人不仅制备过程简单而且可以根据患处微环境进行按需定制。

12.2.1 细胞机器人的制作与表征

冯林等研究发现，多聚赖氨酸包被的 Fe_2O_3 纳米颗粒(PLL@Fe_2O_3)被干细胞摄取(图 12.6(a))。此外，用普鲁士蓝染色法计算细胞对 PLL@Fe_2O_3 的吞噬率(图 12.6(b))。PLL@Fe_2O_3 被内化到标记干细胞的细胞质中。当 PLL@Fe_2O_3 的处理浓度分别为 2.5μg/mL、25μg/mL 和 50μg/mL 时，细胞内化 PLL@Fe_2O_3 的情况如图 12.6(b)所示。

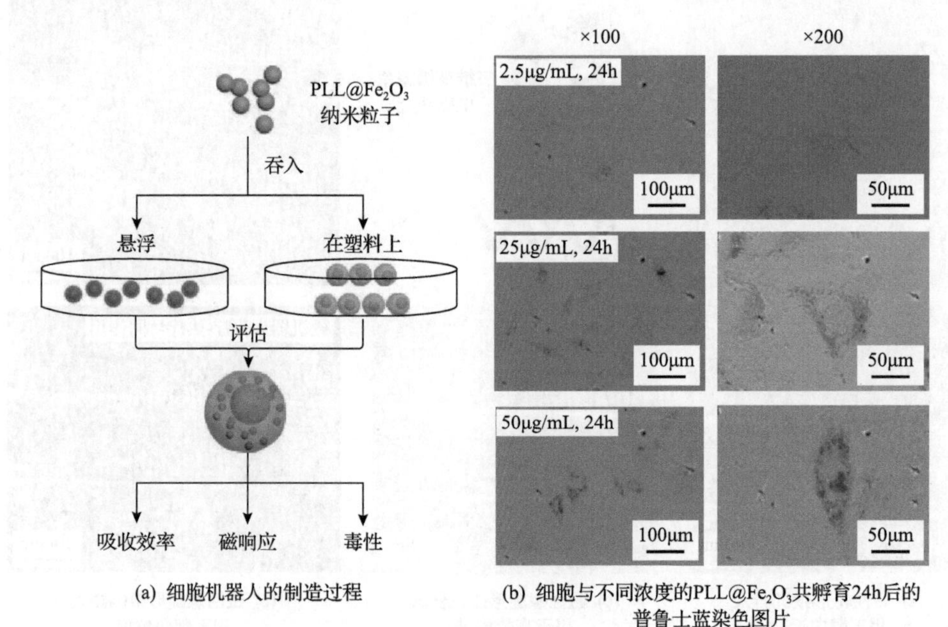

(a) 细胞机器人的制造过程

(b) 细胞与不同浓度的PLL@Fe_2O_3共孵育24h后的普鲁士蓝染色图片

图 12.6 基于吞噬功能的细胞机器人用于靶向给药

12.2.2 磁场驱动细胞机器人靶向运动

此外，可以将表面包覆药物(DOX)的磁性纳米颗粒(Fe_3O_4)装载进巨噬细胞，从而加工出可以被外界磁场驱动的载药细胞机器人。常用磁场有梯度磁场和旋转磁场。以旋转磁场为例分析细胞机器人的运动控制。

用亥姆霍兹线圈产生旋转磁场驱动细胞机器人向前旋转。如图 12.7 所示，细胞机器人在磁力矩的推动下，将在下侧进行旋转。滚动摩擦阻力(F)将推动细胞，与支撑力呈线性关系：

$$F = k \cdot F_{\text{n}} \tag{12.1}$$

式中，比例常数 k 的大小取决于接触材料的性质和物体的表面状况，并与单元半径 R 相关。当细胞的相对流速为 v 时，液体流动对细胞有拖拽力 F_{d} 和阻力转矩 T_{s} 的影响。

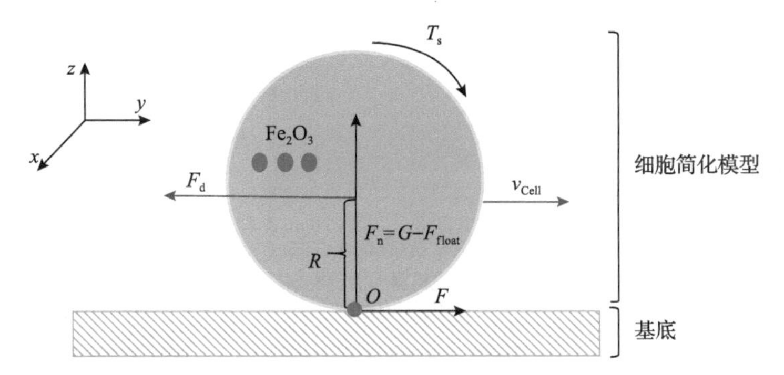

图 12.7 细胞机器人在磁力矩推动下运动

根据斯托克斯方程，流体施加在细胞上的拖拽力可表示为

$$F_{\text{d}} = C_{\text{D}} A_{\text{p}} \frac{\rho u^2}{2} \tag{12.2}$$

细胞直径设为 20μm，当细胞处于水中或生理盐水中时，粒子的雷诺数 $Re_{\text{p}} = d_{\text{p}} u \rho / \mu \ll 1$。$C_{\text{D}} = 24/Re_{\text{p}}$，$A_{\text{p}}$ 为颗粒在流体流动方向上的投影面积，$A_{\text{p}} = \pi d_{\text{p}}^2 / 4$，其中粒子直径 $d_{\text{p}} = 2R$，代入式(12.2)，可得 $F_{\text{d}} = 6\pi \mu R u$。因此，力和力矩的平衡方程可表示为

$$F_{\text{d}} = F \tag{12.3}$$

$$F_{\text{d}} \cdot R = T \tag{12.4}$$

由式(12.3)和式(12.4)可以求出细胞的速度 v 和比例常数 k。

12.2.3 细胞机器人可靶向运动到指定位点

细胞机器人也可以使用大梯度磁场(大于 0.5T/m)实现完全可控(Dai et al., 2020)。如图 12.8 所示，可以发现，基于巨噬细胞的吞噬作用制备的磁化细胞机

器人可在梯度场的驱动下按照规划路径沿三角形运动。磁化细胞机器人的实际运动路径与规划路径相差较小，终点到达位置与期望位置之间的距离收敛为零。磁性细胞机器人在完全培养基(添加 10%牛血清)中的传输速度随外加磁场梯度线性增加。在此过程中，细胞机器人的移动速度约为 9μm/s，而磁场梯度高达 1.68T/m。

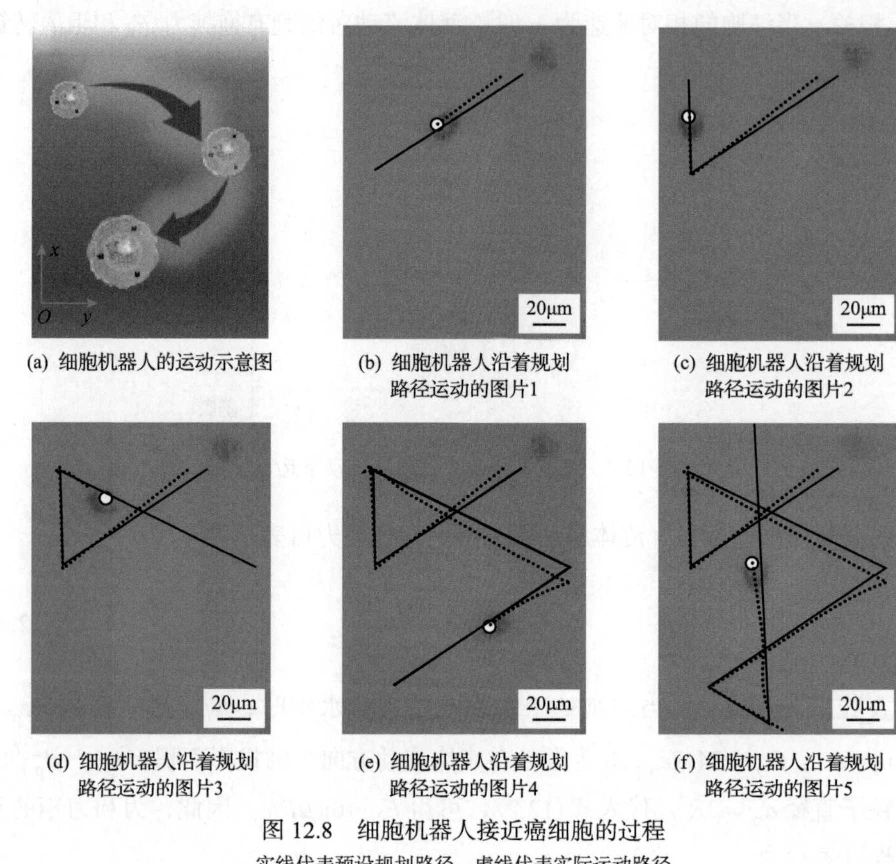

(a) 细胞机器人的运动示意图　(b) 细胞机器人沿着规划路径运动的图片1　(c) 细胞机器人沿着规划路径运动的图片2

(d) 细胞机器人沿着规划路径运动的图片3　(e) 细胞机器人沿着规划路径运动的图片4　(f) 细胞机器人沿着规划路径运动的图片5

图 12.8　细胞机器人接近癌细胞的过程

实线代表预设规划路径，虚线代表实际运动路径

12.2.4　细胞机器人体外靶向杀伤肿瘤细胞

基于以上良好的可控性，将细胞机器人靶向运送到癌细胞附近(图 12.9)。在初始状态下，细胞机器人在远离癌细胞的一边，然后利用磁场驱动细胞机器人靠近癌细胞，并最终杀死癌细胞。当细胞机器人到达癌细胞附近后，用 Calcein-AM/PI 染色检测癌细胞是否被杀死，如图 12.9(a)所示。癌细胞染成红色，表明它们被杀死了。为了获得癌细胞杀伤效率与时间的关系，在不同的时间点进行采样。死亡癌细胞的数量随着时间的推移而显著增加。为了消除背景对试验结果的影响，在

没有细胞机器人的情况下进行了平行的死亡率测量，发现对照组和治疗组在 6h 和 24h 后的癌细胞死亡百分比存在显著差异。治疗组的癌细胞死亡率在 24h 虽然有所增加，但效率仍低于 60%(图 12.9(b))。

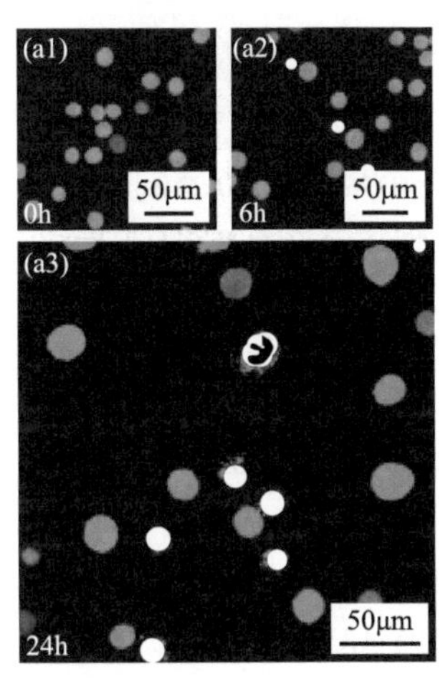

(a) 基于细胞的微型机器人在接近和杀死癌细胞的各个阶段的图像(共聚焦显微镜捕捉到的死亡细胞(白色点)和活细胞(灰色点))

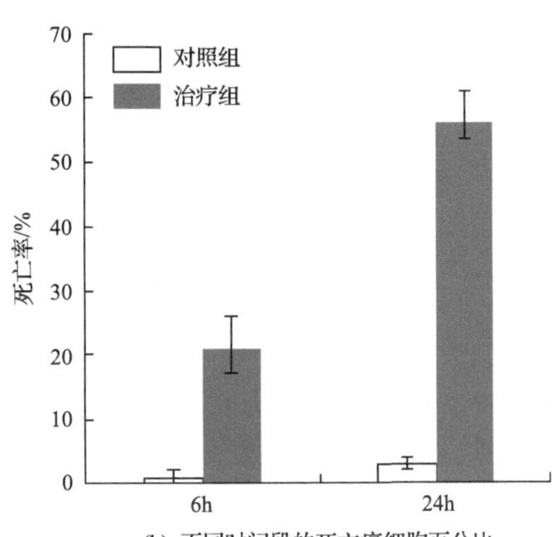

(b) 不同时间段的死亡癌细胞百分比

图 12.9　细胞机器人杀死癌细胞

12.2.5　细胞机器人控制在体内治疗肿瘤

本节在乳腺癌小鼠模型中验证了细胞机器人的靶向杀伤效果。所有荷瘤小鼠均注射相同的细胞机器人，并分为有磁场驱动和无磁场驱动两组。结果如图 12.10(a)所示，在无磁场驱动组，18 天肿瘤明显，30 天肿瘤变大。然而，在图 12.10(b)所示的磁场驱动靶向组中，肿瘤在 18 天内未被发现。在大约 30 天，可见肿瘤略有增长但显著小于无磁场驱动组。这个结果证明该细胞机器人在体内可在磁场驱动下，靶向小鼠体内肿瘤并抑制其生长。

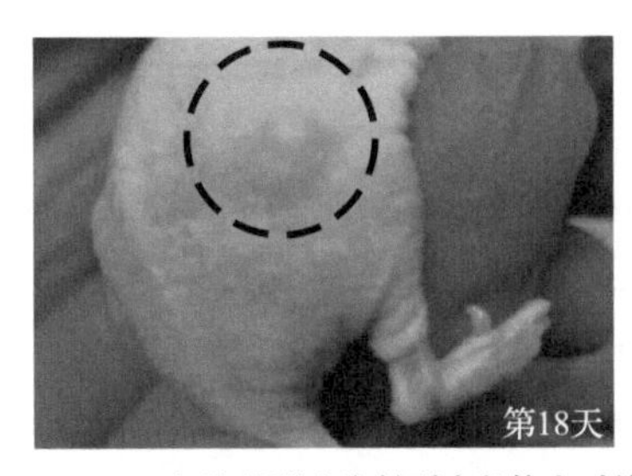

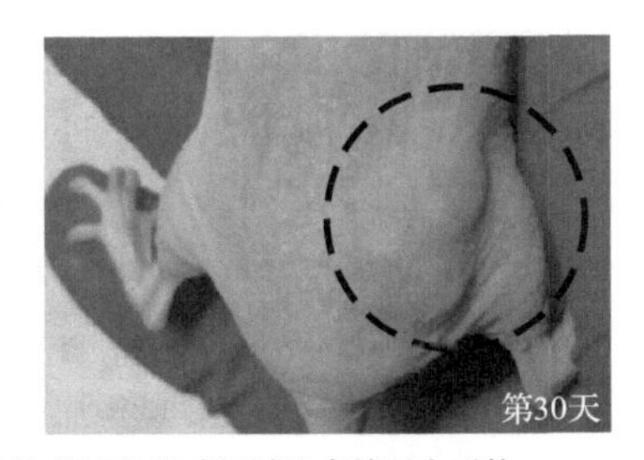

(a) 细胞机器人注射到小鼠体内时的肿瘤照片(肿瘤区域没有放置永磁体)

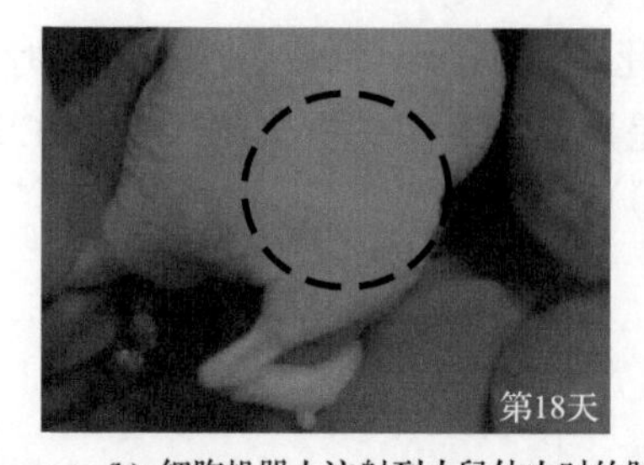

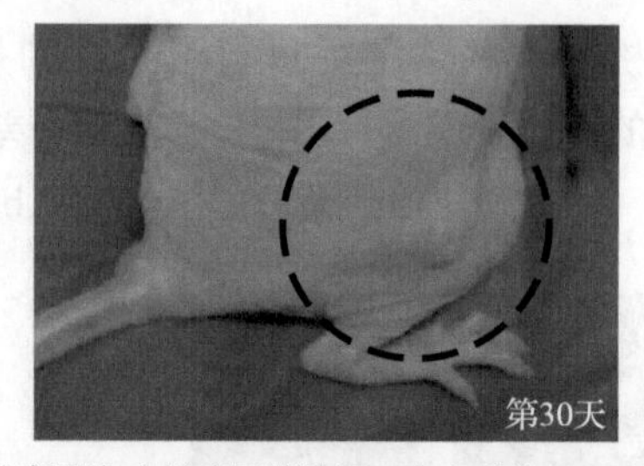

(b) 细胞机器人注射到小鼠体内时的肿瘤照片(在肿瘤区域放置一个永磁体)

图 12.10 细胞机器人体内杀伤肿瘤的结果(虚线区域为小鼠体内的肿瘤)

参考文献

Cai J. 2004. Fundamental study on bio-limited forming technology based on microorganism's body (doctoral dissertation) [D]. Beijing: Beihang University.

Cai J, Li Y Q, Zhang D Y. 2004. Artificial dielectric properties of microscopic metallized rodlike bacteria cells in composites[J]. Journal of Applied Physics, 95 (12): 8097-8100.

Cai J, Lan M M, Zhang D Y, et al. 2012. Electrical resistivity and dielectric properties of helical microorganism cells coated with silver by electroless plating[J]. Applied Surface Science, 258 (22): 8769-8774.

Cai J, Shi Y Y, Li X H, et al. 2017. The elongation performance of *Spirulina*-templated silver micro springs embedded in the polydimethylsiloxane[J]. Journal of Bionic Engineering, 14 (4): 631-639.

Dai Y G, Feng Y M, Feng L, et al. 2020. Magnetized cell-robot propelled by magnetic field for cancer killing[C]. IEEE/RSJ International Conference on Intelligent Robots and Systems: 1-4.

Feng Y M, Chen D X, Dai Y G, et al. 2019. The design and control of magnetized cell-based microrobot for targeting drug delivery[C]. The 14th International Conference on Nano/Micro Engineered and Molecular Systems: 273-276.

Gong D, Cai J, Celi N E, et al. 2018. Bio-inspired magnetic helical microswimmers made of nickel-plated *Spirulina* with enhanced propulsion velocity[J]. Journal of Magnetism and Magnetic Materials, 468: 148-154.

Gong D, Cai J, Celi N E, et al. 2019. Controlled propulsion of wheel-shape flaky microswimmers under rotating magnetic fields[J]. Applied Physics Letters, 114 (12): 123701.

Kamata K, Piao Z Z, Suzuki S, et al. 2014. *Spirulina*-templated metal microcoils with controlled helical structures for THz electromagnetic responses[J]. Scientific Reports, 4: 4919.

Li X H, Cai J, Shi Y Y, et al. 2017. Remarkable conductive anisotropy of metallic microcoil/PDMS composites made by electric field induced alignment[J]. ACS Applied Materials & Interfaces, 9 (2): 1593-1601.

Li X H, Cai J, Lu X Z, et al. 2018. Stretchable conductors based on three-dimensional microcoils for tunable radio-frequency antennas[J]. Journal of Materials Chemistry C, 6(15): 4191-4200.

Li X H, Zhao H, Liu C, et al. 2019. High-efficiency alignment of 3D biotemplated helices via rotating magnetic field for terahertz chiral metamaterials[J]. Advanced Optical Materials, 7(12): 1900247.

Reddy L H, Arias J L, Nicolas J, et al. 2012. Magnetic nanoparticles: Design and characterization, toxicity and biocompatibility, pharmaceutical and biomedical applications[J]. Chemical Reviews, 112(11): 5818-5878.

Shim H W, Jin Y H, Seo S D, et al. 2011. Highly reversible lithium storage in Bacillus subtilis-directed porous Co_3O_4 nanostructures[J]. ACS Nano, 5(1): 443-449.

Wang Q, Cheng H, Peng H S, et al. 2015. Non-genetic engineering of cells for drug delivery and cell-based therapy[J]. Advanced Drug Delivery Reviews, 91: 125-140.

Wang X, Cai J, Sun L L, et al. 2019. Facile fabrication of magnetic microrobots based on *Spirulina* templates for targeted delivery and synergistic chemo-photothermal therapy[J]. ACS Applied Materials & Interfaces, 11(5): 4745-4756.

Wang Y Y, Zhang D Y, Cai J. 2016. Fabrication and characterization of flaky core-shell particles by magnetron sputtering silver onto diatomite[J]. Applied Surface Science, 363: 122-127.

Yang D P, Chen S H, Huang P, et al. 2010. Bacteria-template synthesized silver microspheres with hollow and porous structures as excellent SERS substrate[J]. Green Chemistry, 12(11): 2038-2042.

Zhang D Y, Yuan L M, Lan M M, et al. 2013. Electromagnetic properties of core-shell particles by way of electroless Ni-Fe-P alloy plating on flake-shaped diatomite[J]. Journal of Magnetism and Magnetic Materials, 346: 48-52.

第 13 章　微纳仿生表/界面能场效应的突破性分析

对本书第 1 章提到的几大典型机械表面/制造界面相关的能场效能历史问题，1996 年以来作者团队经过长期深入的研究，如书中描述的典型生物体表面/食器界面的表征、典型机械表面/制造界面能场效应生物/仿生构建等研究路径，取得了以下突破性进展：一是通过对猪笼草口缘与内壁湿/干界面波动增润捕虫表征，仿生突破了 1950 年日本隈部淳一郎提出的超声振动切削界面分离速度限，实现了在高速精加工条件下依然能够分离增润。二是通过对猪笼草口缘梯度盲孔浸润表征，仿生突破了 1712 年英国数学家布鲁克·泰勒发现的一维静态缝隙一次毛细升浸润时空限，实现了波动式加工界面三维动态缝隙可持续增润与冷却。三是通过对猪笼草口缘与虫足界面分形递归细化分离表征，仿生突破了 1906 年美国弗雷德里克·温斯洛·泰勒提出的刀具耐用度泰勒公式质寿覆盖限，实现了加工质量与加工效率均衡化，显著扩大了整体化构件质寿覆盖限。四是通过鲨鱼皮直接复制成形，生物突破了 1936 年英国生物学家格雷提出的游速疑题的鲨鱼皮效应形貌减阻限，实现了大于 15%的形貌减阻率。五是通过对猪笼草口缘连续水输运表征，仿生突破了 1920 年美国哈佛大学威廉 T.伯维发明的外科手术高频电刀干切粘刀寿命限，实现了手术刀表面无动力输液增润减黏增寿。六是通过细胞内/外约束成形，生物突破了英国科学家罗伯特·胡克 1665 年发现细胞以来的形体认知限，实现了细胞界面的微纳加工高效控制。这些典型机械表面/制造界面的能场效应历史问题的突破性进展，打破了长期制约机械表面/制造界面若干能场效能极限，为推动机械表面/制造界面乃至整个机械领域的发展做出了贡献。

如图 13.1 所示，通过对上述典型机械表/界面能场效能提升的生物/仿生成功

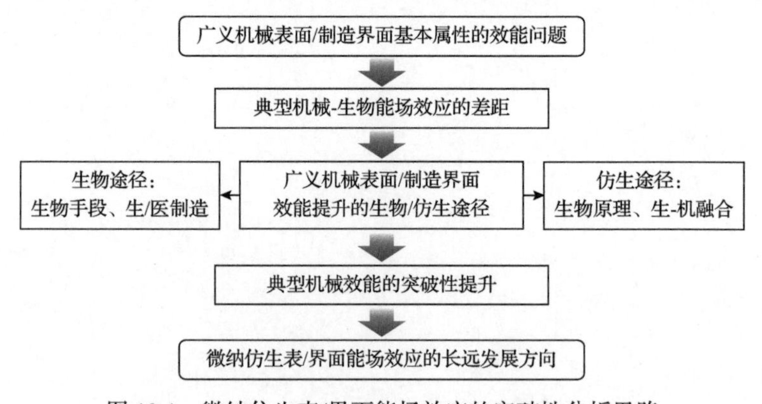

图 13.1　微纳仿生表/界面能场效应的突破性分析思路

路径的推演，进一步从更宽视角归纳了机械行业乃至人类发展面临的广义机械表面/制造界面基本属性的效能提升问题。从自然科学的顶层划分了广义机械表/界面能场属性，从生物生存的自然法则指明了机械表/界面效能提升的生物/仿生途径。为了人类更好地认识自然、改造自然、融入自然而和谐发展，需逐步从生物到仿生的能场效应(bio-to bionic field effects)向仿生为生物的能场效应(bionic-for-bio field effects)发展，不断开拓广义机械表面/制造界面仿生技术，向更宽广、更长远的大仿生方向发展。

13.1　生物/仿生途径提升广义机械表面工作效能的突破性分析

广义机械表面是广义机械与外界交互能量的场所，其存在如图 13.2 所示的物理学、化学、生物学三大种类能场。广义机械表面上，物理学能场包含的能量形式最为丰富，主要是它与自然环境的作用；化学与生物学能场包含的能量形式较少，但与生态活动密切相关，必须引起高度重视。从自然场景上看，广义机械表面与地面、空中、水域等形成不同类型的能场，与自然生物的生存环境相一致，在对照中可以得到大量的仿生灵感，产生更丰富的仿生表面能场效应，可以开辟提升广义机械表面工作效能更广阔的生物/仿生新途径。

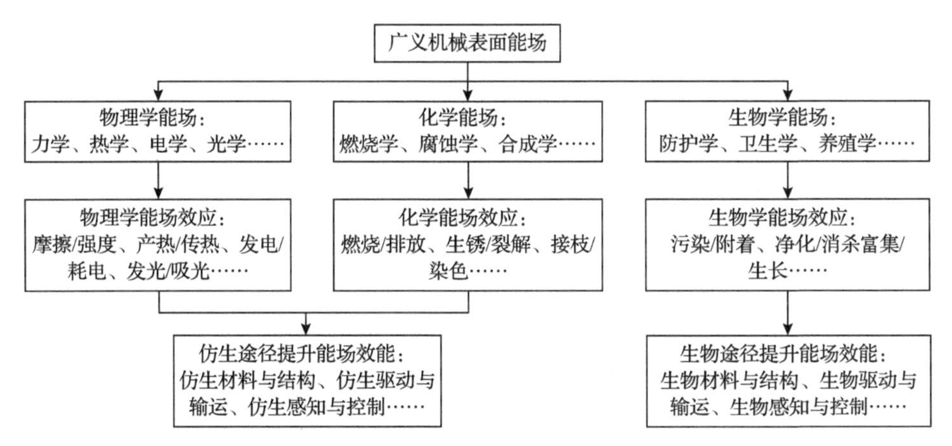

图 13.2　广义机械表面典型能场、效应及效能

广义机械表面效能提升的生物/仿生新途径来源于机械与生命学科的交叉。生物途径包括生物材料与结构、生物驱动与输运、生物感知与控制等，来源于广义生物表面机电能场效应的直接利用，结果是打破了传统机械设计学科的“取材”界限，产生了生物机械设计新学科方向。仿生途径包括仿生材料与结构、仿生驱动与输运、仿生感知与控制等，来源于广义机械表面对生物表面能场效应的主动

模仿，结果是打破了传统机械设计学科的“应对”界限，产生了仿生机械设计新学科方向。总之，未来的广义机械表面能场既等同和受控于生物能场，又借鉴和融入于生物能场，将引发“生物/仿生机械设计”学科的诞生。

广义机械表面生物/仿生提效的关键问题在于：广义机械表面与广义生物表面工作效能的对标；采取生物/仿生途径对广义机械表面能场效应的治本。解决此关键问题的方法是：在广义机械表面的机械运动、材料/能量转化、生物-机械融合等基本工作属性上，通过对比广义生物表面相应能场效应的节能、降耗、抗扰等自然法则上的高水平工作效能，实现更合理的广义机械表面工作效能平衡状态来对标；通过对比广义生物表面相应能场的形态作用、结构生成、信息控制等原理细则上的高水平调控能力，采取生物/仿生途径实现更合理的广义机械表面能场效应调控模式来治本。

下面针对表 13.1 所示的广义机械表面基本工作属性的效能提升问题，综合分析已经取得突破性提升的生物/仿生途径，指出其常见的技术难点和普适性发展路线，为传统机械设计学科向“生物/仿生机械设计”学科发展指明方向。

表 13.1　广义机械表面工作效能提升的生物/仿生途径

问题	途径		
	生物表面效能优势	典型生物/仿生途径	典型效能的突破性提升
机械运动效能问题	生物运动中体表能场节能、省力、平稳……	生物脑控/控脑省能运动；仿生增升减阻、滑行省力	鲨鱼皮逼真仿生减阻效能突破 8%，达 15%以上
材/能转化效能问题	生物链中物质流、能量流传递节能、环保、再生……	生物伪装、富集、降解；仿生自洁防污、结构散热	细胞表面富集/内吞磁性纳粒，突破靶向给药控制
生-机融合效能问题	生环系统中自修复、可持续、动平衡……	生物马达驱动、探针；仿生肌电假肢、植入体	生物分子马达生-机-光融合，突破单病毒体检测

广义生物表面效能优势的挖掘潜力巨大。除了广义生物表面上存在的大量高效能物理学、化学能场效应不断被人们发现，最值得庆贺的是作者团队发现了广义生物表面能场具有生物加工成形多尺度三维形貌的能力，从而拓展了广义机械表面复杂能场设计要素(图 13.3)，显著提升了广义机械表面复杂能场可实现设计能力。从广义机械表面能场设计总体发展来看，不断提升对广义生物表面能场效应的表征能力，不断揭示和发现新的生物表面能场效应新原理和新理论，对生物/仿生途径提升广义机械表面工作效能的突破性具有根本上的意义。

广义机械表面效能提升的生物/仿生途径非常广阔。从生物表面能场效应新原理和新理论的揭示与发现，到广义机械表面效能提升的生物/仿生途径应用之间，必须经历生物场景到机械场景的转换或融合，一旦在复杂结构表面能场设计理论、可制造性、可控制性等方面取得突破，所取得的表面工作效能提升将是突破性的。

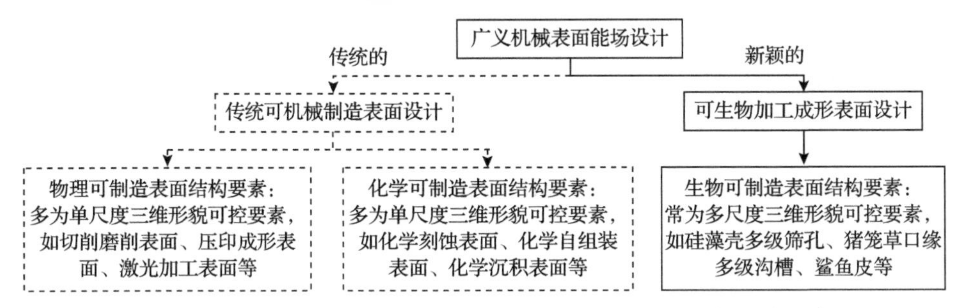

图 13.3　生物加工成形制造拓展了广义机械表面复杂能场设计要素

表 13.1 给出的本书取得的典型效能突破性案例至少表明了以下两点重要启示：在目前微纳米多尺度三维制造能力有限的情况下，生物途径直接制造的表面工作效能具有性能突破性、原理颠覆性提升；仿生途径简化设计制造广义生物表面结构下，某种生物表面能场效应新原理的粗略引入，也会使得广义机械表面工作效能取得事半功倍的提升。总体来看，不断扩大和提升生物途径制造的范围和能力，不断掌握和提升仿生途径的设计理论和制造能力，对提升广义机械表面工作效能的突破性具有现实上的意义。

生物/仿生机械设计学科的需求迅速增加。传统单纯机械设计学科知识越来越难以满足日益增长的仿生材料/结构/功能一体化、生物/机械/电子融合化等学科交叉生物/仿生机械设计的需要，必须不断打破机械与生物学科的界限，不断丰富生物-机械交叉学科知识体系，逐步建立生物/仿生机械设计学科，才能不断满足日益增长的自然相容机械设计知识和人才培养的长远需要。

13.2　生物/仿生途径提升广义机械制造界面工艺效能的突破性分析

广义机械制造界面是广义工具与广义工件之间交互能量的场所，其存在如图 13.4 所示的物理学、化学、生物学三大种类能场。广义机械制造界面上，物理学能场包含的能量形式最为丰富，主要是广义工具与自然/人工材料之间的作用；化学与生物学能场包含的能量形式较少，但与生态资源密切相关，必须引起高度重视。从自然场景上看，广义工具与广义底料、材料、毛坯等之间形成不同类型的能场，与自然生物广义口器(微生物细胞壁、植物根系、动物口与手)的作用过程很相似，在对照中可以得到大量的仿生灵感，产生更丰富的仿生制造能场效应，可以开辟提升广义机械制造界面工艺效能更广阔的生物/仿生新途径。

广义机械制造界面效能提升的生物/仿生新途径来源于制造与生命学科的交叉。生物途径包括生物加工与成形、生医操作与手术、生医合成与再造等，来源

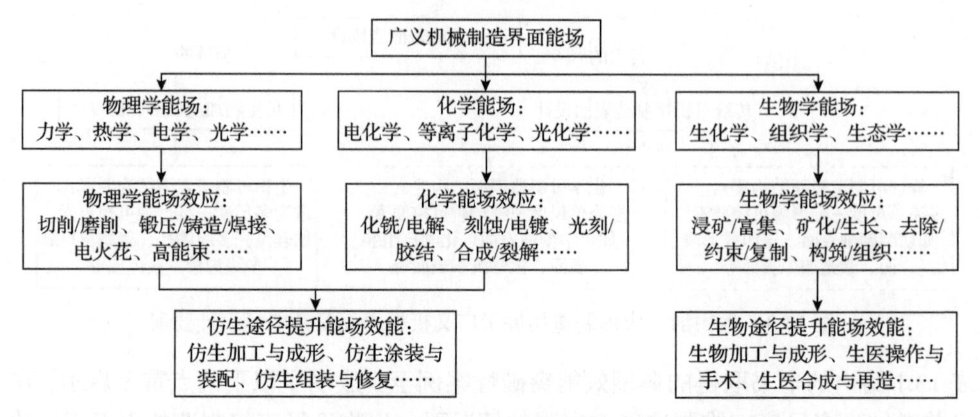

图 13.4　广义机械制造界面典型能场、效应及效能

于广义生物界面加工成形能场效应的直接利用，结果是打破了传统机械制造学科的“手段”界限，产生了生物机械制造新学科方向。仿生途径包括仿生加工与成形、仿生涂装与装配、仿生组装与修复等，来源于广义机械制造界面对生物界面能场效应的主动模仿，结果是打破了传统机械制造学科的“造物”界限，产生了仿生机械制造新学科方向。总之，未来的广义机械制造界面能场既等同和受控于生物能场，又借鉴和融入于生物能场，将引发“生物/仿生机械制造”学科的诞生。

广义机械制造界面生物/仿生提效的关键问题在于：广义机械制造界面与广义生物界面工作效能的对标；采取生物/仿生途径对广义机械制造界面能场效应的治本。解决此关键问题的方法是：在广义机械制造界面的机械加工、材料成形、生物/医疗制造等基本工艺属性上，通过对比广义生物界面相应能场效应的节能、降耗、抗扰等自然法则上的高水平工作效能，实现更合理的广义机械制造界面工艺效能平衡状态来对标；通过对比广义生物界面相应能场的形态作用、结构生成、信息控制等原理细则上的高水平调控能力，采取生物/仿生途径实现更合理的广义机械制造界面能场效应调控模式来治本。

下面针对表 13.2 所示的广义机械制造界面基本工艺属性的效能提升问题，综合分析其已经取得突破性提升的生物/仿生途径，指出其常见的技术难点和普适性发展路线，为传统机械制造学科向“生物/仿生机械制造”学科发展指明方向。

广义生物界面效能优势的挖掘潜力巨大。生物广义口器界面、代谢界面、组织界面等广义生物界面上，存在的大量高效能物理学能场、化学能场、生物学能场效应不断被人们发现。作者团队发现其中有相当一部分广义生物界面可以直接作为生物加工与成形的工具，制造出传统工艺方法难以制造的微纳米复杂结构；还有一部分广义生物界面能场效应原理可以用于广义机械制造界面的效能提升，打破传统机械制造的工艺能力限。从广义机械制造界面能场调控模式发展来看，不断提升对广义生物界面能场效应的表征能力，不断揭示和发现新的生物界面能

表 13.2　广义机械制造界面工艺效能提升的生物/仿生途径

问题	途径		
	生物界面效能优势	典型生物/仿生途径	典型效能的突破性提升
机械加工效能问题	生物广义口器界面波动增润/增冲、跨膜输运……	生物去除/浸出省能加工；仿生增润/增冲高质切削	猪笼草波动增润仿生波切提速 3 倍、提质 1 级以上
材料成形效能问题	生物广义代谢界面自成形/自组装、材料合成……	生物约束/组装高效成形；仿生合成/沉积有序构筑	微生物金属化约束成形功能微粒的形体库种类暴增
生医制造效能问题	生命系统组织界面细胞有序、组织损伤/自愈……	生物组织/器官再生制造；仿生切除/植入手术制造	猪笼草连续输运仿生减黏手术损伤降低 50%以上

场效应新原理和新理论，对生物/仿生途径提升广义机械制造界面工艺效能的突破性具有根本上的意义。

广义机械制造界面效能提升的生物/仿生途径非常广阔。如图 13.5 所示，传统机械制造界面能场主要基于物理、化学形式，自古以来，受传统线速加工、光滑成形、理化能场等界面调控模式的思维惯性影响，加工界面一直局限在稳定接触的连续封闭/粗化占比状态，成形界面一直局限在线迹叠加拟合的低维构形状态，制造过程界面能场一直局限在简单能场作用状态，导致精加工速度限很低，精成形界面复杂度也很低。作者团队大胆打破了生物学科与机械制造学科的界限：一方面，把生物作为实体工具形成了基于生物界面能场调控的生物加工成形新领域，建立了以生物去除/降解成形、生物约束/复制成形、生物生长/组装成形、生物聚合/连接成形等工艺方法组成的生物加工成形技术体系，产生了高维复杂构形的工艺能力；另一方面，将生物界面原理引入机械制造界面能场调控形成了仿生加工成形新领域，建立了以波动式车削、钻削、铣削、磨削、挤压等组成的仿生加工成形技术体系，突破了超声加工和精密切削加工的速度限，产生了表面细化、强化、韧化等高速加工的工艺能力。总体来看，不断扩大和提升生物途径的生物加工成形的范围和能力，不断掌握和提升仿生途径的仿生加工成形的制造理论和制造能力，对提升广义机械制造界面工作效能的突破性具有现实意义。

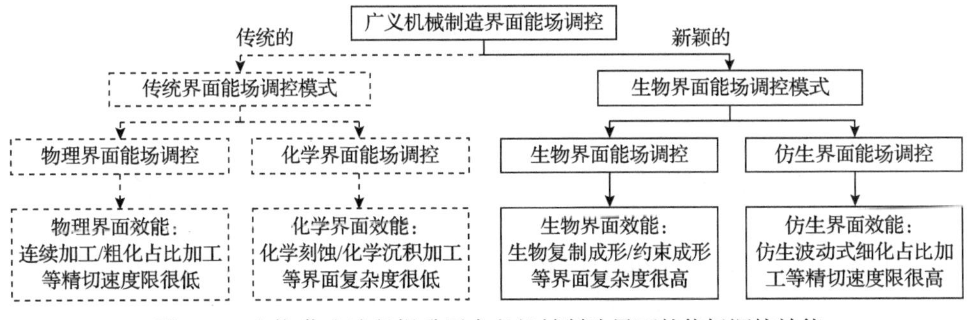

图 13.5　生物/仿生途径提升了广义机械制造界面的能场调控效能

生物/仿生机械制造的学科需求迅速增加。传统单纯物理、化学形式机械制造学科知识越来越难以满足生物能/生物形/生物质等生物界面辅助的制造、仿生运动/仿生形态/仿生介质等仿生界面原理的制造快速发展的需要，必须不断打破机械与生物学科的界限，不断丰富生物-机械交叉学科知识体系，逐步建立起生物/仿生机械制造学科，才能不断满足日益增长的自然相容机械制造知识和人才培养的长远需要。

13.3 生态/仿生态途径提升广义大制造界面运行效能的突破性分析

广义大制造界面是产品全生命周期中交互能量的场所，其存在如图 13.6 所示的能量流、物质流、信息流三大种类能场。广义大制造界面上，能量流能场包含的各种形式能量最为重要，是激活制造业和维持社会健康运行的基本动力和生命线；物质流能场包含的各种形式能量载体极为丰富，其运行与组合体系极为复杂，对生产效益与生态环境影响非常大，必须引起高度重视；信息流能场包含的各种形式能量趋势错综复杂，直接关系到生产与生态的响应能力，必须实时监测与预警。从自然场景上看，广义大制造与自然大生态的运行过程很相似，在对照中可以得到大量的仿生灵感，产生更丰富的仿生大制造能场效应，可以开辟提升广义大制造界面运行效能更广阔的生物/仿生新途径。

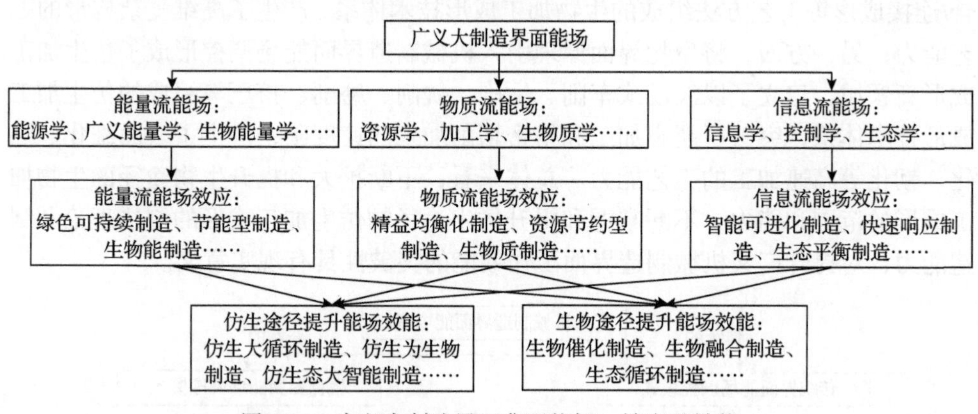

图 13.6 广义大制造界面典型能场、效应及效能

广义大制造界面效能提升的生物/仿生新途径来源于非生命与生命学科的交叉。生物途径包括生物催化制造、生物融合制造、生态循环制造等，来源于广义生态界面节能环保能场效应的直接利用，结果是打破了传统资源/制造学科的“流程”界限，产生了生态制造新学科方向。仿生途径包括仿生大循环制造、仿生为

生物制造、仿生态大智能制造等，来源于广义大制造界面对生态界面能场效应的主动模仿，结果是打破了传统资源/制造学科的“行业”界限，产生了仿生态制造新学科方向。总之，未来的广义大制造界面能场既等同和受控于生态能场，又借鉴和融入于生态能场，将引发“生态/仿生态制造”学科的诞生。

广义大制造界面生态/仿生态提效的关键问题在于：广义大制造界面与自然大生态界面运行效能的对标；采取生态/仿生态途径对广义大制造界面能场效应的治本。解决此关键问题的方法是：在广义大制造界面的绿色制造、精益制造、智能制造等基本运行属性上，通过对比自然大生态界面相应能场效应的节能、降耗、抗扰等自然法则上的高水平运行效能，实现更合理的广义大制造界面运行效能平衡状态来对标；通过对比自然大生态界面相应能场的形态作用、结构生成、信息控制等原理细则上的高水平调控能力，采取生态/仿生态途径实现更合理的广义大制造界面能场效应调控模式来治本。

下面针对表 13.3 所示的广义大制造界面基本运行属性的效能提升问题，综合分析其已经取得突破性提升的生态/仿生态途径，指出其常见的技术难点和普适性发展路线，为传统资源/制造学科向“生态/仿生态制造”学科发展指明方向。

表 13.3　广义大制造界面运行效能提升的生态/仿生态途径

问题	途径		
	生态界面效能优势	典型生物/仿生途径	典型效能的突破性提升
绿色制造效能问题	生物固碳有序化储能、生物催化合成省能……	生物制造可再生生物能源；仿生制造可降解节能结构	生物制造多尺度电池电极提升了其容量和循环寿命
精益制造效能问题	生物细胞选择性跨膜输运与均衡化多级合成……	生物分形结构吸附污染物；仿生制造分形增效结构	仿生分形细化分离切削使加工质量与效率更均衡化
智能制造效能问题	生态系统集群化协同熵减运行与适应调控……	生物感知生存环境变化；仿生感知与自适应调控	仿生鱼体侧线感知飞机蒙皮流场以提升飞行效率

自然大生态界面效能优势的挖掘潜力巨大。生物多样性与开放性是保持生态系统稳定性和有序性的重要条件，生态系统界面结构越复杂，生态阈值越高，生态系统越稳定。这正是打破传统工业趋同化、封闭式制造模式，走生态化、开放式制造模式的有效途径。自然大生态界面的运行机制是指导工业系统设计、制造和管理的重要源泉。从推动广义大制造界面发展模式来看，不断提升对自然大生态界面能场效应的表征能力，不断揭示和发现新的生态界面能场效应新原理和新理论，对生态/仿生态途径提升广义大制造界面运行效能的突破性具有根本上的意义。

广义大制造界面效能提升的生态/仿生态途径非常广阔。多样性与开放性生物系统内各物种通过竞争和生态适应，占据各自独特的生态位，使彼此协调的界面处，对环境资源的利用更为充分，对外界的干扰有更强的抵御能力，功能发挥也更稳定。作者团队大胆尝试了如表 13.3 所示的广义大制造界面效能提升的生态/仿生态途径：一方面，通过生态途径，提出了多样化生物约束成形方法，使功能微粒的形体库种类暴增，稳定提升了高效化电池电极结构、广谱化电磁防护结构、节能化 3D 打印技术的成形效能；另一方面，通过仿生态途径，提出了开放性仿生波动式加工方法，打开了切削区界面，开放了各种能场与介质进入切削区的路径，稳定提升了更薄复杂结构、更大整体构件、更高表面质量要求的加工效能。总体来看，不断扩大和提升生态途径的生态制造的范围和能力，不断掌握和提升仿生态途径的仿生态制造理论和制造能力，对提升广义大制造界面工作效能的突破性具有现实上的意义。

生态/仿生态制造的学科需求迅速增加。如图 13.7 所示，传统封闭式工业制造学科知识越来越难以满足多层次物质循环、多级化能量利用、多元化信息传递等自然大生态界面原理的开放式生态工业制造快速发展的需要。必须不断打破工业与生态学科的界限，不断丰富生态-工业交叉学科知识体系，逐步建立起生态/仿生态制造学科，才能不断满足日益增长的自然相容大制造知识和人才培养的长远需要。

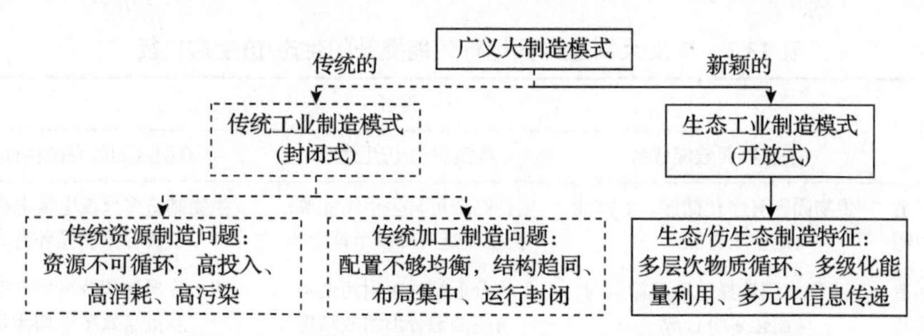

图 13.7 广义大制造开放模式推动生态/仿生态制造学科发展

13.4 自然深度相容的大仿生发展方向展望

如图 13.8 所示，从人类与自然深度相容的长远发展角度，展望了全尺度仿生、全行业仿生、全社会仿生的大仿生发展方向，下面分别对其内涵进行简要分析。

在全尺度仿生方面，生物圈是大自然中最庞大、最复杂、最深奥的生命世界，存在着生物圈、生物链、生物群、生物体、组织、细胞、生物分子等的全尺度复杂自然规律尚未深度揭示和高效利用，特别是对广义生物表/界面高阶次结构、高级次能场、高元次状态的细化、深化表征，需要人们不断地开发更精密、更多场、更动态的观测分析手段去揭示其科学奥秘。在智能化技术迫切需求和艰难推进的今天，更加需要全尺度、系统化表征各层次生物表/界面能场的智能调控机制，不断丰富一体化智能结构的仿生设计理论和方法。未来在多样化、群体化大协同、

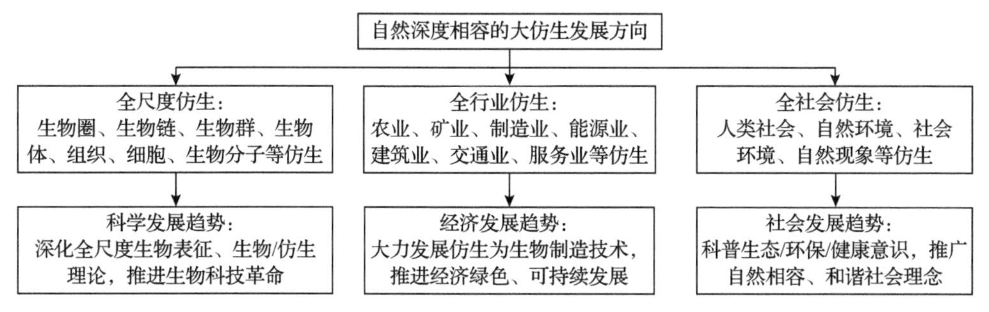

图 13.8　自然深度相容的大仿生发展方向

自修复、自主性等高级仿生方面，更加需要探索揭秘更多级细微、复杂耦合的生物本质，以推动变革性科技的进步。

在全行业仿生方面，人类生存正以前所未有的复杂行业支撑运转，看似超越了生物圈的生态系统，但其生产、生活方式正以前所未有的加速破坏力毁坏自然生态。当前，不仅需要抑制碳排放等污染和扩大绿化面积等修复的被动手段，而且更迫切需要建立一个全行业智能化仿生自然深度相容的经济模式。这需要不断丰富大生态自适应的仿生为生物制造(bionic-for-bio manufacturing)技术新体系，在广义制造界面上发展智能、多能场、高质量、节能减排型大仿生调控技术；在产品构成与广义表面功能上全行业协调发展仿生智能、轻量、可回收结构以及自然深度相容广谱仿生多能场表面，以支撑绿色可持续型经济的发展。

在全社会仿生方面，人类已经进入了信息化高度文明的社会，但是人与自然和谐相处的意识方面还缺乏牺牲精神，反而付出了沉重代价。需要全社会加大生态/环保/健康的科学普及力度，并不断提升全社会对生存环境和自然环境保护意识，不断推行生态与仿生态生活方式，广泛制定有利于自然深度相容的政策、法规和标准。在全人类共同呵护自然家园的战略共识下，一定会迎来一个自然文明、社会文明、科技文明的生物/仿生新时代！

参考文献

张德远，蒋永刚，陈华伟，等. 2015. 微纳米制造技术及应用[M]. 北京：科学出版社.

中国机械工程学会. 2016. 中国机械工程技术路线图[M]. 2 版. 北京：中国科学技术出版社.

中国科学技术协会. 2020. 2018—2019 机械工程学科发展报告(机械制造)[M]. 北京：中国科学技术出版社.